光电信息科学与工程类专业规划教材

半导体光电子学

（第 3 版）

黄德修　黄黎蓉　洪　伟　编著

电子工业出版社.

Publishing House of Electronics Industry

北京·BEIJING

内 容 简 介

半导体光电子学是研究半导体中光子与电子相互作用、光能与电能相互转换的一门科学,涉及量子力学、固体物理、半导体物理等一些基础物理,也关联着半导体光电子材料及其相关器件,在信息和能源等领域有着广泛的应用。

本书是作者在 2013 年第 2 版的基础上经进一步修改、提炼、补充和拓展而成的,基本保留了第 2 版的章节结构。半导体光电子器件的性能改善无不是通过不断优化半导体材料和器件结构以增强电子与光子的相互作用、实现高效电能与光能相互转换的结果,其中异质结所形成的电子势垒和光波导的双重效应起到了关键作用。全书分 10 章,各章内容相互关联,形成当今半导体光电子学较为完整的、理论和实际应用相结合的体系。

本书可作为大学理科光学专业、工科物理电子学、光学工程和光电信息工程等专业本科生的教学用书和相关专业研究生的参考用书,也可供相关科技工作者参考。

图书在版编目(CIP)数据

半导体光电子学/黄德修,黄黎蓉,洪伟编著. —3 版. —北京:电子工业出版社,2018.6

光电信息科学与工程类专业规划教材

ISBN 978-7-121-34256-1

I. ①半… II. ①黄… ②黄… ③洪… III. ①半导体电子学－光电子学－高等学校－教材 IV. ①TN36

中国版本图书馆 CIP 数据核字(2018)第 106110 号

责任编辑:竺南直

印　　刷:北京七彩京通数码快印有限公司

装　　订:北京七彩京通数码快印有限公司

出版发行:电子工业出版社

　　　　　北京市海淀区万寿路 173 信箱　邮编　100036

开　　本:787×1092　1/16　印张:20.25　字数:518 千字

版　　次:1989 年 8 月第 1 版

　　　　　2018 年 6 月第 3 版

印　　次:2024 年 9 月第 9 次印刷

定　　价:49.80 元

前　言

《半导体光电子学》第 2 版自 2013 年元月问世至今又历时了 5 年。在历史长河中，5 年时光只是弹指一挥间。然而，这短短的 5 年中，人们都能感受到我国正走向富强、人民正奔向小康。其间最令人感受深刻的莫过于我国一跃进入信息社会，尽情享受由信息带来的财富和高质量生活。可能许多人并未关注我国的超级计算机在国际评比中屡登榜首，但都能感受到凭借一个小小的手机能知天下事，能与国内乃至世界各地的亲朋好友随时视频通信，足不出户即可购物和支付等科技的变革。不少人可能只知道巨型计算机的运算速度只取决于集成电路芯片，却并不知晓计算机中日益增多的光互连、并行光信息处理对信息容量所做出的贡献。也可能不少人只知道手机通信如此便捷得益于无线通信（常称的 Wi-Fi），却不去深究如果没有光纤/光缆进入千家万户、没有跨海跨洋的大容量光缆连接到世界各地，并由此构建的光通信网络大平台，则无线通信将只能实现短距离且难以畅通的信息交流。这就是因为包括无线网在内的各种互联网+业务都将汇集到光通信网络这个大平台上进行信息的快速（光速）传输与交换之故，各种互联网只是光网络的接入网而已。基于这一认识，就不难理解由光纤/光缆作为信息传输介质所编织的光网络中，有无数体积很小但高效率工作的半导体激光器发出作为信息载体的激光，有无数接收信息的半导体光探测器。正是它们长年累月的默默奉献才有今天的光网络大平台。

为了促进我国半导体光电子材料和器件的发展以及培养这一领域专业人才的需要，早在 1985 年原我国电子工业部教材编审委员会征集相关教材选题时，本人所提出的《半导体光电子学》选题被认可后并在全国招标，1988 年本人所提交的书稿又被该教材编审委员会选中，并于 1989 年由指定的电子科技大学出版社出版。为适应半导体光电子学的快速发展，本书的第 2 版于 2013 年元月由电子工业出版社出版发行。承蒙一些重点高校相关专业任课教师的器重，本书被用作相关专业大学本科教材、高校或相关研究所硕士研究生的选修课程以及博士研究生入学考试的参考书。时隔 5 年虽经 3 次印刷，但仍能发现书中存在一些错误和不足。为此，2017 年初经与电子工业出版社竺南直博士（本书责任编辑）商定，将对本书内容做进一步精炼，结合其本身的发展需要增加一些新的内容，并于 2018 年出版本书的第 3 版。

为了确保此版有更充实的内容，本书原作者特邀请华中科技大学黄黎蓉教授和洪伟副教授共同参与本书第 3 版的相关工作。她们二位早年跟随我完成博士学位后又与我共同从事科研与教学，她们均有较高的学术造诣和认真的治学态度，因而期待此版有更好的质量与读者见面。

第 3 版沿用第 2 版的章节结构应是合理的。这基于几个方面：① 综观半导体光电子学的发展，无不是通过加强半导体光电子材料中电子与光子的相互作用、增强二者之间能量转换效率，以获得各种半导体光电子器件所需的性能的。这是贯穿全书的主线。②本书章节较多涉及了最能体现上述特点的半导体光发射器件。这是因为相比之下光吸收材料和相关器件要单纯许多。例如，用作光发射器件的半导体材料要求是直接带隙的，而且根据发射波长，对半导体材料的组成元素和比例（即组分比）都有严格要求，对有源层和限制层之间有很高的晶格匹配要求;而作为半导体光探测器的半导体除了选用量子跃迁效率高的直接带隙材料外,间接带隙半导体也能产生较强的光吸收。③ 将以量子阱为代表的低维量子材料置于全书中心位置的第 6 章,体现其核心地位,也体现了半导体光电子材料的发展和认识规律,具有承前启后的作用。只有认识到体材料中具有 3 个自由度的电子受限能力不足而不利于其与光子相互作用的增强,才能理解减少电子自由度的重要性,也才有后来半导体光电子器件性能的提升。

本书第 1 章是全书的理论基础,半导体光电子器件的功能是电子在半导体能带之间跃迁的结果。跃迁速率的大小反映电子与光子相互作用的强弱,是量子力学、半导体物理等近代物理向光电子领域的延伸。第 2 章的异质结是两种不同带隙的半导体所形成的晶体界面和载流子势垒,同时利用异质结两边的折射率差又可成为光子全反射界面,从而成为第 3 章光波导的基础。异质结的这种双重作用是第 4 章体材料半导体激光器的基本结构要件,也是其后发展各种高性能半导体光电子材料和器件的基础。异质结之间的距离必须从对载流子限制和对光子限制的光波导效应各自优化的基础上做综合考虑,以求得到第 5 章所列器件的最佳性能,例如,激光器的阈值电流、输出光的模式、线宽、调制等特性。

本书第 3 版对前一版仍存在的少数印刷失误和内容叙述不妥之处做了修改;结合半导体光电子学的最新进展对某些章节内容做了较多补充;进一步加强了全书各章节内容之间的关联和前后呼应,以求更加系统和连贯。尽管如此,限于作者水平,仍会有一些不尽人意之处,恳请读者不吝批评指正。

本书仅是作者以光信息传输中所用光源和探测、光信息存储和处理所需的半导体光电子器件为应用背景,对半导体光电子材料中电子与光子相互作用的基本理论、器件结构和性能要求等方面的粗浅认识基础上编写的,远非半导体光电子学丰富内涵的全部。在第 10 章所提的正待发展的半导体光电子学的几个方面以及绪论中所提的有待进一步探索的几个问题也只是受限于作者认识水平所为。但愿本书能为致力于进一步发展半导体光电子学、进一步提高半导体光电子器件性能和拓展其应用的同仁提供一点创新动力。

最后对长期关心、支持和使用本书的朋友们致以衷心的谢意。

黄德修

2018 年 2 月于华中科技大学

目　　录

绪论 ··· 1

第1章　半导体中光子-电子的相互作用 ······································· 4
1.1　半导体中量子跃迁的特点 ··· 4
1.2　直接带隙与间接带隙跃迁 ··· 5
    1.2.1　概述 ··· 5
    1.2.2　电子在能带之间的跃迁几率 ··· 7
    1.2.3　电子在浅杂质能级和与其相对的能带之间的跃迁 ············· 11
    1.2.4　重掺杂时的带-带跃迁 ·· 13
1.3　光子密度分布与能量分布 ··· 14
1.4　电子态密度与占据几率 ·· 16
1.5　跃迁速率与爱因斯坦关系 ··· 20
    1.5.1　净的受激发射速率和半导体激光器粒子数反转条件 ·········· 22
    1.5.2　自发发射与受激发射速率之间的关系 ····························· 24
    1.5.3　净的受激发射速率与增益系数的关系 ····························· 25
    1.5.4　净的受激吸收速率与吸收系数 ······································ 25
1.6　半导体中的载流子复合 ·· 26
    1.6.1　自发辐射复合速率 ·· 27
    1.6.2　俄歇（Auger）复合 ·· 31
1.7　增益系数与电流密度的关系 ··· 36
思考与习题 ··· 42
参考文献 ··· 43

第2章　异质结 ··· 44
2.1　异质结及其能带图 ·· 44
    2.1.1　pN 异型异质结 ·· 45
    2.1.2　突变同型异质结 ··· 47
    2.1.3　渐变异质结 ··· 48
2.2　异质结在半导体光电子学器件中的作用 ·································· 49
    2.2.1　在半导体激光器（LD）中的作用 ·································· 49
    2.2.2　异质结在发光二极管（LED）中的作用 ·························· 50
    2.2.3　异质结在光电二极管探测器中的应用 ····························· 50
2.3　异质结中的晶格匹配 ··· 50
2.4　对注入激光器异质结材料的要求 ·· 55
    2.4.1　从激射波长出发来选择半导体激光器的有源材料 ············· 56
    2.4.2　从晶格匹配来考虑异质结激光器材料 ····························· 58

　　　　2.4.3　由异质结的光波导效应来选择半导体激光器材料 ···········58
　　　　2.4.4　衬底材料的考虑 ·············63
　　2.5　异质结对载流子的限制 ··········63
　　　　2.5.1　异质结势垒对电子和空穴的限制 ··········63
　　　　2.5.2　由泄漏载流子引起的漏电流 ··········66
　　　　2.5.3　载流子泄漏对半导体激光器的影响 ··········69
　　思考与习题 ··········70
　　参考文献 ··········70

第3章　平板介质光波导理论 ··········72
　　3.1　光波的电磁场理论 ··········72
　　　　3.1.1　基本的电磁场理论 ··········72
　　　　3.1.2　光学常数与电学常数之间的关系 ··········73
　　3.2　光在平板介质波导中的传输特性 ··········78
　　　　3.2.1　平板介质波导的波动光学分析方法 ··········78
　　　　3.2.2　平板介质波导的射线分析法 ··········84
　　3.3　矩形介质波导 ··········91
　　思考与习题 ··········95
　　参考文献 ··········96

第4章　异质结半导体激光器 ··········97
　　4.1　概述 ··········97
　　4.2　光子在谐振腔内的振荡 ··········98
　　4.3　在同质结基础上发展的异质结激光器 ··········101
　　　　4.3.1　同质结激光器 ··········101
　　　　4.3.2　单异质结半导体激光器 ··········102
　　　　4.3.3　双异质结激光器 ··········103
　　4.4　条形半导体激光器 ··········105
　　　　4.4.1　条形半导体激光器的特点 ··········105
　　　　4.4.2　条形激光器中的侧向电流扩展和侧向载流子扩散 ··········106
　　4.5　条形激光器中的增益光波导 ··········111
　　　　4.5.1　概述 ··········111
　　　　4.5.2　增益波导的数学分析 ··········112
　　　　4.5.3　增益波导激光器中的像散、K 因子 ··········117
　　　　4.5.4　侧向折射率分布对增益波导的影响 ··········118
　　4.6　垂直腔表面发射激光器（VCSEL） ··········120
　　　　4.6.1　概述 ··········120
　　　　4.6.2　VCSEL 的结构 ··········121
　　　　4.6.3　布拉格反射器 ··········123
　　4.7　分布反馈（DFB）半导体激光器 ··········126
　　　　4.7.1　概述 ··········126

　　　4.7.2　耦合波方程 ·· 127
　　　4.7.3　耦合波方程的解 ··· 129
　　　4.7.4　阈值增益和振荡模式 ····································· 130
　　　4.7.5　DFB 激光器结构与模选择 ······························· 132
　思考与习题 ··· 134
　参考文献 ··· 135

第5章　半导体激光器的性能 ·· 137
　5.1　半导体激光器的阈值特性 ··· 137
　　　5.1.1　半导体激光器结构对其阈值的影响 ···················· 137
　　　5.1.2　半导体激光器的几何尺寸对阈值电流密度的影响 ······· 138
　　　5.1.3　温度对阈值电流的影响 ··································· 141
　5.2　半导体激光器的效率 ·· 142
　5.3　半导体激光器的远场特性 ··· 145
　　　5.3.1　垂直于结平面的发散角 $\theta_\perp$ ····························· 146
　　　5.3.2　平行于结平面方向上的发散角 $\theta_{//}$ ····················· 148
　　　5.3.3　波导结构对远场特性的影响 ···························· 148
　5.4　半导体激光器的模式特性 ··· 149
　　　5.4.1　纵模谱[11] ··· 150
　　　5.4.2　影响纵模谱的因素 ·· 151
　　　5.4.3　激光器的单纵模工作条件 ······························ 153
　　　5.4.4　"空间烧洞"效应对单模功率的限制 ··················· 155
　　　5.4.5　温度对模谱的影响 ·· 156
　　　5.4.6　单纵模激光器 ··· 157
　5.5　半导体激光器的光谱线宽 ··· 158
　　　5.5.1　肖洛–汤斯（Schawlow-Townes）线宽 $\Delta\nu_{sT}$ ········· 158
　　　5.5.2　半导体激光器的线宽 ····································· 159
　　　5.5.3　与输出功率无关的线宽 ·································· 161
　　　5.5.4　增益饱和与线宽 ·· 161
　5.6　半导体激光器的瞬态特性 ··· 162
　　　5.6.1　瞬态响应的物理模型 ····································· 162
　　　5.6.2　速率方程 ·· 163
　　　5.6.3　延迟时间 t_d ·· 164
　　　5.6.4　半导体激光器的直接调制 ······························ 165
　　　5.6.5　张弛振荡 ·· 167
　　　5.6.6　自持脉冲 ·· 170
　5.7　半导体激光器的退化和失效 ······································ 171
　　　5.7.1　半导体激光器的工作方式 ······························ 171
　　　5.7.2　半导体激光器的退化 ····································· 173
　　　5.7.3　欧姆接触的退化 ·· 175

　　　5.7.4　温度对半导体激光器退化的影响 ···················· 175
　　思考与习题 ·· 175
　　参考文献 ·· 176

第6章　低维量子半导体材料 ·························· 178
　6.1　概述 ·· 178
　6.2　量子阱的基本理论和特点 ·························· 180
　　　6.2.1　量子阱中的电子波函数和能量分布 ·············· 180
　　　6.2.2　量子阱中电子的态密度和增益 ···················· 182
　　　6.2.3　量子阱中的激子性质 ·························· 184
　　　6.2.4　应变量子阱 ···································· 185
　6.3　量子阱半导体激光器 ·························· 187
　　　6.3.1　概述 ·· 187
　　　6.3.2　单量子阱（SQW）半导体激光器 ·················· 188
　　　6.3.3　多量子阱（MQW）半导体激光器 ·················· 189
　　　6.3.4　量子级联激光器 ·························· 191
　6.4　量子线与量子点 ·································· 192
　　　6.4.1　量子线和量子点基本理论 ···················· 192
　　　6.4.2　量子线和量子点制备方法 ···················· 194
　　　6.4.3　量子点的定位生长 ·························· 195
　　　6.4.4　硅基异质外延的量子点及激光器 ·················· 196
　　思考与习题 ·· 199
　　参考文献 ·· 199

第7章　半导体光放大器（SOA） ·················· 202
　7.1　概述 ·· 202
　7.2　半导体光放大器的性能要求 ···················· 204
　　　7.2.1　半导体光放大器的增益特性 ···················· 205
　　　7.2.2　半导体光放大器的噪声特性 ···················· 210
　　　7.2.3　半导体光放大器的耦合特性[7] ·················· 211
　7.3　半导体光放大器应用展望 ···················· 212
　　　7.3.1　半导体光放大器在光纤通信传输网上的应用 ········ 213
　　　7.3.2　半导体光放大器在全光信号处理中的应用 ·········· 214
　　思考与习题 ·· 217
　　参考文献 ·· 218

第8章　可见光半导体光发射材料和器件 ·············· 219
　8.1　概述 ·· 219
　8.2　红光半导体光发射材料和器件 ···················· 222
　　　8.2.1　红光半导体材料 ·························· 222
　　　8.2.2　红光半导体激光器 ·························· 224

　　　　8.2.3　红光发光二极管 ··· 226

　8.3　蓝/绿光半导体光发射材料和器件 ·· 228

　　　　8.3.1　概述 ··· 228

　　　　8.3.2　Ⅲ-N 化合物半导体光发射材料 ·· 229

　　　　8.3.3　蓝/绿光半导体光发射器件 ··· 232

　思考与习题 ·· 233

　参考文献 ·· 234

第 9 章　半导体中的光吸收和光探测器 ··· 236

　9.1　本征吸收 ··· 236

　　　　9.1.1　直接带隙跃迁引起的光吸收 ··· 237

　　　　9.1.2　间接带隙跃迁引起的光吸收 ··· 239

　9.2　半导体中的其他光吸收 ·· 243

　　　　9.2.1　激子吸收 ··· 243

　　　　9.2.2　自由载流子吸收 ··· 247

　　　　9.2.3　杂质吸收 ··· 249

　9.3　半导体光电探测器的材料和性能参数 ·· 250

　　　　9.3.1　常用的半导体光电探测器材料 ·· 250

　　　　9.3.2　半导体光电探测器的性能参数 ·· 250

　9.4　无内部倍增的半导体光探测器 ··· 253

　　　　9.4.1　光电二极管 ··· 253

　　　　9.4.2　PIN 光探测器 ·· 254

　　　　9.4.3　光电导探测器 ·· 256

　9.5　半导体雪崩光电二极管（APD） ·· 257

　　　　9.5.1　APD 的原理与结构 ··· 257

　　　　9.5.2　APD 的噪声特性 ··· 261

　　　　9.5.3　APD 的倍增率（或倍增因子） ··· 263

　　　　9.5.4　APD 的响应速度 ··· 263

　　　　9.5.5　低电压工作的 APD ·· 264

　9.6　量子阱光探测器 ··· 265

　　　　9.6.1　量子阱雪崩倍增二极管 ··· 265

　　　　9.6.2　基于量子阱子能级跃迁的中/远红外探测器 ······························· 266

　　　　9.6.3　基于量子限制斯塔克效应的电吸收调制器 ································ 267

　思考与习题 ·· 270

　参考文献 ·· 271

第 10 章　半导体光电子器件集成 ··· 273

　10.1　概述 ··· 273

　　　　10.1.1　集成电路的启示 ·· 273

　　　　10.1.2　PIC 和 OEIC 出现的逻辑推理 ·· 273

　　　　10.1.3　PIC 和 OEIC 的发展 ·· 274

      10.1.4　应用需求对 PIC 和 OEIC 的强力拉动 ···················· 275

  10.2　发展 PIC 和 OEIC 的困难与启示 ································· 276

      10.2.1　制约 PIC 和 OEIC 发展的因素 ··························· 276

      10.2.2　发展 PIC 和 OEIC 的某些启示 ··························· 277

  10.3　几种常用的光子集成手段 ·· 280

      10.3.1　对接再生长 ··· 280

      10.3.2　选区外延生长 ·· 281

      10.3.3　量子阱混合 ··· 281

      10.3.4　键合 ··· 282

      10.3.5　双波导集成 ··· 282

  10.4　推动 PIC 发展的可能技术方案 ··································· 283

      10.4.1　微环谐振腔 ··· 283

      10.4.2　光子晶体 ·· 286

      10.4.3　表面等离子体激元（SPP） ································· 289

      10.4.4　超材料、超表面 ·· 295

  思考与习题 ··· 301

  参考文献 ·· 302

附录 A　薛定谔方程与一维方势阱 ··· 306

附录 B　半导体的电子能带结构 ··· 310

绪　　论

半导体光电子学是研究半导体中光子与电子相互作用、光能与电能相互转换的一门科学，涉及量子力学、固体物理、半导体物理、光学等一些基础物理，也关联着半导体光电子材料及其相关器件。因此，半导体光电子学的内涵远超出半导体光学或半导体中的光学性质，即不是简单地研究将光作用到半导体上所产生的物理现象而忽略半导体中电子对光子的反作用和能动性。

早在 1873 年，史密斯（W. Smith）就在"不良导体"（当时还没有半导体这个名词）硒中看到在光作用下电导增加的现象。1887 年赫兹（Hertz）将各种因光而致电的变化现象统称为光电效应。此前也有一些学者发现某些不同于金属导电性质的"不良导体"（如温度升高时其电导反而增加；与金属接触出现单向导电等），至 1911 年前后才将这种"不良导体"称为半导体。1897 年汤姆逊（Thomson）首先发现电子，1905 年爱因斯坦（Einstein）又提出光子学说，这一对并行性和互补性极强的微观粒子为后来研究和发展半导体光电子学奠定了基础。到 20 世纪前半叶才将电子在半导体中的行为上升到理论高度，并发现杂质对半导体性能产生大的影响。通过提纯得到真正的本征半导体，又可通过人为掺入杂质改变半导体的导电性质。在研究微观粒子运动规律的量子力学、统计物理、热力学等现代物理的基础上形成了半导体物理学，为 1947 年出现晶体管和其后的微电子学奠定了理论基础。其中虽也涉及了在光照作用下半导体中出现非平衡载流子（光生载流子），但并未涉及电子转化为光子的逆过程。系统地研究半导体中光子与电子相互作用、光能与电能相互转换，使之成为当今极具活力和发展潜力的半导体光电子学，首先应归功于半导体激光器的出现，以及其后在光纤通信需求的强烈拉动下，半导体光电子材料、半导体光电子器件（激光器、光探测器、光放大器等）的快速发展。

在 1953 年 9 月，美国的冯·纽曼（Von Neumann）就曾在他的一篇未正式发表的手稿中预言在半导体中产生受激发射的可能性（后于 1987 年正式发表于 IEEE J. Quantum Electron. QE-23 (6):659-673）。巴丁（J. Bardean）在冯·纽曼理论预言的基础上认为，通过各种方法（例如向 PN 结注入少数载流子）扰动导带电子和价带空穴的平衡浓度，致使非平衡少数载流子复合而产生光子，其辐射复合速率可以像放大器那样，以同样频率的电磁辐射作用来提高，这应该是激光器（Laser）的最早概念，比戈登（Gorden）和汤斯（Towes）所报告的微波量子放大器（Maser）的概念还早一年。前苏联列别捷夫物理研究所的巴索夫（Basov）于 1958 年首次公开发表文章提出在半导体中实现负温态（即粒子数反转）的理论和将载流子注入半导体 PN 结实现"注入激光器"的论述，只是他的理论和实验基于间接带隙半导体（Ge），这是探索中所经历的一段曲折。1960 年贝尔实验室的布莱（Boyle）和汤姆逊提出用半导体晶体平行解理面直接用做谐振腔面。1960 年红宝石固体激光器和 1961 年 He-Ne 气体激光器相继问世，自然将催生半导体激光器。然而，实现这些激光器的粒子数反转条件似乎不适合半导体材料中的受激发射。在 1961 年，伯纳德（Bernard）和杜拉福格（Duraffourg）利用半导体准费米能级的概念推导出半导体增益介质中实现粒子数反转的条件。以上这些探索为 1962 年半导体激光器的出现奠定了理论和器件结构的基础。

1962 年 9 月底到 10 月间，美国通用电气（GE）的两个实验室、IBM 公司和麻省理工学院的林肯实验室几乎同时报道用 GaAs 半导体研制出同质结半导体激光器。因是同质结，这种激光器的阈值电流密度高达 $10^4 A/cm^2$，只能在液氮温度下以脉冲方式勉强工作。这种状态一直持续到 1967 年仍未能突破。在这种考验人们攀登科学高峰耐力和洞察力的关键时期，正当一些半导体激光器的先行者一筹莫展而退却时，以通信著称于世界的美国贝尔实验室固体研究室主任高尔特（Golt）却从正在酝酿的光纤通信的需求出发，高瞻远瞩地认为，若半导体激光器能实现室温下连续工作，将在光纤通信中发挥巨大作用。为此，他们组织物理化学、晶体物理等跨学科的专家攻关，于 1967 年一举实现 GaAlAs/GaAs 单异质结半导体激光器在室温下脉冲工作。仅隔三年后的 1970 年又实现基于 GaAlAs/GaAs 材料的双异质结半导体激光器在室温下连续工作，使阈值电流密度由单异质结激光器的 $10^3 A/cm^2$ 又一次降到双异质结激光器的 $10^2 A/cm^2$ 量级。这一成就恰与同年康宁公司光纤损耗突破 20dB/km 一道推动了光纤通信的发展，成为光纤通信史上的第一个里程碑。

一个只能在显微镜下才能看到的半导体激光器芯片，却成就了美国和前苏联的多位诺贝尔奖获得者。他们的研究成果和后来无数科技工作者的努力使包括半导体激光、半导体光放大、半导体发光和光探测在内的半导体光电子学得以迅速发展，至今仍方兴未艾。仍以对光纤通信和光信息存储不断更新换代提供动力的半导体激光器为例，它的发射波长已覆盖了从紫外到近红外的一个很宽的光谱范围，其量子效率之高，应用范围之广也是其他激光器不能比拟的。基于半导体有源材料的发光二极管已在光显示和"白光照明"方面发挥巨大的社会和经济效益。仅对目前半导体光发射器件的工作波长及其应用的一个不完全归纳，如下图所示。图中列举了半导体光发射器件的一些主要应用和相应的半导体材料。

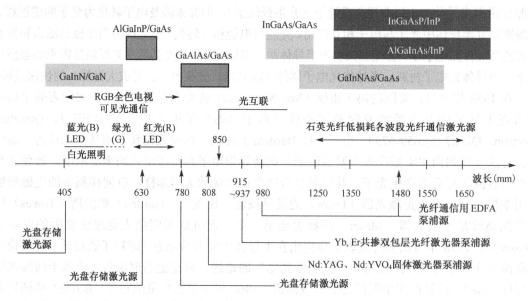

除了需不断提高现有半导体光电子材料与器件性能外，半导体光电子学还面临一些需要进一步研究的课题，例如：

（1）充分开发能带工程的潜力，进一步提高导带与价带的对称性，进一步完善对轻/重空穴带简并度的调控。若能通过减少重空穴的有效质量，对提高半导体光发射和光放大器件的内量子效率、改善增益动力学性能将有大的积极影响。

（2）低维（特别是一维和零维）量子材料的进一步完善和利用，特别是量子点材料在尺寸、位置和分布的可控生长，通过对量子点的排列与组合，实现一些特殊的器件功能。

（3）需突破曾被称为"死亡之谷"的绿光波段的半导体光发射材料，填补该波段高量子效率半导体激光器和发光器件的空白，实现完全基于半导体光电子器件的三基色（RGB）。

（4）相对于边发射激光器，垂直腔表面发射激光器（VCSEL）不只是简单地改变腔型和激光发射方向，它还具有单片集成同种器件的能力、较低的生产成本、圆对称光斑输出、超低阈值、高张驰振荡频率等优势和特点。然而，对于长波长 VCSEL，还需要提高其 DBR（即分布布拉格反射器）的两组成材料的折射率差值以减少 DBR 对数。

（5）光子集成（PIC）和光电子集成（OEIC）是半导体光电子学发展的制高点和永恒的研究命题。参照微电子学的发展经历，有待集成的半导体光电子器件以平面工艺实现；探索采用半导体光电子材料和器件来取代目前某些基于其他介质材料的光电子器件的可能性；需特别重视半导体光放大器在光子集成和全光信号处理中的作用，促进其发展；探索像微电子学那样在同一半导体材料不同部位进行材料的微观处理（而非宏观加工）以实现器件功能集成的途径。

（6）将现有半导体光电子器件的性能进一步朝极限提高。例如，半导体激光器的线宽加强因子减少至零乃至负值，从而突破肖洛-唐斯极限线宽；半导体激光器直接调制带宽达到 40 GHz 以上或半导体外调制器的调制带宽达到目前铌酸锂光调制器的水平；可调谐半导体激光器的连续和稳定调谐范围达 40～80nm，满足目前光纤通信 C+L 波段的需要，且其成本接近单个同性能的半导体激光器；以掺铒光纤放大器（EDFA）为参照实现具有高饱和输出功率、低偏振相关增益或低噪声指数的半导体光放大器；实现低量子噪声和高增益-带宽积的雪崩光电二极管；等等。

多年来人们都简单地将电导率介于金属导体和绝缘体之间来定义半导体，但这是不全面的。随着半导体科学和技术的发展，又挖掘出更能科学地区分导体和绝缘体、更全面地表征半导体的一些特点。诸如，半导体对来自外部光辐射存在一个由半导体材料禁带宽度所决定的吸收波长阈值，此称为吸收限（也称"长波限"或"红限"）；与金属导体不同，半导体有负的电阻温度系数，在绝对零度时，半导体也成了绝缘体；与衡量电子在能带中占据几率的费米能级处在带内的金属不同，半导体的费米能级位于导带与价带之间的带隙内。可以相信，随着对半导体的不断深入研究，更不能只给半导体一词以简单的定义，而应可能赋予其更多的内涵。

当年被不雅地称之为"不良导体"的半导体成就了半导体微电子学，也成就了后来的半导体光电子学。二者成为信息科学与技术的共同基础，共同改变着人类的生存环境和命运。它们利用了电子在半导体中的不同行为能力。半导体微电子学主要研究和控制电子在能带内的输运，而半导体光电子学则着重研究和利用电子在能带之间的跃迁。电子和光子是一对极具活力、有很强互补性和发展规律并行性的微观粒子。由电子和光子共同开拓的半导体光电子学虽历经半个多世纪的快速发展，但其内容仍在不断丰富之中，这是任何一部教材或专著所不能概括和预期的。

第1章 半导体中光子-电子的相互作用

1.1 半导体中量子跃迁的特点

在光电子学中，一切与光有关的现象从本质上都可以认为是量子现象，或者说是物质中有关量子互作用和能量相互转换的结果，都是与量子跃迁联系在一起的。与通常两能级系统中跃迁发生在分立能级的单个电子态之间的情况不同，在半导体中与光有关的量子（电子或空穴，统称为载流子）跃迁一般发生在导带与价带之间。与这种跃迁相联系的光现象有以下三种。

（1）受激吸收：当适当能量的光子与半导体相互作用，并把能量传递给价带中的电子，使之跃迁到导带，从而在半导体中产生电子-空穴对，这就是受激吸收，也是光电导、光探测器的工作原理，如图 1.1-1(a)所示。

（2）自发发射：在热平衡下，如果在半导体的导带与价带中分别有一定数量的电子与空穴，导带中电子以一定的几率与价带中空穴复合并以光子形式放出复合所产生的能量，则称这一过程为自发发射跃迁，这是半导体发光二极管（LED）的工作原理，如图 1.1-1(b)所示。即使在半导体激光器中也可能存在一定比例的自发发射分量。

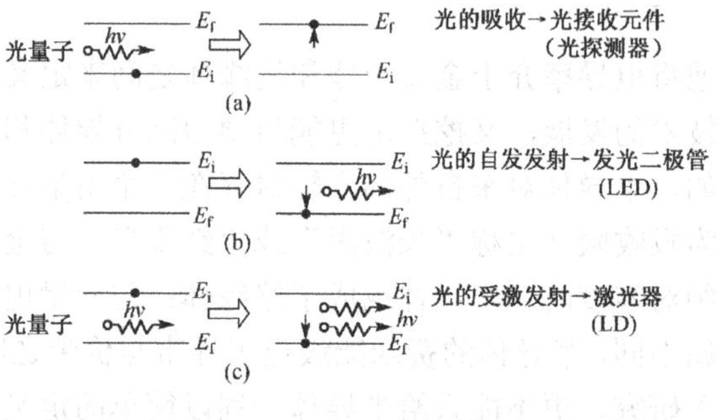

（E_i 为跃迁初态能量，E_f 为跃迁终态能量）

图 1.1-1 在半导体中与跃迁有关的三种光效应

（E_i 为跃迁初态能量，E_f 为跃迁终态能量）

（3）受激发射：若上述导带电子与价带空穴复合过程不是自发的，而是在适当能量的光子激励下进行的，则由复合产生的光子就与激发该过程的光子有完全相同的特性（包括频率、相位和偏振等），这种跃迁过程称为受激发射。这是半导体激光器（LD）、半导体光放大器（SOA）的工作原理，如图 1.1-1(c)所示。

显然，上述三种过程是相互联系但又有区别的。受激吸收与受激发射是互逆的跃迁过程，而受激发射与自发发射的区别在于这种辐射跃迁中是否有外来光子的参与。而且，在实际的光电子器件中，有可能存在上述一种或并存两种、三种跃迁过程，只是在一定条件下某一跃迁过程占主导地位罢了。以后还将看到，一些常用的半导体激光器、发光二极管和半导体光探测器在材料和结构上有一些共同的基础。事实上，半导体激光器在一定工作条件下（例如在零偏压下）可用来作光探测器；而在半导体激光器芯片解理面完全增透的情况下，依偏置电流的大小将呈现出自发发射或超辐射的特性。

正是由于半导体中的量子跃迁不是发生在分立的、有限的电子态之间，而是发生在（准）连续能级的导带与价带之间，因而使半导体在光电子学中有异于通常两能级激光模型的突出特点和重要地位：

（1）半导体能带中存在高的电子态密度，因而在半导体中有可能具有很高的量子跃迁速率。可以得到比其他气体或固体激光工作物质高几个数量级的光增益系数（如体材料可达 $10^2 \mathrm{cm}^{-1}$，量子阱材料可达 $10^3 \mathrm{cm}^{-1}$ 量级）。

（2）在半导体同一能带内处在不同激励状态的电子态之间存在相当大的相互作用（或共有化运动），这种相互作用碰撞过程的时间常数与辐射过程的时间常数相比是很短的，因而能维持每个带内激励态之间的准平衡。一旦出现电子跃迁留下的空态，将迅速由其他原来未包括在跃迁过程中的电子所补充，这种载流子通过带内松弛的再分布过程几乎是瞬时完成的。因此，半导体激光器或其他半导体光电子器件有很高的量子效率和很好的高频响应特性。

（3）半导体中的电子态可以通过扩散或漂移运动在材料中传播，可以将载流子直接注入发光二极管或激光器的有源区中，因而有很高的能量转换效率。

（4）在两能级的激光系统中，每一处于激发态的电子有它唯一返回的基态（即某一特定的原子态）。在理想的本征半导体（或电离能非常小的杂质半导体）中，这一跃迁选择定则还能成立，即每一被激发到导带的电子，存在唯一允许它返回的价带态。而实际上，由于半导体材料本身不纯或在载流子之间存在互作用，跃迁选择定则受到扰动而变得不严格，电子跃迁发生在大量的导带电子与价带空穴之间。这种结果所造成的影响之一是使半导体激光器的光谱线宽较宽。

以上所述的只是半导体中与量子跃迁有关的一些特点。至于跃迁所需遵守的定则、跃迁速率及其影响因素将在以下各节详细分析。

1.2 直接带隙与间接带隙跃迁[1]

1.2.1 概述

1.1 节所述的电子在半导体能带之间的跃迁过程，实质上是非平衡载流子的产生与复合过程。跃迁速率取决于与跃迁有关的初态、终态的细节。按照量子力学原理，半导体中的电子态是用与晶格周期有关的波函数来描述的，其电子的波矢量 k 是一个重要的状态变量。一般来说，半导体能带中电子的能量 E 和波矢量 k 之间是一个非常复杂的、多极值的关系，并表现出复杂的能带结构，参见附录 B：半导体的电子能带结构。半导体的能带结构因材料而异，图 1.2-1 表示出 Ge、Si 和 GaAs 三种半导体的能带结构（$E \sim k$ 图）。电子的带间跃迁发生在导带和价带之间，如果电子跃迁的初、终态对应着布里渊区的同一波矢量 k，则在能带图上表现为竖直方向的跃迁，故称这种跃迁为竖直跃迁，如同电子在 GaAs 等多数 III ～

V 族和 II-VI 族化合物半导体中跃迁的情况；相反，若跃迁所涉及的初、终态不对应同一波矢量 **k**，且其差值大于晶格常数的倒数，则由能带图可以看出，电子在导带极小值与价带极大值之间的跃迁为非竖直方向，因而得名非竖直跃迁，电子在 Ge、Si 中的跃迁就属于这种情况。GaAs 等多数半导体中的竖直跃迁对应着布里渊区的中心点（Γ），此处的 **k** = 0。而另一些竖直跃迁半导体（如 IV-VI 族化合物）则有多个导带能量最小值和价带能量最大值与布里渊区中心呈对称分布，这种简并态使同一 **k** 值的态密度增加。

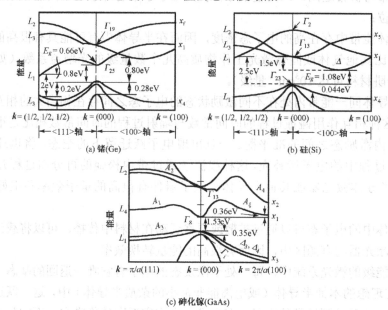

图 1.2-1　Ge，Si 和 GaAs 的能带图

不管是竖直跃迁还是非竖直跃迁，也不论是吸收光子还是发射光子，量子系统总的动量和能量都必须守恒，这就叫跃迁的 **k** 选择定则。设与电子跃迁有关的初态能量和动量分别为 E_i 和 hk_i，而终态的能量和动量分别为 E_f 和 hk_f，进一步假设跃迁过程只涉及一个光子，以 $E_i > E_f$（电子从导带高能态跃迁到价带低能态）为例，上述能量和动量守恒定律可表示为

$$E_i - E_f - hv = 0 \tag{1.2-1}$$

$$\hbar(k_i - k_f - k_p) = 0 \tag{1.2-2}$$

式中，hv 为光子的能量，hk_p 为光子的动量。光子的波数是很小的，如波长为 1μm 时，$k_p \approx 6 \times 10^4 \text{cm}^{-1} \ll \pi/a$（$\pi/a$ 为布里渊区边界的波数，a 为晶格常数），因而可以将光子的动量忽略不计。由式（1.2-2）有 $k_i = k_f$，这正是竖直跃迁的表述。由式（1.2-1）和式（1.2-2）所表示的能量和动量守恒定律只适合于仅有电子、空穴和光子这三种量子参与的竖直跃迁。因为这种守恒是它们之间直接的、自持的平衡，故又称竖直跃迁为直接带隙跃迁或直接跃迁。从量子力学的观点来看，这种跃迁属一级微扰过程，因而有较高的跃迁几率，所有高效率半导体光辐射器件（LD 和 LED）的有源区材料必须选用直接带隙半导体材料。

对于间接带隙半导体材料，其导带底与价带顶的位置对应不同的 **k** 值，则发生在导带底与价带顶之间的跃迁就不遵守由式（1.2-2）所表示的准动量守恒，但实验上却观察到电子由价带顶到导带底跃迁所引起的吸收，所以一定有另外的过程存在，它使得电子跃迁的初态和

终态不为同一 k 值时仍能满足准动量守恒，这就是有声子参与的吸收与发射过程。由于多声子过程较单声子过程发生的几率小得多，故在此只考虑单声子参与的跃迁过程。如果令声子的波矢量为 $\boldsymbol{k}_s$，这时的准动量守恒变为

$$\hbar(\boldsymbol{k}_i - \boldsymbol{k}_f - \boldsymbol{k}_p \pm \boldsymbol{k}_s) = 0 \qquad (1.2\text{-}3)$$

如果略去光子的动量，则有

$$\hbar(\boldsymbol{k}_i - \boldsymbol{k}_f \pm \boldsymbol{k}_s) = 0 \qquad (1.2\text{-}4)$$

与此过程相对应的能量守恒为

$$(E_i - E_f - h\nu \pm \hbar\omega_s) = 0 \qquad (1.2\text{-}5)$$

式中，$\hbar\omega_s$ 表示声子的能量，声子实质是晶格热振动能量的量子化形成的微观粒子。符号"±"有双重意义，由于跃迁过程是导带电子跃迁到价带并发射光子，则上式中的负号表示发射声子，正号表示吸收声子，如图 1.2-2(a)所示。若跃迁过程是由吸收光子所激发的电子由价带到导带的跃迁（受激吸收），如图 1.2-2(b)所示，则有声子参与的能量和动量守恒关系与式（1.2-4）和式（1.2-5）类似，这里不再赘述。与前面的直接带隙跃迁相比，这种有声子参加才满足准动量守恒的跃迁被称为间接带隙跃迁或间接跃迁，由于除光子外还有声子参与电子和空穴之间的跃迁过程，因此有四种量子参与这种跃迁过程，属二级微扰过程，其跃迁几率比前面所述的一级微扰过程小得多。因此，不能用间接带隙半导体材料来做半导体激光器或发光二极管的有源材料。无疑，对理想的半导体光电探测器，其吸收区也宜用直接带隙半导体材料。但对于声子 $\hbar\omega_s$ 所参与的跃迁过程，只要入射光子的能量 $\hbar\omega > E_g$（E_g 为半导体材料的禁带宽度或带隙），那么价带内距价带顶能量范围为 $(\hbar(\omega \pm \omega_s) - E_g)$ 的电子以及导带内距导带底能量范围为 $(\hbar(\omega \pm \omega_s) - E_g)$ 的电子空态都能参与跃迁，这就使参与跃迁的状态范围扩大，这在一定程度上弥补了间接带隙跃迁几率小的因素，而使总的跃迁几率并不太小。基于这点，目前硅是在短波段（0.6～1.0 μm）、锗是在长波段（1.0～1.7 μm）可用的光探测器的光吸收材料。

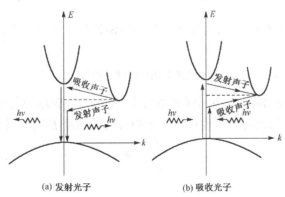

(a) 发射光子   (b) 吸收光子

图 1.2-2 间接带隙跃迁

1.2.2 电子在能带之间的跃迁几率[2, 3]

为了更深刻地理解电子在半导体能带之间跃迁的特点，有必要了解上述两种跃迁的几率，它是决定电子在半导体能带之间产生受激跃迁和自发辐射跃迁速率的一个基本量。决定跃迁

几率的基本出发点是考虑到与半导体中电子相互作用的辐射场是一个随时间周期变化的函数，因此，处理半导体中电子与光子相互作用的量子力学系统时要使用与时间有关的微扰论。为此，首先要确定包括微扰（把辐射场看成是微扰）在内的描述量子力学系统能量的哈密顿量和描述该系统信息的波函数，再求解与时间有关的薛定谔方程（参见附录 A：薛定谔方程与一维方势阱），从而得出电子在辐射场作用下跃迁几率的大小。

电子在辐射场中所受到的力是非保守力，即它所做的功不仅与力的大小有关，还与路径有关。因此用矢量场而不用标量场来表示辐射场。设辐射场的矢量势为 A，受到其微扰的量子力学系统的哈密顿量可表示为

$$H = \frac{1}{2m_0}(P - \mathrm{e}A)^2 + V(r) \tag{1.2-6}$$

式中，m_0 为自由电子质量，P 为电子的动量，相应的动量算符 $P = -\mathrm{j}\hbar\nabla$，其中 ∇ 是熟知的劈形或梯度算符，$V(r)$ 为随空间坐标 r 变化的晶格周期势。对于散度 $\mathrm{div}A = 0$ 的电磁场，交换律 $PA = AP$ 成立。将式（1.2-6）展开，可以将辐射电磁场与电子互作用的哈密顿量写为

$$H = -\frac{\hbar^2}{2m_0}\nabla^2 + V(r) + \frac{\mathrm{j}e\hbar}{m_0}A \cdot \nabla + \frac{\mathrm{e}^2 A^2}{2m_0} \tag{1.2-7}$$

如果忽略含 A^2 的非线性项，并与本征量子力学（未受微扰）的哈密顿量 $H_0 = -\frac{\hbar^2}{2m_0}\nabla^2 + V(r)$ 比较就可得到微扰势 H' 为

$$H' = \frac{\mathrm{j}e\hbar}{m_0}A \cdot \nabla \tag{1.2-8a}$$

或者

$$H' = -\frac{\mathrm{e}}{m_0}A \cdot P \tag{1.2-8b}$$

现在就可以将式（1.2-8）定义为系统互作用哈密顿量。令矢量势为空间和时间的函数，并表示为

$$A = A_0 a \exp[\mathrm{j}(k_\mathrm{p} \cdot r - \omega t)] \tag{1.2-9}$$

式中，A_0 为矢量势场的振幅，k_p 为辐射光场的波矢，ω 为辐射场的角频率，a 为单位矢量。为了求出 A_0，利用场论知识可以合理地将矢量势与电场强度 E 的关系表示为

$$-\frac{\partial A}{\partial t} = E \tag{1.2-10}$$

其中电场强度 E 为

$$E = eE_0 \exp[\mathrm{j}(k_\mathrm{p} \cdot r - \omega t)] \tag{1.2-11}$$

式，e 为电场的单位矢量，所以式（1.2-9）可写为

$$A = \frac{E_0}{\mathrm{j}\omega} a \exp[\mathrm{j}(k_\mathrm{p} \cdot r - \omega t)] \tag{1.2-12}$$

因而有

$$|A|^2 = |A \cdot A^*| = \left(\frac{E_0}{\omega}\right)^2 \qquad (1.2\text{-}13)$$

为了进一步表示 A_0，需计算电场强度 E_0。为此，可将坡印廷矢量与光子通量联系起来。坡印廷矢量的时间平均为

$$\langle S \rangle = \frac{1}{2} \mathrm{Re}(E \times H^*) \qquad (1.2\text{-}14)$$

式中，H^* 为磁场强度矢量的共轭（注意不要与哈密顿算符的表示混淆），它可由电场强度矢量利用麦克斯韦方程求得

$$H = \left(\frac{a_\perp E_0 k_\mathrm{p}}{\mu_\mathrm{o} \omega}\right) \exp\left[\mathrm{j}(k_\mathrm{p} \cdot r - \omega t)\right] \qquad (1.2\text{-}15)$$

式中，$a_\perp$ 是与 a 垂直的单位矢量，$k_\mathrm{p} = \bar{n}\omega / c$，$c$ 为真空中的光速，$\bar{n}$ 为半导体材料的折射率，μ_0 为真空中的磁导率。将式（1.2-11）和式（1.2-15）代入式（1.2-14）后得到

$$\langle S \rangle = \frac{1}{2}\left(\frac{E_0^{\,2} k_\mathrm{p}}{\mu_0 \omega}\right) \qquad (1.2\text{-}16)$$

另外，光子通量是光子能量 $\hbar\omega$ 与其群速（$c/\bar{n}$）之积，而 $c^2 = 1/(\mu_0 \varepsilon_0)$，$\varepsilon_0$ 为真空中的介电常数，因而有

$$\frac{\hbar\omega c}{\bar{n}} = \frac{1}{2}\bar{n}\varepsilon_0 E_0^{\,2} c \qquad (1.2\text{-}17)$$

由式（1.2-13）和式（1.2-17）可以得到

$$|A|^2 = \frac{2\hbar}{\varepsilon_0 \bar{n}^2 \omega} \qquad (1.2\text{-}18)$$

因此，可以将 A 最后表示为

$$A = a\left(\frac{2\hbar}{\varepsilon_0 \bar{n}^2 \omega}\right)^{1/2} \exp\left[\mathrm{j}(k_\mathrm{p} \cdot r - \omega t)\right] \qquad (1.2\text{-}19)$$

将式（1.2-19）代入式（1.2-8b），便得到辐射场与半导体中电子互作用的哈密顿量为

$$H' = -a\frac{\mathrm{e}}{m_0}\left(\frac{2\hbar}{\varepsilon_0 \bar{n}^2 \omega}\right)^{1/2} \exp\left[\mathrm{j}(k_\mathrm{p} \cdot r - \omega t)\right] \cdot P \qquad (1.2\text{-}20)$$

在得到互作用哈密顿量以后，下一步便是要找到描述该量子系统的波函数。所有在晶格周期势场中运动的电子的波函数，都可以表示为反映晶格周期特点的布洛赫函数 $u(r)$ 和具有某一波矢 k 的平面波函数之积，即反映出晶体中的电子波函数为周期函数 $u(r)$ 所调制的自由电子波函数的物理意义（参见附录 B：半导体的电子能带结构）。先考虑在某一体积 V 内只有单个电子和空穴——在能带之间跃迁的简单情况。设跃迁的初态用导带电子波函数 $\Psi_2(r)$ 表示，跃迁的终态用价带空穴波函数 $\Psi_1(r)$ 表示，两者都归一化到体积 V，这种对初、终态的假设是无关紧要的。事实上，后面将看到如令电子从价带跃迁到导带，其跃迁几率和相反过程的跃迁几率是相同的。

$$\Psi_2(r,t) = V^{-1/2} u_2(r) \exp\left[(k_\mathrm{c} \cdot r - \omega_2 t)\right] \qquad (1.2\text{-}21)$$

$$\Psi_1(\boldsymbol{r},t) = V^{-1/2}u_1(\boldsymbol{r})\exp\left[(\boldsymbol{k}_v\cdot\boldsymbol{r}-\omega_1 t)\right] \tag{1.2-22}$$

至此，已求得了互作用哈密顿量 $\boldsymbol{H}'$ 和有关的波函数。将它们代入薛定谔方程求解即可得到跃迁几率 B_{21}，这也就是著名的费米"黄金准则"，表示为

$$B_{21} = \frac{\pi}{2\hbar}\left|\left\langle \Psi_2^*(\boldsymbol{r},t)\,|\,\boldsymbol{H}'\,|\,\psi_1(\boldsymbol{r},t)\right\rangle\right|^2 \tag{1.2-23}$$

将式（1.2-20）、式（1.2-21）和式（1.2-22）代入式（1.2-23）便得到

$$
\begin{aligned}
B_{21} = \frac{\pi}{2\hbar}\Big|\Big\langle &V^{-1/2}u_2^*(\boldsymbol{r})\exp\left[j(-\boldsymbol{k}_c\cdot\boldsymbol{r}+\omega_2 t)\right]\\
&\times\left|-\boldsymbol{a}\times\frac{e}{m_0}\left(\frac{2\hbar}{\varepsilon_0\bar{n}^2\omega}\right)^{1/2}\exp\left[j(\boldsymbol{k}_p\cdot\boldsymbol{r}-\omega t)\right]\cdot\boldsymbol{P}\right|\\
&\times V^{-1/2}u_1(\boldsymbol{r})\exp\left[j(\boldsymbol{k}_v\cdot\boldsymbol{r}-\omega_1 t)\right]\Big\rangle\Big|^2
\end{aligned} \tag{1.2-24}
$$

考虑到动量算符 $\boldsymbol{P}=-j\hbar\nabla$，而其中梯度算符 ∇ 是沿电磁场电矢量方向，同时取光的偏振方向平行于 $\boldsymbol{k}_v$，则可列出在外光场作用下导带电子向价带跃迁的几率为

$$
\begin{aligned}
B_{21} = \frac{\pi e^2\hbar}{m_0^2\varepsilon_0\bar{n}^2\hbar\omega}\Big\|\Big\langle &\frac{h}{2\pi j}V^{-1}\exp\left[j\left(\omega_2-\omega_1-\omega\right)t\right]\\
&\times\exp[j(\boldsymbol{k}_p-\boldsymbol{k}_c+\boldsymbol{k}_v)\cdot\boldsymbol{r}]u_2^*(\boldsymbol{r})(j\boldsymbol{k}_v+\nabla)u_1(\boldsymbol{r})\Big\rangle\Big|^2
\end{aligned} \tag{1.2-25}
$$

当光辐射场与半导体中电子发生共振相互作用时，即满足 $\omega=\omega_2-\omega_1$，则上式括号中第一个指数变为 1。由式（1.2-25）还可以看到，当满足

$$\boldsymbol{k}_p-\boldsymbol{k}_c+\boldsymbol{k}_v=0 \tag{1.2-26}$$

时，则括号中第二个指数也变为 1，这时括号中就有非零值。然而式（1.2-26）正是竖直跃迁动量守恒表示式（1.2-2）的另一种具体表述。这就从理论上证明，只有当半导体中的电子在辐射场作用下满足动量守恒（k 选择定则）所产生的跃迁才有最大的跃迁几率。

式（1.2-25）中符号 $\langle\cdots\cdots\rangle$ 中的乘积常被称为跃迁矩阵元或动量矩阵元，并用 M 表示。基于电子与辐射场所产生的竖直共振跃迁，则 M 可变成如下的简单形式：

$$
\begin{aligned}
M &= \frac{h}{2\pi j}\frac{1}{V}\left\langle u_2^*(\boldsymbol{r})(j\boldsymbol{k}_v+\nabla)u_1(\boldsymbol{r})\right\rangle\\
&= \frac{h}{2\pi j}\frac{1}{V}\int u_2^*(\boldsymbol{r})(j\boldsymbol{k}_v+\nabla)u_1(\boldsymbol{r})\mathrm{d}^3\boldsymbol{r}
\end{aligned} \tag{1.2-27}
$$

至此，可将跃迁几率写为

$$B_{21} = \frac{\pi e^2\hbar}{m_0^2\varepsilon_0\bar{n}^2\hbar\omega}\left|M\right|^2 \tag{1.2-28}$$

要想从式（1.2-27）中得到矩阵元 M 的值，就需知道布洛赫函数的具体形式，在此不详细去研究这些函数，而直接列出凯恩（Kane）对直接带隙跃迁III-V族化合物半导体动量矩阵元的近似[4]

$$|M|^2 \approx \frac{m_0^2 E_g}{3m_e} \cdot \frac{1 + \Delta / E_g}{1 + (2/3)\Delta / E_g} \left\{ 1 - \frac{m_e}{m_0} \right\} \tag{1.2-29}$$

式中，m_e 为带导电子的有效质量，E_g 为禁带宽度，Δ 是在 1.6 节中还将讨论的自旋-轨道裂矩带至价带顶的能量大小。以 GaAs 半导体为例，设 $m_e = 0.067m_0$，$E_g = 1.42\text{eV}$，$\Delta = 0.33\text{eV}$，将这些值代入式（1.2-29），则有

$$|M|^2_{\text{GaAs}} = 4.96m_0 E_g \tag{1.2-30}$$

将式（1.2-29）代入式（1.2-28），并令 $h\nu = E_g$，则可近似得到III-V族化合物半导体中电子的辐射跃迁几率为

$$B_{21} = \frac{e^2 h}{6m_e \varepsilon_0 \bar{n}^2} \cdot \frac{1 + \Delta / E_g}{1 + (2/3)\Delta / E_g} \left\{ 1 - \frac{m_e}{m_0} \right\} \tag{1.2-31}$$

由上式可以看出，跃迁几率对 E_g 的依赖性并不很强，不同半导体中电子跃迁几率的差别在很大程度上取决于电子的有效质量。

对竖直跃迁矩阵元式（1.2-27）稍做深入的分析，我们还将发现在竖直跃迁类型中还存在允许的和非允许的（禁戒）跃迁。将式（1.2-27）分解为

$$M = \frac{h}{2\pi j} V^{-1} \left[\int u_2^*(r) \nabla u_1(r) \mathrm{d}^3 r + j k_v \int u_2^*(r) u_1(r) \mathrm{d}^3 r \right] \tag{1.2-32}$$

在描述只有空间反演而时间不变的量子力学系统的所谓宇称算符中，动量算符 ∇ 为奇宇称算符，即，当它作用到波函数后，波函数的奇/偶性或者+/–号要改变。所以只有当满足动量守恒式（1.2-26），且满足 $u_2^*(r)$ 与 $u_1^*(r)$ 具有相反宇称时才使式（1.2-32）中第一项积分不为零。这时所产生的跃迁为允许的竖直跃迁。相反，若 $u_2^*(r)$ 与 $u_1^*(r)$ 具有相同宇称，则式（1.2-32）中第一项积分为零，而第二项积分对矩阵元只产生很小的贡献，因而跃迁几率很小，这种竖直跃迁为非允许的跃迁。前者对应 GaAs、InP 等半导体中导带极小值与价带极大值均处于 $k = 0$ 的情况，此时价带是原子的 s 态，导带是原子的 p 态；后者对应 Ge 等半导体，其价带极大值与导带极小值不对应同一 k 值，竖直跃迁中导带与价带分别由原子的 d 态和 s 态构成，这种非允许的直接带隙跃迁几率虽小，但不为零。有关这方面的问题在 9.1 节中还将详细分析。

1.2.3 电子在浅杂质能级和与其相对的能带之间的跃迁

在掺杂的半导体中，存在着束缚在局部能级（施主或受主能级）上的电子或空穴与相对能带（即施主能级与价带或受主能级与导带）中的自由载流子之间发生互作用而产生跃迁。这时，前面所提到的由动量守恒所得出的严格 k 选择定则被松弛或不再成立，跃迁矩阵元变成只与能量有关。

束缚电子的波函数可以写成与晶格周期有关的布洛赫函数 $u(r)$ 与类氢原子中的电子态波函数 $\Psi_{\text{env}}(r)$ 之积，即

$$\Psi_1(r) = \Psi_{\text{env}}(r) u_1(r) \tag{1.2-33}$$

式中，$\Psi_{\text{env}}(r)$ 是一个依指数衰减但相对晶格周期来说变化很缓慢的函数，其形式为

$$\Psi_{\text{env}}(r) = \pi^{-1/2}\left(\frac{1}{a^*}\right)^{3/2}\exp\left(\frac{-r}{a^*}\right) \tag{1.2-34}$$

式中，$a^* = 4\pi\varepsilon\hbar^2/(m^*e^2)$ 是束缚态的有效玻尔半径，m^* 为束缚态的有效质量，ε 为介电常数，对 GaAs 的束缚电子或空穴的有效玻尔半径分别为 100Å 和 10Å，这作为表征电子运动的特征尺寸将在第 6 章用到。

与束缚态相对的能带中自由载流子波函数可以取抛物线能带近似中波矢为 k_b 的平面波函数。例如，在不考虑时间因素时，导带电子的波函数有和式（1.2-21）相同的形式，即

$$\Psi_2(r) = V^{-1/2}u_2(r)\exp(jk_b \cdot r) \tag{1.2-35}$$

式中，$u_2(r)$ 为抛物线能带的布洛赫函数。至此，就可将杂质能级与相对能带之间的跃迁矩阵元写为

$$M_{\text{bi}} = V^{-1/2}\int_v \Psi^*_{\text{env}}(r)u_1^*(r)Pu_2(r)\exp(jk_b \cdot r)\mathrm{d}^3r \tag{1.2-36}$$

式中，P 为动量算符。或者将式（1.2-36）写成

$$M_{\text{bi}} = V^{-1/2}\left\langle u_1^*(r)\left|P\right|u_2(r)\right\rangle\int_v \Psi^*_{\text{env}}(r)\exp(jk_b \cdot r)\mathrm{d}^3r \tag{1.2-37}$$

式（1.2-37）中的积分为矩阵元的包络部分，写做

$$M_{\text{env}} = \int_v \Psi^*_{\text{env}}(r)\exp(jk_b \cdot r)\mathrm{d}^3r \tag{1.2-38}$$

矩阵元 $\left\langle u_1^*(r)\left|P\right|u_2^*(r)\right\rangle$ 是本征带的布洛赫平均矩阵元或带间跃迁矩阵元 M_{bb}。对 III-V 族化合物半导体的 $\left|M_{\text{bb}}\right|^2$ 已由式（1.2-29）给出。因此

$$M_{\text{bi}} = M_{\text{bb}}M_{\text{env}} \tag{1.2-39}$$

将式（1.2-34）代入式（1.2-38）并完成适当的积分后就得到

$$\left|M_{\text{env}}\right|^2 = \frac{64\pi a^{*3}}{(1+a^{*2}k_b^2)^4 V} \tag{1.2-40}$$

当跃迁发生在浅受主能级与导带之间时，式中 $k_b = (2m_eE_c/\hbar^2)^{1/2}$，其中 E_c 是从导带底算起的导带电子能量。图 1.2-3 给出了 $\left|M_{\text{env}}\right|^2(V/a^{*3})$ 与 a^*k_b 之间的关系。由图看出，与跃迁相联系的电子可能产生的跃迁主要是与那些 $k_b < 1/a^*$ 的空穴态相关的。因为，k_b 出现在式（1.2-40）的分母中，所以随着较低能量的导带被填满而使这种浅受主能级与导带之间的跃迁几率减小。也就是说，这种不遵守 k 选择定则的跃迁矩阵元是与能量有关的。随着空穴浓度的增加，束缚电子的跃迁几率起初成比例地增加，但随着导带低能级的占满和高能级的 $\left|M_{\text{env}}\right|^2$ 趋向零，总的跃迁（包括浅受主能级与导带之间的跃迁以及价带与导带之间的跃迁）几率将趋向一个有限值，即达到带与带之间的跃迁几率。这就说明，尽管上面所说的是浅受主能级与导带间的跃迁，但不管是受主还是施主能级，只要与晶格间距相比所发生的宏观变化仍能用正常晶格波函数描述任何电子或空穴态，就可用一个结合的矩阵元将它们耦合到相对能带中的所有态，而该矩阵元最终值总是等于带间矩阵元 M_{bb}。

这种离化的杂质态向相对能带的跃迁，对半导体的光吸收将产生影响，在吸收谱中将出现由此产生的吸收峰，即使光子能量略小于 E_g，也能导致光电导。

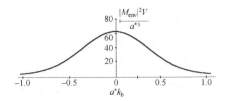

图 1.2-3　束缚电子和相对能带中自由电子之间辐射复合概率与 a^*k_b 的函数关系

1.2.4　重掺杂时的带–带跃迁

早期的同质结半导体激光器为了实现粒子数反转，需对 N 区和 P 区分别掺以浓度高达 $10^{18}/cm^3$ 的施主杂质和 $10^{17}/cm^3$ 的受主杂质。此外，几乎在所有的半导体光电子器件中，也需要对与金属接触的半导体材料施以浓度大于 $10^{18}/cm^3$ 的高掺杂（重掺杂）。当掺杂浓度高到一定程度时，杂质原子外层电子的波函数（按经典说法是外层电子运动的轨道）发生相互交叠而形成杂质能带，当杂质带与本征抛物线能带相接时，就相当于原来的导带或价带长出了一个带尾，相当于带隙变窄，因而光谱变宽。

因为杂质相对于晶格来说是随机分布的，因此，带尾的形成是各杂质电势无规则涨落的结果。处在带尾中的电子或空穴态，既不同于本征带内的电子或空穴态，又区别于处于单个杂质原子上的束缚态，这就需要有另外一种形式的波函数来描述它们，因而也有一种与这种波函数有关的矩阵元来反映涉及与能带尾态跃迁的有关特点。

斯特恩（Stern）[5]对高掺杂半导体中的跃迁几率作了理论分析，为了反映出在带尾中的半局域电子态的特点，提出了一个既有晶体中电子所具有的周期性特点，又有如束缚电子那样其振幅随距离杂质中心位置指数衰减的波函数（ad hoc 波函数）。和前面描述杂质能级上的束缚电子一样，这种波函数也表示为一个包络函数 Ψ_{env} 与一个布洛赫函数之积，所不同的是 Ψ_{env} 取以下形式：

$$\Psi_{env} = \left(\frac{\beta^3}{\pi}\right)^{1/2} \exp(j\boldsymbol{k}\cdot\boldsymbol{r})\exp\left[-\beta(\boldsymbol{r}-\boldsymbol{r}_i)\right] \qquad (1.2\text{-}41)$$

式中，β 是一个决定波函数从中心点 $\boldsymbol{r}-\boldsymbol{r}_i$ 衰减速率的系数，$\boldsymbol{k}$ 是反映出平面波特点的波矢量。$\boldsymbol{k}$ 和 β 可以这样确定，设施主杂质带底以上能量为 E' 的某一特定态的 $\boldsymbol{k}$ 值等于本征抛物导带底 E_c 以上某一能量为 E^* 的态的 $\boldsymbol{k}_c$ 值，则有

$$\frac{\hbar^2 k_c^2}{2m_e} = E^* - E_c \qquad (1.2\text{-}42)$$

$$\frac{\hbar^2 \beta^2}{2m_e} = h_c(E^* - E') \qquad (1.2\text{-}43)$$

式中，E_c 为本征导带底，m_e 为本征导带电子有效质量，h_c 为与带尾形状有关的拟合因子。

可以用前面所述求单个束缚态跃迁矩阵元方法得出重掺杂下的跃迁矩阵元，只需将由式（1.2-41）所表示的包络函数的共轭复数代替式（1.2-38）中的 Ψ_{env}^*，然后，在所有波矢量方向上对所有局域波函数中心位置积分，求平均而得出 M_{env}，所求的矩阵元同样可表示为

本征带间跃迁矩阵元 M_{bb} 与 M_{env} 之积。

图 1.2-4 画出了净受主浓度为 $1.2\times10^{18}\text{cm}^{-3}$ 的 GaAs 半导体的 $|M_{env}|^2(1+\rho_c/\rho_v)^{-1}$ 与从本征价带顶向上算起的空穴能量（ $E''-E_v$ 取正值）的关系（ ρ_c 和 ρ_v 是后面将谈到的导带和价带的态密度）。图 1.2-4 中虚线表示有效质量小的轻空穴，实线表示有效质量大的重空穴。显然，在同样光子能量下，轻空穴的跃迁几率比重空穴大，图中画出了三种不同光子能量的情况。随着（ $E''-E_v$ ）的增加，参与跃迁的空穴移向空穴态密度逐渐减少的杂质带顶，因而参与跃迁的空穴能量范围变宽，表现在图 1.2-4 中的曲线随（ $E''-E_v$ ）的增加而变平坦。随着参与跃迁的空穴移向杂质带顶，激励空穴跃迁所需的光子能量也可以相应减少。反过来说，随着与跃迁有关的空穴能量的增加而逐渐接近本征价带顶， k 选择定则也逐渐得到加强。

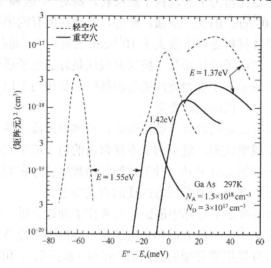

图 1.2-4　GaAs 中由价带至导带的光跃迁包络矩阵元与价带内始态能量的关系

对半导体重掺杂必然会造成大的晶格畸变，只是早期同质结半导体激光器为实现粒子数反转条件而不得已为之。在现在的半导体光发射器件中只是在 P 型限制层上外延一重掺杂 P 型（ P+ ）层，以便与 P+ 层上的金属层形成良好的欧姆接触，而不涉及光跃迁的过程。

1.3　光子密度分布与能量分布[6, 2]

既然半导体光电子学涉及的是电子与光子的相互作用，则了解二者的态密度及其能量分布是基本的，这关系到电子在半导体能带间的跃迁速率。本节和 1.4 节将分别阐述光子和电子的态密度及其能量分布。与电子相互作用的光场，即使是单色性好的激光，光子随能量仍分布在一个有限的光谱范围内。在此用黑体辐射理论分析光子密度分布。

将黑体辐射作为辐射场来分析两能级系统中的量子跃迁特点是由爱因斯坦所确立和被广泛采用的方法。分析表明，将黑体辐射作为辐射场来分析其与具有能带结构的半导体中电子互作用所得到的规律并不失其普遍意义。

对于黑体辐射，要推导的物理量是单位体积、单位频率间隔内的光子数，即光子密度分布，这就是普朗克研究黑体辐射时早已得出的黑体辐射公式。在研究光与电子相互作用的问题中所感兴趣的是辐射场某一振荡模式中的辐射（光子）密度。在此，我们将考虑两个通常使用的描述，即每个模中的辐射密度和单位振荡频率带宽中总的辐射密度。对于后者，在所考虑的辐射腔（谐振腔）中就可包含多个振荡模式。研究黑体辐射能量密度所常用的方法是在辐射场内取出一个立方体来计算该体积内单位体积的态密度。可以用不同的推导方法来得到相同的态密度，差别在于对立方盒内辐射场的特点及形成稳定振荡所需边界条件的处理不同。下面我们用一种结合激光器常用的驻波条件来推导光子态密度。

设辐射腔为一边长为 L 的立方光学谐振腔，取 $L \gg \lambda$，从而就会有多个允许的振荡模式在腔内存在。光子在谐振腔内能产生稳定振荡的所谓谐振条件（驻波条件）要求光子在腔内来回一周的光程应等于所传播的平面波波长 λ 的整数倍，可以用波数 k 来表示这三维空间的驻波条件，即

$$k_x = \frac{m\pi}{L} ; \quad k_y = \frac{p\pi}{L} ; \quad k_z = \frac{q\pi}{L} \tag{1.3-1}$$

式中，m、p 和 q 均为正整数，因此每个模所占体积为 $(\pi/L)^3$。在以 k_x、k_y 和 k_z 为直角坐标系所表示的 k 空间内，代表每一个状态（或模式）的点表示为

$$k = ak_x + bk_y + ck_z \tag{1.3-2}$$

式中，a、b 和 c 分别为三个坐标轴上的单位矢量，在 k 空间中，波数从 $k \rightarrow k + \delta k$ 的球壳体积为 $4\pi k^2 \delta k$，因式（1.3-1）中 m、p 和 q 取正整数，所以我们只需考虑 1/8 球壳内的 k 态数，其值为

$$\frac{1}{8} \text{球壳内的态数} = \frac{1}{8}(4\pi k^2 \delta k) \Big/ \left(\frac{\pi}{L}\right)^3 \tag{1.3-3}$$

$$= \frac{k^2 L^3}{2\pi^2} \delta k$$

考虑到光场有 TE 与 TM 两个偏振态，故 1/8 球壳内的总态数应是式（1.3-3）的两倍。同时，光子态密度是体积 $V = L^3$ 中单位体积中的态数，因此，光子态密度为

$$dN(k) = \left(\frac{k}{\pi}\right)^2 \delta k \tag{1.3-4}$$

实际上，这里所讨论的并不是一个空腔，而是具有折射率为 $\bar{n}$ 的半导体材料，而在半导体中色散又往往是不能忽略的，所以介质中的波数 k 及其微分 δk 可写为

$$k = \frac{2\pi \bar{n} \nu}{c} \tag{1.3-5}$$

$$\delta k = 2\pi \frac{\bar{n}}{c}\left[1 + \frac{\nu}{\bar{n}} \frac{d\bar{n}}{d\nu}\right] \delta \nu \tag{1.3-6}$$

式中，ν 为光子谐振频率，式（1.3-6）方括号内的因子表示折射率色散。还可用光子的能量 $E = h\nu$ 来表示 k 与 δk

$$k = \frac{2\pi \bar{n} E}{hc} \tag{1.3-7}$$

$$\delta k = 2\pi \left[\frac{\overline{n} + E \mathrm{d}\overline{n}/\mathrm{d}E}{hc} \right] \delta E \qquad (1.3\text{-}8)$$

将式（1.3-5）和式（1.3-6）代入式（1.3-4）即得

$$\mathrm{d}N(v) = \frac{8\pi\overline{n}^3 v^2}{c^3} \left[1 + \frac{v}{\overline{n}} \frac{\mathrm{d}\overline{n}}{\mathrm{d}v} \right] \mathrm{d}v \qquad (1.3\text{-}9)$$

每个态的平均光子数或每个态为光子所占据的概率服从玻色-爱因斯坦分布：

$$\langle n_i \rangle = \frac{1}{\exp[hv_i/(k_B T)] - 1} \qquad (1.3\text{-}10)$$

式中，k_B 为玻耳兹曼常数。由式（1.3-9）和（1.3-10）就可给出光子密度分布或单位体积内频率在 v 与 $v + \mathrm{d}v$ 之间的光子数：

$$\mathrm{d}D(v) = \frac{8\pi\overline{n}^3 v^2}{c^3} \cdot \frac{1 + (v/\overline{n})(\mathrm{d}\overline{n}/\mathrm{d}v)}{\exp[hv/(k_B T)] - 1} \mathrm{d}v \qquad (1.3\text{-}11)$$

为了与普朗克黑体辐射公式一致，常将（1.3-11）的光子密度分布以光子能量分布形式给出，为此，将普朗克常数 h 引入式（1.3-11）后得出：

$$\mathrm{d}D(hv) = \frac{8\pi\overline{n}^3 v^2}{hc^3} \cdot \frac{1 + (v/\overline{n})(\mathrm{d}\overline{n}/\mathrm{d}v)}{\exp[hv/(k_B T)] - 1} h\mathrm{d}v \qquad (1.3\text{-}12)$$

有时也把光子密度分布式（1.3-11）表示为单位体积内在能量 E 和（$E+\mathrm{d}E$）之间的光子数

$$\mathrm{d}D(E) = \frac{8\pi\overline{n}^3 E^2}{h^3 c^3} \cdot \frac{1 + (E/\overline{n})(\mathrm{d}\overline{n}/\mathrm{d}E)}{\exp[E/(k_B T)] - 1} \mathrm{d}E \qquad (1.3\text{-}13)$$

式中，$\mathrm{d}E = h\mathrm{d}v$。如果令 $P(E)$ 表示单位体积、单位能量间隔内的光子态密度，显然有

$$P(E) = \frac{8\pi\overline{n}^3 E^2}{h^3 c^3} \cdot \frac{1 + (E/\overline{n})(\mathrm{d}\overline{n}/\mathrm{d}E)}{\exp[E/(k_B T)] - 1} \qquad (1.3\text{-}14)$$

而通常采用的是单位体积、单位频率间隔内的光子能量密度，则由式（1.3-12）有

$$P(hv) = \frac{8\pi\overline{n}^3 hv^2}{c^3} \cdot \frac{1 + (v/\overline{n})(\mathrm{d}\overline{n}/\mathrm{d}v)}{\exp[hv/(k_B T)] - 1} \qquad (1.3\text{-}15)$$

1.4　电子态密度与占据几率[1, 8]

在半导体导带中的电子和价带中的空穴分布通常可表示为某一能量下电子或空穴的态密度 $\rho(E)$ 与该能态为电子所占据的几率 $f(E)$ 之积，这类似于上一节所讨论的光子态密度分布。下面还将发现，在推导电子态密度分布过程中还有一些与前面对光子态密度分布的推导相似之处，所不同的是电子属费米子，它受泡利不相容原理所制约。因此，电子与光子不同，它服从费米-狄拉克统计分布。

在纯半导体中，单位能量间隔的态密度是从电子波函数得来的。在 1.2 节中已经谈到，本征半导体能带的电子波函数是一个波矢为 k 的平面波。和光子能态一样，半导体中电子的

每一能态也对应着某特定波矢为 k 的波函数的驻波图案。这样，我们可以再一次在半导体中隔出一个边长为 L 的立方体，在该立方体中波矢为 k 的平面波得到稳定驻波图案所需要满足的条件同样为

$$k_x = \frac{m\pi}{L}, \quad k_y = \frac{p\pi}{L}, \quad k_z = \frac{q\pi}{L} \tag{1.4-1}$$

在 k 空间的每一电子态同样占据 $(\pi/L)^3$ 的体积，在 $k \to k + \delta k$ 的能量间隔内单位体积的电子态数同样由厚度为 δk 的1/8球壳体积与 $(\pi/L)^3$ 之比求得

$$dN(k) = \rho(k)\delta k = \left(\frac{k}{\pi}\right)^2 \delta k \tag{1.4-2}$$

显然式（1.4-2）中的 $\rho(k)$ 具有 k 空间态密度的物理意义。和光子具有两个偏振态一样，在式（1.4-2）中已经计入了电子所具有的两个自旋态。由能带论指出，晶体中电子与自由电子的差别在于晶体中的电子有与自由电子质量不同的有效质量。为了用能量而不用 k 来表示电子的态密度，我们利用电子动量 $P = \hbar k$ 与其能量的关系 $E = P^2/2m$，以导带底为坐标原点，分别写出导带电子能量 E_c 和价带空穴能量 E_v 的表达式：

$$E_c = \frac{\hbar^2 k^2}{2m_e} \tag{1.4-3}$$

$$-(E_v + E_g) = \frac{\hbar^2 k^2}{2m_h} \tag{1.4-4}$$

式中，m_e 和 m_h 分别代表导带电子和价带空穴的有效质量，E_g 为禁带宽度。从式（1.4-3）或式（1.4-4）分别所得到的 k 和 δk 代入式（1.4-2）中，便得到导带态密度 ρ_c 或价带态密度 ρ_v

$$\rho_c = \frac{m_e(2m_e E_c)^{1/2}}{\pi^2 \hbar^3} \tag{1.4-5}$$

$$\rho_v = \frac{m_h[2m_h(-E_g - E_v)]^{1/2}}{\pi^2 \hbar^3} \tag{1.4-6}$$

由图 1.2-1 可以看出，具有金刚石结构的 Ge、Si 和具有闪锌矿结构的 GaAs 等Ⅲ-Ⅴ族化合物半导体的能带结构中，除了重空穴带外，还有轻空穴带，两者在价带顶是重合的。轻空穴的有效质量小于重空穴的有效质量，因此轻空穴带的态密度与重空穴带相比非常小。图 1.4-1 是根据式（1.4-5）和式（1.4-6）画出的典型半导体导带和价带态密度。在所有直接带隙跃迁的Ⅲ-Ⅴ族化合物半导体中，导带电子的有效质量几乎比价带重空穴小一个数量级，例如在 GaAs 中有 $m_e = 0.067m_0$，$m_h = 0.55m_0$。因为态密度正比于有效质量的3/2次方，所以价带态密度与导带相比要大 25 倍。

除了态密度外，决定载流子在半导体能带中分布的另一个因素是电子态为电子或空穴所占据的几率，即前面曾

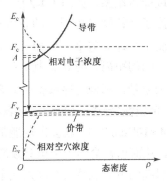

图 1.4-1　半导体中典型的电子
态密度与能量的关系

提到的费米-狄拉克分布函数。正确的理解是由式（1.4-5）和式（1.4-6）所表示的都只是允许电子存在的状态密度，只有考虑了费米-狄拉克分布函数后才是能带中确定的电子或空穴分布情况。费米-狄拉克分布函数是用费米能 F 作为参数来描述的，它反映了电子微观系统的热平衡情况。当导带与价带之间处于严格的热平衡状态时，就可用统一的费米能级来描述在一定能量范围内导带与价带电子的分布。而当向能带中注入载流子时，原来的平衡就会受到扰动与破坏，这就意味着导带与价带之间不再存在统一的费米能级。如果注入速率不是太大，虽然被注入带与相对的另一带之间不存在平衡，但每个带中的载流子却仍处在准平衡的状态。因此，对每个带来说，可以用各自的费米能级 F_c 和 F_v 来描述导带与价带载流子的分布，我们称 F_c 和 F_v 为准费米能级。那么，导带和价带中某一能量 E_c 和 E_v 为电子所占据的几率分别为

$$f_c = \left[1 + \exp\left(\frac{E_c - F_c}{k_B T}\right)\right]^{-1} \tag{1.4-7}$$

$$f_v = \left[1 + \exp\left(\frac{E_v - F_v}{k_B T}\right)\right]^{-1} \tag{1.4-8}$$

显然，当导带与价带处于平衡时有 $F_c = F_v = F$，而且，$1 - f_c$ 代表导带某能级 E_c 未被电子占据的几率，$1 - f_v$ 表示价带某能级 E_v 为空穴所占据的几率。和前面由光子态密度与玻色分布函数之积给出单位体积、某一频率间隔内的光子数的概念一样，电子态密度与相应的费米-狄拉克分布函数之积就表示单位体积内某一特定能级上的电子数。因而，导带中总的电子浓度为

$$n = \int \frac{\rho_c(E_c)}{1 + \exp[(E_c - F_c)/(k_B T)]} dE_c \tag{1.4-9}$$

价带空穴浓度为

$$p = \int \frac{\rho_v(E_v)}{1 + \exp[(F_v - E_v)/(k_B T)]} dE_v \tag{1.4-10}$$

在高注入速率或重掺杂情况下，态密度随能量的分布与式（1.4-5）和式（1.4-6）表示的不同，随机分布的杂质电荷与自由载流子电荷所造成的晶格场的波动，使导带底和价带顶将出现能带尾态，如图 1.4-2 所示。由于半导体介电常数一般较高（参看第 2 章表 2.3-1），而且载流子（特别是电子）的有效质量较小，因此，局部杂质态的玻尔半径 $a* = 4\pi\varepsilon\hbar^2/(m^*e^2)$ 比氢原子半径大得多。例如，在 GaAs 中束缚电子和空穴的 $a*$ 分别为 100Å 和 10Å。当杂质原子之间的距离 r_s 与 $a*$ 之比 $r_s/a* \approx 3$ 时，可以认为杂质电离能减少到零，出现与本征能带衔接的杂质带，形似导带或价带向带隙内产生一个拖尾（即带尾），这时电导率迅速增加，产生所谓"金属性"导电。计算和测量表明，在 GaAs 中当施主杂质与受主杂质浓度分别达到 $2 \times 10^{16}\,cm^{-3}$ 或 $4 \times 10^{18}\,cm^{-3}$ 时，就会出现能带尾态效应。一些文献在不同的假设条件下给出了不同的带尾模型，从而也就给出了带尾对载流子密度分布的不同影响。例如，凯恩（Kane）假设杂质随机分布引起的电势涨落具有高斯几率分布，其均方根值 V_{rms} 为

$$V_{rms} = \left(\frac{e^2}{4\pi\varepsilon\varepsilon_0}\right)\left[2\pi\left(N_D^+ + N_A^-\right)L_S\right]^{1/2} \tag{1.4-11}$$

式中，N_D^+ 和 N_A^- 分别为电离的施主和受主浓度，L_S 为自由载流子不受电离杂质电荷影响的平均距离，称为屏蔽长度，V_{rms} 给出带尾深度 η 为

$$\eta = 2^{1/2} V_{rms} \tag{1.4-12}$$

这样，凯恩对 n 型掺杂半导体给出的导带有效态密度为

$$\rho_{eff}(E_c) = \left\{ \frac{m_e(2m_e)^{1/2}}{\pi^2\hbar^3} \right\} \eta^{1/2} y\left(\frac{E_c}{\eta} \right) \tag{1.4-13}$$

式中，$y(x)$ 为凯恩函数，定义为

$$y(x) = \pi^{-1/2} \int_{-\infty}^{x} (x-z)^{1/2} \exp(-z^2) \mathrm{d}z \tag{1.4-14}$$

由式（1.4-13）可以看出，当 $E_c > \eta$，因 $y(E_c/\eta) \approx (E_c/\eta)^{1/2}$，这时式（1.4-13）就与式（1.4-5）相同；而当 $E_c < 0$ 时，$y(E_c/\eta) \approx \exp(-E_c^2/\eta^2)$，从而出现尾态。

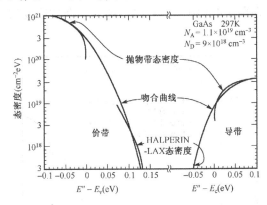

图 1.4-2　净受主浓度为 $2 \times 10^{18}/\mathrm{cm}^3$ 的 GaAs 中导带与价带态密度

在凯恩的这个带尾模型中，由于将所有尾态无区别对待，带尾只是带边的随机滑移。然而，当滑移幅度大时，易出现很靠近杂质电荷团的小区域，在此区内不再有大量密布的载流子态，而使该区对带尾不产生明显的贡献，这等效于减少了尾深，因此凯恩模型对尾深作了过高的估计。

哈尔普林（B.I.Halperin）和拉克斯（M.Lax）考虑了上述深势阱处载流子局部化的影响而提出了对尾深合理减少的模型。他们对宽度为 πL_s（L_s 为屏蔽长度）势阱中的载流子能态用阱中的最低态进行归一化，提出了一个比凯恩高斯带尾形式复杂得多的能带尾态密度的表达式，在此不列出其繁琐的数学形式，只是将其结果与凯恩带尾曲线一并示于图 1.4-3 中。该图是由黄振嘉（C.J.Huang）在比较以上两种模型的基础上，对半补偿重掺杂 p 型半导体分析计算得出的。由图看出，哈尔普林-拉克斯带尾与凯恩带尾相比，尾深有明显减少，特别是有效质量小的导带，其态之间的间隔较大，因而导带尾深减少幅度较大，这是比较符合实际的。

之后，还有一些学者对带尾作了进一步研究，如斯特恩（Stern）将凯恩高斯带尾与哈尔普林-拉克斯带尾进行衔接；还有人将图 1.4-3 中的哈尔普林-拉克斯带尾与本征抛物线带尾进行衔接等。

经许多实验测量发现，带尾中的态密度按指数曲线变化，即

$$\rho_c \propto \exp\left(\frac{E_c}{E_t}\right) \qquad (1.4\text{-}15)$$

$$\rho_v \propto \exp\left(\frac{-E_g - E_v}{E_t}\right) \qquad (1.4\text{-}16)$$

式中，E_t 也被定义为尾深，可以通过经验确定。

不管何种带尾模型，带尾的存在总是增加该电子能带上可能的态数。恩格尔（Unger）指出，对某一给定的费米能级 F，由于带尾的存在所增加的注入载流子总量相当于温度从 T 增加到 $\left[T^2 + (E_t/k_B)^2\right]^{1/2}$ 所引起的载流子增量，其中 k_B 为玻耳兹曼常数。在 1.2 节中已经谈到带尾对电子跃迁概率的影响，以后还将看到，带尾将对半导体激光器的增益、阈值和光谱特性等产生影响。达到"重掺杂"所要求的掺杂浓度与所掺杂质是施主还是受主有关，同时由于价带空穴与导带电子相比有较大的有效质量，因而空穴杂质带有较深的带尾，因此在与主带相衔接后显得突出，这在图 1.4-2 中已能看出当掺受主杂质浓度约为 $10^{18}\,\mathrm{cm^{-3}}$ 时，杂质带尾已处于价带较深的位置。

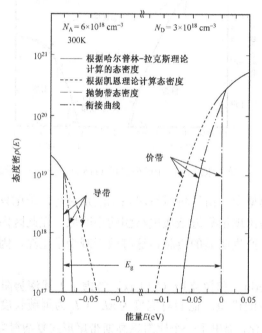

图 1.4-3　几个不同模型态密度的比较

1.5　跃迁速率与爱因斯坦关系

前面几节我们分别讨论了影响电子在半导体能带之间跃迁速率的有关因素，这一节将具体分析与半导体光电子器件工作原理有关的三种跃迁过程（受激吸收、受激发射和自发发射）的跃迁速率以及联系这几种跃迁速率的爱因斯坦关系。

首先扼要地讨论一下影响以上三种跃迁速率的因素：

（1）与跃迁有关的电子能级的情况。显然电子在半导体能带之间的跃迁只能始于电子的占有态而终止于电子的空态，因此跃迁速率应正比于与跃迁有关的初态被电子占据的几率和跃迁终态被空着的几率。

（2）在受激发射与受激吸收跃迁中，跃迁速率应正比于激励该跃迁过程的入射光子密度。为产生受激跃迁，需使入射光子的能量大于或等于与跃迁有关的两能级之间的能量差。如果激励这种跃迁过程的入射光是光谱很纯的单色（或单模）光，则跃迁速率比例于单频中的光子密度。然而，多数实际情况是作用在这种过程中的光子有一定的能量范围，或光子的振荡频率分布有一定的宽度，则电子在能带之间的跃迁速率将比例于式（1.3-15）所表示的单位能量间隔中的光子密度 $P(h\nu)$。

（3）单位能量间隔中参与跃迁的电子态密度，这对激励光为多模时固然重要，但即使是单色光，也同样应该考虑在单位能量间隔中参与光跃迁的电子态密度。因为某一特定能量的光子能使半导体能带中一定能量范围内的电子跃迁。按照量子力学原理，光子与电子互作用时间越短或互作用过程越快，则跃迁所涉及的能量范围就越宽。因此，在有多对能级参与跃迁的情况下，有必要在总的跃迁速率表达式中引进有关电子的态密度。用 $\rho_{red}(h\nu)$ 表示单位能量间隔中，两自旋方向之一的电子参与光跃迁的密度。$\rho_{red}(h\nu)$ 是受选择定则限制的。严格的 k 选择定则要求导带中每一能级只能与价带中具有同样电子自旋的一个能级相关。因此 $\rho_{red}(h\nu)$ 具有折合态密度的意义，并表示为

$$\rho_{red}(h\nu) = \frac{\delta N}{2(\delta E_c + \delta E_v)} = \frac{1}{2}\left(\frac{1}{\rho_c} + \frac{1}{\rho_v}\right)^{-1} \tag{1.5-1}$$

式中，$\delta N/2$ 是两个自旋方向之一的电子态数的增量，这对导带与价带都是相同的；δE_c 和 δE_v 分别为导带与价带中的能量增量，在此能量范围内有相同的态数以保证跃迁在相等 k 值下进行；ρ_c 和 ρ_v 分别为由式（1.4-5）和式（1.4-6）表示的电子和空穴的态密度。以后将看到，即使实际上不可能存在严格的 k 选择定则，但这并不影响目前的讨论。

（4）决定跃迁速率的第四个因素是跃迁几率系数，这已在 1.2 节中讨论。它们包括受激吸收跃迁几率 B_{12}、受激发射跃迁几率 B_{21} 和自发发射跃迁几率 A_{21}。对于严格的 k 选择定则，这些系数描述了在光子能量 $h\nu$ 下所有可能发生的跃迁，因此这些系数的确定需和前面所讨论的那样，从跃迁初态到终态对分布态函数进行积分。然而，不论所涉及的 k 选择定则严格与否，均不影响下面将讨论它们之间的关系——爱因斯坦关系，它反映了热平衡下量子跃迁系统的普遍规律。

基于上面这些讨论，就很容易写出三种跃迁情况的跃迁速率并确定它们之间的相互关系。因所考虑的跃迁量子系统处在热平衡下，则导带与价带的准费米能级应相等，即 $F_c = F_v$。因此描述电子占据几率的函数 f_c 和 f_v 就可使用统一的费米能级。若激励该系统的光子能量具有连续谱，则所求的跃迁速率是单位体积、单位能量间隔的速率。对于电子从价带向导带的受激吸收，其跃迁速率为

$$r_{12} = B_{12} f_v (1 - f_c) \rho_{red}(h\nu) P(h\nu) \tag{1.5-2}$$

而电子从导带向价带的受激发射跃迁速率为

$$r_{21} = B_{21} f_c (1 - f_v) \rho_{red}(h\nu) P(h\nu) \tag{1.5-3}$$

上述受激吸收几率系数 B_{12} 与受激发射几率系数 B_{21} 有相同的量纲[能量×体积／时间]，而单位体积、单位能量间隔的自发发射速率为

$$r_{sp} = A_{21} f_c (1 - f_v) \rho_{red} \tag{1.5-4}$$

式中，A_{21} 为自发发射跃迁几率系数，它的量纲为[1／时间]。

在热平衡情况下，向上跃迁的速率必须等于向下跃迁的总速率，即

$$r_{12} = r_{21} + r_{sp} \tag{1.5-5}$$

将式（1.5-2）、式（1.5-3）和式（1.5-4）代入式（1.5-5）中，并考虑到热平衡下有 $F_c = F_v$ 所描述的统一费米分布函数，则有

$$P(h\nu) = \frac{A_{21}}{B_{12} \exp[(E_c - E_v)/(k_B T)] - B_{21}} \tag{1.5-6}$$

由式（1.3-15），并令其色散项 $[1 + (\nu/\bar{n})(d\bar{n}/d\nu)] = 1$，再与式（1.5-6）比较后得到：

$$\frac{8\pi \bar{n}^3 h\nu^3}{c^3 [\exp(h\nu/(k_B T)) - 1]} = \frac{A_{21}}{B_{12} \exp[h\nu/(k_B T)] - B_{21}} \tag{1.5-7}$$

其中已考虑到在频率为 ν 的光子作用下电子产生共振跃迁 $h\nu = E_c - E_v$ 的情况，由式（1.5-7）显然有

$$B_{12} = B_{21} \tag{1.5-8}$$

$$A_{21} = \frac{8\pi \bar{n}^3 h\nu^3}{c^3} B_{21} \tag{1.5-9}$$

式（1.5-8）和式（1.5-9）称为爱因斯坦关系，它和对二能级系统做类似分析所得的结果是一致的。它们表示了热平衡条件下，自发发射、受激吸收与受激发射三种跃迁几率之间的关系。

因为玻色-爱因斯坦分布函数本身表示每个态（模）中的平均光子数，所以如果激励跃迁系统的是单色光，则跃迁速率只是单位体积而不是上面所说的单位体积、单位能量间隔的跃迁速率。此时单位体积的光子数为

$$\phi = \frac{1}{V} \frac{1}{\exp[h\nu/(k_B T)] - 1} \tag{1.5-10}$$

将式（1.5-10）代替式（1.5-7）的左边后，同样可以得到 $B_{12} = B_{21}$，只是自发发射跃迁几率系数变为

$$A'_{21} = \frac{B_{21}}{V} \tag{1.5-11}$$

现在可以将 V 视为有源光学谐振腔的体积。除了上述联系三种跃迁速率的爱因斯坦关系外，还可以进一步分析这几种跃迁速率之间的关系，并从这些分析中得出一些对光电子学器件的工作原理和特性具有重要意义的结论。

1.5.1 净的受激发射速率和半导体激光器粒子数反转条件

如果被光子激励的半导体能带系统处在平衡态下，并且忽略导带电子自发辐射复合的影

响时，则受激发射速率与受激吸收速率是相等的，即有 $r_{21} = r_{12}$。但在有电子注入等非平衡条件下，就有可能使 $r_{21} > r_{12}$，并令 $r_净$ 为受激发射与受激吸收速率之差，即净的受激发射速率为

$$r_净 = r_{21} - r_{12} \tag{1.5-12}$$

将式（1.5-2）和式（1.5-3）代入式（1.5-12）后得到

$$r_净 = B_{21}\rho_{\mathrm{red}}(h\nu)(f_{\mathrm{c}} - f_{\mathrm{v}})P(h\nu) \tag{1.5-13}$$

其中考虑了爱因斯坦关系 $B_{12} = B_{21}$，因为在净的受激发射下，必定有 $r_净 > 0$，即式（1.5-13）中必须满足：

$$f_{\mathrm{c}} > f_{\mathrm{v}} \tag{1.5-14}$$

将式（1.4-7）和式（1.4-8）代入式（1.5-14），并考虑到 $E_{\mathrm{v}} = E_{\mathrm{c}} - h\nu$（$E_{\mathrm{c}}$ 和 E_{v} 分别为导带和价带电子态能量，$h\nu$ 为光子能量），则有

$$\exp\left(\frac{E_{\mathrm{c}} - h\nu - F_{\mathrm{v}}}{k_{\mathrm{B}}T}\right) > \exp\left(\frac{E_{\mathrm{c}} - F_{\mathrm{c}}}{k_{\mathrm{B}}T}\right) \tag{1.5-15}$$

或更简单地表示为

$$F_{\mathrm{c}} - F_{\mathrm{v}} > h\nu \tag{1.5-16}$$

对于带间跃迁的受激发射，需满足 $h\nu \geqslant E_{\mathrm{g}}$，故式（1.5-16）还可写为

$$\Delta F \geqslant E_{\mathrm{g}} \tag{1.5-17}$$

式（1.5-14）及其演变式（1.5-16）和式（1.5-17）都可认为是在半导体中产生受激发射的必要条件，也可称为半导体激光器的所谓粒子数反转条件，这是由伯纳德（Bernard）和杜拉福格（Duraffourg）于1961年首先提出的，故也称伯纳德-杜拉福格条件，它是次年出现的半导体激光器得以成功的理论基础。式（1.5-16）表明，要在半导体中产生受激发射或形成粒子数反转，就应使其能带系统处于非平衡状态，并使导带与价带的准费米能级之差大于作用在该系统的光子能量。图

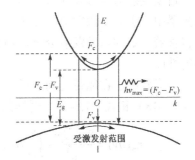

图 1.5-1 伯纳德-杜拉福格条件图示

1.5-1 形象地描述了这一条件。由式（1.5-17）可以看到，如所讨论的半导体材料有确定的禁带宽度 E_{g}，则在受激发射发生以前，导带与价带的准费米能级之差 $(F_{\mathrm{c}} - F_{\mathrm{v}})$ 必须大于 E_{g}，即 F_{c} 或 F_{v} 要进入导带或价带，这在早期的半导体激光器中是通过重掺杂或高注入来满足这一条件的。

式（1.5-13）是从严格的 k 选择定则来考虑的，即电子是在导带与价带 k 值相同的一对态之间跃迁而发射（或吸收）由它们之间能量差所决定的光子，这种严格的 k 选择定则必然限制着参与跃迁的态数。实际上，由图 1.5-1 也看到，能发射同样能量光子的跃迁初态与终态都存在一个可能的范围。因此，我们只需限定跃迁初态或终态的能量 E_{c} 或 E_{v} 和光子能量 $h\nu$ 来重新考虑跃迁几率。例如，对给定的体积 V、导带能量 E_{c} 和光子能量 $h\nu$ 的情况下，可以写出导带内单位能量范围的跃迁几率为 $B_{21}(E_{\mathrm{c}}, h\nu)\rho_{\mathrm{c}}(E_{\mathrm{c}})V$。因为 B_{21} 本身包含 V^{-1}，故实际上所

表示的单位能量的跃迁概率与体积无关。现在，我们就可和前面一样，只需将已经考虑了一个能量范围内的跃迁几率 $B_{21}(E_c, hv)\rho_c(E_c)V$ 代替式（1.5-2）式（1.5-3）中的 B_{12} 和 B_{21}，再对整个 E_c 积分，就可得出相应向上和向下总的跃迁速率，两者之差即为净的总跃迁速率，表示为

$$r_{净}(hv) = P(hv)\int_{-\infty}^{\infty} B_{21}(E_c, hv)V\rho_c(E_c)\rho_v(E_c - hv)(f_c - f_v)\left(1 + \frac{\rho_v}{\rho_c}\right)^{-1} dE_c \qquad (1.5\text{-}18)$$

式中 $\rho_c(E_c)$ 表示 ρ_c 为 E_c 的函数、$\rho_v(E_c - hv)$ 表示 ρ_v 为 $E_v(= E_c - hv)$ 的函数。式（1.5-18）可简单表示为

$$r_{净}(hv) = P(hv)W_{净}(hv) \qquad (1.5\text{-}19)$$

式中，$W_{净}(hv)$ 代表式（1.5-18）中的积分值。对于上述存在一个参与跃迁能量范围的情况下，同样可用价带能量 E_v 来表示单位能量间隔的跃迁几率，即 $B_{12}(E_v, hv)\rho_v(E_v)V$。此时 ρ_c 以 $E_c = E_v + hv$ 为函数。故还可将系统净的受激发射跃迁速率写为对 E_v 积分的表示式：

$$r_{净}(hv) = P(hv)\int_{-\infty}^{\infty} B_{21}(E_v, hv)V\rho_v(E_v)\rho_c(E_v + hv)(f_c - f_v)\left(1 + \frac{\rho_c}{\rho_v}\right)^{-1} dE_v \qquad (1.5\text{-}20)$$

$$= P(hv)W_{净}(hv)$$

显然，可以从式（1.5-19）和式（1.5-20）得到和前面同样的受激发射条件，即 $f_c > f_v$。

1.5.2 自发发射与受激发射速率之间的关系

自发发射与受激发射有密切的关系。从某种意义上讲，受激发射是放大的自发发射。在激光器中，引起受激发射的光子往往来源于自发发射。以后还要谈到，就在每个激光模式中也包含着一定的自发发射分量，而且模式中自发发射与受激发射比率的大小将直接影响激光器的性能。

考虑到电子在能带之间跃迁有一定的能量范围这一特点，运用和前面求净受激发射速率式（1.5-18）和式（1.5-20）同样的方法，可以写出总的自发发射速率为

$$r_{sp}(hv) = \frac{8\pi\overline{n}^3 hv^3}{c^3} \int_{-\infty}^{\infty} B_{21}(E_c, hv)V\rho_c(E_c)\rho_v(E_c - hv)f_c(1 - f_v)\left(1 + \frac{\rho_v}{\rho_c}\right)^{-1} dE_c \qquad (1.5\text{-}21)$$

$$= \frac{8\pi\overline{n}^3 hv^3}{c^3} W_{sp}(hv)$$

其中已经利用了式（1.5-9）。$W_{sp}(hv)$ 代表式（1.5-21）中的积分值。因此要知道 $r_{净}(hv)$ 与 $r_{sp}(hv)$ 之间的关系，只需分析 $W_{净}(hv)$ 与 $W_{sp}(hv)$ 之间的关系。显而易见，$W_{净}(hv)$ 与 $W_{sp}(hv)$ 的比值为 $(f_c - f_v)/[f_c(1 - f_v)]$ 且与能量无关，其值为 $\{1 - \exp[(hv - (F_c - F_v))/(k_B T)]\}$，这样就可得到

$$W_{净}(hv) = W_{sp}(hv)\left[1 - \exp\left(\frac{hv - (F_c - F_v)}{k_B T}\right)\right] \qquad (1.5\text{-}22)$$

因 $W_{sp}(hv)$ 总为正值，因此要想得到净的受激发射，需 $W_{净}(hv)$ 大于零，即要求 $F_c - F_v \geqslant hv$。故式（1.5-22）是从另一个方面再一次证明了伯纳德-杜拉福格粒子数反转条件。由式（1.5-22）还可看出，当 $hv \approx$ 或者 $< F_c - F_v$ 时，就有 $W_{净}(hv) \approx W_{sp}(hv)$，这就意味着，在掺杂浓度很高或

泵浦速率很高的情况下，任何波长下的受激发射与自发发射相等。即一个自发发射光子诱发出一个受激发射的光子，这与通常用以解释两能级系统激光器工作原理的情况相同。

对净的受激发射与自发发射速率之间的关系，还可将式（1.5-4）与式（1.5-13）进行比较，也可得出与上述相同的结论。

1.5.3　净的受激发射速率与增益系数的关系

由式（1.5-13）和式（1.5-18）可知，当满足粒子数反转条件时，净的受激发射速率有正值，则光波通过处在这种状态的介质时将得到增益或放大。粒子数反转程度越大，它所得到的增益也越大。显然，粒子数反转如变为负值（对应于 $f_c < f_v$ 的情况），增益也就变为负值，此时经过这种介质所传播的光波将经受吸收损耗。这里只讨论净受激发射速率与增益系数的关系，有关激光器的增益特性以后将详细讨论。

通常将光波通过粒子数反转区获得的增益表示为

$$F(z) = F_0 \exp(gz) \tag{1.5-23}$$

式中，z 表示光的传播方向，$F(z)$ 表示某一点 z 处单位面积的光子通量，F_0 为光波进入反转区 $z = 0$ 时单位面积的光子通量，g 为单位长度的增益或增益系数。将式（1.5-23）微分就可看出 g 是单位面积所产生的附加光子通量与总光子通量之比，前者即该体积内净的受激发射速率 $r_{净}(h\nu)$，后者应该是由式（1.3-15）表示的光子密度与光波在介质中的传播速度之积，因此有

$$g(h\nu) = \left(\frac{\Gamma \bar{n}}{c}\right) \int_{-\infty}^{\infty} B_{21}(E_c, h\nu) \rho_c(E_c) \rho_v(E_c - h\nu)(f_c - f_v)\left(1 + \frac{\rho_v}{\rho_c}\right)^{-1} dE_c \tag{1.5-24}$$

或写为

$$g(h\nu) = \left(\frac{\Gamma \bar{n}}{c}\right) W_{净}(h\nu) \tag{1.5-25}$$

式中，Γ 为场限制因子，它是考虑到部分光场扩展出粒子数反转区而造成的损失，相当于光子通量截面增加，净的受激发射速率变为 $\Gamma r_{净}(h\nu)$。Γ 的明确定义及其对半导体激光器的影响以后将会陆续涉及。在半导体材料中，遵守带间跃迁 k 选择定则的增益系数可以结合式（1.2-28）和式（1.5-13）依上述同样讨论给出：

$$g(\hbar\omega) = \frac{\pi e^2 \hbar}{m^2 \varepsilon_0 \bar{n} c \hbar \omega} \rho_{red}(\hbar\omega) |M|^2 (f_c - f_v) \tag{1.5-26}$$

如果考虑光场扩展，在式（1.5-26）的分子中同样应该引入 Γ 因子。式（1.5-24）或式（1.5-26）都说明一个重要的物理概念，即一旦在半导体材料中形成了粒子数反转，该材料才有正的增益系数。因此增益系数并不是半导体材料的固有属性。只有通过外部电子注入满足粒子数反转条件，它才对材料内部产生的光子或外部入射的光子具有增益或放大的能力。

1.5.4　净的受激吸收速率与吸收系数

和净的受激发射速率相反，净的吸收速率就是电子在能带系统中受激吸收速率 r_{12} 与受激

发射速率 r_{21} 之差 $(r_{12} > r_{21})$。很容易理解，它就是净受激发射速率的负值 $\left[-r_{净}(h\nu)\right]$，这对应着激光器泵浦速率低或激励水平在激光阈值以下的情况，此时式（1.5-22）中的 $(F_c - F_v)$ 很小，从而 $W_{净}(h\nu)$ 变为负值，按照前面对增益系数完全类似的推导，可以把吸收系数 $\alpha(h\nu)$ 写为

$$\alpha(h\nu) = \frac{\overline{n}}{c} W_{净}(h\nu) \tag{1.5-27}$$

式中，$c/\overline{n}$ 仍为介质中的光速。利用自发发射速率 $r_{sp}(h\nu)$ 与 $W_{sp}(h\nu)$ 的关系式（1.5-21），并将其代入式（1.5-22）中，同时考虑到 $(F_c - F_v)$ 很小时可忽略式（1.5-22）方括号中的 1，从而给出自发发射谱与吸收谱之间的关系：

$$r_{sp}(h\nu) \approx \exp\left\{\frac{F_c - F_v}{k_B T}\right\}\frac{cZ(h\nu)\alpha(h\nu)}{\overline{n}\exp[h\nu/(k_B T)]} \tag{1.5-28}$$

式中，$Z(h\nu)$ 代表单位能量间隔内的态密度，为简单起见，不考虑实际存在的色散，则由式（1.3-13）可将其表示为

$$Z(h\nu) = \frac{8\pi\overline{n}^3 E^2}{h^3 c^3} \tag{1.5-29}$$

式（1.5-28）在泵浦水平未使带间实现粒子数反转以前总是能成立的。因此，可以利用半导体吸收谱的曲线来获得自发发射谱。图 1.5-2 就是利用这种关系对室温下 GaAs 所测得的吸收谱（见图 1.5-2(a)）和计算所得到的自发发射谱（见图 1.5-2(b)），所测样品 GaAs 的空穴浓度为 $1.2\times10^{18} / cm^3$。

半导体中的光吸收是一个很复杂的问题，以上所讨论的只是半导体增益介质中有关光吸收的问题，这在半导体激光器中将是一种损耗。除了上述带间吸收外，还有多种机构引起光吸收，诸如自由电子吸收，杂质或缺陷吸收，激子吸收等。除了直接带隙外，间接带隙跃迁也引起光吸收。除内部因素外，温度、压力等外部因素也对光吸收产生影响。有关半导体光吸收机理的分析，将在第 9 章做进一步讨论。

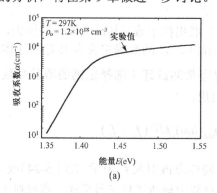
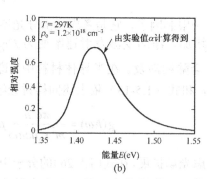

图 1.5-2　(a)空穴浓度 $\rho_o = 1.2\times10^{18} / cm^3$ 时，GaAs 的吸收系数；(b) 由测得的吸收系数所计算的自发发射谱

1.6　半导体中的载流子复合

在此我们不泛泛讨论半导体物理教科书中已详细论述过的非平衡载流子的复合，而着重

分析与光跃迁有关的和影响半导体光电子器件的载流子复合。在半导体中，电子与空穴的复合以两种形式释放出能量。一种是放出光子，这种形式的复合称为辐射复合，前面讨论的自发发射与受激发射主要指带间直接（不通过任何复合中心）的辐射复合，放出的光子能量近似等于禁带宽度。此外，辐射复合也可能发生在杂质或缺陷中心与主能带之间、施主和受主能级之间，这时所放出的光子能量小于禁带宽度。另一种复合形式是非辐射复合，所释放的能量以声子（一般为多声子）形式放出，或转变为自由载流子的动能，后者就是本节后部分将详细讨论的俄歇（Auger）复合。

1.6.1 自发辐射复合速率

在有非平衡载流子注入时，半导体中的电子和空穴将以一定的几率产生自发辐射复合。对一个完美的半导体有源介质来说，注入的载流子在不满足粒子数反转条件时，自发辐射复合将代表总的复合的主要部分。在前面的讨论中，我们只考虑了以某一能量为 hv 的光子的自发发射速率。然而，为了对注入载流子浓度做出估计，从而对材料的一些其他性质做出评价，有必要在整个光子能谱范围内得出总的自发发射速率。

首先，我们还是从严格的 k 选择条件得出的自发发射速率的表达式（1.5-4）出发，结合爱因斯坦关系式（1.5-9），对整个可能产生的光子能谱范围写出其总的自发发射速率 R_{sp}

$$R_{sp} = \int_a^\infty Z(hv)B_{21}(hv)f_c(1-f_v)\rho_{red}(hv)d(hv) \qquad (1.6\text{-}1)$$

式中，$Z(hv)$ 由式（1.5-29）给出，a 为稍低于带隙能量的积分下限。设注入的少数载流子是浓度为 n 的电子，则式（1.6-1）中的 $f_c\rho_{red}(hv)d(hv)$ 可以用 $dn/2$ 代替（其中因子 $1/2$ 是只考虑一个自旋方向的电子），因而可将式（1.6-1）写为

$$R_{sp} = \frac{1}{2}\int_a^n Z(hv)B_{21}(hv)(1-f_v)dn \qquad (1.6\text{-}2)$$

因为 $Z(hv)$ 与 $B_{21}(hv)$ 实际上随 hv 的变化很小而近似认为是常数，因此在积分号内与电子增量 dn 有关的复合时间常数（即自发辐射载流子寿命）可表示如下：

$$\tau = 2\left[ZB_{21}(1-f_v)\right]^{-1} \qquad (1.6\text{-}3)$$

由该式可以看出，当 $f_v \to 0$ 时，即与导带电子跃迁相关的价带态完全是空着的，这时将有最大的跃迁速率，相应的复合时间常数最小而接近 $1/(ZB_{21})$。利用由式（1.5-29）表示的 $Z(hv)$ 与由式（1.2-31）表示的 B_{21}，就可得到III-V族化合物半导体非平衡电子的最小复合时间常数：

$$\tau_{min} = \frac{3m_e c\varepsilon_0\lambda_0^2}{4\pi e^2\bar{n}_g} \cdot \frac{1+(2/3)\Delta/E_g}{1+\Delta/E_g}\left(1-\frac{m_e}{m_0}\right)^{-1} \qquad (1.6\text{-}4)$$

式中各符号的意义都是所熟知的。作为一个例子，列出 GaAlAs/GaAs 激光器的一些典型数据：$m_e = 0.067m_0$，$\lambda_0 = 0.87\mu m$，群折射率 $\bar{n}_g = 4.5$，$\Delta = 0.33eV$，$E_g = 1.42eV$，将这些数据代入式（1.6-4）后得出

$$\tau_{min} = 0.25(ns) \qquad (1.6\text{-}5)$$

前面曾经提到由于轻空穴的有效质量较小，因而轻空穴带的态密度与重空穴带相比也就

很小，因此通常只需考虑非平衡电子与重空穴的复合。但如果价带中的准费米能级足够低而进入轻空穴带，此时轻空穴带的作用就不能忽略，这时由式（1.6-4）所表示的最小复合时间需加倍。同样，如注入的是非平衡空穴，而电子的准费米能级深入导带较高的位置时，也需将 τ_{min} 加倍。

下面我们再来看一下 k 选择定则受到松弛情况下总的自发发射速率，为此，将式（1.5-21）对自发发射光子能谱范围求积分，即

$$R_{sp} = \int_{-\infty}^{\infty} Z(hv)W_{sp}(hv)d(hv) \tag{1.6-6}$$

这可以表示为对光子能量 hv 和电子在导带的能量 E_c 的积分：

$$R_{sp} = \int_a^{\infty} Z(hv) \int_{-b}^{\infty} B_{21}(E_c,hv)V\rho_c(E_c)\rho_v(E_c-hv)f_c(1-f_v) \times \left(1+\frac{\rho_c}{\rho_v}\right)^{-1} dE_c d(hv) \tag{1.6-7}$$

还可以表示为对 E_c 和 E_v 积分的形式：

$$R_{sp} = \int_{-\infty}^{-b-a} \int_{-\infty}^{\infty} Z(E_c-E_v)B_{21}(E_c,E_v)V\rho_c(E_c)\rho_v(E_v)f_c(1-f_v)dE_c dE_v \tag{1.6-8}$$

式中，a 和 b 是适当选择的常数，使积分终止在禁带之内，以便能概括带尾态的影响。因为在式（1.6-8）的第二个积分中 $\rho_c(E_c)f_c dE_c$ 和 $\rho_v(E_v)(1-f_v)dE_v$ 分别代表电子与空穴浓度的增量，因而还可将总的自发发射速率表示为

$$R_{sp} = Z(hv)\int_0^n \int_0^p B_{21}(p_\rho,n_\rho)Vdpdn \tag{1.6-9}$$

式中，表示 B_{21} 的变量 p_ρ 和 n_ρ 代表上至 E_c、下至 E_v 中总的电子和空穴态（不论被占据与否）浓度，包含在积分中小的光子能量范围内，可近似认为 $Z(hv)$ 为常数而取出积分号之外。

如果式（1.6-9）中的 B_{21} 不随载流子浓度变化，则可得到一种有用的简单形式。这有两种可能出现的情况，一是玻尔兹曼统计分布能适应的条件，如在轻掺杂和低注入情况下，这时导带电子和价带空穴各自的准费米能级均处于禁带之中，能带系统处于非粒子数反转的正常状况，只要温度恒定，电子和空穴在能带内的分布可以认为是不变的；另一种情况是 B_{21} 与载流子浓度无关而不考虑 k 选择定则，跃迁矩阵元不随跃迁的初态和终态变化。基于上述分析，可以将 R_{sp} 简单表示为

$$R_{sp} = \beta_r np \tag{1.6-10}$$

式中，β_r 称为自发辐射复合系数，其单位为 (cm^3/s)，当温度一定时它是一个常数。为了求出式（1.6-10）中的自发辐射复合系数 β_r 和相应的复合时间常数，将式（1.6-10）改写为

$$R_{sp} = \beta_r(n_0+\Delta n)(p_0+\Delta p) \tag{1.6-11}$$

式中，n_0 和 p_0 分别为半导体中平衡时的电子和空穴浓度，Δn 和 Δp 分别为非平衡下电子和空穴浓度的增量，在本征半导体中有 $\Delta n = \Delta p$，则式（1.6-11）变为

$$R_{sp} = R_{sp}^0 + R_{sp}' \tag{1.6-12}$$

其中 R_{sp}^0 为平衡时载流子的自发辐射速率：

$$R_{\mathrm{sp}}^0 = \beta_{\mathrm{r}} n_0 p_0 = \beta_{\mathrm{r}} n_{\mathrm{i}}^2 \tag{1.6-13}$$

式中，n_{i} 为本征载流子浓度。而非平衡载流子的自发辐射速率 R_{sp}' 为

$$R_{\mathrm{sp}}' = \beta_{\mathrm{r}} \Delta n (n_0 + p_0 + \Delta n) \tag{1.6-14}$$

其中已利用了 $\Delta n = \Delta p$ 和式（1.6-13）。在平衡时有 $F_{\mathrm{c}} = F_{\mathrm{v}}$，由式（1.5-28）可得到在整个光子能量范围内 R_{sp}^0 与半导体材料吸收系数的关系：

$$R_{\mathrm{sp}}^0 = \frac{c}{\overline{n}} Z(h\nu) \int_0^\infty \frac{\alpha(h\nu)}{\exp[h\nu/(k_{\mathrm{B}}T)]} \mathrm{d}(h\nu) \tag{1.6-15}$$

式中，$c/\overline{n}$ 仍为介质中的光速，$Z(h\nu)$ 仍近似视为常数。因此 R_{sp}^0 可由吸收系数 $\alpha(h\nu)$ 的实验曲线（见图 1.5-2）并经过适当积分来求得，而本征载流子浓度的平方在一定温度时只与禁带宽度有关，由半导体物理学中熟知的公式给出：

$$n_{\mathrm{i}}^2 = 4\left(\frac{2\pi k_{\mathrm{B}}T}{h^2}\right)^3 (m_{\mathrm{e}} m_{\mathrm{h}})^{3/2} \exp\left(-\frac{E_{\mathrm{g}}}{k_{\mathrm{B}}T}\right) \tag{1.6-16}$$

由式（1.6-13）可以得出：

$$\beta_{\mathrm{r}} = \frac{R_{\mathrm{sp}}^0}{n_{\mathrm{i}}^2} \tag{1.6-17}$$

其中 R_{sp}^0 和 n_{i}^2 分别由式（1.6-15）和式（1.6-16）给出。β_{r} 与材料的能带结构有关，直接带隙跃迁材料有比间接带隙跃迁材料大得多的 β_{r}。表 1.6-1 列出了一些直接与间接带隙跃迁半导体材料的 β_{r} 值。由于测量吸收系数所产生的误差，表中所列数据的精确度是有限的。

表 1.6-1　几种半导体材料的 β_r 计算值

材料	带隙类型	$\beta_r(\mathrm{cm}^3/\mathrm{s})$
Si	间接	1.79×10^{-15}
Ge	间接	5.25×10^{-14}
GaP	间接	6.31×10^{-14}
GaAs	直接	7.21×10^{-10}（实验值$\sim10^{-10}$）
GaSb	直接	2.3×10^{-10}
InAs	直接	8.5×10^{-11}
InSb	直接	4.58×10^{-11}

非平衡载流子的自发辐射速率也就是非平衡载流子通过辐射复合衰减的速率，表示为

$$R_{\mathrm{sp}}' = \frac{\Delta n}{\tau_{\mathrm{s}}} \tag{1.6-18}$$

式中，Δn 为非平衡载流子浓度，非平衡载流子的自发辐射复合寿命 τ_{s} 可由式（1.6-14）和式（1.6-18）给出：

$$\tau_{\mathrm{s}} = \left[\beta_{\mathrm{r}}(p_0 + n_0 + \Delta n)\right]^{-1} \tag{1.6-19}$$

在高注入下有 $\Delta n > p_0 + n_0$，则式（1.6-19）变为

$$\tau_{\mathrm{s}} \approx \left[\beta_{\mathrm{r}}(\Delta n)\right]^{-1} \tag{1.6-20}$$

相反，在低注入条件下则有

$$\tau_s \approx \left[\beta_r(p_0 + n_0)\right]^{-1} \tag{1.6-21}$$

当电子和空穴的准费米能级进入能带，则式（1.6-10）就应做相应的改变。这时必须考虑能带尾态的影响，自发辐射复合系数将与载流子浓度有关，但仍可用与式（1.6-10）相类似的形式表示总的自发发射速率。以掺受主杂质为例，将 R_{sp} 表示为

$$R_{sp} = B(n)n(n + p_0) \tag{1.6-22}$$

式中，$B(n)$ 为与载流子浓度有关的自发辐射复合系数，n 为注入的少数载流子（在此为电子）浓度，p_0 此时等于净的电离受主浓度。罗伯特（Robert）[11]等比较了自发辐射复合系数 $B(n)$ 与载流子浓度有关的两种模型，即具有抛物线能带、常数矩阵元的 k 选择模型与具有能带带尾的斯特恩模型，其归一化辐射复合系数 $B(n)/B_0$ 与少数载流子浓度的关系如图 1.6-1 所示，其中 B_0 为 $B(n)$ 按泰勒级数展开后的常数项。由图可以看出，即使在抛物带模型中，$B(n)$ 随载流子浓度的变化仍相当显著，当载流子浓度为 $2 \times 10^{18}/cm^3$ 时，自发辐射复合系数也比 B_0 下降 20%，在斯特恩模型中则下降更多。这是因为在能带尾态中，由于杂质的散射而使载流子跃迁不受 k 选择限制，在低注入下还能具有较高的自发发射速率，但随着尾态的填充，带尾复合的相对贡献减少，从而造成总的辐射复合速率迅速减少。

$B(n)$ 的值能很方便地由实验得出，为了分析 $B(n)$ 的影响，将 $B(n)$ 按泰勒级数展开并取前两项后得到：

$$B(n) = B_0 - B_1 n \tag{1.6-23}$$

将式（1.6-23）代入到式（1.6-22）中，则总的自发发射速率为

$$R_{sp} = (B_0 p_0)n + (B_0 - B_1 p_0)n^2 - B_1 n^3 \tag{1.6-24}$$

因此 R_{sp} 不仅由载流子浓度的线性项和平方项决定，它的立方项还能使 R_{sp} 减少。由式（1.6-24）还看出，在所讨论的 p 型半导体中，注入载流子浓度平方项的辐射复合系数随净的电离受主浓度 p_0 的增加而减少。因为在实验测量中所得到的自发辐射功率 P 正比于总的自发辐射复合速率，因而 $P/[n(n + p_0)]$ 与 n 的关系曲线和 $B(n)$ 与 n 的关系是完全等效的。所以只要知道每一被测电流 I 所对应的载流子浓度和有源区的掺杂浓度，就可无须任何附加假设而直接从发光二极管的 P-I 曲线求出 $B(n)$。还可通过对实验曲线的数值拟合，得出式（1.6-24）中各项的系数。例如，用这种方法得出 InGaAsP 中的 $B_1 = 1.2 \times 10^{-29} cm^6/s$、$B_0 = 0.7 \times 10^{-10} cm^3/s$，这些数据是在忽略了 p_0 并在 –140℃ 得到的；同样，对 GaAlAs 发光二极管在 $p_0 = 2 \times 10^{17}/cm^3$ 和 26℃ 下得出式（1.6-24）中线性项与平方项的辐射复合系数分别为 $1.4 \times 10^7 cm^3/s$ 和 $0.75 \times 10^{-10} cm^3/s$。图 1.6-2 给出了上述 InGaAsP 和 GaAlAs 的 $P/[n(n + p_0)]$ 与注入载流子浓度的关系。由图可以看出，InGaAsP 的 B_1/B_0 比 GaAlAs 大，即对应于图 1.6-2 中有较大的直线斜率。尽管任何涉及某种程度 k 选择的理论都指出上述辐射复合系数与载流子浓度的关系，但还不甚清楚在 InGaAsP 中为什么有比 GaAlAs 大的辐射复合系数随载流子浓度的变化。可能的解释是从图 1.6-1 和图 1.6-2 的对比来得到的，即在 InGaAsP 中所观察到的 $B(n)$ 随载流子浓度的显著变化来源于它的带尾中偏离 k 选择程度较大或存在大量的尾态。因为严格的 k 选择只适合于

很纯的、竖直跃迁的半导体，这限制了参与跃迁的态数。但对于存在杂质或缺陷的半导体，k 选择定则将受到某种程度的松弛，这时跃迁矩阵元不完全甚至不取决于跃迁的初态和终态的能量，电子在晶体中受到杂质和缺陷的弹性散射保证其在跃迁过程中的能量与动量守恒。在斯特恩的带尾模型中，k 选择定则受到很大的松弛，在尾态中载流子快的辐射复合速率使 $B(n)$ 随载流子浓度变化很大。这还可用来解释 InGaAsP 发光二极管与 GaAlAs 相比有低的内量子效率和温度稳定性等性质。

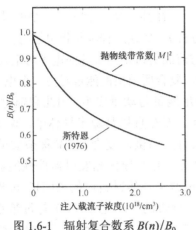

图 1.6-1　辐射复合数系 $B(n)/B_0$ 与注入载流子浓度的关系

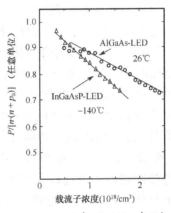

图 1.6-2　InGaAsP 与 GaAlAs 中 $P/[n(n+p_0)]$ 与载流子浓度的关系

1.6.2　俄歇（Auger）复合[12]

载流子在半导体能带之间的复合除了产生光辐射外，还可能产生俄歇非辐射复合。这种复合与载流子在表面态、异质结界面态的复合影响相同，对半导体激光器、发光二极管的量子效率、可靠性和长期工作的稳定性等都带来不利的影响。而且带间俄歇非辐射复合已成为长波长半导体激光器和发光二极管高效率和可靠工作的主要障碍。下面将对俄歇复合的物理本质、复合速度及其影响因素进行较详细的分析。

在讨论俄歇复合以前，有必要介绍一下在俄歇复合中有重要作用的自旋-轨道裂矩。前面曾提到在与光跃迁有关的价带中，除了态密度较高的重空穴带外，还有一个态密度较小的轻空穴带，而且这两个带在价带顶是简并的。对能带结构的进一步分析还可发现，重空穴带本身也是二重简并的。在实际晶体中，特别是讨论带间俄歇复合时，还必须考虑某一价电子的自旋磁矩与其他作轨道运动的价电子所产生的磁场之间的相互作用（即自旋-轨道互作用），其结果是使重空穴带的二重简并解除，而在轻空穴带的下面出现一个自旋-轨道分裂带（或称自旋-轨道裂矩带），其带顶与重空穴带顶之间的能量差 Δ 称为自旋-轨道裂变能或自旋-轨道裂矩，如图 1.6-3 所示。Ge 和 Si 的 Δ 很小，分别为 0.28eV 和 0.04eV，而 GaAs 的 Δ 为 0.35eV。对与 InP 晶格匹配的 $Ga_xIn_{1-x}As_yP_{1-y}$ 四元化合物半导体，其自旋-轨道裂矩可表示为[13]

$$\Delta(y) = 0.11 + 0.31y - 0.09y^2 \tag{1.6-25}$$

下面将看到，Δ 的大小及其与禁带宽度之差在决定俄歇复合速率及其影响时将有重要作用。

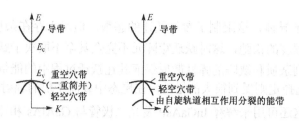

图 1.6-3　存在价带中的自旋-轨道裂矩带

俄歇复合从本质上讲是碰撞电离产生电子-空穴对的逆过程。例如，一个能量大于 1.5 倍禁带宽度的电子能产生电子-空穴对（碰撞电离过程），其逆过程则是将电子与空穴复合的能量转移给导带的其他电子或价带的其他空穴。这与前面所讨论的单纯的电子与空穴复合不同，俄歇复合过程涉及三个载流子，因此是三体复合，复合所放出的能量对另一个电子或空穴是作为附加的动能而出现的。俄歇复合同样需要满足能量与动量守恒，因此和辐射复合一样，在间接带隙半导体中，出现俄歇复合的几率很小。而在直接带隙半导体中，除了能带之间的俄歇复合外，还可能出现与杂质态电子或空穴有关的俄歇复合（或简称杂质俄歇）过程，如图 1.6-4 所示。下面所讨论的只是带间俄歇复合。对半导体光发射器件性能影响较大的主要有两种带间俄歇复合过程，即主要发生在 n 型半导体材料内的 CCHC 过程和主要发生在 p 型半导体中的 CHHS 过程。在 CCHC 中，导带的一个电子（C）与价带重空穴带上的一个空穴（H）复合后，将它们复合所放出的能量和动量转移到导带的另一个电子（C）中，使其进入更高的导带电子能态（C），如图 1.6-5(a)所示。因为这种 CCHC 俄歇复合过程涉及两个导带电子和一个重空穴，因此其复合速率正比于 $n^2 p$。而在 CHHS 过程中，一个导带电子（C）与一个重空穴（H）复合后，复合所释放的能量和动量将自旋-轨道裂距带（S）上的一个电子激发至重空穴（H）带中，如图 1.6-5(b)所示。显然这种过程的复合速率正比于 np^2，n 和 p 分别为导带电子与价带空穴的浓度。因此，我们可以将俄歇复合速率写为[14]

$$R_{\text{Auger}} = \begin{cases} c_e n^2 p & \text{(CCHC)} \\ c_p np^2 & \text{(CHHS)} \end{cases} \quad (1.6\text{-}26)$$

式中，c_e 和 c_p 分别为 CCHC 和 CHHS 俄歇复合系数。有一些学者已经从不同的能带结构出发推出了复杂的俄歇复合速率表达式，但对同样的俄歇过程由不同理论所得出的俄歇复合速率差别甚大，甚至达数量级的悬殊。在此不去推导这些复杂的俄歇复合速率的表达式，而只对上述两种影响长波长激光器性能的俄歇复合进行定性的分析。

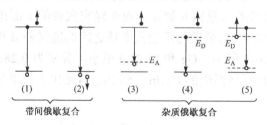

图 1.6-4　在半导体中的带间俄歇复合和杂质俄歇复合过程

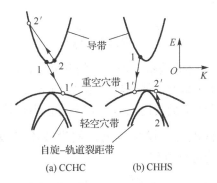

图中标注: 导带, E, O, K, 重空穴带, 轻空穴带, 自旋–轨道裂距带

(a) CCHC　　　(b) CHHS

图1.6-5　半导体中带间俄歇复合（图中的1和1'分别代表复合过程的初态和终态；2和2'分别代表激励过程的初态和终态）

类似于前面求自发发射速率的方法，先把上述两种带间俄歇复合在热平衡下的复合速率表示为

$$R_{\text{Auger}}^0 = \begin{cases} c_e n_0^2 p_0 & \text{(CCHC)} \\ c_p n_0 p_0^2 & \text{(CHHS)} \end{cases} \tag{1.6-27}$$

式中，n_0、p_0 是平衡时的电子、空穴浓度，在非简并情况下，显然有 $n_0 p_0 = n_i^2$，n_i 为式（1.6-16）所示的本征载流子浓度。前面已提到，俄歇复合是碰撞电离的逆过程，碰撞电离的产生率依赖于高能电子的存在，而高能电子的数量与总的电子或空穴浓度成正比。因此，把单位时间、单位体积所产生的高能电子或空穴写为

$$G = \begin{cases} g_e n \\ g_h p \end{cases} \tag{1.6-28}$$

式中，g_e 和 g_h 分别为高能电子或空穴的产生系数。在平衡时，高能电子的产生率应与复合率相等，利用式（1.6-27）就可得到

$$g_e = c_e n_i^2 \tag{1.6-29a}$$

$$g_h = c_p n_i^2 \tag{1.6-29b}$$

在非平衡情况下，净的俄歇复合率可由式（1.6-26）、式（1.6-28）和式（1.6-29）得到

$$R_{\text{Auger}} - G = (np - n_i^2)(c_e n + c_p p) \tag{1.6-30}$$

式（1.6-30）实际是总的俄歇复合速率，可令其为 R_{At}，它考虑了 CCHC、CHHS，以及电子和空穴的产生过程对俄歇复合率的贡献。在非平衡情况下有 $n = n_0 + \Delta n$，$p = p_0 + \Delta p$，并设 $\Delta n = \Delta p$，因此俄歇复合寿命为

$$\tau_A = \frac{\Delta n}{R_{\text{At}}} = \frac{1}{(p_0 + n_0 + \Delta n)(c_e n + c_p p)} \tag{1.6-31}$$

在小注入情况下有 Δn 或 $\Delta p \ll (p_0 + n_0)$，则有

$$\tau_A = \frac{1}{(p_0 + n_0)(c_e n + c_p p)} \tag{1.6-32}$$

在本征情况下有

$$\tau_{A} = \frac{1}{2n_{i}^{2}(c_{e} + c_{p})} \quad (1.6\text{-}33)$$

按通常的理解，这种三体复合的俄歇过程出现的几率应比较小，但当载流子浓度较高时，由于 $\tau_{A} \propto 1/n_{i}^{2}$，致使这种复合的影响不能忽略。由式（1.6-33）还可以看到，τ_{A} 的大小取决于俄歇复合系数 c_{e} 和 c_{p}，这是两个最关键的量，它们可以由理论计算或实验得到。

由图 1.6-5 所示的带间俄歇复合模型可见，假设载流子服从玻耳兹曼分布，由贝蒂（Beattie）等[15]建立的微扰理论可以得到

$$g_{e} = A_{e}\left(\frac{k_{B}T}{E_{g}}\right)^{3/2} \exp\left[-\left(\frac{1+2\mu}{1+\mu}\right)\frac{E_{g}}{k_{B}T}\right] \quad (1.6\text{-}34a)$$

$$g_{h} = A_{h}\left(\frac{k_{B}T}{E_{g}}\right)^{3/2} \exp\left[-\left(\frac{2+\mu}{1+\mu}\right)\frac{E_{g}}{k_{B}T}\right] \quad (1.6\text{-}34b)$$

上两式中的系数 A_{e} 和 A_{h} 分别为

$$A_{e} = B\left\{\frac{m_{e}}{m_{o}}|F_{1}F_{2}|^{2} \middle/ \left[\varepsilon^{2}(1+\mu)^{1/2}(1+2\mu)\right]\right\} \quad (1.6\text{-}35a)$$

$$A_{h} = B\left\{\frac{m_{h}}{m_{o}}|F_{1}F_{2}|^{2} \middle/ \left[\varepsilon^{2}\left(1+\frac{1}{\mu}\right)^{1/2}\left(1+\frac{2}{\mu}\right)\right]\right\} \quad (1.6\text{-}35b)$$

式中，常数 $B = 2(2\pi)^{1/2}e^{4}m_{o}/h^{2}\varepsilon_{0}^{2}$，$\varepsilon$ 为半导体的介电常数，ε_{0} 为真空中的介电常数，m_{e} 和 m_{h} 分别为电子和空穴的有效质量，m_{o} 为自由电子的质量，$\mu = m_{e}/m_{h}$，F_{1} 和 F_{2} 为布洛赫函数周期部分的重叠积分，表示为

$$F_{i} = \int u_{i}^{*}(k, r)\, u_{i}(k, r)\mathrm{d}^{3}r, \quad i = 1, 2 \quad (1.6\text{-}36)$$

由式（1.6-29）和式（1.6-34）可求得俄歇复合系数

$$c_{e} = \frac{A_{e}}{N_{c}N_{v}}\left(\frac{k_{B}T}{E_{g}}\right)^{3/2} \exp\left(-\frac{\mu}{1+\mu} \cdot \frac{E_{g}}{k_{B}T}\right) \quad (1.6\text{-}37a)$$

$$c_{p} = \frac{A_{h}}{N_{c}N_{v}}\left(\frac{k_{B}T}{E_{g}}\right)^{3/2} \exp\left(-\frac{1}{1+\mu} \cdot \frac{E_{g}}{k_{B}T}\right) \quad (1.6\text{-}37b)$$

式中，N_{c} 和 N_{v} 分别为导带电子和价带空穴的有效态密度。由式（1.6-34）和式（1.6-37）都可以看到，碰撞电离和俄歇复合都需要有一定的激活能才能发生。由式（1.6-34）可见，为产生碰撞电离，依照能量和动量守恒，电子和空穴的动能必须超过禁带宽度而达到某一阈值 E_{T}。在室温下，对 Ge、Si 和 GaAs 等所测得的这一阈值动能都在 E_{g} 的 1.5 倍以上。同样，由式（1.6-37）也可以看出，由于俄歇复合过程的初态和终态不可能都与能带极值重合，故其动能之和也必须超过一定的阈值（$E_{T} - E_{g}$），俄歇复合才能发生。阈值能量 E_{T} 与禁带宽度 E_{g} 和自旋-轨道裂矩 Δ 的关系被表示为

$$E_T = \frac{2m_{CO} + m_{HO}}{2m_{CO} + m_{HO} - m_e} E_g \qquad \text{(CCHC)} \qquad (1.6\text{-}38)$$

$$E_T = \frac{2m_{HO} + m_{CO}}{2m_{HO} + m_{CO} - m_S(E_T)}(E_g - \Delta) \qquad \text{(CHHS)} \qquad (1.6\text{-}39)$$

式中，m_{CO} 和 m_{HO} 分别为电子和重空穴在带边的有效质量，m_S 为自旋–轨道裂带中空穴的有效质量，它是 E_T 的函数。由式（1.6-37）、式（1.6-38）和式（1.6-39）都可以看出，禁带宽度越小，俄歇复合发生的概率就越大。这就是为什么 InGaAsP 为有源材料的激光器中，由于俄歇过程所造成的非辐射效应对器件性能产生严重影响的原因所在。同时，随 $(E_g - \Delta)$ 的减小，发生 CHHS 俄歇复合的阈值能量减小，而在 $In_{1-x}Ga_xAs_yP_{1-y}$ 双异质结激光器中，随着 As 含量 y 的增加（即对应着激射波长的增加），由式（1.6-25）可见，自旋–轨道裂矩 Δ 也相应增加，致使 CHHS 俄歇复合速率增加更大，这将影响带隙相对小的长波长半导体激光器阈值电流和温度稳定性等特性。表 1.6-2 列出了与 InP 晶格匹配的 $In_{1-x}Ga_xAs_yP_{1-y}$ 的一些能带参数随组分的变化。在 InGaAsP 中，CHHS 的俄歇复合速率要比 CCHC 俄歇复合高两个数量级左右。在高温下，CCHC 俄歇过程的影响也是很重要的。

由于俄歇复合寿命也是常用来表征俄歇复合速率的一个重要参数，故结合式（1.6-29）和式（1.6-34）可得到俄歇复合系数 c_e 和 c_p，将它们代入式（1.6-33）后得到本征半导体的俄歇复合寿命为

$$\tau_A = \frac{1}{2(A_e + A_h)} \left(\frac{E_g}{k_B T}\right)^{3/2} \left[\exp\left(\frac{1+2\mu}{1+\mu} \cdot \frac{E_g}{k_B T}\right) + \exp\left(\frac{2+\mu}{1+\mu} \cdot \frac{E_g}{k_B T}\right)\right] \qquad (1.6\text{-}40)$$

由式（1.6-40）同样可以看出，为什么在窄带隙有源材料中，俄歇复合是一个不容忽视的问题。

表 1.6-2　$In_{1-x}Ga_xAs_yP_{1-y}$ 固溶体的能带参数

y	x	λ (μm)	E_g(eV)	ε	m_e/m_o	m_h/m_o	m_s/m_o
0.85	0.386	1.5	0.87	11.1	0.047	0.423	0.176
0.6	0.273	1.3	0.93	10.7	0.057	0.437	0.202
0.43	0.195	1.07	1.06	10.4	0.063	0.438	0.216
0.24	0.109	1.06	1.17	10.0	0.070	0.443	0.233

对于掺杂半导体中的俄歇复合，也可仿照上述本征情况做出类似的分析[11]。例如，在 p 型半导体中，由电中性条件，其空穴浓度 $p = n + p_0$，这里，n 为注入的少数载流子（在此为电子）浓度，p_0 等于净的电离受主浓度，如果忽略 CCHC 与 CHHS 俄歇复合系数的差别，即 $c_p = c_e = c$，则可仿照式（1.6-26）给出这种情况下的俄歇复合速率：

$$R_{Auger} = \begin{cases} cn^2(n + p_0) & \text{CCHC} \\ cn(n + p_0)^2 & \text{CHHS} \end{cases} \qquad (1.6\text{-}41)$$

但如果掺杂浓度比注入载流子浓度小，则两者都可表示为 cn^3。如果 p_0 和 n 同数量级或更大，则式（1.6-41）中 CHHS 的影响显得突出，在 R_{Auger}(CHHS) 中 n 的线性项 cp_0^2n 和平方项 cp_0n^2 是很重要的，甚至能超过立方项 cn^3 的影响。

1.7 增益系数与电流密度的关系

在式（1.5-24）～式（1.5-26）中，我们已从量子跃迁速率出发得出了增益系数的表达式，从而对增益系数有了一些定性的了解。从中可以看到，一旦在半导体材料中出现了粒子数反转，即满足 $f_c > f_v$，则在半导体材料中就有正的增益（或负的吸收），受激发射速率将大于受激吸收速率。但是，粒子数反转条件是靠外加注入电流来实现的。因此，增益系数并不是半导体材料本身的属性。原则上，增益系数与电流密度的关系可以通过求解式（1.5-24）关于增益系数的积分和式（1.5-21）来得到。但实际上，要比较精确地得到在积分式中出现的有关态密度 ρ_c 和 ρ_v、爱因斯坦跃迁几率系数 B_{21} 是困难的。为把宏观电流密度与半导体中的微观光子增益过程联系起来，这一节我们将用一些更熟悉的参数来了解增益过程和对增益系统做出半经验但又符合实际的定量估计，这对分析半导体激光器的特性具有重要的指导作用。

为了弄清注入载流子所产生的增益过程，先分析一下注入半导体中的载流子的行为。注入的载流子在浓度梯度方向上会发生扩散，在扩散长度以内的载流子在直接带隙材料中将以较大的速率产生受激的或自发的辐射复合；当然也有部分载流子不可避免地消耗在非辐射复合之中，如载流子与表面态、异质结界面态的复合和俄歇复合；在异质结激光器或发光二极管的有源区中的注入载流子还有部分越过异质结势垒而泄漏。与辐射复合相比，消耗在非辐射复合和泄漏方面的载流子所占比例较小。如忽略这些损耗，就可将描述载流子变化速率的方程简单地表示为

$$\frac{\mathrm{d}n}{\mathrm{d}t} = \frac{J}{ed} - R_r(n) \tag{1.7-1}$$

式中，n 为注入的载流子浓度，$R_r(n)$ 为辐射复合速率，d 为有源层厚度，J 为注入电流密度。在稳定情况下，显然有

$$J_n = edR_r(n) \tag{1.7-2}$$

此时注入的载流子全用来产生辐射复合，并把这种量子效率为 1（即每注入一个电子–空穴对即辐射出一个光子）的电流密度称为名义电流密度，以 J_n 表示。同时，习惯上取 $d = 1\mu m$。故 J_n 是在厚度为 $1\mu m$ 的有源层内全部用来产生辐射复合所需的电流密度。

再进一步分析注入载流子是如何在半导体激光器中产生自发辐射和受激辐射复合的。如图 1.7-1 所示[16]，当注入电流由零开始增加时，所注入的载流子也同时增加，并用来产生自发辐射复合。随着注入载流子浓度的增加，并达到粒子数反转条件 $F_c - F_v \geqslant E_g$ 时，也有少量注入载流子将产生受激辐射复合，但与自发发射复合相比，这部分载流子所占比例是很小的。只有当注入载流子浓度进一步增加使粒子数反转达到某一程度，即达到光子增益与其损耗相抗衡的某一阈值以后，所注入的电流才主要用来产生受激辐射。这时总的电流 $I = I_{sp} + I_{st}$，其中 I_{sp} 与 I_{st} 分别为产生自发辐射和受激辐射的电流。由上述分析可知，在电流密度达到阈值 J_{th} 以前，可将式（1.7-2）近似为

$$J_n = er_{sp} = 1.602 \times 10^{-23} r_{sp} \tag{1.7-3}$$

式中，r_{sp} 为单位体积、单位能量间隔的自发辐射速率，J_n 的单位为 A/(cm²·μm)。

自发辐射所产生的光子是受激辐射的"种子"。反过来，受激发射光子往复穿越半导体增益介质时，将"诱导"或激励载流子辐射复合，此为受激辐射复合过程，由此"克隆"和倍增出新的光子。用总的自发辐射速率所表示的电流密度与增益系数的关系如图 1.7-2 所示。增益系数从某一电流密度 J_t 开始为正值，此时在增益介质中已开始形成粒子数反转。此后，随着电流密度的增加，介质的增益系数相应增加，当电流密度达到某一阈值 J_{th} 时，由于增益饱和效应致使增益系数不再随电流密度发生大的变化，而使增益系数被"钳制"在阈值增益处。因而不处于振荡状态的受激发射光子（如行波半导体光放大器中的光子）增益系数依图中虚线随电流密度线性变化到更高的程度。

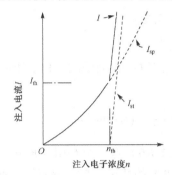
图 1.7-1 半导体激光器中注入电流与注入载流子浓度的关系

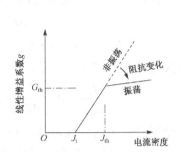
图 1.7-2 半导体激光器增益系数与注入电流密度的关系

在此分析增益系数与电流密度之间的定量关系[17]。式（1.5-21）中的 r_{sp} 是单位体积、单位能量间隔内的自发发射速率。而实际上，如图 1.7-3 所示，式（1.5-21）中 $W_{sp}(hv)$ 分布在一个较宽的光子能量范围，可以将它等效为 $W_{sp}(hv)$ 的峰值 $W_{sp}(\max)$ 与等效带宽（即其最大值的一半处的带宽）ΔE 之积，因此可将名义电流密度 J_n 表示为

$$J_n = d_n eZ W_{sp}(\max)\Delta E \tag{1.7-4}$$

式中，Z 仍由式（1.5-29）给出，e 为自由电子电荷，为考虑有源层厚度的影响，其厚度 $d_n(d_n \equiv 1\mu m)$ 仍列于表示式中。如果将式（1.5-25）中的 $W_{净}(hv)$ 以其最大值代替，并引入光场限制因子 Γ（其定义将由式（5.1-1）给出）则可以得到最大的光谱增益，即

$$g_{\max} = \frac{\bar{n}\Gamma}{c}W_{净}(\max) \tag{1.7-5}$$

由式（1.5-22）看出，$W_{净}(\max)$ 将小于 $W_{sp}(\max)$，因而可将它们之间的关系表示为

$$W_{净}(\max) = W_{sp}(\max)/\gamma \tag{1.7-6}$$

式中，γ 为大于 1 的因子，它取决于自发发射谱的形状和电子与空穴的准费米能级之差 $(F_c - F_v)$。由图 1.7-3 可以看出，γ 随着泵浦（注入）水平的增加（相应 $F_c - F_v$ 增加）而减少，因而 $W_{净}(\max)$ 也随之增加。将式（1.7-4）、式（1.7-5）与式（1.7-6）相结合，就给出单位体积的电流密度 J_n 与最大光谱增益之间的关系为

$$J_n = d_n\left[ceZ\Delta E\gamma/(\bar{n}\Gamma)\right]g_{\max} \tag{1.7-7}$$

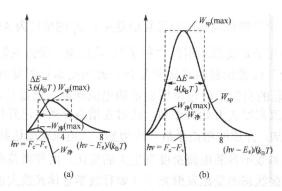

图 1.7-3　在两种不同注入水平下，受激发射速率 $W_净$ 与自发发射速率 W_{sp} 谱

为方便起见，将等效带宽 ΔE 用熟知的 $k_B T$ 来量度：

$$\Delta E = q k_B T \qquad (1.7\text{-}8)$$

其中 q 为比 1 大的数。作为一个具体例子，将室温下 GaAs 的带隙、光子能量（或波长）、折射率 $\bar{n}$ 等有关数据代入式（1.7-7）就可得到：

$$\frac{J_n}{g_{max}} = d_n\left(\frac{T}{300}\right)\times 5.38\frac{q\gamma}{\Gamma} \quad (\text{A}\cdot\text{cm}^{-1}) \qquad (1.7\text{-}9)$$

只要 γ 有一个不是太大的合理取值，则式（1.7-9）是一个有用的形式。它至少适合于 $F_c - F_v > E_g + 2k_B T$ 或 $J_n = 4J_t$（J_t 为透明电流密度）的情况。超出该范围，增益饱和效应开始起作用，此时增益随电流的变化与半导体的性质或掺杂浓度无明显关系，控制增益的主要因素是线宽和隐含在 $Z(hv)$ 中的发射波长。在很强的泵浦水平下，即 $F_c - F_v$ 有较大增加，而引起带宽增加（即 q 值增加），如图 1.7-3(b)所示。但在一个很大的增益系数范围内，q 的增加为 γ 的减少所补偿，使 $\gamma q \approx 4.5$，因而式（1.7-9）变为

$$\frac{J_n}{g_{max}} \approx d_n\frac{24(T/300)}{\Gamma} \quad (\text{A}\cdot\text{cm}^{-1}) \qquad (1.7\text{-}10)$$

很纯的半导体有源介质，相当于具有抛物线能带、常数矩阵元和遵循严格的 k 选择的情况。这时的增益-电流关系可以利用严格的 k 选择下的式（1.5-4）对 hv 积分以求得总的自发发射速率 R_{sp}，然后将其代入式（1.7-2）中求出名义电流密度；用式（1.5-13）乘以 $\bar{n}/c$ 可得到单位长度的名义增益。为了得到所关心的峰值增益与电流密度的关系，需要将态密度 $\rho_{red}(hv)$、电子占据几率 f_c 和 f_v 代入有关自发发射与受激发射的表示式中，然后进行适当的数值运算，显然这是很复杂的。

斯特恩给出了在严格 k 选择下 GaAs 的峰值增益与电流密度的关系[18]，如图 1.7-4 所示，这是在样品有源层厚度为 1μm 和几个不同温度下得到的。在相当大的增益范围（20～500cm^{-1}）内，图中曲线可拟合成增益系数与电流密度之间的线性关系：

$$g = A(J - J_t) \qquad (1.7\text{-}11)$$

式中，J_t 是增益曲线在电流密度坐标上的截距，对应刚好满足粒子数反转条件 $hv = F_c - F_v$ 或增益恰为正值时的电流密度（或称透明电流密度）；A 为 $g\sim J$ 曲线的梯度，即增益因子或增益常数，其近似依 $1/T$ 关系变化。也可将式（1.7-11）表示成相应的增益系数与注入载流子浓度 n 的关系：

$$g = A_0(n - n_t) \qquad (1.7\text{-}12)$$

式中，n_t 对应着 J_t 的载流子浓度，A_0 为相应的 $g\sim n$ 曲线的梯度常数，也就是第 5 章将要介绍的微分增益系数。由于通常电流注入效率并不为 1，注入的载流子不可能完全进入半导体增益区，因而式（1.7-11）与式（1.7-12）中的梯度常数不尽一致。

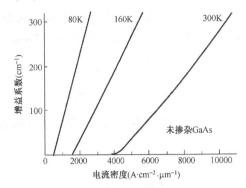

图 1.7-4 纯 GaAs 的峰值增益与电流密度的理论关系

尽管式（1.7-11）与式（1.7-12）是在所谓严格 k 选择规则下得出的增益-电流的线性近似关系，但这种简单的关系表达式却被广泛采用。下面的分析将看到，在实际的增益介质中，并不存在这种理想的线性关系。如果将式（1.7-12）两边取微分，则 $\mathrm{d}g/\mathrm{d}N$ 更能反映整个增益系数随注入载流子浓度的变化。$\mathrm{d}g/\mathrm{d}N$ 称微分增益，是一个表征增益介质性能的重要参数，对半导体激光器的线宽增强因子、调制带宽、量子效率等特性和对半导体光放大器的增益、饱和输出功率等都会产生关键性影响。

上述严格的 k 选择也许并不能代表任何真实的情况，即使半导体材料足够纯，注入载流子也将扰动本征抛物线带边，更何况在掺杂（特别是重掺杂）下 k 选择定则所受到的松弛。处理 k 选择受到松弛时增益系数与电流密度的关系问题时，最简单（但不精确）的方法是假设所有能带之间的主要跃迁具有相等的跃迁几率，再结合一些经验数据和使用有关函数关系的模型，同样能给出一些有用的结果。这种带间有常数跃迁几率的近似，既适合于高注入下费米能级进入抛物线能带的情况，也适合于费米能级处在带尾的情况（不管载流子大部分在抛物带内或低温下全部处在带尾内）。对于后者，可以得到一个简单的、适合于半导体激光器工作情况的增益与电流密度的关系。以重掺杂 p 型半导体为例，价带处于半填充，$f_v = 1/2$；设导带具有式（1.4-15）表示的指数带尾，电子费米能级处在抛物线导带以下能量为 $-F_c$ 的导带尾内。如果只考虑靠近 F_c 的尾态，则电子占据几率可近似表示为

$$f_c = \frac{1}{2} + (F_c - E_c)\Big/(4k_B T) \tag{1.7-13}$$

将 $(f_c - f_v)$ 及指数带尾态密度式（1.4-15）代入式（1.5-24）得到

$$g \propto \left(\frac{F_c - E_c}{k_B T}\right)\exp\left(\frac{E_c}{E_t}\right) \tag{1.7-14}$$

可以证明，当 $E_c = F_c - E_t$ 时，将得到增益系数的最大值，即

$$g_{max} \propto \left(\frac{E_t}{k_B T}\right)\exp\left(\frac{F_c}{E_t} - 1\right) \tag{1.7-15}$$

对于导带尾态（相对于抛物带底为负值能量）上的电子，其辐射跃迁所产生的光子

能量为 $E_g + E_c$，E_g 为本征带隙，在有带尾存在时称它为名义带隙。因此，对应于最大增益系数的光子能量为 $(E_g + F_c - E_t)$，可见带尾的影响使 g_{max} 所对应的光子能量远低于带隙能量。

为了将 g_{max} 表示为与注入电流相应的注入载流子浓度的关系，并从式（1.7-14）和式（1.7-15）中消去与带尾无明显关系的 F_c，为此使用恩格尔（Unger）关系[19]：

$$n = N_c \exp\left(\frac{F_c}{\left[(k_B T)^2 + E_t^2\right]^{1/2}}\right) \qquad (1.7\text{-}16)$$

式中，n 为注入载流子浓度，N_c 为正比于 $[(k_B T)^2 + E_C^2]^{3/2}$ 的导带有效态密度，这样，方程（1.7-15）就可表示为

$$g_{max} \propto \left(\frac{n}{N_c}\right)^b \qquad (1.7\text{-}17)$$

式中，$b = \left[(k_B T / E_t)^2 + 1\right]^{1/2}$，带尾深度 E_t 在室温下为 0.01eV。对所考虑的 p 型材料，注入的电子浓度 n 显然正比于电流密度，这就可得到呈超线性变化的 g_{max} 与名义电流密度的关系为

$$g_{max} \propto J_n^b \qquad (1.7\text{-}18)$$

式中，b 值由很低温度下的 1 变到室温下的 3。实验证明，上述超线性关系一直到注入载流子浓度达 $10^{18}/cm^3$ 时仍能成立。显然带尾的存在使 g_{max} 随电流密度的变化变得缓慢，式（1.7-17）适合于激射谱处在材料增益谱中心的情况。或者说，在激射波长下的光子在一个有限谱宽内能经历最大的增益。例如，用增透或增反来改变半导体激光器的腔面反射率，这时达到阈值所需的增益将变化，激射波长也少许漂移，但仍可用式（1.7-17）来计算新情况下的最大增益系数。

另一种情况与上述考虑最大增益系数不同，有时需要知道在某一固定波长下增益随载流子浓度的变化。例如，在瞬态现象中，每个激光振荡模式的频率（或波长）可以认为是不变的。为确定上述这种变化关系，取式（1.7-14）中的 E_c 为定值，因而所对应的光子能量 $(E_g + E_c)$ 也为定值，而式中 F_c 却是变量，则利用式（1.7-16）所得到的 F_c 随注入电子浓度的变化和式（1.7-14）可得到

$$g \propto \ln\left(\frac{n}{n_0}\right) \qquad (1.7\text{-}19)$$

式中，n_0 是当所考虑的某一尾态与准费米能级相同时（即 $E_c = F_c$）的载流子浓度。式（1.7-19）所表示的是一种亚线性关系，如图 1.7-5 中的实线所示。为了比较，图中虚线表示最大增益与载流子浓度的关系式（1.7-17），两者相切所对应的载流子浓度为

$$\ln\left(\frac{n}{n_0}\right) = \left[\left(\frac{k_B T}{E_t}\right)^2 + 1\right]^{-1/2} \qquad (1.7\text{-}20)$$

这意味着，对这一特定的载流子浓度 n，增益介质激射波长可获得的最大增益。

前面所使用的指数带尾和跃迁矩阵元不随尾态能量而变化的假设是一种简化。斯特恩运用了比较符合实际的哈尔普林-拉克斯带尾模型和随尾态能量变化的矩阵元，对用高浓度（$10^{18}/cm^3$）施主杂质补偿的 p 型 GaAs，对不同温度下的增益系数与电流密度关系进行了理

论与实验研究，结果如图 1.7-6 所示。为便于比较，图中以点划线表示了 300K 下纯 GaAs 的结果。由图可见，在室温下，高掺杂的一般影响是使增益-电流特性偏离线性，即在 $g < 100\text{cm}^{-1}$ 的区域内，增益随电流上升缓慢，而在 $g > 100\text{cm}^{-1}$ 的区域内，与纯 GaAs 相比几乎有相同的、较快的增长速率。其原因是前面曾提到的，当注入电流密度 $J = 4J_t$ 时，增益系数与电流的关系与半导体的性质和掺杂浓度无关，而只取决于发射带宽，当带宽大于 k_BT 时，由于高掺杂而畸变的能带结构虽使带宽增加，但在高温和高电流下，这种带宽增加的影响变得越来越不明显，在室温和增益大于 300cm^{-1} 所对应的电流下，这种影响可以忽略。同时，在高掺杂下也不致由于自由载流子吸收使增益系数明显减少。所有这些，使得高掺杂与纯半导体在高注入电流下有近乎相同的增益特性。

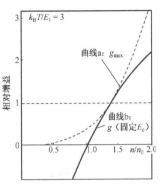

图 1.7-5 相对增益与注入载流子浓度的关系

与图 1.7-4 比较还可看到，高掺杂减少了增益刚好为正值的电流密度 J_t，致使在低电流密度下增益系数仍有有限的增加，这是因为带尾越深，粒子数达到反转所要求的费米能级也越低。由注入载流子所占据的态数也比费米能级位于抛物带内少得多。因此，在重掺杂下 J_t 的减少是由于所要求注入的载流子数减少，另外，斯特恩认为在深尾态上的载流子复合寿命较长。

斯特恩还计算了净受主浓度 $(N_A - N_D) = 4\times10^{17}/\text{cm}^3$ 的低掺杂 GaAs 在室温下增益系数与名义电流密度的关系，如图 1.7-7 所示。在各曲线上还标出了大于或小于抛物线带隙的光子能量。各曲线是依式（1.7-19）对固定光子能量下得到的，最上面一条是最大增益 g_{max} 的包络线，它与严格 k 选择定则下的纯 GaAs 的增益曲线很相近（参见图 1.7-4），但在电流密度小于 $4000\text{A}\cdot\text{cm}^{-2}\cdot\mu\text{m}^{-1}$ 时，增益系数并不为零。图 1.7-8 是依据和图 1.7-7 同样的情况但以名义电流为参数的增益系数与光子能量的关系曲线。由图看出，峰值增益（由图中短划线表示）随名义电流的增加而增加，峰值增益的光子能量随电流增加而增加。在带尾区，这种增加的速度缓慢。这种增加电流而增加增益的同时发生波长漂移的现象在半导体激光器和放大器中是常遇到的，也是这些器件需稳定工作的困难之一。

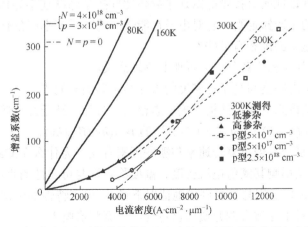

图 1.7-6 在不同温度下增益峰值与注入电流密度的理论关系与实验结果

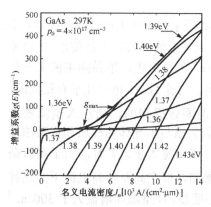

图 1.7-7　所计算的 GaAs 在低掺杂下增益系数与名义电流密度的关系

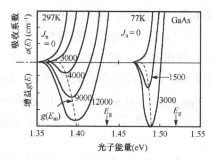

图 1.7-8　计算的 GaAs 增益系数与光子能量的关系，图中 J_n 的单位为 $A \cdot cm^{-2} \cdot \mu m^{-1}$，$N_A - N_D = 4 \times 10^{17} cm^{-3}$

思考与习题

1. 在半导体中有哪几种与光有关的跃迁？利用这些光跃迁可制造出哪些类型的半导体光电子学器件？

2. 为什么半导体锗、硅不能用来作为半导体激光器的有源介质，而是常用的光探测器材料？对近年来有关硅基发光或硅基激光的研究前景作一述评。

3. 用量子力学理论证明直接带隙跃迁半导体比间接带隙跃迁半导体的跃迁几率大。

4. 什么叫跃迁的 k 选择定则，它对电子在能带间的跃迁速率产生什么影响？

5. 影响光跃迁速率的因素有哪些？

6. 推导伯纳德–杜拉福格条件，并说明其物理意义。

7. 比较求解电子态密度与光子态密度的方法与步骤的异同点。

8. 在半导体中重掺杂对能带结构、电子态密度、带隙、跃迁几率等带来什么影响？

9. 证明 $(f_c - f_v)/[f_c(1 - f_v)]$ 即为式（1.5-22）的 $W_{净}(h\nu)/W_{sp}(h\nu)$。

10. 什么叫俄歇复合？俄歇复合速率与哪些因素有关？为什么在 GaInAsP/InP 等长波长激光器中，俄歇复合是影响其阈值电流密度、温度稳定性与可靠性的重要原因？

11. 比较严格 k 选择定则与其受到松弛情况下增益–电流特性的区别。

12. 带尾的存在对半导体有源介质增益特性产生哪些影响？

13. 证明式（1.7-20）。

14. 说明图 1.7-5 和图 1.7-6 所依据的假设有何不同，并说明它们各自的局限性。

参 考 文 献

[1] （日）白藤纯嗣著, 黄振岗、王茂增译. 半导体物理基础, 高等教育出版社, 1983, 第四章.

[2] （美）H. C. 凯西, M. B. 帕尼什著, 杜宝勋译. 异质结构激光器（上）, 国防工业出版社, 1983, 第三章.

[3] G. H. B. Thompson, Physics of Semiconductor Laser Devices. The Pitman Press, Bath, 1980, pp. 57～78.

[4] E. O. Kane, Band Structure-Indium Antimonide, J. Physics Chem. Solid, 1, p. 249(1957).

[5] F. Ste r n, Band Tail Model for Optical Absorption and for the Mobility Edge in Amorphous Silicon, Phys. Rev., B3, P. 2636 (1971).

[6] 同[3], pp. 43～51.

[7] 同[3], pp. 64～78.

[8] 同[2], pp. 133～145.

[9] 同[3], pp. 49～550.

[10] （美）亨利 克雷歇尔, J. K 巴待勒著, 黄史竖译. 半导体激光器和异质结发光二极管, 国防工业出版社, 1983, pp. 27～40.

[11] Robert Olshansky, et al, Measurement of Radiative and Nonradiative Re-combination Rates in InGaAsP and AlGaAS Light Sources, IEEE J. of Quanrum Electron. , 1984, 20(8):838～854.

[12] 同[1], pp. 170～l72.

[13] D. Z. Garbuzov et al, Recombination Processes in InGaAsP/InP Double Heterostructures Emitting. $\lambda = 1 \sim 1.5\mu mP$, Soviet Phys. Semiconductor, 1984, 18(6): 65～67.

[14] Mesumi Takeshima, Analysis of Ternperature Sensitive Operation in 1.6 μm $In_{0.53}Ga_{0.47}As$ Lasers, J. APPI. Phys. 1984, 56(3): 691～695.

[15] A. R. Beattie and P. T. Landsberg, Auger Effect in Semiconductors, Proc Roy. Soc. Se r. A, 1959, 249(1256): 16～29.

[16] Minoru yamada, Transverse and Longitudinal Mode Control in Semiconductor Injection Lasers, IEEE J. Quantum Electron. 1983, 19(9): 1365～1380.

[17] 同[3], pp. 78～92.

[18] F. Stern, Gain Current Relation for GaAs Lasers with n-type and Undoped Active Lasers, IEEE J. Quant. Electron. , 1973, 9: 290.

[19] K. Unger, Spontaneous and Stimulated Emission in Junction Lasers, I Band with Parabolic State Densities. II Band with Density of States Tails, Zeitscrift fur Physik, 1967, 207: 322～341.

第2章 异 质 结

2.1 异质结及其能带图[1~3]

广义来说，异质结可定义为两种不同物质之间的结合界面。但在半导体光电子学中所涉及的异质结是指两种不同半导体晶体材料之间由原子键所结合的界面。更具体说，异质结是由两种禁带宽度不同的半导体材料，通过一定的晶体生长方法所形成的结。反之，若由两种禁带宽度相同的半导体材料构成的结，则称为同质结。后面将要谈到，异质结在半导体光电子学中占有特别重要的地位，是目前半导体激光器、半导体发光二极管、半导体光放大器、半导体光探测器等半导体光电子器件高效率工作的基础。

根据从一种半导体到另一种半导体过渡层中空间电荷分布情况或过渡层的厚度，可将异质结分为突变结与缓变结。前者有明显的空间电荷区边界，其厚度仅仅为若干原子间距。在第6章将要介绍，用分子束外延（MBE）或金属有机化合物化学汽相沉积（MOCVD）等能精确控制沉积速率的薄膜生长技术所形成的异质晶体界面具有突变异质结的特性；后者如早期用液相外延所生长的异质结，在过渡区的空间电荷浓度向体内逐渐变化，其厚度可达几个电子或空穴的扩散长度。

由构成异质结的两种半导体材料的掺杂（或导电）类型，可以将异质结分为同型异质结和异型异质结。前者是由两种掺杂类型相同的半导体材料构成的异质结，并常用 p-P 和 n-N 来表示；后者则是异质结两边的半导体具有不同的杂质类型，并用 p-N 和 n-P 表示，其中英文小写和大写字母分别表示窄带隙半导体和宽带隙半导体。

能带是分析异质结电学性质的重要手段之一，许多研究工作者在分析异质结能带时提出了不同模型。1960 年安德森（Anderson）在研究异质结的基础上，首先提出了一个能解释许多实验现象并为后来普遍采用的模型。该模型假设在异质结界面上不存在界面态和偶极态，异质结的空间电荷层（或耗尽层）仅由大小相等、符号相反的空间电荷所构成；由于在异质结两边的材料有不同的介电常数，因此在界面上的静电场是不连续的。

异质结能带图对分析异质结的基本特点和了解含有异质结的光电子器件的工作原理是很有帮助的。设异质结两边的材料具有不同的功函数 ϕ、电子亲和势 χ，前者定义为将一个电子从费米能级转移到真空能级所需的能量，后者则是从导带底转移一个电子至真空能级所需的能量。根据异质结两边不同大小的 ϕ、χ 和不同的 χ 与禁带宽度 E_g 之间的关系，可以作出形状不同的能带图。下面以 GaAlAs/GaAs 异质结为例，介绍作异质结能带图的基本步骤。首先以同一水平虚线的真空能级为参考能级，根据各自的 ϕ、χ 和 E_g 值画出两种半导体的能带图，如图 2.1-1(a)所示；两种材料形成异质结后应处于同一平衡系统中，因而各自的准费米能级应该相同，而各自的 ϕ 和 χ 仍维持原值不变；再根据空间电荷区的电荷密度求解泊松方程，就可得到结两边的静电势和相应的电子或空穴的势垒高度 $|eV_D|$（e 为电子电荷，V_D 为接触电势），它也等于在结形成前两种材料的准费米能级之差，从而也就可以知道空间电荷区范围内

真空能级的弯曲情况；形成异质结后结两边材料的 ϕ 和 χ 值仍处处和原来单独时一致。依上述方法作图，就会发现异质结能带在界面出现不连续，如图 2.1-1(b)所示。下面以突变异质结为例做进一步说明。

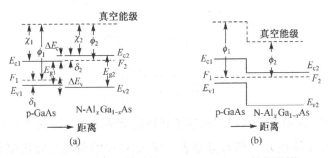

图 2.1-1 形成 pN 异质结 GaAs-Ga$_{1-x}$Al$_x$As 的能带图

2.1.1 pN 异型异质结

和 PN 同质结一样，异型异质结的空间电荷区是由电子型半导体中的电离施主和空穴型半导体中的电离受主在结面两边的一个有限范围内形成的电偶极区。设所讨论的 pN 异质结有 $\chi_1 > \chi_2$，由前所述的方法作图，就能看到导带和价带在异质结界面处的不连续，界面两边的导带出现明显的"尖峰"和"尖谷"，如图 2.1-2 所示。左侧材料为禁带宽度（即带隙）较小的 p 型材料，其相应参数在图中用下标 1 来表示；右侧材料为禁带宽度较大的 N 型材料，其相应参数在图中用下标 2 来表示；它们所形成的异质结在导带和价带分别出现不连续 ΔE_c 和 ΔE_v，由图 2.1-2 可见 ΔE_c 为结两边材料电子亲和势之差，即

$$\Delta E_c = \chi_1 - \chi_2 \qquad (2.1\text{-}1)$$

价带不连续 ΔE_v 为

$$\Delta E_v = E_{g_2} - E_{g_1} - \Delta E_c \qquad (2.1\text{-}2)$$

由式（2.1-1）和式（2.1-2）可得出

$$\Delta E_v = \Delta E_g - \Delta \chi \qquad (2.1\text{-}3)$$

显然有

$$\Delta E_g = \Delta E_c + \Delta E_v \qquad (2.1\text{-}4)$$

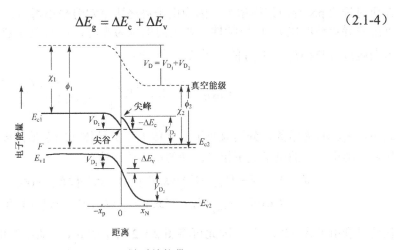

图 2.1-2 pN 异质结能带

ΔE_c 与 ΔE_v 并不相等，相对大小与构成异质结的材料有关。后面将看到，由于电子的行为在光电子器件中起着重要的作用，一般对异质结两边材料上希望有 $\Delta E_c > \Delta E_v$。从异质结界面向两侧扩展的空间电荷区宽度分别为

$$-x_P = \left[\frac{2}{e} \cdot \frac{N_{D_2} \varepsilon_1 \varepsilon_2 V_D}{N_{A_1}(\varepsilon_1 N_{A_1} + \varepsilon_2 N_{D_2})} \right]^{1/2} \tag{2.1-5}$$

$$x_N = \left[\frac{2}{e} \cdot \frac{N_{A_1} \varepsilon_1 \varepsilon_2 V_D}{N_{D_2}(\varepsilon_1 N_{A_1} + \varepsilon_2 N_{D_2})} \right]^{1/2} \tag{2.1-6}$$

式中，N_{D_2}、N_{A_1} 分别表示电子型和空穴型半导体的杂质浓度（即图 2-1-2 中 n 型材料的施主浓度和 p 区材料的受主浓度），ε_1 和 ε_2 分别表示图 2.1-2 中窄带隙与宽带隙半导体的介电常数。因而总的空间电荷区宽度为

$$d = x_N - x_P = \left[\frac{2\varepsilon_1 \varepsilon_2 (N_{A_1} + N_{D_2})^2 V_D}{e N_{A_1} N_{D_2} (\varepsilon_1 N_{A_1} + \varepsilon_2 N_{D_2})} \right]^{1/2} \tag{2.1-7}$$

V_D 是总的内建电势，它在两半导体中内建电势 V_{D_1} 与 V_{D_2} 之间的比值为

$$\frac{V_{D_1}}{V_{D_2}} = \frac{N_{D_2} \varepsilon_2}{N_{A_1} \varepsilon_1} \tag{2.1-8}$$

在空间电荷区内，电中性条件 $N_{A_1} |x_P| = N_{D_2} x_N$ 成立，所以结电容可表示为

$$C_i = \frac{d}{dV_D}(e N_{A_1} | x_P |) = \left[\frac{e N_{A_1} N_{D_2} \varepsilon_1 \varepsilon_2 (N_{A_1} + N_{D_2})^2}{2(\varepsilon_1 N_{A_1} + \varepsilon_2 N_{D_2}) V_D} \right]^{1/2} \tag{2.1-9}$$

结电容是一个很重要的器件参数，它直接影响器件在高频下的应用。当在异质结两边加上正向电压（即 p 型相对于 N 型半导体加上正电压）V_a 后，它在结面两边空间电荷区上的压降分别为 V_1 和 V_2，这时的势垒高度就由原来的 eV_D 降低到 $e(V_D - V_a) = e[(V_{D_1} - V_1) + (V_{D_2} - V_2)]$。只要用 $(V_D - V_a)$ 代替 V_D，用 $(V_{D_1} - V_1)$ 和 $(V_{D_2} - V_2)$ 分别代替 V_{D_1} 和 V_{D_2}，上列诸式仍然成立。在所讨论的 pN 异质结模型中，因为电子势垒比空穴势垒小得多，来自宽禁带 N 型的电子流支配着异质结的电流-电压特性。在正向电压为零时，由右至左越过势垒 eV_{D_2} 的电子流与反方向越过势垒 $(\Delta E_c - eV_{D_1})$ 的电子流相等，即

$$A_1 \exp\left[-\frac{(\Delta E_c - eV_{D_1})}{k_B T} \right] = A_2 \exp\left(-\frac{eV_{D_2}}{k_B T} \right) \tag{2.1-10}$$

式中，A_1、A_2 为常数，分别取决于半导体 1 和半导体 2 的杂质浓度及有效质量。加上正向电压后，两个方向的电子流不相等，净的电子流密度为

$$\begin{aligned} J &= A_2 \exp[-e(V_{D_2} - V_2)/(k_B T)] - A_1 \exp\{-[\Delta E_C - e(V_{D_1} - V_1)/(k_B T)]\} \\ &= A_2 \exp[-eV_{D_2}/(k_B T)]\{\exp[eV_2/(k_B T)] - \exp[-eV_1/(k_B T)]\} \end{aligned} \tag{2.1-11}$$

在此已利用了式（2.1-10）。因此可将图 2.1-2 所示的 pN 异质结的电流-电压特性由下式给出

$$J = A \exp \frac{-eV_{D_2}}{k_B T} [\exp \frac{eV_2}{k_B T} - \exp \frac{-eV_1}{k_B T}] \tag{2.1-12}$$

式中，A 为系数，当注入的少数载流子（在此为电子）的扩散是主要扩散机制时，系数 A 可表示为

$$A = \frac{ex_e D_{n_1} N_{D_2}}{\sqrt{D_{n_1} \tau_{n_1}}} \tag{2.1-13}$$

并且有

$$A \exp \left(-\frac{eV_{D_2}}{k_B T}\right) = \frac{ex_e D_{n_1} n_{p_o}}{\sqrt{D_{n_1} \tau_{n_1}}} \tag{2.1-14}$$

式中，x_e 为电子跨越界面的传输系数，它表示在 N 区 $x = x_N$ 处的电子浓度中能越过界面到达 p 区 $x = |x_p|$ 处净电子浓度的比率。n_{p_o} 是热平衡下 p 区的电子浓度，即无外加电压时 N 区电子越过势垒 V_{D_2} 进入 P 区的电子浓度。D_{n_1}、τ_{n_1} 分别表示注入半导体 1 中的电子扩散系数和寿命。

由式（2.1-12）可以清楚看出，方括号中的第一项在正向偏压下起主要作用，在反向偏压下则第二项起主要作用。无论正向还是反向，其电流密度均随电压的增加而指数增加。这是与同质 pn 结不同的。

以上这种分析和处理的方法，对 nP 异质结也完全适用，不再赘述。

2.1.2 突变同型异质结

和异型异质结不同，同型异质结 nN 和 pP 的性质是由多数载流子决定的。和异型异质结一样，安德森同样在忽略界面态影响的前提下，建立了同型异质结的模型。所不同的是由于结两边材料的电子亲和势不同，使得同型异质结的空间电荷区是由宽禁带半导体一侧的固定空间电荷（电离施主或电离受主）和另一侧运动的电子或空穴所构成的电偶极层构成的，或者说是由宽带隙的耗尽层与窄带隙一侧载流子的积累层组成的。依据构成异质结的两种半导体之间电子亲和势 χ、功函数 ϕ，以及 χ 和禁带宽度之间的不同大小关系，同样可以得出一些具有不同形状和特点的同型异质结能带图。图 2.1-3 所示是一个突变的 nN 同型异质结能带图，其中 $\chi_1 > \chi_2$、$\phi_1 > \phi_2$、$\chi_1 + E_{g1} < \chi_2 + E_{g2}$。由于载流子积累层的厚度小于其耗尽层的厚度，所以外加电压主要降落在耗尽层上，因而可以取宽禁带半导体作基准来考虑这种异质结的正向和反向的电流-电压特性。因为在 nN 异质结中参与电流的载流子是电子，所以越过导带尖峰势垒而到达窄禁带半导体的电子浓度和速度分布可以由类似于热阴极的热电子发射来求出，从而可求出它的电流-电压特性。根据安德森的计算，在正向电压 V_a 下电流密度 J 由下式给出：

$$J \approx B \exp \left(-\frac{eV_{D_2}}{k_B T}\right) \left[\exp \left(\frac{eV_2}{k_B T}\right) - \exp \left(-\frac{eV_1}{k_B T}\right)\right] \tag{2.1-15}$$

式中，$V_1 + V_2 = V_a$，$B = ex_e N_{D_2} [k_B T/(2\pi m_e)]^{1/2}$，$x_e$ 和前面一样是电子越过界面的传输系数，m_e 为宽带隙半导体中电子的有效质量，N_{D_2} 为半导体 2 中的施主杂质浓度。因为 $V_2 \gg V_1 \approx 0$，因此有

$$J = B \exp\left(-\frac{eV_{D_2}}{k_B T}\right)\left[\exp\left(\frac{eV_2}{k_B T}\right) - 1\right] \qquad (2.1\text{-}16)$$

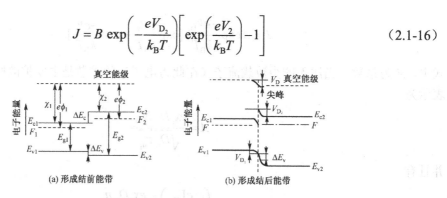

图 2.1-3 同型异质结（nN）能带图

也许是由于多数半导体的空穴迁移率较低，故对 pP 同型异质结的研究不多。但并不等于这种异质结不重要，相反，以后将会看到 pP 异质结在半导体光电子器中起着重要的作用，对它的分析可沿用与 nN 异质结同样的方法进行。

2.1.3 渐变异质结

实际上，用一般的液相外延（LPE）所生长的异质结不是上面所述的突变结，而是结两边的空间电荷密度以及结两边导带与价带的能量分布有一个渐变过程（参见图 2.1-5 中由实线所表示的能带），即 ΔE_c 与 ΔE_v 在垂直于结平面方向上有一个渐变过程。可以用双曲正切函数来描述这种渐变的规律[3]：

$$\Delta E_c(x) = \frac{\Delta E_c}{2}\left[1 + \tanh\left(\frac{x - x_0}{l}\right)\right] \qquad (2.1\text{-}17)$$

式中，x_0 为渐变区中心坐标，l 为线性渐变长度或渐变特征长度，ΔE_c 为总的异质结导带差。如果渐变完全发生在宽带隙材料内，即 $x \geqslant 0$，则可得到更为简便的表示式：

$$\Delta E_c(x) = \Delta E_c \tanh\left(\frac{x}{l}\right) \qquad (2.1\text{-}18)$$

当渐变异质结被加上正向电压后，其势垒变得与突变异质结相似，因此用前面突变异质结的模型来分析渐变异质结在半导体光电子器件中的作用是恰当的。

综上所述，为了运用安德森模型做出一个能反映异质结特点的能带图，关键是需要知道组成异质结的有关半导体的电子亲和势 χ_1 和 χ_2、禁带宽度 E_{g1} 和 E_{g2} 以及费米能级 F_1 和 F_2 相对于带边的位置。在多数情况下，半导体的带隙 E_g 是知道的，对掺杂半导体的费米能级位置也同样容易决定。然而，要从实验来得到精确的电子亲和势 χ 值却是很困难的，往往对 χ 值的实验误差（十分之几电子伏特）与实际存在的两种半导体电子亲和势之差 $\Delta \chi$ 同数量级，这给精确绘制能带图势必带来很大困难。由式（2.1-4）可知，异质结两边半导体材料带隙之差等于在异质结导带的台阶 ΔE_c 和价带台阶 ΔE_v 之和。然而 ΔE_c 与 ΔE_v 的相对比率对不同材料构成的异质结是不同的。例如，在 $Ga_{1-x}Al_xAs/GaAs$（$x < 0.45$）异质结中，ΔE_c 占据 ΔE_g 的绝大部分（$\Delta E_c \approx 0.85\Delta E_g$），而 ΔE_v 只是 $0.15\Delta E_g$。在 $Ga_xIn_{1-x}As_yP_{1-y}/InP$ 异质结中，ΔE_c、ΔE_v 随带隙能量和 Ga 含量 x 的变化如图 2.1-4 所示。由图可以看出，ΔE_c 与 ΔE_v 随带隙能量（通

过 Ga 含量 x 体现）呈非线性变化，二者的差别也不及前面的 GaAlAs/GaAs 异质结那么明显，并且有 $\Delta E_v > \Delta E_c$。

在目前许多实际的半导体光电子器件中，往往包含一个或多个异质结。图 2.1-5 所示的是只包含一个同型异质结和一个异型异质结的能带图，图中在结区的虚线和实线分别表示出突变和渐变异质结的导带和价带的情况。至于含更多异质结的半导体光电子器件，将在 9.4 节的 SAGM 结构形式的雪崩光电二极管中看到，在 6.3 节中还将分析含有多个异质结的量子阱结构。

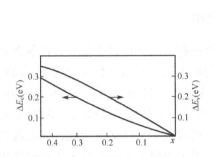

图 2.1-4 $Ga_xIn_{1-x}As_yP_{1-y}$/InP 异质结导带不连续 ΔE_c
与价带不连续 ΔE_v 随 Ga 含量 x 的变化

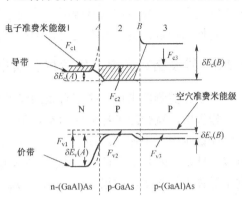

图 2.1-5 双异质结激光器能带图

2.2 异质结在半导体光电子学器件中的作用[4, 5]

由于异质结是由具有不同光学和电学性质的半导体组成的，同时可以通过适当的晶体生长技术控制异质结势垒的形状，因此异质结在扩大光电子学器件的使用波段范围、提高光电子器件的性能和构成一些特殊用途的器件等方面起到了突出的作用。概括起来，异质结在目前光纤通信、光信息技术等方面常用的半导体光电子器件中有以下主要作用和应用。

2.2.1 在半导体激光器（LD）中的作用

在绪论中已提到，正是由于结晶良好的 GaAlAs/GaAs 异质结的研究成功，才使半导体激光器得以实现室温下连续工作。参照图 2.1-5，说明异质结在半导体激光器中的一些典型作用。

（1）pN 异型异质结处在正向电压时，异质结势垒高度降低，N 区的电子可以越过势垒和隧穿势垒而注入窄带隙 p 区。这种异质结有助于载流子从宽带隙区向窄带隙区的注入，同时该异质结在价带上的势垒也阻碍着注入 p 区的空穴向 N 区的泄漏。

（2）同型异质结 pP 有一个较高的势垒以阻挡注入 p 区（即异质结激光器的有源区）的电子漏出。

（3）由于窄带隙半导体的折射率比宽带隙高，因此有源区两边的同型和异型异质结都能产生光波导效应，从而限制有源区中的光子从该区向宽带隙限制层逸出而损耗掉。

（4）在实际激光器的结构中，往往需要生长一层与前一层掺杂类型相同但杂质浓度很高>10^{19}/cm^3）的盖帽层（或顶层），这种同型异质结可用来减少与相邻的金属电极层之间的接触电阻，实现良好的欧姆接触。

除了在垂直于结平面方向上异质结所具有的上述作用外，在常用条形激光器中，平行于结平面方向上有源区的两侧用异质结（如隐埋条形异质结）对光子和载流子进行侧向限制，从而有利于激光器性能的进一步提高。

2.2.2 异质结在发光二极管（LED）中的作用

在表面发射的 LED 中，还可在靠近有源区的表面生长一个透明的同型异质结，它一方面用来钝化表面，减少注入有源区的载流子与表面态复合而造成的损失，减少由于表面态对器件稳定性的影响；另一方面还可以减少来自于器件与空气界面的反射损失从而增加输出。

2.2.3 异质结在光电二极管探测器中的应用

对于光探测器来说，希望有宽的光谱响应范围和高的光电转换效率。在包含异质结的光电二极管中，宽带隙半导体成为窄带隙半导体的输入窗，利用这种窗口效应可以使光电二极管的光谱响应范围加宽。如图 2.2-1(a)所示的异质结由宽带隙 E_{g1} 和窄带隙 E_{g2} 的两种半导体组成，只要入射光子能量 $h\nu < E_{g1}$，则入射光能透过半导体 1，其透射谱如图中虚线所示。透过半导体 1 的光子，如果其能量 $h\nu > E_{g2}$，则它们将被半导体 2 所吸收，其吸收谱如图中实线所示。显然，透射谱与吸收谱曲线重叠部分（图中用阴影表示）代表着这种结构的光探测器能有效工作的光谱范围，入射光子能量应该满足 $E_{g1} > h\nu > E_{g2}$。与之对比，图 2.2-1(b)表示了同质结的相应情况，由图明显看出，半导体 1 的透射谱与半导体 2 的吸收谱只有很少的重叠，因而能被半导体 2 有效吸收的光子也就非常有限。

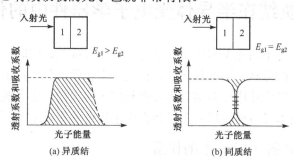

图 2.2-1　异质结和同质结的光谱特性比较

这种窗口效应还被用来提高半导体激光器输出腔面的破坏阈值，在腔长方向靠近输出端面的一段形成透明区，通过它可制出高功率连续半导体激光器。

2.3　异质结中的晶格匹配

对形成一个理想异质结的基本要求是应该使构成异质结的半导体材料之间在微观上有无畸变的完整原子键合，即要求形成异质结的两种材料在晶体结构上应尽量相近或相同，两种材料的晶格常数应尽量匹配。表 2.3-1 列出了一些常用半导体材料的物理参数，这些材料分别属于Ⅳ族元素半导体、Ⅲ-Ⅴ族和Ⅱ-Ⅵ族化合物半导体，并分别有金刚石、闪锌矿和纤锌矿的晶体结构。由于这三种结构受方向性很强的 sp³ 杂化共价键的作用，结构都很相似而能形成异质结。以前的异质结都是由相同的晶体结构的半导体材料构成的（如 GaAlAs/GaAs、

InGaAsP/InP 都具有闪锌矿结构），但近年来，由于光电子集成（OEIC）技术的迫切需要，并考虑到硅是一种常用来制造微电子学器件且制造与加工工艺均较成熟的材料，因此，在价格便宜的硅基体上用 MBE 和 MOCVD 技术生长 GaAs 而构成异质结的技术正不断发展。又如在蓝宝石衬底上生长的氮化镓（GaN）基蓝光 LED 和 LD 已分别在白光照明和大容量光存储中获得应用。然而，这些异构异质外延生长都伴有薄的缓冲层来过渡晶格常数大的差异，缓减晶格失配的影响。

表 2.3-1　一些典型半导体的物理常数

族	晶体	晶体结构	晶体常数（Å）	热膨胀系数（×10⁶/℃）	禁带（eV）	带间跃迁类型	迁移率（cm²/Vs）电子	迁移率（cm²/Vs）空穴	静电介电常数	电子亲和势（eV）
IV	Si	D	5.431	2.33	1.11	间接	1350	480	12.0	4.01
	Ge	D	5.658	5.75	0.66	间接	3600	1800	16.0	4.13
III-V	AlAs	ZB	5.661	5.2	2.15	间接	280	—	10.1	—
	AlSb	ZB	6.136	3.7	1.6	间接	900	400	10.3	3.6
	GaP	ZB	5.451	5.3	2.25	间接	300	150	8.4(OP)	3.0～4.0
	GaAs	ZB	5.654	5.8	1.43	直接	8000	300	11.5	3.63～4.07
	GaSb	ZB	6.095	6.9	0.68	直接	5000	1000	14.8	4.06
	InP	ZB	5.869	4.5	1.27	直接	4500	100	12.1	4.40
	InAs	ZB	6.058	5.3	0.36	直接	30000	450	12.5	4.90
	InSb	ZB	6.479	4.9	0.17	直接	80000	450	15.9	4.59
II-IV	ZnS	WZ	3.814	6.2～6.5	3.58	直接	140	5	8.3	3.9
	ZnSe	ZB	5.667	7.0	2.67	直接	530	28	9.1	4.09
	ZnTe	ZB	6.1.3	8.2	2.26	直接	530	130	10.1	3.53
	CdS	WZ	4.137	4.0	2.42	直接	350	15	10.3	4.0～4.79
	CdSe	WZ	4.298	4.8	1.7	直接	650	—	10.6	3.93～4.95
	CdTe	ZB	6.477	—	1.45	直接	1050	90	9.6	4.28

表中，D：金刚石结构，ZB：闪锌矿结构，WZ：纤锌矿结构

一般认为，构成异质结的两种不同半导体之间严格的晶格常数匹配是获取性能良好的异质结的重要条件，否则在异质结界面就会产生所谓悬挂键，这些悬挂键就构成所谓失配位错而使晶体承受内应力。后面将谈到，由于存在于异质结界面失配位错的成核、增殖及其向晶体内部的传播，对半导体激光器的可靠性造成严重威胁。实践已经证明，位错是 GaAlAs/GaAs 半导体激光器失效的主要原因。此外，由悬挂键所造成的界面态，将起到载流子陷阱或复合中心的作用，使异质结器件的量子效率降低和其他特性变坏。

在异质结界面上由悬挂键引起的界面态密度与半导体的晶体结构和外延生长的晶面有关，在不同的晶面上生长的异质结有不同的界面态密度。以具有面心立方结构的金刚石和闪锌矿晶体为例的计算表明，在（100），（110）和（111）晶面上生长的异质结中所含悬挂键或界面态密度 ΔN_s 分别为

$$\Delta N_s(100) = 4\left(\frac{1}{a_2^2} - \frac{1}{a_1^2}\right) \qquad (2.3\text{-}1)$$

$$\Delta N_s(110) = 2\sqrt{2}\left(\frac{1}{a_2^2} - \frac{1}{a_1^2}\right) \qquad (2.3\text{-}2)$$

$$\Delta N_s (111) = \frac{4}{\sqrt{3}} \left(\frac{1}{a_2^2} - \frac{1}{a_1^2} \right) \qquad (2.3\text{-}3)$$

式中，a_1 和 a_2 分别为构成异质结的两种半导体的晶格常数，并设 $a_1 > a_2$。表 2.3-2 列出了一些晶格匹配较好的半导体异质结的界面态密度。由表可以看出，即使在这些晶格匹配较好的异质结中，也存在着 10^{12}cm^{-2} 的界面态密度。从表 2.3-2 还可以看到，在（111）面上生长异质结是较理想的。这一方面是因为，在（111）面上的界面态比其他面要低很多；另一方面，在闪锌矿晶体结构中，（111）面是滑移面，因此在该面上形成异质结的生长期间，悬挂键可以重新排列以尽可能调节晶格失配。遗憾的是，像闪锌矿类型的晶体自然解理面是（110）面，而大多数半导体激光器正是用自然解理面来作光学谐振腔，因此常用的以 GaAs 或 InP 为衬底的半导体激光器的晶体生长面是（100）面。

由于界面态的存在,会对从宽带隙半导体向窄带隙半导体的载流子注入和复合产生影响，使非辐射复合速率增加，从而使内量子效率降低。前面所提及的安德森异质结模型没有考虑界面态的影响，也没有考虑当尖峰势垒足够薄时载流子隧穿势垒的迁移情况，因此表示异质结电流-电压特性的式（2.1-15）完全由势垒的高度所确定。基于上述原因，在实际的异质结中有四种复合过程引起复合电流，以图 2.3-1 所示的 nP 异质结为例说明这几种复合过程：①越过势垒的空穴与 n 区内导带的电子复合；②越过势垒的空穴与界面态复合；③隧穿势垒的空穴在 n 区内复合；④隧穿势垒的空穴与界面态复合。

表 2.3-2　晶格常数匹配较好的某些半体体质结的界面态密度

异质结	结面	位错线方向	界面态密度（cm^{-2}）	晶格常数的不匹配程度[%]
Ge/GaAs	（100）	[011]，[011]	2.0×10^{12}	
	（110）	[110]，[001]	1.4×10^{12}	0.08
	（111）	[211]，[112]，[121]	1.2×10^{12}	
GaAs/AlAs	（100）		2.0×10^{12}	
	（110）	同上	1.4×10^{12}	0.08
	（111）		1.2×10^{12}	
GaP/Si	（100）		9.7×10^{12}	
	（110）	同上	6.9×10^{12}	0.35
	（111）		5.6×10^{12}	
GaAs/ZnSe	（100）		5.9×10^{12}	
	（110）	同上	4.1×10^{12}	0.25
	（111）		3.4×10^{12}	
ZnSe/ZnTe	（100）		1.7×10^{13}	
	（110）	同上	1.1×10^{14}	7.1
	（111）		9.8×10^{13}	

尽管由异质结界面态引起的载流子复合损耗只占整个复合电流的一小部分，但当双异质结激光器的有源区特别薄时，这种复合的影响就变得突出。可以用界面复合速度来表征由于晶格失配所造成的载流子的非辐射复合损耗。如果由宽带隙半导体向窄带隙半导体注入电子，单位能量间隔内的界面态密度为 N_{IS}，则由界面态对注入载流子的复合速度为

$$S = \int \sigma_n v_{th} N_{IS} dE \qquad (2.3\text{-}4)$$

式中，σ_n 为电子的俘获截面，v_{th} 为电子的热运动速度，积分在所有可能的界面态能量范围

内进行。考虑在（100）面上生长异质结，假设每一与位错有关的态形成一个非辐射复合中心，则晶格失配所造成的界面复合速度可近似表示为

$$S = \frac{8v_{th}\sigma_n}{a_0^2}\left(\frac{\Delta a}{a_0}\right) \quad (cm/s) \tag{2.3-5}$$

式中，$a_0 = (a_1 + a_2)/2, \Delta a = a_1 - a_2$，其中 a_1 和 a_2 分别为异质结两边半导体的晶格常数并设 $a_1 > a_2$；设 v_{th} 为 $10^{17} cm/s$，$\sigma_n = 10^{-15} cm^2$，$a_0 = 5.6 Å$（相当于异质结 GaAlAs/GaAs 的情况），由式（2.3-5）可得到

$$S \approx 2.6 \times 10^7 (\Delta a/a_0) \tag{2.3-6}$$

这与实验所得到的 $S = (3.8 \pm 1.2) \times 10^7 (\Delta a/a_0)$ 基本相符。由式（2.3-5）可以看到，由界面态引起的非辐射复合速度与晶格失配程度 $\Delta a/a_0$ 成正比。表 2.3-3 列举了几种能在 $0.8 \sim 0.9\mu m$ 和 $1.0 \sim 1.7\mu m$ 波段内产生光发射的有源介质与表中所对应的衬底材料形成异质结的晶格失配率。由表可见，光纤通信中曾使用的短波长（$0.82 \sim 0.85\mu m$）GaAlAs/GaAs 激光器其异质结晶格失配率很小，而常用的所谓长波长（$1.0 \sim 1.7\mu m$）InGaAsP/InP 激光器在一定条件下异质结的晶格失配率可达到零。

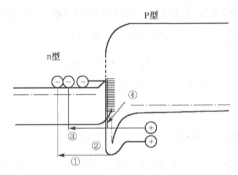

图 2.3-1 nP 异质结加正向偏压时的空穴流

在典型的双异质结激光器中，若两个异质结之间的距离（即有源层厚度）为 d，当体内复合与界面态复合并存时，则注入载流子的有效复合寿命 τ_{eff} 可表示为

$$\frac{1}{\tau_{eff}} = \frac{1}{\tau_r} + \frac{2S}{d} + \frac{1}{\tau_{nr}} \tag{2.3-7}$$

式中，τ_r 和 τ_{nr} 分别为有源层中载流子的辐射和非辐射复合寿命，显然式中 $2S/d$ 表示在两个界面上界面态引起的非辐射复合速率，其中 d 的引入反映了有源层厚度对界面态复合速度的影响。这样，可以将内量子效率表示为

$$\eta_i = \left(1 + \frac{2S\tau_r}{d} + \frac{\tau_r}{\tau_{nr}}\right)^{-1} \tag{2.3-8}$$

在实际器件中，通常有 $\tau_{nr} \gg \tau_r$，所以对具有较小有源层厚度 d 的半导体激光器，其内量子效率为

$$\eta_i = \left(1 + \frac{2S\tau_r}{d}\right)^{-1} \tag{2.3-9}$$

例如，如 $\tau_r = 2.5\mathrm{ns}$，$d = 0.5\mathrm{\mu m}$，则为达到 50% 的内量子效率，就要求界面复合速度 $\leqslant 10^4 \mathrm{cm/s}$，即要求晶格失配率 $(\Delta a/a_0) < 10^{-3}$。

表 2.3-3　某些Ⅲ-Ⅴ族半导体材料与衬底晶格匹配度

波长（μm）	E_g（eV）	材料	衬底	$\Delta a/a_0$（%）*
~1.0~1.1	1.2	$In_{0.2}Ga_{0.8}As$	GaAs	1.38
1.0~1.7	0.73~1.24	$GaAs_{0.85}Sb_{0.15}$	GaAs	1.13
~0.88~0.91	~1.42	$In_xGa_{1-x}As_yP_{1-y}$	InP	~0**
~0.82	~1.55	GaAs	GaAs	0
		$Al_{0.12}Ga_{0.88}As$	GaAs	0.017
		$GaAs_{0.86}P_{0.14}$	GaAs	0.50

* 外延层与衬底之间晶格常数失配百分数
** 晶格匹配条件为 $y = 2.16(1-x)$

实际的半导体光电子器件的异质结都是在某一衬底材料上外延生长所形成的。外延层的质量取决于衬底材料本身结晶的完美性、外延层与衬底之间的晶格匹配、外延层的厚度以及合适的生长工艺等多种因素。为了保证晶格匹配，必须合理选择固溶体的组分。因为某一固溶体的晶格常数是与它的各组分含量有关的。例如，GaAs 的晶格常数 $a_{GaAs} = 5.653\text{Å}$，这与 AlAs 的晶格常数 $a_{AlAs} = 5.661\text{Å}$ 所差甚微，因此能保证 $Ga_{1-x}Al_xAs$ 与 GaAs 是晶格匹配的。对于四元化合物 $A_{1-x}B_xC_{1-y}D_y$，可以按照弗伽（Vagard）定律计算出其晶格常数：

$$a_{ABCD} = xya_{BD} + x(1-y)a_{BC} + y(1-x)a_{AD} + (1-x)(1-y)a_{AC} \tag{2.3-10}$$

式中，a_{BD}、a_{BC}、a_{AD} 和 a_{AC} 分别为相应的二元化合物的晶格常数。因而，对常用的 $Ga_xIn_{1-x}As_yP_{1-y}$ 四元化合物的晶格常数可表示为

$$a_{GaInAsP} = xya_{GaAs} + x(1-y)a_{GaP} + (1-x)ya_{InAs} + (1-x)(1-y)a_{InP} \tag{2.3-11}$$

式中，x,y 的取值范围均为 $0 \leqslant x \leqslant 1$、$0 \leqslant y \leqslant 1$，式中各有关二元化合物的晶格常数可从表 2.3-1 中得到。前面提到，由于 GaAs 与 AlAs 有很相近的晶格常数，因而在 GaAs 衬底上外延生长的 $Ga_{1-x}Al_xAs$ 是近乎晶格匹配的，即使 $x = 1$，这种异质结的晶格失配率 $\Delta a/a_0$ 也仅为 0.12%。但需注意，如用其作有源材料，随着 x 的增加，电子参与直接带隙跃迁的比例也逐渐减少。因此 GaAlAs/GaAs 在 0.7~0.9μm 波段中是理想的异质结材料。由表 2.3-3 已看到，四元化合物 $Ga_xIn_{1-x}P_yAs_{1-y}$ 中有两个变量 x 和 y，因此有可能在更大范围内调整晶格常数与衬底匹配。可以将由于 Ga（原子半径 $r_{Ga} = 1.26\text{Å}$）取代 In（$r_{In} = 1.44\text{Å}$）所产生的晶格畸变通过 As（$r_{As} = 1.18\text{Å}$）适当地取代 P（$r_p = 1.10\text{Å}$）来弥补。因此，这种异质结是目前光纤低损耗窗口 1.3~1.61μm 波长所常用的激光器和某些高效率光探测器的基本材料结构形式。

对于半导体激光器，其有源层较薄（亚微米量级），初看起来只要实现衬底与外延层之间的晶格匹配，就不会在有源层内存在失配位错的影响。但实验表明，尽管 InGaAsP 外延层与 InP 衬底之间可以实现理想的晶格匹配，但外延层厚到某一程度以后同样出现失配位错，将这种开始出现位错的临界厚度 h_c 表示为

$$h_c \approx \frac{a_0^2}{2\sqrt{2}\Delta a} \tag{2.3-12}$$

超出这一厚度出现失配位错可归因于衬底与外延层之间热膨胀系数不同，在界面出现内应力

而引起位错。因此，要生长出较厚但无失配位错的外延层，关键在于在生长温度下外延层与衬底要实现晶格匹配。晶格常数与温度的关系可表示为

$$a(T) = a(0)(1+\alpha T) \tag{2.3-13}$$

式中，$a(T)$ 和 $a(0)$ 分别表示为 T℃和 0℃时的晶格常数，后者可由室温下的晶格常数和下面的式（2.3-14）给出的 $Ga_xIn_{1-x}As_yP_{1-y}$ 的热膨胀系数再由式（2.3-13）反推出来，α 为热膨胀系数。可将 $Ga_xIn_{1-x}As_yP_{1-y}$ 的热膨胀系数表示为类似于式（2.3-11）的形式

$$\alpha = xy\alpha_{GaAs} + (1-x)y\alpha_{InAs} + x(1-y)\alpha_{GaP} + (1-x)(1-y)\alpha_{InP} \tag{2.3-14}$$

式中，$\alpha_{GaAs} = 6.0 \times 10^{-6}/℃$，$\alpha_{InAs} = 5.20 \times 10^{-6}/℃$，$\alpha_{GaP} = 5.81 \times 10^{-6}/℃$，$\alpha_{InP} = 4.56 \times 10^{-6}/℃$。由于 $Ga_xIn_{1-x}As_yP_{1-y}$ 有比 InP 大得多的热膨胀系数，且其大小由 x 和 y 值所决定，故虽在材料生长温度下实现了晶格匹配，但冷却到室温时，晶格失配度（$\Delta a/a_。$）就会变为负值。可通过估算这一负晶格失配值来调整有关组分和控制生长条件，以实现所需厚度内无失配位错的外延层。表 2.3-4 列出了计算得到的 $Ga_xIn_{1-x}As_yP_{1-y}$/InP 异质结不同组分所对应的热膨胀系数。

表 2.3-4　$In_{1-x}Ga_xAs_yP_{1-y}$/InP 的热膨胀系数 $\alpha(\times10^{-6}/℃)$

α \ y \ x	0	0.1	0.2	0.3	0.4	0.5	0.6	0.7	0.8	0.9	1.0
0	4.560	4.685	4.810	4.935	5.06.	5.185	5.310	5.435	5.560	5.685	5.810
0.1	4.624	4.745	4.865	4.986	5.106	5.227	5.347	5.468	5.588	5.709	5.829
0.2	4.688	4.804	4.920	5.036	5.152	5.268	5.384	5.500	5.616	5.732	5.848
0.3	4.752	4.865	4.975	5.085	5.198	5.310	5.421	5.533	5.644	5.756	5.867
0.4	4.816	4.923	4.994	5.138	5.244	5.351	5.458	5.565	5.672	5.779	5.886
0.5	4.880	4.983	5.085	5.188	5.290	5.393	5.495	5.598	5.700	5.803	5.905
0.6	4.944	5.042	5.140	5.238	5.336	5.434	5.532	5.630	5.728	5.826	5.924
0.7	5.008	5.102	5.195	5.289	5.382	5.476	5.569	5.663	5.756	5.850	5.943
0.8	5.072	5.161	5.250	5.339	5.428	5.517	5.606	5.695	5.784	5.873	5.926
0.9	5.136	5.221	5.305	5.390	5.474	5.559	5.634	5.728	5.812	5.987	5.981
1.0	5.200	5.280	5.360	5.440	5.520	5.600	5.680	5.760	5.840	5.920	6.000

一般认为，晶格不匹配的异质结在性能上是不稳定的。但随着 MBE、MOCVD 外延技术的发展，可以生长出原子级薄层，只要外延层厚度小于某一临界厚度（如几百埃），则两种材料因晶格失配所产生的应力可由超薄层内弹性应变的形式来释放，而不至于产生影响器件性能的失配位错。引入与弹性形变相关的泊松比后，对应变层临界厚度的表示式将在第 6 章有关应变量子阱的叙述中给出，并将看到适当引入应变可以开发出一些很有应用价值的光电子器件。然而，当异质结晶格失配度越大，则生长超薄层的临界厚度越小（如，在硅基上生长 GaAs 的情况），以致工艺上难以实现。为此可考虑生长纳米柱取代超薄层的方法来提高临界厚度。

2.4　异质结注入激光器对材料选取的要求

基于上述章节，我们概括一下半导体异质结激光器对材料选取的基本要求[7]。

2.4.1 从激射波长出发来选择有源区材料

半导体激光器的有源区应该选取直接带隙半导体材料，其带隙的大小决定了辐射跃迁波长 λ 的上限。因为辐射跃迁所产生的光子能量 $h\nu$ 应大于或等于带隙 E_g。当光子能量 $hc/\lambda = E_g$ 时，此时对应的波长称为带隙波长 λ_g，有

$$\lambda_g(\mu m) = \frac{1.24}{E_g(eV)} \tag{2.4-1}$$

而带隙或禁带宽度 E_g 是与材料的组分有关的。由上可知，基于带间跃迁的半导体激光器的激射波长 $\lambda < \lambda_g$。对 $Ga_{1-x}Al_xAs$，其禁带宽度可表示为

$$E_g^\Gamma(eV) = 1.424 + 1.247x \qquad 0 \leqslant x < 0.45 \tag{2.4-2}$$

$$E_g^\Gamma(eV) = 1.424 + 1.247x + 1.147(x-0.45)^2 \qquad 0.45 < x < 1 \tag{2.4-3}$$

式（2.4-2）和式（2.4-3）分别对应于直接带隙跃迁和间接带隙跃迁情况下在布里渊区原点（Γ）处的带隙，两者交叉的组分 x 值范围为 0.37～0.45，如图 2.4-1 中圆圈所示区域。由图 2.4-1 看出，在室温下发生直接带隙跃迁的禁带宽度几乎随 AlAs 含量呈线性变化；在导带次能谷（图 1.2-1(c) 右边的 x 能谷处）发生间接带隙跃迁时的禁带宽度 E_g^x 随 AlAs 含量 x 增加的速度比 E_g^Γ 较慢。表 2.4-1 概括了 GaAs、AlAs 和 $Ga_{1-x}Al_xAs$ 的带隙和相应的有效质量。在 $x > 0.37$ 时，$Ga_{1-x}Al_xAs$ 中的电子跃迁将由直接带隙跃迁变为间接带隙跃迁，当 $E_g^\Gamma > E_g^L > E_g^x$ 时，电子跃迁几乎全部变为跃迁速率很低的间接带隙跃迁。因此不能期待用 GaAlAs 作有源材料而在波长 $\lambda < 0.65\mu m$ 下产生有效的受激发射。

为了限制注入有源区的载流子，应使有源层与相邻的限制层之间存在 0.25～0.4eV 的带隙台阶 ΔE_g。如取 $\Delta E_g = 0.3eV$，当有源层 AlAs 组分为 0%～18%（相应的激射波长为 0.87～0.75μm），则限制层中的 AlAs 含量应为 20%～25%。

四元化合物半导体 $Ga_xIn_{1-x}As_yP_{1-y}$ 的能带结构要比三元化合物复杂得多，它不是几个二元或三元化合物半导体的简单组合，而有多个能量极小值相互交错，因此不同文献所报导的禁带宽度的表示式均有不同程度的近似。现仍按弗伽定律的内插法将 $In_{1-x}Ga_xAs_{1-y}P_y$ 的带隙表示为

$$\begin{aligned} E_g(eV) = &(1-x)yE_{g(InP)} + (1-x)(1-y)E_{g(InAs)} \\ &+ yxE_{g(GaP)} + x(1-y)E_{g(GaAs)} \end{aligned} \tag{2.4-4}$$

为了保证 $Ga_xIn_{1-x}P_yAs_{1-y}$/InP 异质结对载流子的限制作用，同样需要异质结有一定的禁带宽度台阶 ΔE_g。与 GaAlAs/GaAs 异质结中 ΔE_g 大部分落在 ΔE_c 上不同，在 GaInAsP/InP 异质结中 ΔE_g 在 ΔE_c 和 ΔE_v 上的分配比率差别不如 GaAlAs/GaAs 异质结大，这对有效地防止注入电子的泄漏不利。而过大的禁带宽度台阶，又会引起异质结晶格的严重失配。值得说明的是，式（2.4-4）基于弗伽定律内插法计算出来的带隙只是一个近似，更为准确的带隙计算还要加上相应的弯曲因子修正项（即，所谓的 bowing parameter）。

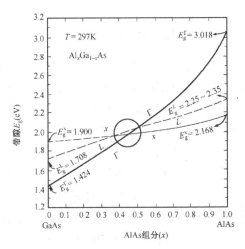

图 2.4-1　$Ga_{1-x}Al_xAs$ 的直接带隙和间接带隙宽度与 AlAs 组分的关系

表 2.4-1　GaAs、AlAs 和 $Ga_{1-x}Al_xAs$ 的带隙和有效质量

GaAs	AlAs	$Ga_{1-x}Al_xAs$
E_g^{Γ}（直接）$= 1.424\text{eV}(297\text{K})$	E_g^{Γ}（直接）$= 3.018\text{eV}$	$E_g^{\Gamma}(0 < x < 0.45) = 1.424 + 1.247x$
E_g^{L}（间接）$= 1.708\text{eV}(297\text{K})$	E_g^{L}（间接）$= 2.25\sim2.35\text{eV}$	$E_g^{\Gamma}(0.45 < x < 1.0) = 1.424 + 1.247x + 1.147(x - 0.45)$
E_g^{x}（间接）$= 1.900\text{eV}(297\text{K})$	E_g^{x}（间接）$= 2.168\text{eV}$	$E_g^{L} = 1.708 + 0.642x$
		$E_g^{x} = 1.900 + 0.125x + 0.143x^2$
$m_h = 0.45m_o$	$m_h = 0.79m_o$	$m_h = (0.48 + 0.31x)m_o$
$m_e^{\Gamma} = 0.067m_o$	$m_e^{\Gamma} = 0.15m_o$	$m_e^{\Gamma} = (0.067 + 0.038x)m_o$
$m_e^{L} = 0.55m_o$	$m_e^{L} = 0.67m_o$	$m_e^{L} = (0.55 + 0.12x)m_o$
$m_e^{x} = 0.85m_o$	$m_e^{x} = 0.78m_o$	$m_e^{x} = (0.85 + 0.07x)m_o$
$m_o = 9.11\times10^{-28}\text{g}$		
$E_g(T) = 1.519 - 5.045\times10^{-4}T^2 / (204 + T)$		

　　掺杂（特别是重掺杂）和注入的载流子浓度会对带隙的大小产生影响，由此造成激射波长的漂移。在半导体中掺杂浓度与注入载流子浓度之间应满足电中性条件：

$$n + N_A^- = p + N_N^+ \qquad (2.4\text{-}5)$$

式中，N_A^- 和 N_N^+ 分别为电离受主和电离施主杂质浓度，n 和 p 分别为半导体中的电子和空穴浓度。如果是 p 型半导体，电中性条件为

$$p = n + p_o \qquad (2.4\text{-}6)$$

式中，$p_o = N_A^- - N_D^+$ 表示净的电离受主浓度，注入的少数载流子浓度增加时，多数载流子浓度也必须增大以维持电中性。对 GaAs 半导体，带隙与载流子浓度的关系为

$$E_g = 1.424 - 1.6\times10^{-8}(p^{1/3} + n^{1/3}) \qquad (2.4\text{-}7)$$

因此掺杂或注入引起的载流子浓度的增加会引起带隙的收缩，这将使半导体激光器的激射波长红移。

2.4.2 从晶格匹配来考虑异质结激光器材料

半导体激光器的有源层和与之毗邻的限制层之间应该是晶格匹配的，这已在 2.3 节中详细讨论过。这里只是分析在保证晶格匹配的前提下，以图 2.4-2 为例说明如何选择符合激射波长要求的半导体激光器的有源层和相应的限制层材料。图中的纵坐标表示二元化合物半导体（如图中各多边形顶点表示）、三元化合物半导体（图中各多边形的边长所对应）、四元化合物半导体（由四种二元化合物所围成的多边形面）的晶格常数。横坐标表示它们相应的禁带宽度 E_g。由图可见，GaAs 和 AlAs 两者可形成结晶良好的固溶体 $Ga_{1-x}Al_xAs$。因此在 GaAs

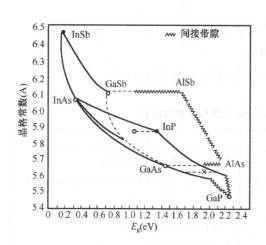

衬底上外延生长 $Ga_{1-y}Al_yAs$ 限制层、$Ga_{1-x}Al_xAs$ 有源层之间都有很好的晶格匹配，并由此可制成在 0.70～0.9μm 波段内性能良好的异质结激光器。图中波浪线所表示的是间接带隙材料所在的范围，越靠近该波浪区，$Ga_{1-x}Al_xAs$ 中参与间接带隙跃迁的电子比例就越大，这就是目前用 GaAlAs/GaAs 来制造可见光激光器的困难所在。由图 2.4-2 还可以看出，以 InP 为衬底，并由它开始以平行于横轴的短划线所代表的 InGaAsP 正是所谓长波长光纤通信中半导体激光器的有源区材料，激射波长范围为 1.0～1.7μm。

图 2.4-2　一些主要Ⅲ-Ⅴ族化合物的晶格常数和带隙能量随它们的成分的变化

无疑，用 GaAs 作衬底、InGaAsP 作有源介质的激光器也应该是异质结晶格匹配的，也可期待能得到好的光发射特性，只是其可能得到的禁带宽度范围完全可由 GaAlAs/GaAs 所代替。而以 Ga(As)P 作衬底，以与之晶格匹配的 AlGaInP 作有源介质的激光器却是用 GaAlAs/GaAs 无法实现的可见光激光器。

2.4.3 由异质结的光波导效应来选择半导体激光器材料

异质结半导体激光器或发光二极管对材料的另一重要的要求是希望有源区材料的折射率比与之毗邻的限制层的折射率高，以便形成有效的光波导效应，这对降低激光器阈值电流、减少光束发散角与振荡模式数等都将有积极的作用。一般要求相对折射率差（$\Delta \bar{n} / \bar{n}$，$\bar{n}$ 为有源层的折射率）应为 3%～7%。

虽然还没有半导体材料禁带宽度 E_g 与它的折射率 $\bar{n}$ 之间的明显关系式，但可发现改变半导体材料组分对 E_g 和 $\bar{n}$ 大小的影响是相反的，即材料组分引起 E_g 的增加或减少会使 $\bar{n}$ 减少或增加。对 $Ga_{1-x}Al_xAs$ 来说，折射率 $\bar{n}$ 随 AlAs 组分 x 的变化由实验得出：

$$\bar{n} = 3.590 - 0.710x + 0.091x^2 \tag{2.4-8}$$

这种关系表示在图 2.4-3 中，图中的插图更清楚地表示了折射率 $\bar{n}$ 与 AlAs 组分 x 之间并非是理想的线性关系。为了形成所需的光波导效应，需要在异质结处形成一定高度的折射率台阶 $\Delta \bar{n}$。如果选定窄带隙的组分以获得所需的发射光子能量或激射波长，则可通过改变宽带隙材料的组分来获得所需的 $\Delta \bar{n}$。对 $Ga_{1-x}Al_xAs/GaAs$ 异质结，由式（2.4-8）或图 2.4-3 看出，增加宽带隙材料中 AlAs 的含量，异质结的折射率台阶将增加。更一般地，如果异质结两边的 AlAs 含量之差为 Δx，则相应的折射率台阶 $\Delta \bar{n}$ 与 Δx 之间的关系约为 $\Delta \bar{n} \approx 0.62 \Delta x$，如图 2.4-4 所示。它是根据克雷歇尔（Kresse1）和凯西（Casey）的实验数据（分别由图中的曲线 A 与曲线 B 所表示）近似得到的。

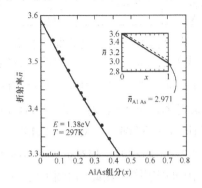

图 2.4-3　$Ga_{1-x}Al_xAs$ 的折射率与 x 的关系　　图 2.4-4　$Ga_{1-x}Al_xAs/GaAs$ 质结的折射率突变 $\Delta \bar{n}$ 与 AlAs 含量的关系

对 GaInAsP 四元化合物来说，原则上也可按照前面介绍的弗伽定律，用已知的二元化合物半导体的折射率数据来求得。问题在于半导体材料存在较大的色散，要精确知道四元化合物半导体的折射率是困难的。然而，为了使半导体激光器具有低的阈值、好的远场与模式特性，有必要知道精确到 0.2%～0.5% 的宽带隙与窄带隙层的折射率。对于 GaInAsP/InP 异质结，与它有关的二元化合物的折射率已在较宽的波长范围内得到，如表 2.4-2 所示。对 GaInAsP 四元化合物的折射率可由测量激光器的某些特性参数（如光束发散角、阈值电流与有源层厚度的关系、纵模间隔等）而间接得到，但间接测量很难满足上述对折射率的精确要求。有一种与实验结果相近的内插法来计算存在色散情况下四元化合物半导体的折射率，即塞尔迈耶（Sellmeyer）公式[8]：

$$\bar{n}^2(\lambda) = \left(A + \frac{B}{1 - C/\lambda^2} \right) \qquad (2.4\text{-}9)$$

式中，A、B 和 C 是适当选择的塞尔迈耶参数，λ 为波长。为了计算四元化合物半导体的折射率，将塞尔迈耶参数按下面的规则平均。设 x_1 和 x_2 分别代表 GaInAsP 中两个 Ⅲ 族元素的组分，y_1 和 y_2 分别代表其中两个 Ⅴ 族元素的组分，则

$$
\begin{aligned}
A(x_1, x_2, y_1, y_2) &= A_{11}x_1y_1 + A_{12}x_1y_2 + A_{21}x_2y_1 + A_{22}x_2y_2 \\
B(x_1, x_2, y_1, y_2) &= B_{11}x_1y_1 + B_{12}x_1y_2 + B_{21}x_2y_1 + B_{22}x_2y_2 \\
C(x_1, x_2, y_1, y_2) &= \left(\frac{1}{\sqrt{C_{11}}}x_1y_1 + \frac{1}{\sqrt{C_{12}}}x_1y_2 + \frac{1}{\sqrt{C_{21}}}x_2y_1 + \frac{1}{\sqrt{C_{22}}}x_2y_2 \right)^{-2}
\end{aligned}
\qquad (2.4\text{-}10)
$$

式（2.4-10）中最后一个方程所取的形式是考虑到式（2.4-9）中的系数 C 应决定折射率色散，将 $1/\sqrt{C}$ 取做激光器有效能量（或频率）的平均值。式（2.4-10）中的 A_{ij}、B_{ij} 和 C_{ij} 是有关的二元化合物半导体的塞尔迈耶参数，如表 2.4-3 所示。

表 2.4-2　几种二元化合物半导体折射率

化合物	AlP	AlAs	AlSb	GaP	GaAs	GaSb	InP	InAs
折射率 $\bar{n}$	3.027	3.178	>3.4	3.452	3.655	3.82	3.450	～3.5

表 2.4-3　用于内插计算的塞尔迈耶参数

化合物	A	B	C	化合物	A	B	C
GaP	4.54	4.31	0.220	InP	7.255	2.316	0.392
GaAs	8.05	2.054	0.390	InAs	11.10	0.710	6.508

通过上述计算方法，有可能得到任何成分的四元化合物半导体的色散曲线和群折射率：$\bar{n}_g = \bar{n} - \lambda \mathrm{d}\bar{n}/\mathrm{d}\lambda$。对 GaInAsP 所计算得到的色散曲线如图 2.4-5 所示，其中的点画线表示相应于带隙 E_g 所对应波长下的 $\bar{n}$ 值。如前所述，对异质结激光器，重要的是在窄带隙区的带边荧光频率（或相应波长）下，异质结有符合要求的折射率台阶 $\Delta\bar{n}$。对于 $\lambda = 1.034\mu m$，如取 $\Delta\bar{n} = 0.151$，则由计算可得 $\bar{n}$(GaInAsP) = 3.455，$\bar{n}$(InP) = 3.304；而对 $\lambda = 1.2459\mu m$，如取 $\Delta\bar{n} = 0.281$，计算得到 $\bar{n}$(GaInAsP)= 3.501，$\bar{n}$(InP) = 3.220。两种波长相对折射率台阶 $\Delta\bar{n}/\bar{n}$ 分别为 4.6% 和 8.7%。鉴于 1.20～1.30μm 波段在光纤通信中的实用性，在此列出相应于吸收边波长 $\lambda = 1.2459\ \mu m$ 的 $Ga_x In_{1-x} As_y P_{1-x}$（$x = 0.25$，$y = 0.543$）由内插法计算得到的塞尔迈耶参数为

$A = 8.741$；

$B = 1.855$；

$C = 0.733$。

用内插法计算的 GaInAsP/InP 异质结界面处折射率台阶 $\Delta\bar{n}$ 与波长的关系如图 2.4-6 所示。为了比较，图中用圆点标明了在几个波长下用间接测量方法（即前面提到的由测量激光参数来得到折射率）所得的结果；同时还用圆圈表示直接测量反射率光谱分布所得的数据，如测量光束从空气进入被测外延层，则所测反射率与材料的折射率之间有如下关系：

$$R = \frac{(\bar{n}-1)^2 + \bar{k}^2}{(\bar{n}+1)^2 + \bar{k}^2} \qquad (2.4\text{-}11)$$

式中，R 为反射率，$\bar{k}$ 为与损耗有关的消光系数。如果对 InP 背面进行很好的抛光和处理，则可抑制 InP 衬底与空气界面的反射；在适当入射条件下，还可以忽略 GaInAsP/InP 的界面反射。同时，由于所研究的 GaInAsP 的光吸收系数 $\alpha \leqslant 2 \times 10^4 \mathrm{cm}^{-1}$（相应于 $\bar{k} \leqslant 0.15$），则可将式（2.4-11）简化为

$$R = \left(\frac{(\bar{n}-1)}{(\bar{n}+1)}\right)^2 \qquad (2.4\text{-}12a)$$

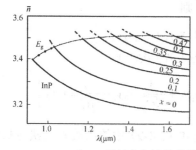

图 2.4-5　$Ga_x In_{1-x} As_y P_{1-y}$ 折射率与波长的关系

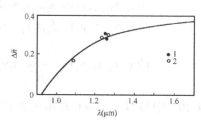

图 2.4-6　GaInAsP/InP 异质结折射率台阶 $\Delta\bar{n}$ 与波长的关系

和相应的透过率

$$T = \frac{4\bar{n}}{(\bar{n}+1)^2} \qquad (2.4\text{-}12b)$$

由这种直接测量方法所得到的折射率不会引起很大的误差,在反射率为 30% 的情况下,由式(2.4-11)变为式(2.4-12a)所引起的误差不会超过 0.2%。由式(2.4-12a)可计算通常作为 F-P 半导体激光器腔面的解理面的反射率。

在 $Ga_{1-x}Al_xAs$ 半导体中也有类似于 GaInAsP 的折射率色散特性(参见图 2.4-5)。图 2.4-7 给出了 $Ga_{1-x}Al_xAs$ 在其直接带隙跃迁所允许的 A1As 组分范围内($x = 0 \sim 0.37$)折射率随光子能量的变化。为了比较,图中还画出了高纯 GaAs 与掺硅 GaAs 折射率与光子能量的关系。由图看出,对不同的 x 值,其折射率与光子能量呈现相同的变化规律,当接近吸收边时,曲线变陡。

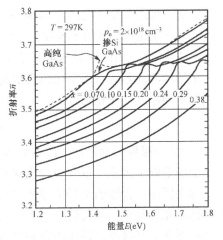

图 2.4-7　$Ga_{1-x}Al_xAs$ 的折射率
与光子能量的关系

半导体中的掺杂浓度、注入载流子浓度和温度都对折射率产生影响。在双异质结激光器中,有源区一般不要求高的掺杂浓度,甚至更常见的是不掺杂以防止杂质吸收所造成的光损耗,因此这一影响可以忽略,但在单异质结激光器中,在考虑光限制时应该注意到这一影响。图 2.4-8 表示掺杂对 GaAs 折射率的影响,尽管这种影响是有限的,但折射率随掺杂浓度的增高而降低,会减弱有源区的光波导效应。

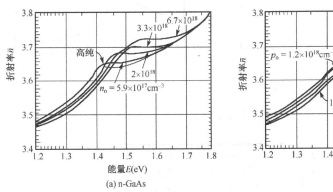 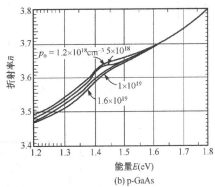

图 2.4-8　不同掺杂浓度下折射率与光子能量的关系

自由载流子吸收和载流子注入所引起吸收边漂移都引起介电常数的色散而使折射率减少。如只考虑自由载流子吸收,即光场中运动的自由电子和空穴的等离子色散效应,则有[9]

$$\Delta\bar{n}_{fc} = -\frac{r_0\lambda^2}{2\pi\bar{n}}\left(\frac{N}{m_e} + \frac{P}{m_h}\right) \qquad (2.4\text{-}13)$$

式中,$r_0 = 2.82 \times 10^{-13}\,\text{cm}$ 为电子的经典半径,N、P 分别为注入电子和空穴的浓度,m_e 和 m_h 分别为电子和空穴的有效质量。对于 GaA1As 半导体激光器,取 $\bar{n} = 3.6$、$m_e = 0.067m_0$、$m_h = 0.57m_0$,则 $\Delta\bar{n}_{fc} = -(1.5 \times 10^{-21}\,\text{cm}^3)N$。设达到阈值增益所需载流子浓度为 $1 \times 10^{18}/\text{cm}^3$,

则 $\Delta\bar{n}_{fc} = -1.5\times10^{-3}$，这相当于温度变化几度所引起的变化。对 1.3μm 波长的 InGaAsP 激光器，取 $\bar{n} = 3.5$、$m_e = 0.058m_0$、$m_h = 0.48m_0$，则 $\Delta\bar{n}_{fc} = -(4.2\times10^{-21}\mathrm{cm}^3)N$。载流子注入填充能带会引起吸收边的漂移，其漂移量近似比例于载流子浓度。对 GaAlAs 激光器，由此引起的折射率变化 $(\mathrm{d}\bar{n}/\mathrm{d}N) = -(1.2\pm0.2)\times10^{-20}\mathrm{cm}^3$，在阈值下折射率变化范围为 $-0.03\sim-0.06$（取决于有源层厚度）；对波长为 1.5 μm 的 InGaAsP 激光器，$(\mathrm{d}\bar{n}/\mathrm{d}N) = -(2.8\pm0.6)\times10^{-20}\mathrm{cm}^3$，在阈值情况下折射率变化范围为 $-0.04\sim-0.10$。从以上分析可知，由载流子注入引起吸收边漂移使折射率产生比自由载流子吸收大一个数量级的变化。图 2.4-9(a) 和 (b) 分别表示 GaAlAs 激光器由于载流子注入引起陡的吸收边 E_c 产生 0.03eV 的移动和相应地产生 -0.04 折射率的变化。

半导体激光器的结温变化也会引起折射率的变化，根据马普尔（Marple）的数据[10]，GaAs 的折射率随温度的变化为

$$\delta\bar{n}_T \approx 4\times10^{-4}\Delta T \tag{2.4-14}$$

式中，ΔT 为温度的变化量。图 2.4-10 表示其所测 GaAs 样品（电子浓度约为 $6\times10^{16}/\mathrm{cm}^3$）在光子能量低于带隙能量（即透明状态）时三种不同温度的折射率。

综上所述，合理的选择半导体材料的折射率和异质结处的折射率台阶对获得性能优良的半导体激光器是至关重要的；由于注入载流子浓度和结温所致折射率的变化，会使激光器振荡频率漂移甚至跳模、谱线加宽和其他特性参数发生变化。

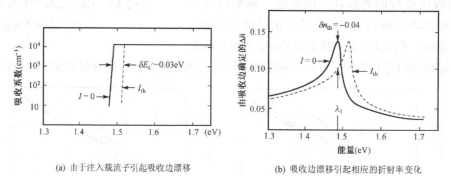

(a) 由于注入载流子引起吸收边漂移　　　　　(b) 吸收边漂移引起相应的折射率变化

图 2.4-9

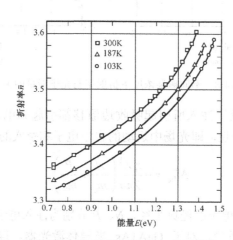

图 2.4-10　给定温度下 GaAs 的折射率

2.4.4 衬底材料的考虑

具有多层结构的异质结激光器、发光二极管以及其他光电子器件，都是在符合一定要求的衬底上通过多次外延生长而成的，因此外延层的质量和光电子器件的性能在很大程度上取决于衬底的晶体质量和特点。因此对衬底的主要要求有：

（1）衬底应该与在其上外延生长的材料有很好的晶格匹配，这在 2.3 节中已进行了详细分析。这首先要求衬底材料与外延层材料有尽可能一致的晶体结构和晶格常数。这是高性能 GaAlAs/GaAs、GaInPAs/InP 光电子器件获得广泛应用的原因所在。而目前生长有重要应用价值的蓝光 LED 或 LD 的外延层 AlGaN 所遇到的困难之一是无法得到与之晶格匹配的 GaN 单晶衬底材料，而不得已为之所使用的蓝宝石衬底又与 GaN 或 AlGaN 存在较大的晶格失配而影响器件的性能。

（2）衬底本身的位错密度应尽可能小，应有尽可能少的晶格缺陷（如掺杂不均匀、晶格畸变、空格点和填隙原子等缺陷）。对用于外延生长的衬底晶面更应是结晶完美和平整的。衬底位错密度过高时，仍会使外延层的晶格缺陷达到不能允许的程度。因此，一般要求衬底中晶格缺陷和位错密度小于 $10^3/cm^2$。

（3）衬底应与在其上生长的外延材料有好的生长工艺相容性，即在生长条件下外延材料与衬底之间应有尽可能小的相互作用。在 InP 衬底上外延的 GaInAsP 熔融体之间缺乏理想的平衡态，可能引起衬底的分解。另外，选择合适的衬底晶面生长，即择优取向生长是很重要的。例如，在 InP 衬底上生长 lnGaAsP，Ga 的有效分凝系数是按衬底晶面 $(\overline{1}\,\overline{1}\,\overline{1}) \rightarrow (111) \rightarrow (100)$ 依次增加的，即不同晶面对外延层组分稳定的作用不同。衬底在外延层结晶过程中也经受热处理，这将使 InP 衬底遭受热分解，而影响结晶表面的平整度[11]。第 8 章将详细谈到在蓝宝石衬底上生长 GaN 薄膜的性能受衬底生长面的极性影响很大。

2.5　异质结对载流子的限制[12]

在 2.1 节和 2.2 节中均提到异质结在半导体光电子器件中的重要作用之一是限制载流子在半导体激光器或发光二极管的有源区之内，以提高这些器件的量子效率，增加其工作的稳定性和寿命。异质结限制载流子能力的大小与它的势垒高度、结温等因素有关。由于受到晶格匹配的限制，不可能无限地增加势垒高度。从载流子依能量统计分布的特点来看，总有部分载流子将不可避免地越过势垒而泄漏，漏出的载流子不但不能产生有用的辐射复合，相反将产生热量而恶化器件的性能。下面将着重分析泄漏载流子密度、漏电流。

2.5.1 异质结势垒对电子和空穴的限制

无论是突变还是渐变异质结，都能对载流子起到限制作用。例如，在图 2.1-5 的双异质结激光器能带图中，由 N 型限制层注入 p 型有源层的电子将为 pP 同型异质结势垒所限，阻挡它们向 P 型限制层内扩散而损耗掉。同样，pN 异型异质结的空穴势垒限制着 p 型有源层中的多数载流子——空穴向 N 型限制层的运动。籍此，可在有源区内积累用来产生辐射复合的载流子浓度。

异质结势垒是靠异质结两边半导体材料禁带宽度差 ΔE_g 分别在导带和价带形成的台阶 ΔE_c 和 ΔE_v 所形成的，外加电压对 ΔE_c 和 ΔE_v 也产生不同程度的影响。例如，在有源层很薄（0.2μm）的 GaAlAs/GaAs 异质结激光器中，导带不连续量 ΔE_c 占 ΔE_g 的 85%，而 ΔE_v 只占 ΔE_g 的 15%。加上正向偏压后，pP 同型异质结的电子势垒高度主要仍由 ΔE_c 决定，但 pN 异型异质结的空穴势垒高度将由加正向电压 V_a 后在结区的剩余内建电势 $(V_D - V_a)$ 所形成的势垒 $e(V_D - V_a)$ 和 ΔE_v 之和共同决定。

为了定量说明异质结对载流子的限制能力，仍以 GaAlAs/GaAs 双异质结激光器为例。在室温下，为在 GaAs 有源层内产生粒子数反转，需要注入的载流子浓度为 $(1\sim1.3)\times10^{18}/cm^3$；为达到激射阈值，需注入的总电子浓度约为 $2\times10^{18}/cm^3$。从图 2.4-1 注意到，在 AlAs 含量 $x < 0.37$ 前有 $E_g^{\Gamma} < E_g^{L} < E_g^{X}$，所注入的载流子绝大部分处在直接带隙的 Γ 能谷中，但还有少部分电子处于与 "Γ" 能谷导带底相距分别为 $\Delta E_g^{L-\Gamma} = 0.28eV$ 和 $\Delta E_g^{X-\Gamma} = 0.476eV$ 的 "L" 能谷与 "X" 能谷内[12]。由表示电子浓度的基本公式出发，可以写出各能谷中电子浓度的表示式。"Γ" 能谷内的电子浓度为

$$n_{\Gamma} = \frac{1}{2\pi^2}\left(\frac{2m_e^{\Gamma}}{\hbar^2}\right)^{3/2}\int_0^{\infty}\frac{(E - E_c')^{1/2}\,dE}{1 + \exp[(E - F_c)/(k_BT)]} \tag{2.5-1}$$

式中，m_e^{Γ} 为 "Γ" 能谷内电子的有效质量，E_c' 为该谷抛物线导带底的能量，E 为谷内各电子态能量，F_c 为导带电子的准费米能级。对 "L" 间接带隙能谷，其导带底为 E_c' 向上移动 $\Delta E = E_g^{L} - E_g^{\Gamma}$，其中 E_g^{L} 和 E_g^{Γ} 分别为能谷 "L" 与 "Γ" 处的带隙。因此 "L" 谷内的电子浓度为

$$n_L = \frac{1}{2\pi^2}\left(\frac{2m_e^{L}}{\hbar^2}\right)^{3/2}\int_0^{\infty}\frac{[E' - (E_c' + \Delta E)]^{1/2}\,dE'}{1 + \exp[(E' - F_c)/(k_BT)]} \tag{2.5-2}$$

式中，m_e^{L} 为 "L" 谷内电子的有效质量，E' 为该谷内电子能量，如令 $E' = E + \Delta E$，则式（2.5-2）变为

$$n_L = \frac{1}{2\pi^2}\left(\frac{2m_e^{L}}{\hbar^2}\right)^{3/2}\int_0^{\infty}\frac{(E - E_c')^{1/2}\,dE}{1 + \exp\{[E - (F_c - \Delta E)]/(k_BT)\}} \tag{2.5-3}$$

同样，可将 "X" 谷内的电子浓度表示为

$$n_x = \frac{1}{2\pi^2}\left(\frac{2m_e^{X}}{\hbar^2}\right)^{3/2}\int_0^{\infty}\frac{(E - E_c')^{1/2}\,dE}{1 + \exp\{[E - (F_c - \Delta E')]/(k_BT)\}} \tag{2.5-4}$$

式中，$\Delta E' = E_g^{X} - E_g^{\Gamma}$，$m_e^{X}$ 为 "X" 谷内电子的有效质量。总的电子浓度为

$$n(E) = n_{\Gamma} + n_L + n_x \tag{2.5-5}$$

如令直接带隙 "Γ" 谷内的电子浓度与总的电子浓度之比为

$$\gamma = \frac{n_{\Gamma}}{n_{\Gamma} + n_L + n_x} \tag{2.5-6}$$

则式（2.5-6）直接关系到这种材料的异质结半导体激光（或发光）器件的内量子效率。特别是当 AlAs 组分 x 在 0.35 左右时，"Γ" 与 "X" 谷底基本持平，几乎一半以上的注入电子处在对辐射跃迁没有贡献的间接带隙跃迁能谷中，如图 2.5-1 所示。这又一次提示，当需

要增加 AlAs 组分来增加直接带隙以获得较短光子发射波长的同时，注入电子能产生光子的效率将降低。当注入电子浓度为 $2\times10^{18}/\text{cm}^3$ 时，可以得到准费米能级在导带中的位置，即 $F_c - E_c' = 0.079\text{eV}$，则求出的导带电子浓度随能量的分布 $n(E)$ 如图 2.5-2 所示。前面已提到为了阻止注入有源区内的电子扩散损耗，需用一个比有源层带隙宽的限制层来阻挡电子的扩散。p 型有源层与 P 型限制层有一带隙差 ΔE_g，pP 异质结的导带的不连续 $\Delta E_c'$ 也即成为注入有源区电子的势垒。在举例的 GaAlAs/GaAs 异质结中，取该势垒高度为 $\Delta E_c' = 0.85\Delta E_g = 0.318\text{eV}$，并用短划线在图 2.5-2 中标出。然而，考虑到晶格匹配，势垒高度 $\Delta E_c'$ 只能是有限的，因而仍有部分注入有源区的电子以一定几率越过该势垒逸出而成为非辐射的损耗。如果将式（2.5-1）的积分限改为由 $\Delta E_c'$ 至无穷大能量，则所得出的是不受 $\Delta E_c'$ 势垒限制而漏出有源层的电子浓度为

$$n^\Gamma = \frac{1}{2\pi^2}\left(\frac{2m_e^\Gamma}{\hbar^2}\right)^{3/2}\int_{\Delta E_c'}^\infty \frac{(E-E_c')^{1/2}\,\mathrm{d}E}{1+\exp\left[(E-F_c)/(k_BT)\right]} \tag{2.5-7}$$

并在图 2.5-2 中以阴影区表示由 Γ 谷越过势垒所漏泄的电子浓度。用同样方法，将式（2.5-3）的积分下限改为 $\Delta E_c'$，将 $\Delta E_g^{\text{L}-\Gamma} = 0.284\text{eV}$ 代入该式，就可求出 "L" 能谷中不受势垒 $\Delta E_c'$ 限制而漏出的电子浓度 $n^{\text{L}} = 1.5\times10^{15}/\text{cm}^3$。因为 $\Delta E' = \Delta E_g^{\text{X}-\Gamma} = 0.476\text{eV}$，这大于 $\Delta E_c' = 0.318\text{eV}$，所以在 "X" 导带能谷中的电子 n_{X} 全部漏出，即 $n^{\text{X}} = n_{\text{X}} = 1.5\times10^{12}/\text{cm}^3$。所有这些漏出的电子将成为恶化器件性能的漏电流。

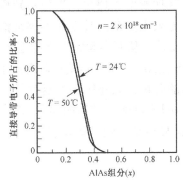

图 2.5-1 $\text{Ga}_{1-x}\text{Al}_x\text{As}$ 中直接带隙导带电子所占
比率 γ 与 AlAs 组分 x 的关系

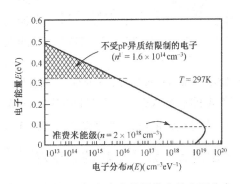

图 2.5-2 GaAs 中直接导带内的电子分布

双异质结对半导体激光器的贡献之一是对注入载流子的限制有全面的考虑。一方面，上述的 pP 同型异质结有效地堵塞注入电子的泄漏，单异质结半导体激光器因此得以实现室温下的脉冲工作；另一方面，图 2.1-5 所示的双异质结中左边的 Np 异型异质结的势垒又将注入的空穴限制在有源区（图中的 p-GaAs）的价带内，迫使其在有源区与导带电子产生辐射复合。异质结势垒与结两边带隙差 ΔE_g 有关，但 ΔE_g 分配给导带与价带的比例却与组成异质结的材料有关。例如，对 GaAlAs/GaAs 异质结，ΔE_g 在导带与价带不连续的比例 ΔE_c 和 ΔE_v 分别为 $0.85\Delta E_g$ 和 $0.15\Delta E_g$；而在 InGaAsP/InP 中这一比例则分别为 $0.39\Delta E_g$ 和 $0.61\Delta E_g$。尽管半导体异质结与材料生长工艺和参数密切相关，以上比例不可能很精确，但这种比例的大小倾向是合理的。对异型异质结，除考虑由 ΔE_g 所造成的势垒外，尚需计及结两边空间电荷所形成的内建电势的势垒 $e(V_D - V_a)$，即与内建势能 eV_D 和外加电压 V_a 有关。以 GaAlAs/GaAs 为例，

Np 异质结所形成的价带空穴势垒应为 $e(V_D - V_a) + \Delta E_v$，而且 $\Delta E_v (= 0.15\Delta E_g)$ 很小，空穴势垒则主要由正向偏压 V_a 作用下内建电势的剩余势垒决定。外加正向偏压实际上可降低这一势垒高度。在 P 型有源区的电中性条件为

$$p = n + (N_{AP}^- - N_{DP}^+) \tag{2.5-8}$$

式中，N_{AP}^- 与 N_{DP}^+ 分别为该区的电离受主（带负电）和电离施主（带正电）浓度，因此注入该区的空穴浓度要比注入该区的电子高出净的电离受主浓度。图 2.5-3 表示在注入空穴浓度为 $3.1 \times 10^{18} / cm^3$、准费米能级 F_v 距价带顶为 0.022eV、空穴势垒高度为 0.25eV 等参数下空穴浓度随能量的分布。其中阴影区表示越过势垒漏泄的空穴浓度 p^Γ（在该例中为 $7.1 \times 10^{14} / cm^3$）并表示为

$$p^\Gamma = \frac{1}{2\pi^2}\left(\frac{2m_h}{\hbar^2}\right)^{3/2} \int_{-\infty}^{e(V_D - V_a) + \Delta E_v} \frac{(E_v' - E)^{1/2}\,dE}{1 + \exp\left[(F_v - E)/(k_B T)\right]} \tag{2.5-9}$$

式中，E_v' 为价带顶的能量，E 为价带内空穴能量。

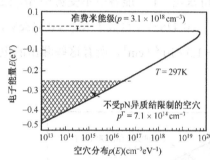

图 2.5-3　GaAs 中价带的空穴分布

即使注入双异质结中的电子和空穴有一定的不可避免的泄漏，但异质结对载流子的限制从而提高内量子效率的作用是很有效的，使被注入区（有源区）的电子浓度比宽带隙的注入区的电子浓度还要高一个数量级。正是这种所谓"超注入"使双异质结半导体激光器有源区无须重掺杂，甚至在不掺杂情况下实现高效的粒子数反转，从而实现室温下的连续激射。

由 $Ga_xIn_{1-x}As_{1-y}/InP$ 异质结对载流子的限制也可做上述类似的分析，只是因为在这种异质结界面处，导带与价带的跳变 ΔE_c 与 ΔE_v 之间的比例不如 $Ga_{1-x}Al_xAs/GaAs$ 异质结那么大（参见图 2.1-4），因而对电子与空穴的限制能力也会与 GaAlAs/GaAs 异质结产生一些差别。

2.5.2　由泄漏载流子引起的漏电流[15,16]

前面已经谈到，注入 p 型有源层的电子有一部分是不受 pP 异质结势垒的限制而进入 P 型限制层成为该区的少数载流子，这些电子通过漂移或扩散方式在向正极运动的过程中与空穴复合而形成漏电流。因为这些泄漏电子是那些能量（主要是热运动的动能）高于限制势垒的电子，因此在 pP 异质结界面处的最大漏电流也就是热电子流，它用电子的热速度与前面所讨论的漏电子浓度 $(n = n^\Gamma + n^L + n^X)$ 之积表示。漏电流也由电子在 P 型限制层内的扩散与漂移速度决定。对漏电流的更多分析，需要在考虑连续性方程时，同时考虑电流的扩散项与漂移项。图 2.5-4 表示双异质结激光器导带能带图以及在各层流过的电子流的情况，其中 J_0 与 J_a 分别表示在 N 型电子注入区和 p 型有源区中流过的电子流密度，J_s 为电子与异质结界面态复合的电子流密度，J_{LK} 表示能量大于 ΔE_c 的漏电子流密度，表征电子流的一维连续性方程可写为

$$\frac{\partial n}{\partial t} = -\frac{1}{e}\frac{\partial J_{ns}}{\partial x} + g(x) - \frac{n - n_0}{\tau_n} \tag{2.5-10}$$

式中，$g(x)$ 为电子产生率，n_0 是平衡时的电子浓度，τ_n 为电子寿命。J_{ns} 可表示为电子漂移流 J_{df} 与电子扩散流 J_{ds} 密度之和，并分别表示为

$$J_{df} = e\mu_n nE \tag{2.5-11}$$

$$J_{ds} = -eD_n \frac{\mathrm{d}n}{\mathrm{d}x} \tag{2.5-12}$$

其中 E 为电场强度，D_n 为电子的扩散系数，它与电子迁移率之间由爱因斯坦关系联系，即

$$D_n = \mu_n \frac{k_B T}{e} \tag{2.5-13}$$

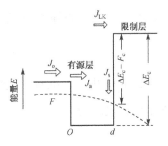

图 2.5-4 在双质结中流过
各层的电流概况

下面我们分别讨论由于扩散与漂移引起的电子漏电流。在稳态情况下有 $(\partial n / \partial t) = 0$，在没有外部激发（如光照）时 $g(x) = 0$；如果 P 限制层掺杂浓度不是太低，外加电压主要降在结处，而忽略电子在限制层内的漂移。则由式（2.5-10）和式（2.5-12），可以得到描述漏电子在 P 型限制层中的扩散方程为

$$\frac{\mathrm{d}^2 n}{\mathrm{d}x^2} - \frac{n}{L_n^2} = 0 \tag{2.5-14}$$

在此忽略了 P 区中平衡电子浓度 n_o，同时定义电子的扩散长度 L_n 为

$$L_n \equiv (D_n \tau_n)^{1/2} \tag{2.5-15}$$

式（2.5-14）的通解为

$$n_p(x) = C_1 \exp\left(\frac{-x}{L_n}\right) + C_2 \exp\left(\frac{x}{L_n}\right) \tag{2.5-16}$$

式中，两个任意常数 C_1 和 C_2 可由边界条件求出：一个边界条件是在距异质结 pP 界面为 x_p 处（在此范围内为空间电荷区）的漏电子浓度为 N_p，因 $x_p \ll L_n$，所以可以认为 $\exp(-x_p/L_n)$ 和 $\exp(x_p/L_n)$ 均近似为 1；另一边界条件是当 $x = d_p$（d_p 为 P 型限制层的厚度）处的漏电子浓度为零。由这些边界条件所求得的常数 C_1 和 C_2 并代入式（2.5-16）后得到：

$$n_p(x) = \frac{N_p \left\{ \exp\left[(d_p - x)/L_n\right] - \exp\left[-(d_p - x)/L_n\right] \right\}}{\exp(d_p/L_n) - \exp(-d_p/L_n)} \tag{2.5-17}$$

将式（2.5-17）代入式（2.5-12），便可得到在 pP 边界 $x = x_p \approx 0$ 处的漏电子扩散流为

$$J_{LKN} = -\frac{eD_n N_p}{L_n \tanh(d_p/L_n)} \tag{2.5-18}$$

当 $d_p/L_n < 0.5$ 时，则 $\tanh(d_p/L_n) \approx d_p/L_n$，则式（2.5-18）可以写为

$$J_{LKN} = -eD_n N_p / d_p \tag{2.5-19}$$

在实际情况下，无论是 GaAlAs/GaAs 还是 GaInAsP/InP 双异质结激光器，P 型限制层厚度总是小于电子扩散长度，一般 d_p 为 1.5～2μm，而 $L_n \approx 4$μm，因此式（2.5-19）是合理的。

与扩散系数相关的迁移率与载流子浓度有关。如取 $d_p = 2\mu m$，漏电子在 P 型限制层中的迁移率取为 $\mu_n = 1500\text{cm}/(\text{V}\cdot\text{s})$，则由式（2.5-13）可以求得 $D_n = 39\text{cm}^2/\text{s}$，因此要利用式（2.5-19）计算漏电子扩散流，关键是求得 N_p。理论上，得到 N_p 的途径有两个，一是利用有源区的电子态密度与费米分布函数之积，并求出越过异质结势垒的电子，如式（2.5-7）所求得的漏电子浓度 n^Γ 或同样方法所得出的其他能谷的漏电子浓度。另一种途径则是利用 P 型限制层导带有效态密度 N_{cp} 和适当的电子分布函数之积。因为在 P 型限制层中的电子密度低而适合于用玻尔兹曼分布，将漏电子密度写为

$$N_p = N_{cp}\exp\left(-\frac{E_{cp}-F_c}{k_BT}\right) \tag{2.5-20}$$

式中，F_c 为电子的准费米能级，E_{cp} 为 P 型限制层导带底的电子能量，N_{cp} 为该层导带有效态密度，表示为

$$N_{cp} = 2\left(\frac{2\pi m_e k_B T}{h}\right)^{3/2} \tag{2.5-21}$$

式中，m_e 为 P 型限制层中电子的有效质量。图 2.5-5 表示在较高正向偏压下的 NpP 双异质结的能带图。N_p 求得后，就可由式（2.5-19）得出漏电子的扩散流密度。要注意区分异质结势垒高度($\Delta E'_c$、$\Delta E'_v$)与能带不连续(ΔE_c、ΔE_v)这两个概念上的差别，前面已经讨论了在正向偏压下电子和空穴的势垒和 ΔE_c、ΔE_v 的关系。由图 2.5-5 看出，式（2.5-20）中的 $(E_{cp}-F_c)$ 由下式决定：

$$E_{cp} - F_c = \Delta E_g - (F_c - E_{cP}) - \Delta E'_v \tag{2.5-22}$$

因此，有源层与限制层之间的带隙差 ΔE_g 在决定 P 型限制层中的漏电子浓度上起着重要的作用。图 2.5-6 表示 GaAlAs/GaAs 双异质结激光器中 P 型限制层内 AlAs 组分变化（使 ΔE_g 也发生变化）对电子漏电流密度的影响，还比较了在不同温度下有源区中不同载流子浓度所引起的电子漏电流密度的变化。图 2.5-7 表示在 InGaAsP/InP 双异质结激光器中，越过势垒的电子漏电流密度与激射波长的关系[17]，与图 2.5-6 相比，ΔE_g 对这种激光器的漏电流密度同样产生了重要的影响。

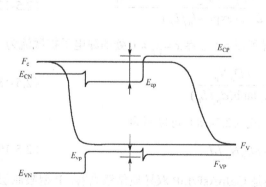

图 2.5-5　在较大正向偏压下 NpP 双异质结能带图

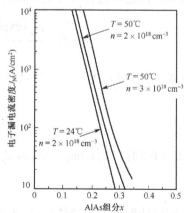

图 2.5-6　GaAlAs/GaAs/双异质结中电子漏电流密度与 AlAs 组分的关系

有源区中的空穴越过 pN 异质结势垒流进 N 限制层的漏空穴流密度，也可和上述电子扩散流一样，得到类似的公式：

$$J_{LKP} = \frac{eD_p N_N}{L_p \tanh(d_N/L_p)} \qquad (2.5\text{-}23)$$

式中，D_p 为空穴的扩散系数，d_N 为 N 限制层厚度，L_p 为空穴在限制层的扩散长度。因为在上述激光器的两个限制层中都有 $\mu_n \gg \mu_p$，因而 $L_p \leqslant d_N$，在这种情况下，可以取 $\tanh(d_N/L_p) \approx 1$，则式（2.5-23）变为

$$J_{LKP} = eD_p N_N / L_p \qquad (2.5\text{-}24)$$

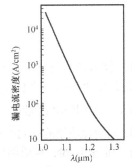

图 2.5-7　室温下 InGaAsP/InP 异质结激光器漏电流密度与激射波长的关系

如果在 P 型限制层中的掺杂浓度是 $10^{17}/\mathrm{cm}^3$ 左右，则该层中存在较大的内电场，因而漂移电流将在漏电流中起主要作用。在这种漂移模型中，在 P 型限制层中流过的总电流为

$$J = [\mu_n N_P \mu_p (N_P + p_3)]E \qquad (2.5\text{-}25)$$

式中，N_P 为前面已述的越过 pP 异质结的电子密度，E 为电场强度，p_3 为 P 型限制层的受主密度。电中性条件要求在限制层 P 中总的空穴密度为 $N_P + p_3$，式（2.5-25）中的第一项代表电子漏电流，第二项代表注入的空穴流，因此由电子漂移引起的漏电流可以写为

$$J_{df} = \mu_n N_P E \qquad (2.5\text{-}26)$$

因为 N_P 一般比 p_3 小得多，由式（2.5-25）和式（2.5-26）可得到

$$J_{df} = \frac{\mu_n N_P}{\mu_p p_3} J_{in} \qquad (2.5\text{-}27)$$

式中，J_{in} 为注入的空穴流密度，在 InP 与 GaAlAs 中电子与空穴的迁移率之比值可分别取为 30 与 10。

一般情况下，漂移与扩散泄漏电流是同时存在的，例如在 GaInAsP/InP 激光器中，若取 $d_P = 1.5\mu m$，$J_{in} = 1kA/cm^2$，$\mu_n = 3000cm^2/V \cdot s$，对于 p_3 约为 $6 \times 10^{17}/cm^3$ 的情况，漂移与扩散电流的分量是相等的。

与电子越过 pP 异质结势垒所形成的漏电流相比，有源区中空穴越过 pN 异质结所形成的空穴漏电流要小得多。例如，对 GaInAsP/InP 异质结激光器的实验表明，当有源层不掺杂而 N 限制层掺杂浓度为 $2 \times 10^{18}/cm^3$ 时，在阈值条件下的电子和空穴势垒高度在室温时分别为 300meV 和 200meV，这时漏热电子流约为注入电流的 10%，而泄漏空穴电流却小于注入电流的 1%。

2.5.3　载流子泄漏对半导体激光器的影响

前面详细分析了异质结对载流子的限制以及由于它有限的限制能力所产生的载流子泄漏、以及由此所导致的漏电流，它们对半导体光电器件的性能产生很大的负面影响。载流子泄漏无疑减少了有源区中可用来产生辐射复合的载流子，使内量子效率降低、阈值电流密度

提高。漏电流使半导体激光器的结温升高，影响器件的温度稳定性．使它的特征温度降低。这些将在第 5 章中再做详细分析。

思考与习题

1. 什么是半导体异质结？异质结在半导体光电子器件中有哪些作用？

2. 若异质结由 n 型 $(E_{g1}，\chi_1，\phi_1)$ 和 P 型半导体 $(E_{g2}，\chi_2，\phi_2)$ 构成，并有 $E_{g1} < E_{g2}$、$\chi_1 > \chi_2$、$\phi_1 < \phi_2$，试画出 nP 能带图。

3. 同型异质结的空间电荷区是怎样形成的？它与异型异质结的空间电荷形成机理有何区别？

4. 推导出 pN 异质结结电容 C_i 与所加正向偏压的关系，C_i 的大小对半导体光电子器件的应用产生什么影响？

5. 用弗伽定律计算 $Ga_{1-x}Al_xAs$ 半导体当 $x = 0.4$ 时的晶格常数，并求出与 GaAs 的晶格失配率。

6. 探讨在 Si 衬底上生长 GaAs 异质结的可能性。

7. 用 $Ga_{1-x}Al_xAs$ 半导体作为激射波长为 $0.78\mu m$ 可见光激光器的有源材料，计算其中 AlAs 的含量。

8. 由经验得知，当 $y = 2.16(1-x)$ 时，$In_xGa_{1-x}As_yP_{1-y}$ 能与 InP 有很好的晶格匹配，试求出激射波长为 $1.3\mu m$ 时的 x、y 值。

9. 为了减少载流子从激光器有源区中泄漏，能否无限制地增加异质结势垒高度？为什么？

10. 如取有源层与限制层带隙差 $\Delta E_g = 0.25 \sim 0.45 eV$，相对折射率 $\Delta \bar{n}/\bar{n}_2$（$\bar{n}_2$ 为有源层的折射率）为 3%～7%，试设计 $\lambda = 0.78\mu m$ 的可见光半导体激光器，即求出有源层 $Ga_{1-x}Al_xAs$ 和限制层 $Ga_{1-y}Al_yAs$ 的合理组分。

参 考 文 献

[1] Sharma, B. L. , et al, Semiconductor Heterjunction, Pergamon Press, Oxford, 1974.

[2] （日）白藤纯嗣著，黄振岗，王茂增译，半导体物理基础，高等教育出版社，1983, pp.207～221.

[3] H. C. 凯西、M. B. 帕尼什著，杜宝勋译，异质结构激光器（上），国防工业出版社，1983, pp. 19l～262.

[4] 同[2].

[5] （美）享利. 克雷歇尔，J. K. 巴特勒著，黄史坚译，半导体激光器和异质结发光二极管，国防工业出版社，1983, pp. 63～73.

[6] H. KresseI. Fundamentals of Optical Fiber Communications. Academic prees, New York, 1981, pp. 203～209.

[7] 同[3], pp. 20～l08, 191～262.

[8] V. V. Bezotosnyi, et al, Direction of Hetrolasers Based On GaInPAs/lnP. J of Soviet Laser Research, 1984, 5(3): 324～327.

[9] Jeanne Manning, et al, The Carrier-Induced Index Change in AIGaAs and 1.3μm InGaAsP Diode Lasers, IEEE J. of Quantum Electron., 1983, 19(10): 1525～1530.

[10] D. T. F. Marple, J. Appl. Phys. 1964, 35: 1241.

[11]　同[8]p. 333.

[12]　同[3]p. 205.

[13]　Zh. 1. Alferov, et al, Sov.Phys.Solid State, 1967, 8: 2480.

[14]　D. T. cheung and G. L. Pearson, J. Appl. Phys. 1975, 46: 2313.

[15]　同[3]pp. 252～262.

[16]　I. Ismaillov and 1. M. Tsidulko. Influence of the Potential Barrier Height in a Heterojunction Laser on the Temperature Dependence of the Threshold current, Sov. J. Quantum Eelctron, 1979, 9(9).

[17]　同[8]pp. 340～342.

第3章 平板介质光波导理论

在半导体光电子学中，无论从理论上还是实际应用上，我们都有必要讨论平板介质光波导。从理论上说，平板介质光波导是一种最简单的光波导形式，可以运用电磁场的基本方程和平板介质波导的边界条件，得到数学上简单、物理上容易理解的波导模式的解析解。一旦熟悉了这种分析介质光波导的一般方法，就不难从理论上深入认识圆形光波导（如光纤）和其他形状的光波导。介质波导的理论分析方法一般是根据介质波导的边界条件求解麦克斯韦方程组，得出波导所能支持的光场传播模式的表示式；传播模式一般可分为偶阶的和奇阶的横电波（TE）和横磁波（TM）；再通过传播模式的特征方程得出该模式的传播常数；然后求出传输模式的截止条件、相位延迟等有关的波导参数。

在此分析平板介质波导的实际意义在于，许多半导体光电子器件和光子/光电子集成回路是以平板介质波导作为工作基础的。光波导不但用来实现光子集成回路中各元件或器件之间的互连，而且很多半导体器件和光波导器件的功能就是依靠平板介质光波导来实现的。例如，异质结半导体激光器和发光二极管正是利用异质结所形成的光波导效应将光场限制在有源区内并使其沿波导方向传播。最早实现室温下连续工作的半导体双异质结激光器就是一种典型的平板介质波导结构（见图 3.2-1）。在第 2 章中我们已经讨论了半导体介质的折射率，并提到要使异质结形成光波导效应，应使各薄层之间的折射率差满足一定的要求。完全由折射率（或复介电常数的实部）的不同而产生的光波导效应，常称为介质波导或折射率波导，平板介质波导就是一种典型的折射率波导。而在平行于异质结激光器结平面的方向（侧向）上，既可用折射率波导来限制光场，也可用复介电常数的虚部沿侧向的变化形成的所谓增益波导来限制光场，这将在 4.5 节中具体分析。

在具体分析平板介质波导时，可以分别采用波动光学和射线光学的方法，但所得出的一些基本结论是一致的，这将在 3.2 节中看出。

3.1 光波的电磁场理论

3.1.1 基本的电磁场理论

光波是频率很高的电磁波，它在介质中的传播可用麦克斯韦方程组的微分形式来描述：

$$\nabla \times \boldsymbol{E} = -\frac{\partial \boldsymbol{B}}{\partial t} \tag{3.1-1a}$$

$$\nabla \times \boldsymbol{H} = \boldsymbol{J} + \frac{\partial \boldsymbol{D}}{\partial t} \tag{3.1-1b}$$

$$\nabla \cdot \boldsymbol{B} = 0 \tag{3.1-1c}$$

$$\nabla \cdot \boldsymbol{D} = \rho \tag{3.1-1d}$$

式中，E、H、B、D、J 和 ρ 分别代表电场强度矢量、磁场强度矢量、磁感应强度矢量、电位移矢量、电流密度矢量和电荷密度。其中式（3.1-1c）和式（3.1-1d）可以利用前两式取散度、再利用电流连续性方程 $\nabla \cdot J = -\partial \rho / \partial t$ 来得到。

为了求出 E、H、B 和 D 各量，还需要知道 E 和 D、H 和 B 之间的关系。它们之间的关系与电磁场所在的介质特性有关，若介质是各向异性且不均匀，则 D 和 B 随空间坐标 r 的变化为

$$D(r) = \varepsilon_0 \overrightarrow{\varepsilon_r}(r) \cdot E(r) \tag{3.1-2a}$$

$$B(r) = \mu_0 \overrightarrow{\mu_r}(r) \cdot H(r) \tag{3.1-2b}$$

式中，$\overrightarrow{\varepsilon_r}(r)$、$\overrightarrow{\mu_r}(r)$ 分别为介质的相对介电常数张量与相对磁导率张量，ε_0、μ_0 则分别为真空中的介电常数和磁导率。在最简单的情况下，设介质是均匀且各向同性的，则式（3.1-2）变为

$$D = \varepsilon_0 \varepsilon_r E \tag{3.1-3a}$$

$$B = \mu_0 \mu_r H \tag{3.1-3b}$$

式中，ε_r 和 μ_r 分别为相对介电常数和相对导磁率，均为常标量。电流密度与电场强度之间的关系为

$$J = \sigma E \tag{3.1-4}$$

式中，σ 为介质的电导率。式（3.1-2）、式（3.1-3）和式（3.1-4）均写成了线性形式，是假设在低场强下不足以产生非线性效应，并且不考虑在半导体介质中实际存在的色散效应，而在此认为 ε 和 μ 与光波的频率无关。对于非铁磁性的半导体材料，在可见与红外波段范围内，可以认为相对导磁率 $\mu_r = 1$。同时，对光频波段的电磁场，则可取体电荷密度 $\rho = 0$。在考虑无源介质的情况下，可以认为电导率为零（电阻率为无穷大），因而可忽略传导电流密度 J。基于上述简化的假设，麦克斯韦方程组可简化为

$$\nabla \times E = -\frac{\partial B}{\partial t} = -\mu_0 \frac{\partial H}{\partial t} \tag{3.1-5a}$$

$$\nabla \times H = \frac{\partial D}{\partial t} = \varepsilon_r \varepsilon_0 \frac{\partial E}{\partial t} \tag{3.1-5b}$$

$$\nabla \cdot H = 0 \tag{3.1-5c}$$

$$\nabla \cdot E = 0 \tag{3.1-5d}$$

3.1.2 光学常数与电学常数之间的关系

在式（3.1-5）的麦克斯韦方程组中包含表征介质宏观性质的电学参数 $\varepsilon(= \varepsilon_r \varepsilon_0)$，而光波在介质中传播特性通常是用宏观量——折射率和吸收系数 α 来表示的。因此，要了解光波在半导体介质中的传播特性，首先就要知道光学参数与电学参数之间的关系。通过对上述麦克斯韦方程组的平面波解的分析可以得到这一关系。为此，首先要从麦克斯韦方程得到波动方程。利用矢量分析方法及式（3.1-5d），可以得到

$$\nabla \times \nabla \times \boldsymbol{E} = \nabla(\nabla \cdot \boldsymbol{E}) - \nabla^2 \boldsymbol{E} = -\nabla^2 \boldsymbol{E} \tag{3.1-6}$$

而由式（3.1-5a）和式（3.1-5b）可得

$$\nabla \times \nabla \times \boldsymbol{E} = -\mu_0 \varepsilon_r \varepsilon_0 \frac{\partial^2 \boldsymbol{E}}{\partial t^2} \tag{3.1-7}$$

比较式（3.1-6）和式（3.1-7），即得

$$\nabla^2 \boldsymbol{E} = \mu_0 \varepsilon_r \varepsilon_0 \frac{\partial^2 \boldsymbol{E}}{\partial t^2} \tag{3.1-8}$$

同样，对磁场强度 $\boldsymbol{H}$ 也有类似的表达式：

$$\nabla^2 \boldsymbol{H} = \mu_0 \varepsilon_r \varepsilon_0 \frac{\partial^2 \boldsymbol{H}}{\partial t^2} \tag{3.1-9}$$

式（3.1-8）和式（3.1-9）称为波动方程，其中 ∇^2 为拉普拉斯算符，表示为

$$\nabla^2 = \frac{\partial^2}{\partial x^2} + \frac{\partial^2}{\partial y^2} + \frac{\partial^2}{\partial z^2} \tag{3.1-10}$$

如果将电场强度矢量 $\boldsymbol{E}$ 表示为

$$\boldsymbol{E} = \boldsymbol{a}_x E_x + \boldsymbol{a}_y E_y + \boldsymbol{a}_z E_z \tag{3.1-11}$$

其中 $\boldsymbol{a}_x$，$\boldsymbol{a}_y$ 和 $\boldsymbol{a}_z$ 分别为 x，y 和 z 方向的单位矢量。对于各向同性介质，式（3.1-8）的矢量波动方程，可以分解为三个独立的标量波动方程：

$$\nabla^2 E_x = \mu_0 \varepsilon_r \varepsilon_0 \frac{\partial^2 E_x}{\partial t^2} \tag{3.1-12}$$

$$\nabla^2 E_y = \mu_0 \varepsilon_r \varepsilon_0 \frac{\partial^2 E_y}{\partial t^2} \tag{3.1-13}$$

$$\nabla^2 E_z = \mu_0 \varepsilon_r \varepsilon_0 \frac{\partial^2 E_z}{\partial t^2} \tag{3.1-14}$$

同理，也可写出 $\boldsymbol{H}$ 的三个标量波动方程，在此不一一列出。下面考虑波动方程的解。

最简单的情况是光波为电矢量沿 y 方向偏振、沿 z 方向传播的平面电磁波，即有 $E = E_y$、$E_x = E_z = 0$。E_y 只在 z 方向以角频率 $\omega = 2\pi\nu$ 发生周期变化，如图 3.1-1 所示。因为只在 z 方向有空间变化，故有 $\partial/\partial x = \partial/\partial y = 0$。由式（3.1-13）可以得到 E_y 关于自变量 z 和 t 具有如下的函数形式：

$$E_y(z, t) = E_y(z) \exp(j\omega t) \tag{3.1-15}$$

将式（3.1-15）代入式（3.1-13）得到

$$\frac{\partial^2 E_y}{\partial z^2} = -\mu_0 \varepsilon_r \varepsilon_0 \omega^2 E_y \tag{3.1-16}$$

令

$$\beta^2 = \omega^2 \mu_0 \varepsilon_r \varepsilon_0 \tag{3.1-17}$$

因而有

$$\frac{\partial^2 E_y}{\partial z^2} = -\beta^2 E_y \tag{3.1-18}$$

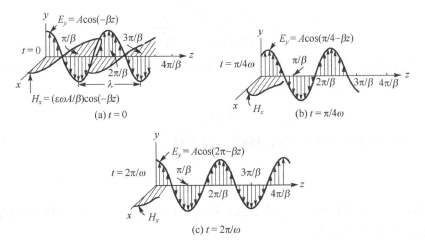

图 3.1-1　无损介质中的行波

故波动方程（3.1-13）的解为

$$E_y(z,t) = \left[A\exp(-\mathrm{j}\beta z) + B\exp(\mathrm{j}\beta z)\right]\exp(\mathrm{j}\omega t) \tag{3.1-19}$$

式中，A 和 B 为常数。如果只取正 z 方向传播的波，则可以写出其三角函数的行波表达式为

$$E_y(z,t) = A\cos(\omega t - \beta z) \tag{3.1-20}$$

将式（3.1-20）代入式（3.1-5b）可求出与 E_y 相垂直的磁场分量 H_x 为

$$H_x(z,t) = (\varepsilon_r \varepsilon_0 \omega A / \beta)\cos(\omega t - \beta z) \tag{3.1-21}$$

根据波传播的概念，式（3.1-20）和式（3.1-21）还可分别表示为

$$E_y(z,t) = A\cos 2\pi \left(vt - \frac{z}{\lambda}\right) \tag{3.1-22}$$

$$H_x(z,t) = \left(\varepsilon_r \varepsilon_0 \omega A / \beta\right)\cos 2\pi \left(vt - \frac{z}{\lambda}\right) \tag{3.1-23}$$

式中，λ 为介质中的光波波长，$2\pi(vt - z/\lambda)$ 称为位相。由于式（3.1-22）和式（3.1-23）中不出现坐标 x 与 y，因此与 z 轴相垂直的某一平面内各点具有相同的相位。等相位面为平面的光波称为平面光波。将式（3.1-20）与式（3.1-22）比较，就可得出传播常数 β 为

$$\beta = \frac{2\pi}{\lambda} \tag{3.1-24}$$

β 也称位相常数，它表示单位长度上相位的变化。在真空中的传播常数可表示为

$$k_0 = \frac{2\pi}{\lambda_0} \tag{3.1-25}$$

式中，λ_0 为真空中的光波波长。为求出光波在介质中的等相位面传播速度（即相速），可令 $(\omega t - \beta z) = 0$ 或为常数便得到

$$\upsilon = \frac{\mathrm{d}z}{\mathrm{d}t} = \lambda v \tag{3.1-26}$$

其中已利用了式（3.1-24）。将式（3.1-17）和式（3.1-24）代入式（3.1-26）中得到

$$\upsilon = \left(\frac{1}{\mu_0 \varepsilon_r \varepsilon_0}\right)^{1/2} = \frac{c}{\varepsilon_r^{1/2}} \tag{3.1-27}$$

如果定义真空中的光速 $c = 1/(\mu_0 \varepsilon_0)^{1/2}$ 与介质中的光速式（3.1-27）之比为介质的折射率 $\bar{n}$，则有

$$\bar{n} = \varepsilon_r^{1/2} \tag{3.1-28}$$

由于光在真空中和介质中有相同的频率，因此有

$$v = \frac{\upsilon}{\lambda} = \frac{c}{\lambda_0} \tag{3.1-29}$$

则将式（3.1-17）、式（3.1-25）、式（3.1-28）和式（3.1-29）结合，就可以得到光在介质中的传播常数与光学参数 $\bar{n}$ 的关系：

$$\beta^2 = (\bar{n}\, k_0)^2 \tag{3.1-30}$$

在半导体介质中实际是存在损耗/增益的，即电导率 σ 不为零。与式（3.1-8）式（3.1-9）相对比，在均匀的、有损耗介质中的波动方程可写为

$$\nabla^2 \boldsymbol{E} = \sigma \mu_0 \frac{\partial \boldsymbol{E}}{\partial t} + \mu_0 \varepsilon_r \varepsilon_0 \frac{\partial^2 \boldsymbol{E}}{\partial t^2} \tag{3.1-31}$$

$$\nabla^2 \boldsymbol{H} = \sigma \mu_0 \frac{\partial \boldsymbol{H}}{\partial t} + \mu_0 \varepsilon_r \varepsilon_0 \frac{\partial^2 \boldsymbol{H}}{\partial t^2} \tag{3.1-32}$$

对于电矢量沿 y 方向偏振、沿 z 方向传播的平面电磁波，还可得到与式（3.1-16）相对应的表示式：

$$\frac{\partial^2 E_y}{\partial z^2} = \mathrm{j}\omega\mu_0 \left(\sigma + \mathrm{j}\omega\varepsilon_r\varepsilon_0\right) E_y = \dot{\beta}^2 E_y \tag{3.1-33}$$

式中，$\dot{\beta}$ 为复传播常数，表示为

$$\dot{\beta} = \left[\mathrm{j}\omega\mu_0 \left(\sigma + \mathrm{j}\omega\varepsilon_r\varepsilon_0\right)\right]^{1/2} = \gamma + \mathrm{j}\beta \tag{3.1-34}$$

显然 $\sigma = 0$ 时，式（3.1-34）被还原到式（3.1-17）。

在有损耗/增益情况下，波动方程式（3.1-33）的解是一个振幅按 e 指数衰减/增长的波，衰减/增益系数为 γ。和前面 $\sigma = 0$ 的情况一样，如只考虑正 z 方向传播的波，则其解为

$$\begin{aligned} E_y(z,t) &= A\exp(-\dot{\beta}z)\exp(j\omega t) \\ &= A\exp(-\gamma z)\cos(\omega t - \beta z) \end{aligned} \tag{3.1-35}$$

为了求出相对应的磁场分量 H_x，将上述在各向同性、均匀的有损耗介质中，沿 z 方向传播的平面波的情况应用到式（3.1-1b）中得到

$$-\frac{\partial H_x}{\partial z} = \sigma E_y + \varepsilon_r \varepsilon_0 \frac{\partial E_y}{\partial t} \tag{3.1-36}$$

采用与求解电场 E_y 类似的方法，结合式（3.1-34）和式（3.1-35）后可得到

$$H_x = \left(\frac{\dot{\beta}}{j\omega\mu_0} \right) A \exp(-\gamma z) \cos(\omega t - \beta z) \qquad (3.1\text{-}37)$$

式（3.1-35）和式（3.1-37）表示频率为 $\omega/(2\pi)$、传播速度为 $c/\bar{n}$ 的衰减（吸收）的平面波，如图 3.1-2 所示。

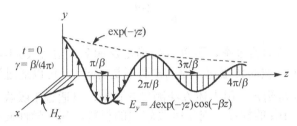

图 3.1-2　在有损耗介质中的行波

类似于无损耗（$\sigma = 0$）情况下的式（3.1-30），我们可以将有损耗情况下的复传播常数表示为

$$\dot{\beta}^2 = j\omega\mu_0 \left(\sigma + j\omega\varepsilon_r\varepsilon_0 \right) = -\bar{N}^2 k_0^2 \qquad (3.1\text{-}38)$$

式中 $\bar{N}$ 是复折射率，其实部为折射率 $\bar{n}$、虚部为消光系数 $\bar{k}$：

$$\bar{N} = \bar{n} - j\bar{k} \qquad (3.1\text{-}39)$$

而 $\bar{N}^2 = \varepsilon_r + j\varepsilon_i$，其中 ε_r 和 ε_i 分别为复介电系数的实部和虚部。将式（3.1-39）代入式（3.1-38）并展开后，取等式两边的实部和虚部分别相等，则有

$$\bar{n}^2 - \bar{k}^2 = \varepsilon_r \qquad (3.1\text{-}40)$$

$$2\bar{n}\bar{k} = \frac{\sigma}{\omega\varepsilon_0} = -\varepsilon_i \qquad (3.1\text{-}41)$$

$$\gamma = \frac{2\pi\bar{k}}{\lambda_0} \qquad (3.1\text{-}42)$$

其中已利用了式（3.1-25）和式（3.1-34）。因此，在有损介质中，平面光波的衰减系数由 $\bar{k}$ 决定，它与电导率有关。至此，光学常数 $\bar{n}$ 和 $\bar{k}$ 可以用表示介质宏观性质的电学参数 σ、ε 表示出来。需注意的是，这里所提的电导率 σ 为光频下介质的电导率 $\sigma(\omega)$，与直流情况下的电导率 σ_0 不同。

在通常情况下所能测定的光学参数是吸收系数 α，而不是消光系数 $\bar{k}$，它们之间的关系可以从以下的分析中得到。

若强度为 I_0 的光入射在介质表面而不产生反射，介质的厚度为 z，吸收系统为 α，则透射光强与入射光强 I_0 之间应满足

$$I = I_0 \exp(-\alpha z) \qquad (3.1\text{-}43)$$

或写成比例形式

$$I \propto \exp(-\alpha z) \qquad (3.1\text{-}44)$$

由式（3.1-35）可知

$$I \propto |E|^2 \propto \exp(-2\gamma z) \tag{3.1-45}$$

因而，从式（3.1-44）与式（3.1-45）的比较中可以得到

$$\alpha = 2\gamma \tag{3.1-46}$$

再利用式（3.1-42），便可得到

$$\alpha = \frac{4\pi\bar{k}}{\lambda_0} \tag{3.1-47}$$

由透过不同厚度样品的透过率，可以直接确定 α 和 $\bar{k}$。由式（3.1-40）可知，在一般情况下，$\bar{n}^2 \neq \varepsilon_r$，因而电磁波的传播速率是 $c/\bar{n}$ 而不是 $c/\varepsilon_r^{1/2}$，可以通过测量与电磁波的传播速度有关的光学参数来得到 $\bar{n}$。用上述方法测量 $\bar{n}$ 和 $\bar{k}$，只适合于吸收不太强的材料，即可以制成厚度只有几倍于 $1/\alpha$ 的样品。对于吸收较强的材料，其光学性质更类似于金属，此时必须用偏振光的反射来测量。反射率与折射率 $\bar{n}$、消光系数 $\bar{k}$ 的关系已由式（2.4-11）给出。

以上，我们将电磁场的基本理论应用到光传输介质中，得出了光学与电学参数之间的关系，下面将看到，将电磁场的基本方程结合适当的边界条件，可以得出光波导的许多重要性质。

3.2　光在平板介质波导中的传输特性

在这一节中，我们将运用 3.1 节中有关电磁场的基本理论，结合平板介质波导的边界条件，求出在波导中允许传播的波导模式、波导结构参数等。前面已经强调，双异质结半导体激光器实质上是一个具有有源介质的平板介质波导，因此在分析中所得出的一些结论对半导体光电子器件具有重要的意义。

3.2.1　平板介质波导的波动光学分析方法

在实际的异质结半导体激光器和发光二极管中，出于载流子注入和光场限制的需要，在垂直于结平面方向上，要在衬底上进行三层以上的异质外延。从各层的分布来看，也不完全对称。但是，有源层及其上下对称的限制层是构成上述异质结光发射器件的最基本结构。因此，以图 3.2-1 所示的 $Ga_{1-x}Al_xAs/GaAs$ 异质结构为例进行分析，也就是一个典型的对称三层平板介质波导，中间有源层的折射率 $\bar{n}_2$ 高于两边限制层的折射率 $\bar{n}_1$。下面将应用波动光学的概念说明光波导的一些性质。

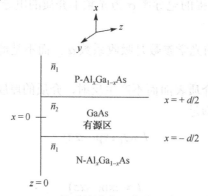

图 3.2-1　GaAlAs/GaAs 双异质结激光器作为对称平板介质波导示意图

1. 光在对称三层介质平板波导中的传播

假设在图 3.2-1 所示的结构中，在 $z=0$ 处是半导体与空气的界面，$x=0$ 处是有源层的中线；并设波导沿 y 方向是无穷的，故有 $\partial/\partial y=0$；对于 TE 模，有 $E_z=0$，利用式（3.1-1a）、式（3.1-1b）和 $\partial/\partial y=0$，可以得出 $H_y=E_x=0$，因此只有 y 方向的电场存在。利用分离变量法对波动方程式（3.1-13）求解，将平板介质波导的模场表示为

$$E_y(x,z,t)=E_y(x)\exp\left[\mathrm{j}(\omega t-\beta z)\right] \tag{3.2-1}$$

其中模式的场分布 $E_y(x)$ 满足下述本征值方程，传播常数 β 为本征值

$$\frac{\partial^2 E_y}{\partial x^2}+(\bar{n}^2k_0^2-\beta^2)E_y=0 \tag{3.2-2}$$

其中 $\bar{n}$ 为所讨论区域的折射率，在波导的芯区（有源区）内，若有 $\bar{n}^2k_0^2>\beta^2$，该方程的解为

$$E_y(x)=A_\mathrm{e}\cos\kappa x+A_\mathrm{o}\sin\kappa x \tag{3.2-3}$$

而在波导的包层（有源区外的限制层）中，波导模必须是指数衰减的，而为了得到实指数形式的解，必有 $\bar{n}^2k_0^2<\beta^2$，其解将在后续章节具体讨论。式（3.2-3）中，A_e 和 A_o 为常数，可由坡印亭矢量与光强的关系确定。κ 表示为

$$\kappa^2=\bar{n}^2k_0^2-\beta^2 \tag{3.2-4}$$

显然，κ 的物理意义是 E_y 在 x 方向的传播常数，它与纵向传播常数 β 之间的关系构成如式（3.2-4）所示的直角三角形各边长之间的关系。

为了求得电场与磁场的解，即为了得到波导模，需要知道在波导壁（或异质结界面）上两侧电场或磁场的关系，即所谓边界条件。为此，将麦克斯韦方程组应用到包含厚度为 δ、长为 $\mathrm{d}l$ 的一个界面面积元 $\mathrm{d}s=\delta\mathrm{d}l$ 内，并考虑到界面处没有面电流，就可以得到

$$E_{1\mathrm{t}}=E_{2\mathrm{t}} \tag{3.2-5}$$

$$H_{1\mathrm{t}}=H_{2\mathrm{t}} \tag{3.2-6}$$

即电场和磁场的切向分量在界面上必须是连续的，如图 3.2-2 所示。

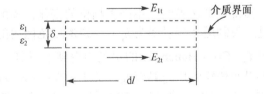

图 3.2-2　在介质界面上电（磁）场切向分量连续的边界条件

2. 偶阶 TE 模式的本征值方程

比较起来，马库塞[3]（D. Marcuse）分别考虑偶阶和奇阶的解来分析横向光场分布的方法较为简单。在图 3.2-1 所示的结构中，在 $|x|<d/2$ 的有源区内，由式（3.2-1）和式（3.2-3）给出偶阶 TE 模为

$$E_y=A_\mathrm{e}\cos(\kappa x)\exp\left[\mathrm{j}(\omega t-\beta z)\right] \tag{3.2-7}$$

其中 κ 与 β 的关系，由式（3.2-4）给出，即在 $|x| < d/2$ 的有源区内则为

$$\kappa^2 = \bar{n}_2^2 k_0^2 - \beta^2 \tag{3.2-8}$$

将式（3.1-5a）应用到所考虑的问题中，可得到

$$\frac{\partial E_y}{\partial x} = -\mu_0 \frac{\partial H_z}{\partial t} \tag{3.2-9}$$

将式（3.2-7）代入式（3.2-9）后得到

$$H_z = -\frac{\mathrm{j}\kappa}{\omega\mu_0} A_e \sin(\kappa x) \exp[\mathrm{j}(\omega t - \beta z)] \tag{3.2-10}$$

为了建立波导模式，光场在有源区外必须衰减，因此，形式上与式（3.2-2）相同的波动方程在有源区外（$|x| > d/2$）的解是实指数形式而不是虚指数形式，也就是 $\bar{n}_1^2 k_0^2$ 必须小于 β^2，进一步应用在波导壁（有源区界面）处电磁场的边界条件，得到在有源区外的限制层中电场分量为

$$E_y = A_e \cos(\kappa d/2) \exp\left[-\gamma\left(|x| - d/2\right)\right] \exp[\mathrm{j}(\omega t - \beta z)] \tag{3.2-11}$$

由式（3.2-9）同样可求有源层外的的限制层中磁场分量为

$$\begin{aligned} H_z &= \left(-x/|x|\right)\left(\mathrm{j}\gamma/\omega\mu_0\right) A_e \cos(\kappa d/2) \exp\left[-\gamma\left(|x| - d/2\right)\right] \\ &\quad \times \exp[\mathrm{j}(\omega t - \beta z)] \end{aligned} \tag{3.2-12}$$

式中，γ 为衰减系数，与传播常数 β 有如下关系：

$$\gamma^2 = \beta^2 - \bar{n}_1^2 k_0^2 \tag{3.2-13}$$

由式（3.2-8）和式（3.2-13）可以看出，欲保证光场在有源层内传播而在有源层外的限制层中衰减的波导模式条件，就要求 $\bar{n}_2^2 k_0^2 > \beta^2$，$\beta^2 > \bar{n}_1^2 k_0^2$，这正说明了前面所假设的形成光波导的条件成立，即

$$\bar{n}_2 > \bar{n}_1 \tag{3.2-14}$$

这种在垂直于结平面方向 $|x| > d/2$ 区域内指数衰减的场有时称为消失场，更确切地应称为倏逝场（evanescent field）。其特点是在界面上不产生相位的变化，场的指数衰减不是由介质吸收所引起的，而是由于进入限制层（折射率为 $\bar{n}_1$）一定深度范围内的入射光能量又完全反射回有源层中，这在古斯-亨森（Goos-Hanchen）的实验中得到了证实。式（3.2-11）和式（3.2-12）表明倏逝场是一种平行于界面传输的均匀界面波。关于古斯-亨森位移后面还将具体分析。

在 $x = d/2$ 处，利用式（3.2-10）、式（3.2-12）和表示 H_z 的边界条件式（3.2-6）可以得出偶阶 TE 模的特征方程（色散关系）：

$$\tan\left(\frac{\kappa d}{2}\right) = \frac{\gamma}{\kappa} = \frac{(\beta^2 - \bar{n}_1^2 k_0^2)^{1/2}}{(\bar{n}_2^2 k_0^2 - \beta^2)^{1/2}} \tag{3.2-15}$$

式（3.2-15）中本征值 β 是不能用显函数表示的未知量。为说明模式数目和截止条件等性质，科林（Collin）[4]采取了一种图解方法。为此，将式（3.2-15）改写为

$$\frac{\kappa d}{2} \tan\left(\frac{\kappa d}{2}\right) = \frac{\gamma d}{2} \tag{3.2-16}$$

将式（3.2-8）和式（3.2-13）相加消除 β^2 得到：

$$\left(\bar{n}_2^2 - \bar{n}_1^2\right)\left(\frac{k_0 d}{2}\right)^2 = \left(\frac{\kappa d}{2}\right)^2 + \left(\frac{\gamma d}{2}\right)^2 \qquad (3.2\text{-}17)$$

如果令 $X = \kappa d/2$、$Y = \gamma d/2$、$R = (\bar{n}_2^2 - \bar{n}_1^2)^{1/2}(k_0 d/2)$，则式（3.2-17）表示的是一个圆方程：

$$X^2 + Y^2 = R^2 \qquad (3.2\text{-}18)$$

式（3.2-16）也就相应变为

$$Y = X \tan X \qquad (3.2\text{-}19)$$

其中 X，Y，R 均具有弧度的量纲。根据式（3.2-18）和式（3.2-19）作图，可分别得到如图 3.2-3 中实线和虚线所示的曲线。作为一个具体例子，图 3.2-3 是根据 GaAs-Ga$_{0.7}$Al$_{0.3}$As 双异质结激光器的一些具体数据（$\lambda_0 = 0.9\mu m$，$\bar{n}_1 = 3.385$，$\bar{n}_2 = 3.590$）做出的。

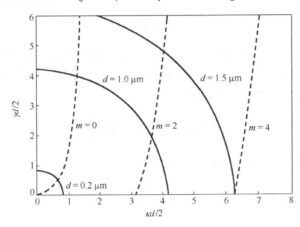

图 3.2-3　偶阶 TE 模式本征值方程的图解

显然，存在于波导中的模数是与圆半径 R 成正比的，随着有源层的折射率 $\bar{n}_2$、厚度 d 和波长 λ_0 的增加以及与有源层毗邻的限制层折射率 $\bar{n}_1$ 的减少，存在于波导中的传输模式数增加。由于波导的数值孔径为 NA $= (\bar{n}_2^2 - \bar{n}_1^2)^{1/2}$，故波导模数也正比于波导的数值孔径。每一高阶横模的截止值由 $Y = X \tan X$ 与图 3.2-3 横坐标 X 的交点确定且对 m 阶偶模这一交点位于 $X = \kappa d / 2 = m\pi / 2$ 处，故由式（3.2-17）求出偶阶 TE 模截止的 d 值表示为

$$d = m \frac{\lambda_0}{2(\bar{n}_2^2 - \bar{n}_1^2)^{1/2}} = \frac{m\lambda_0}{2(\text{NA})} \qquad (3.2\text{-}20)$$

式中，$m=2, 4, 6\ldots$ 为偶阶模的阶数，图 3.2-3 中的圆簇以 d 为参变量作出。

3. 奇阶 TE 模式

按照上述对偶阶 TE 模的处理方法，我们可以对奇阶 TE 模做出类似的分析。由式（3.2-1）和式（3.2-3）可以写出有源层内奇阶 TE 模的表示式为

$$E_y = A_0 \sin(\kappa x) \exp\left[\mathrm{j}(\omega t - \beta z)\right] \qquad (3.2\text{-}21)$$

因而

$$H_z = \left(\frac{\mathrm{j}\kappa}{\omega \mu_0}\right) A_0 \cos(\kappa x) \exp\left[\mathrm{j}(\omega t - \beta z)\right] \qquad (3.2\text{-}22)$$

在有源层外：

$$E_y = \frac{x}{|x|} A_0 \sin\left(\frac{\kappa d}{2}\right) \exp\left[-\gamma\left(|x| - \frac{d}{2}\right)\right] \exp\left[j(\omega t - \beta z)\right] \qquad (3.2\text{-}23)$$

相应地有

$$H_z = \left(-\frac{j\gamma}{\omega\mu_0}\right) A_0 \sin\left(\frac{\kappa d}{2}\right) \exp\left[-\gamma\left(|x| - \frac{d}{2}\right)\right] \exp\left[j(\omega t - \beta z)\right] \qquad (3.2\text{-}24)$$

由 H_z 的边界条件式（3.2-6），可以得到奇阶 TE 模的特征方程（色散关系）为

$$\tan\frac{\kappa d}{2} = -\frac{\kappa}{\gamma} \qquad (3.2\text{-}25)$$

或者表示为

$$Y = -X\cot X \qquad (3.2\text{-}26)$$

结合式（3.2-18）与式（3.2-26），可以得到奇阶 TE 模本征值的图解，如图 3.2-4 所示。如果将偶阶和奇阶 TE 模的图解合并，则可以得到如图 3.2-5 所示的结果。由图可见，只有当 R 满足一定条件才能得到单横模，即要求：

$$R = \sqrt{\bar{n}_2^2 - \bar{n}_1^2}\, k_0 d / 2 < \frac{\pi}{2} \qquad (3.2\text{-}27)$$

为此，对半导体激光器有源层厚度要求限制在

$$d < \frac{\lambda_0}{2(\bar{n}_2^2 - \bar{n}_1^2)^{1/2}} \qquad (3.2\text{-}28)$$

或者

$$d < \frac{\lambda_0}{2(\mathrm{NA})} \qquad (3.2\text{-}29)$$

不满足这一条件，就会出现多横模。由图 3.2-5 还可看到，当 $d < [2\lambda_0/(\mathrm{NA})]$（即 $R < 2\pi$），则出现 4 个 TE 模。图 3.2-6 表示这 4 个模的模场分布。

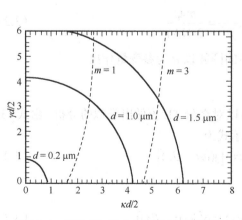

图 3.2-4 奇阶 TE 模式本征值方程的图解

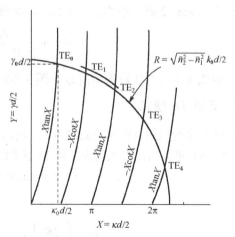

图 3.2-5 平板介质波导特征方程图解

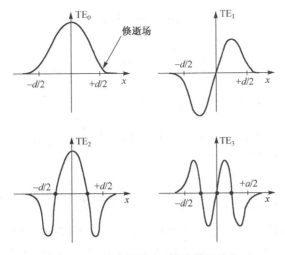

图 3.2-6 几个低阶 TE 模的模场分布

4. TM 模式

尽管上述横电磁波（TEM）中的电场与磁场均对光场有贡献，但与电场相比，磁场与半导体中的电子相互作用要弱得多。对 TM 模，可以采取与 TE 模完全类似的分析。因为是 TM 模，故有 $H_z = 0$，同样令 $\partial/\partial y = 0$，由式（3.1-5a）和式（3.1-5b）可以得到 $E_y = H_x = 0$，因而 TM 模的本征值方程为

$$\frac{\partial^2 H_y}{\partial x^2} + (\overline{n}^2 k^2 - \beta^2)H_y = 0 \tag{3.2-30}$$

在 $|x| < d/2$ 的有源层内（参见图 3.2-1），根据式（3.2-30），偶阶 TM 模的解可以表示为

$$H_y = B_e \cos(\kappa x) \exp\left[j(\omega t - \beta z)\right] \tag{3.2-31}$$

式中，B_e 为常数。利用式（3.1-5b）和式（3.2-31）可以得到

$$E_z = \left(\frac{j\kappa}{\overline{n}_2^2 \omega \varepsilon_0}\right) B_e \sin(\kappa x) \exp\left[j(\omega t - \beta z)\right] \tag{3.2-32}$$

式中，κ 仍由式（3.2-8）给出。在有源区外 $|x| > d/2$ 的区域内的场分量为

$$H_y = B_e \cos\left(\frac{\kappa d}{2}\right) \exp\left[-\gamma\left(|x| - \frac{d}{2}\right)\right] \exp\left[j(\omega t - \beta z)\right] \tag{3.2-33}$$

$$E_z = \left(\frac{x}{|x|}\right)\left(\frac{j\gamma}{\overline{n}_1^2 \omega \varepsilon_0}\right) B_e \cos\left(\frac{\kappa d}{2}\right) \exp\left[-\gamma\left(|x| - \frac{d}{2}\right)\right] \exp\left[j(\omega t - \beta z)\right] \tag{3.2-34}$$

式中 γ 由式（3.2-13）给出。由电场切向分量在边界 $x = d/2$ 处连续的边界条件，即式（3.2-5），可以得到偶阶 TM 模的特征方程为

$$\tan\left(\frac{\kappa d}{2}\right) = \frac{\overline{n}_2^2 \gamma}{\overline{n}_1^2 \kappa} \tag{3.2-35}$$

同样，还可以写出有关奇阶 TM 模各场分量的方程。在 $|x| < d/2$ 的有源区内，有

$$H_y = B_\mathrm{o} \sin \kappa x \exp\left[\mathrm{j}(\omega t - \beta z)\right] \tag{3.2-36}$$

$$E_z = \left(-\frac{\mathrm{j}\kappa}{\bar{n}_2^2 \omega \varepsilon_0}\right) B_\mathrm{o} \cos \kappa x \exp\left[\mathrm{j}(\omega t - \beta z)\right] \tag{3.2-37}$$

在 $|x| > d/2$ 的区域内奇阶 TM 模的场分量为

$$H_y = \frac{x}{|x|} B_\mathrm{o} \sin\left(\frac{\kappa d}{2}\right) \exp\left[-\gamma\left(|x| - \frac{d}{2}\right)\right] \exp\left[\mathrm{j}(\omega t - \beta z)\right] \tag{3.2-38}$$

$$E_z = \left(\frac{\mathrm{j}\gamma}{\bar{n}_1^2 \omega \varepsilon_0}\right) B_\mathrm{o} \sin\left(\frac{\kappa d}{2}\right) \exp\left[-\gamma\left(|x| - \frac{d}{2}\right)\right] \exp\left[\mathrm{j}(\omega t - \beta z)\right] \tag{3.2-39}$$

式（3.2-36）～式（3.2-39）中的 B_o 与式（3.2-31）～式（3.2-34）中的 B_e 均为振幅系数，可根据波印廷矢量与光强的关系确定。由边界条件式（3.2-5）可以得到奇阶 TM 模的特征方程为

$$\tan\left(\frac{\kappa d}{2}\right) = -\frac{\bar{n}_1^2 \kappa}{\bar{n}_2^2 \gamma} \tag{3.2-40}$$

和 TE 模一样，可以将式（3.2-35）表示为 $Y = \left(\bar{n}_1^2 / \bar{n}_2^2\right) X \tan X$，式（3.2-40）表示为 $Y = -(\bar{n}_1^2 / \bar{n}_2^2) X \cot X$，再结合式（3.2-18），同样可对偶阶与奇阶 TM 模进行图解分析，在此不再重复。

3.2.2　平板介质波导的射线分析法

1. 光在异质结界面上的反射和透射

在不同条件下，入射在具有不同折射率的两种介质界面上的光束，会产生不同的反射、折射等性质。例如，在一定条件下，入射在界面上的光束会产生全反射、偏振态改变、光场相位变化等，从而对半导体光电子器件的工作特性产生重要的影响。

设一单色平面光波由折射率为 $\bar{n}_2$ 的光密介质入射到折射率为 $\bar{n}_1$ 的光疏介质 $(\bar{n}_2 > \bar{n}_1)$ 中，如图 3.2-7(a)所示。为简单起见，我们用指数形式表示图 3.2-7 中沿 x 和 z 轴正向传播的平面光波的电场：

$$E = E_0 \exp\left[\mathrm{j}(\omega t - \kappa x - \beta z)\right] \tag{3.2-41}$$

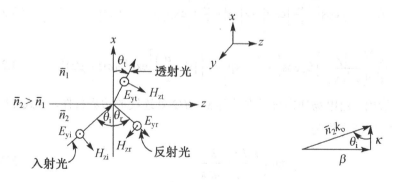

图 3.2-7　(a) 介质界面上电场和磁场的示意图；(b) 传播常数 $\bar{n}_2 k_0$ 及其 x，z 分量的关系

电场的偏振方向可以是任意的，但总可以分解为平行和垂直于入射面（即纸面）的两个偏振分量。在前面所讨论的三层平板介质波导中，只考虑 TE 模的情况，即认为电场是沿图 3.2-7(a) 所示的 y 方向偏振的，即只有 E_y 分量。因光波是横电磁波，故磁场平行于纸面且垂直于传播方向。根据式（3.2-4）和图 3.2-7(b)，在 x 方向的传播常数 κ 和 z 方向传播常数 β 与光束入射角 θ_i 之间的关系为

$$\kappa = \overline{n}_2 k_0 \cos\theta_i \tag{3.2-42}$$

$$\beta = \overline{n}_2 k_0 \sin\theta_i \tag{3.2-43}$$

因而有

$$\tan\theta_i = \frac{\beta}{\kappa} \tag{3.2-44}$$

因此，可以将入射、透射和反射的电场分别表示为

$$E_{yi} = E_i \exp\left[j(\omega t - \overline{n}_2 k_0 x \cos\theta_i - \overline{n}_2 k_0 z \sin\theta_i)\right] \tag{3.2-45}$$

$$E_{yt} = E_t \exp\left[j(\omega t - \overline{n}_1 k_0 x \cos\theta_t - \overline{n}_1 k_0 z \sin\theta_t)\right] \tag{3.2-46}$$

$$E_{yr} = E_r \exp\left[j(\omega t + \overline{n}_2 k_0 x \cos\theta_r - \overline{n}_2 k_0 z \sin\theta_r)\right] \tag{3.2-47}$$

式中，θ_t 和 θ_r 分别表示透射和反射角。由电场的边界条件，要求 $x=0$ 处，光在折射率为 $\overline{n}_2$ 的介质中入射和反射光电场强度的切向分量之和等于折射率为 $\overline{n}_1$ 的介质中透射光电场的切向分量，即

$$E_{yi} + E_{yr} = E_{yt} \tag{3.2-48}$$

或根据式（3.2-45）~式（3.2-47）进一步写为：

$$\begin{aligned}E_i \exp\left[j(\omega t - \overline{n}_2 k_0 z \sin\theta_i)\right] + E_r \exp\left[j(\omega t - \overline{n}_2 k_0 z \sin\theta_r)\right] \\ = E_t \exp\left[j(\omega t - \overline{n}_1 k_0 z \sin\theta_t)\right]\end{aligned} \tag{3.2-49}$$

该连续性条件应适用于任何时刻和所有的 z 值，因此有

$$\overline{n}_2 \sin\theta_i = \overline{n}_2 \sin\theta_r = \overline{n}_1 \sin\theta_t \tag{3.2-50}$$

由式（3.2-50）可以得出

$$\theta_i = \theta_r \tag{3.2-51}$$

$$\overline{n}_2 \sin\theta_i = \overline{n}_1 \sin\theta_t \tag{3.2-52}$$

式（3.2-51）表明入射角等于反射角，式（3.2-52）是斯涅尔（Snell）折射定律。下面来导出关于反射波和折射波与入射波振幅比值的关系式——菲涅尔公式。利用表示磁场 H_z 与电场 E_y 的关系式（3.2-9）和入射场的公式（3.2-45），可以得到

$$\frac{\partial H_{zi}}{\partial t} = (j/\mu_0)E_{yi}\overline{n}_2 k_0 \cos\theta_i \tag{3.2-53}$$

上式可在频域求解得到

$$H_{zi} = (\overline{n}_2 k_0 / \omega\mu_0)E_{yi}\cos\theta_i \tag{3.2-54}$$

考虑 $k_0 / \omega = 1/c$，则

$$H_{zi} = (\bar{n}_2 / \mu_0 c) E_{yi} \cos \theta_i \qquad (3.2\text{-}55)$$

同样，可以将反射和透射波磁场的切向分量写为

$$H_{zr} = -(\bar{n}_2 / \mu_0 c) E_{yr} \cos \theta_r \qquad (3.2\text{-}56)$$

$$H_{zt} = (\bar{n}_1 / \mu_0 c) E_{yt} \cos \theta_t \qquad (3.2\text{-}57)$$

磁场的切向分量在 $x = 0$ 处的连续性条件为

$$H_{zi} + H_{zr} = H_{zt} \qquad (3.2\text{-}58)$$

将式（3.2-55）~式（3.2-57）代入式（3.2-58），就得到

$$\bar{n}_2 E_{yi} \cos \theta_i - \bar{n}_2 E_{yr} \cos \theta_r = \bar{n}_1 E_{yt} \cos \theta_t \qquad (3.2\text{-}59)$$

利用式（3.2-48）和式（3.2-51），就可以得到反射波相对于入射波的电场振幅反射率或振幅反射系数为

$$r = \frac{\bar{n}_2 \cos \theta_i - \bar{n}_1 \cos \theta_t}{\bar{n}_2 \cos \theta_i + \bar{n}_1 \cos \theta_t} \qquad (3.2\text{-}60)$$

同样，利用式（3.2-49）和式（3.2-51），可由式（3.2-59）得到电场的振幅透过率或振幅透射系数：

$$t = \frac{2\bar{n}_2 \cos \theta_i}{\bar{n}_1 \cos \theta_t + \bar{n}_2 \cos \theta_i} \qquad (3.2\text{-}61)$$

式（3.2-60）和式（3.2-61）就是电场矢量垂于入射面的菲涅尔公式。

由式（3.2-60）和式（3.2-61）可以看出电场的振幅反射率和振幅透过率是入射角 θ_i 的函数，当光束垂直于界面入射，$\theta_i = 0$，则

$$r = \frac{\bar{n}_2 - \bar{n}_1}{\bar{n}_2 + \bar{n}_1} \qquad (3.2\text{-}62)$$

但常用的是功率反射率而不是振幅反射率。因此应取式（3.2-62）的平方而得到和式（2.4-12）相一致的公式，即

$$R = \left(\frac{\bar{n}_2 - \bar{n}_1}{\bar{n}_2 + \bar{n}_1} \right)^2 \qquad (3.2\text{-}63)$$

在垂直入射下，式（3.2-61）变为[5]

$$t = \frac{2}{1 + \bar{n}_1 / \bar{n}_2} \qquad (3.2\text{-}64)$$

由式（3.2-61）和式（3.2-64）都可以看出，当光由光密介质向光疏介质入射时，其振幅透过率 $t > 1$。这是由于入射光和反射光偏振方向相同所造成的强合成场对折射率较小的一侧透射电场振幅所产生的影响所致。但可以证明，由于磁场的振幅透过率比较小，因此，功率（或能量）的透过率 T 仍小于1。在界面无吸收的情况下，仍能保证 $R + T = 1$。事实上，尽管半导体激光器的谐振腔面处于驻波场的波腹附近，但仍有 $T<1$。

2. 全反射

由式（3.2-60）可以看出，当光由光密介质向光疏介质入射（$\bar{n}_2 > \bar{n}_1$）时，随着入射角的增加，电场的振幅反射率也增加，当入射角大到某一值时，振幅反射率迅速趋近于 1。这一现象被称为全反射。为了区分光从光疏介质入射到光密介质在一定条件（$\theta_i = 90°$）下所产生的"掠入射"，而把在某一入射角下光从光密介质向光疏介质传播，在界面上所产生的全反射称为全内反射。产生全内反射的入射角称为临界入射角或临界角。

很容易从斯涅尔定律表示式（3.2-52）求得全内反射的临界入射角。因为达到全反射时，折射角 θ_t 应等于 $\pi/2$，这时的入射角为

$$\theta_i = \theta_c = \arcsin(\bar{n}_1/\bar{n}_2) \tag{3.2-65}$$

式中，θ_c 为临界角。以前面提到的 $Ga_{0.7}Al_{0.3}As/GaAs$ 异质结半导体激光器为例，有源层折射率 $\bar{n}_2 = 3.59$，限制层折射率 $\bar{n}_1 = 3.39$，则计算出 $\theta_c = 70.8°$。

当 $\theta_i > \theta_c$ 时，$\bar{n}_2/\bar{n}_1 \sin\theta_i > 1$，因此有

$$\cos\theta_t = \pm j\left[(\bar{n}_2^2/\bar{n}_1^2)\sin^2\theta_i - 1\right]^{1/2} \tag{3.2-66}$$

很容易证明，无论对式（3.2-66）取正号还是负号，将其代入式（3.2-60）后取复数场反射率的平方，均能得到功率反射率 $R = |r|^2 = 1$。因此，只要满足 $\theta_i \geqslant \theta_c$ 都能产生光的全反射。但另一方面，当 $\theta_i = \theta_c$ 时，由式（3.2-60）和式（3.2-61）得到

$$r = 1, \qquad t = 2 \tag{3.2-67}$$

这一事实说明，即使是全反射，在折射率小的一侧介质中的电场也并不为零，而是渗入折射率小的一侧介质中；还可以证明，在达到全反射条件时，磁场也不在界面上中断，而是渗入折射率小的一侧介质中，这种渗透的电磁场即为前面所述的倏逝场。从物理意义上讲，这种倏逝场是一种衰减场，因此式（3.2-66）中应该取负号，而将电场的复反射率写为

$$\tilde{r} = \frac{\bar{n}_2\cos\theta_i + j(\bar{n}_2^2\sin^2\theta_i - \bar{n}_1^2)^{1/2}}{\bar{n}_2\cos\theta_i - j(\bar{n}_2^2\sin^2\theta_i - \bar{n}_1^2)^{1/2}} \tag{3.2-68}$$

由式（3.2-66），可以得到

$$\bar{n}_1\cos\theta_t = -j\frac{\gamma}{k_0} \tag{3.2-69}$$

$$\gamma = (\bar{n}_2^2\sin^2\theta_i - \bar{n}_1^2)^{1/2}k_0 \tag{3.2-70}$$

将式（3.2-69）代入式（3.2-46）就可得到在全反射情况下倏逝场的表达式为

$$E_{yt} = E_t \exp\left[j(\omega t - \bar{n}_1 k_0 z\sin\theta_t) - \gamma x\right] \tag{3.2-71}$$

可以看出，倏逝场是一个沿透射方向随指数 $\exp(-\gamma x)$ 衰减的场。不过这种衰减不是由介质的吸收引起的，而是因为所有的入射能量完全被反射回光密介质中的缘故[5]。结合式（3.2-43）并与式（3.2-13）相比较，容易发现式（3.2-70）与式（3.2-13）是一致的，这种一致性在下面的进一步分析中还能发现。

3. 反射相移和古斯-亨森（GOOS-Hanchen）位移[6]

上面提到，光从光密介质向光疏介质入射，当入射角大于临界角入射时，发生入射能量的全反射。另一方面在深入光疏介质的一个很小（波长量级）薄层的倏逝场也为实验证实。对这一矛盾现象的解释只能是全反射界面向光疏介质推移了一段很小的距离，或者可以看做反射点相对入射点沿反射面移了一段距离。这早在 1947 年就为古斯-亨森所发现。由于反射点有位移，反射场相对于入射场就有相位差或反射相移。

当 $\theta_i > \theta_c$，由式（3.2-68）可以看出这时的场反射率变成了复数。因而可以将它表示成极坐标形式，即为

$$\tilde{r} = |r| e^{j\phi} \tag{3.2-72}$$

式中，$|r|$ 表示反射与入射场振幅之比。ϕ 表示反射场 E_{yr} 相对入射场 E_{yi} 所产生的相位变化（相移）。在全反射条件下振幅反射率 $|r| = 1$，因而有

$$\tilde{r} = e^{j\phi} = \frac{\cos\theta_i + j(\sin^2\theta_i - \overline{n}_{12}^2)^{1/2}}{\cos\theta_i - j(\sin^2\theta_i - \overline{n}_{12}^2)^{1/2}} \tag{3.2-73}$$

式中，$\overline{n}_{12} = \overline{n}_1 / \overline{n}_2$，运用熟知的欧拉公式变换上式，可以得到

$$\tan\frac{\phi}{2} = \frac{(\sin^2\theta_i - \overline{n}_{12}^2)^{1/2}}{\cos\theta_i} \tag{3.2-74}$$

因而反射相移为

$$\phi = 2\arctan\frac{(\sin^2\theta_i - \overline{n}_{12}^2)^{1/2}}{\cos\theta_i} \tag{3.2-75}$$

利用式（3.2-42）、式（3.2-43）和式（3.2-74）可以写成

$$\tan\frac{\phi}{2} = \frac{[(\beta/k_0)^2 - \overline{n}_1^2]^{1/2}}{\kappa/k_0} \tag{3.2-76}$$

由式（3.2-70）或式（3.2-13），可进一步得到

$$\tan\frac{\phi}{2} = \frac{\gamma}{\kappa} \tag{3.2-77}$$

古斯-亨森从实验证明，在满足全反射的条件下，由介质界面反射的光束在入射平面内有空间移动，常以反射点在界面上移动的距离 $2Z_g$ 和倏逝场渗透深度 X_g 对古斯-亨森移动做定量描述，如图 3.2-8 所示。

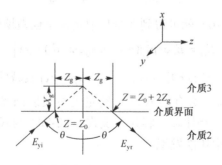

图 3.2-8 光线在介质界面上发生的古斯-亨森移动

如果不考虑时间因子，在 $x=0$ 处的入射场可由式（3.2-45）给出

$$E_{yi} = E_i \exp(-\mathrm{j}\beta z) \qquad (3.2\text{-}78)$$

反射电场由式（3.2-72）可以给出

$$E_{yr} = E_{yi} \exp(\mathrm{j}\phi) \qquad (3.2\text{-}79)$$

在 z 方向的传播常数 β 的物理意义表示在该方向单位长度上所产生的相移。因此，若能得出 $\partial\phi/\partial\beta$，即能得到反射点在 z 方向移动的距离。这可以由多种方法得出，科格尔尼克（Kogelnik）考虑入射角略有不同因而传播常数分别为 $\beta\pm\Delta\beta$ 的两个平面波组成的光束，在 $x=0$ 处的入射电场为

$$E_{yi} = E_i\left\{\exp\left[-\mathrm{j}(\beta+\Delta\beta)z\right] + \exp\left[-\mathrm{j}(\beta-\Delta\beta)z\right]\right\} \qquad (3.2\text{-}80)$$

或简化为

$$E_{yi} = 2E_i \cos(\Delta\beta z)\exp(-\mathrm{j}\beta z) \qquad (3.2\text{-}81)$$

β 的一个小的变化 $\pm\Delta\beta$ 所引起相位变化为

$$\phi(\beta\pm\Delta\beta) = \phi(\beta)\pm\left(\partial\phi/\partial\beta\right)\Delta\beta = \phi\pm\Delta\phi \qquad (3.2\text{-}82)$$

考虑到式（3.2-82），利用式（3.2-79）可以写出由式（3.2-80）表示的入射波的反射波

$$E_{yr} = 2E_i \cos\Delta\beta(z-\Delta\phi/\Delta\beta)\exp\left[-\mathrm{j}(\beta z-\phi)\right] \qquad (3.2\text{-}83)$$

全反射条件下振幅反射率为 1，要求式（3.2-81）和式（3.2-83）中的余弦因子相等。若入射波在 $Z=Z_o$ 处入射，则反射波在 $Z=Z_o+\Delta\phi/\Delta\beta$ 处出射。图 3.2-8 中用 $2Z_g$ 表示反射点的纵向移动，因而

$$Z_g = \frac{1}{2}\frac{\partial\phi}{\partial\beta} \qquad (3.2\text{-}84)$$

由式（3.2-77）求出 $\partial(\phi/2)/\partial\beta$，代入式（3.2-84）得

$$Z_g = \frac{\partial(\phi/2)}{\partial\beta} = \frac{\kappa(\partial\gamma/\partial\beta)-\gamma(\partial\kappa/\partial\beta)}{\kappa^2+\gamma^2} \qquad (3.2\text{-}85)$$

再利用式（3.2-8）和式（3.2-13）分别求出 $\partial\kappa/\partial\beta$ 与 $\partial\gamma/\partial\beta$ 后代入式（3.2-85）得到

$$Z_g = \frac{\beta}{\gamma\kappa} = \frac{1}{\gamma}\tan\theta_i \qquad (3.2\text{-}86)$$

其中利用了式（3.2-44）给出的 $\beta/\kappa = \tan\theta_i$，由图 3.2-8 可以看出倏逝场渗透深度（取透射场衰减到振幅 $1/\mathrm{e}$ 时与界面的距离）为

$$X_g = \frac{Z_g}{\tan\theta_i} = \frac{1}{\gamma} \qquad (3.2\text{-}87)$$

4. 平板介质波导模式[7]

前面只是讨论了光在两层介质界面上的反射，在此基础上很容易理解，如果在光密介质两边均邻接着光疏介质，在满足全反射的条件下，在光密介质中传播的光束会受到边界面的全反射而被限制在该夹层内，如图 3.2-9(a)所示。为更普遍起见，图 3.2-9 表示一个三层非对称平板介质波导，$\bar{n}_2 > \bar{n}_1 > \bar{n}_3$。入射在两界面上的全反射临界角分别为

$$\theta_{c1} = \arcsin\left(\frac{\bar{n}_1}{\bar{n}_2}\right) \tag{3.2-88}$$

$$\theta_{c3} = \arcsin\left(\frac{\bar{n}_3}{\bar{n}_2}\right) \tag{3.2-89}$$

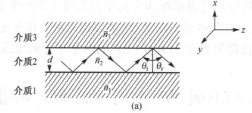

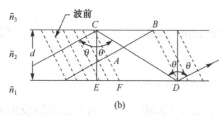 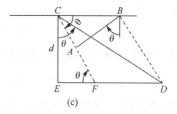

图 3.2-9 非对称平板介质波导的本征值相位条件示意图（不含古斯–亨森移动）

因为 $\bar{n}_1 > \bar{n}_3$，显然 $\theta_{c1} > \theta_{c3}$，因此只有入射角 θ_i 大于 θ_{c1} 的光束才能在波导中传播。另一方面，在两个界面上，反射光相对于入射光会产生相移，其值由式（3.2-75）分别给出：

$$\phi_1 = 2\arctan\frac{(\sin^2\theta_i - \bar{n}_{12}^2)^{1/2}}{\cos\theta_i} \tag{3.2-90}$$

$$\phi_3 = 2\arctan\frac{(\sin^2\theta_i - \bar{n}_{32}^2)^{1/2}}{\cos\theta_i} \tag{3.2-91}$$

式中，$\bar{n}_{12} = \bar{n}_1/\bar{n}_2$，$\bar{n}_{32} = \bar{n}_3/\bar{n}_2$，显然 $\phi_3 > \phi_1$，在波导中每一允许的模式代表一簇稳定传播的平面波列。同一波阵面（波前）上各点必须具有相同的相位，该簇各波阵面之间应该是无畸变的再现。如图 3.2-9(b)所示，波前 CF 上各点（可视为点源）可通过直接途径 AB 或相继经过在两边界面上 C 点和 D 点的两次反射到达波前 BD，这两种途径的光程差可以由图 3.2-9(b)中的几何关系得到

$$(\overline{CD} - \overline{AB})\bar{n}_2 = 2\bar{n}_2 d\cos\theta \tag{3.2-92}$$

为了使经过两种不同途径到达同一波前上光线之间相干，要求由式（3.2-92）所表示的光程差以及两次全内反射所造成的附加光程差之和为波长的整数倍，即

$$2\bar{n}_2 d\cos\theta - \frac{(\phi_1 + \phi_3)\lambda_0}{2\pi} = m\lambda_0 \tag{3.2-93}$$

或将式（3.2-93）改写为相位之间的关系为

$$2\bar{n}_2 dk_o\cos\theta - (\phi_1 + \phi_3) = 2m\pi \tag{3.2-94}$$

式中，d 为中间层（如半导体激光器的有源层）的厚度，ϕ_1 和 ϕ_3 分别为式（3.2-90）和式（3.2-91）表示的反射相移。要使光束在两个界面上均产生全反射必须使

$$\sin\theta \geqslant \sin\theta_{c1} = \bar{n}_1/\bar{n}_2$$

即

$$\cos\theta < \frac{1}{\bar{n}_2}\sqrt{\bar{n}_2^2 - \bar{n}_1^2} \qquad (3.2\text{-}95)$$

将式（3.2-95）代入式（3.2-94），便可得到在此波导中所能允许的模式数：

$$m < \frac{2d\sqrt{\bar{n}_2^2 - \bar{n}_1^2}}{\lambda_0} - \frac{\phi_1}{2\pi} - \frac{\phi_3}{2\pi} \qquad (3.2\text{-}96)$$

可见，反射相移将影响波导中传输的模式。我们可以讨论以下几种情况：

（1）因为 $\phi_3 > \phi_1$，可以将式（3.2-96）近似为

$$m < \frac{2d\sqrt{\bar{n}_2^2 - \bar{n}_1^2}}{\lambda_0} - \frac{\phi_3}{2\pi} \qquad (3.2\text{-}97)$$

随着有源层厚度 d 减少，能允许传播的波导模式也减少。即高阶模相继被截止，当 d 小至某一值时，基模也可被截止。

（2）当 $\bar{n}_1 = \bar{n}_3$，即对应对称波导情况，当入射角 $\theta_i = \theta_{c1} = \theta_{c3}$ 时，有 $\phi_1 = \phi_3 = 0$，由式(3.2-93)，在对称波导中，波长越大，能传的模式数越少，令 $m = 0$，则 $(\lambda_c)_{m=0} = \infty$。这说明所有频率都能以基模传输，即基模是不会截止的。

（3）用射线法对波导的分析是一种较简单的方法，除用来分析具有层状结构的半导体激光器外，也可对光纤、集成光路等进行原理性分析。

3.3 矩形介质波导

在前面平板介质波导的分析中，我们假设有源层介质在侧向（图 3.2-1 中的 y 方向）是均匀的，光子在该方向不受限制。由 3.1 节分析可知，对 TE 模只存在 E_y、H_x 和 H_z 三个分量；对 TM 模则只有 E_x、E_z 和 H_y 三个分量。因为光场能量主要由 TE 模输运，故在平板介质波导中可认为光场的偏振方向平行于结平面,在宽平面双异质结激光器中可近似取此分析。

在有些半导体激光器中，例如掩埋条形异质结（BH）激光器，在横向和侧向都存在折射率波导效应，因而是一种具有二维光限制的矩形介质波导，如图 3.3-1 所示，在有源区的两侧存在折射率的突变。对矩形介质波导的分析要比平板介质波导复杂得多。图 3.3-2 所示的是典型矩形介质波导的横截面和坐标系统，坐标原点置于波导区（折射率为 $\bar{n}_2$）的中心。对光场能量起直接限制作用的另外四个区的折射率分别为 $\bar{n}_1$、$\bar{n}_3$、$\bar{n}_4$ 和 $\bar{n}_5$。

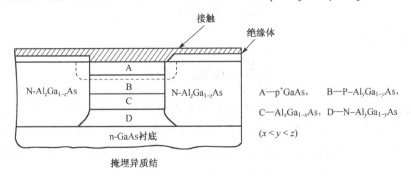

图 3.3-1　GaAIAs/GaAs-BH 激光器示意图

为简单起见，设 $\bar{n}_1 = \bar{n}_3$，$\bar{n}_4 = \bar{n}_5$，并且有

$$\left(\frac{\bar{n}_2}{\bar{n}_i} - 1\right) \ll 1 \qquad i = 1, 3, 4, 5$$

这里已经忽略图 3.3-2 中由阴影所表示的对角区对波导性质的影响。严格的分析要求写出每个区的电磁场表达式，然后考虑在所有边界线上电场或磁场的切向分量必须连续的边界条件，每个区的电磁场必须用正交函数的无穷级数来表示，这显然是非常复杂的。

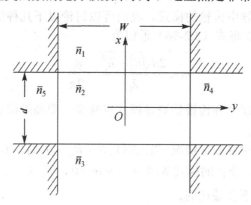

图 3.3-2　矩形介质波导示意图

对于矩形介质波导，比较简单可行的方法是所谓有效折射率法[10-12]，它把二维问题变为一维有效折射率波导，而可用类似于平板介质波导的情况进行分析和求解，这种方法不但适合于在半导体激光器有源区侧向有折射率突变的情况（如图 3.3-1 所示的 BH 激光器），而且也适合于图 3.3-3 所示的限制层侧向厚度不均匀的反背脊波导激光器（IRW）和沟道衬底平面激光器（CSP）的情况。

根据 3.2 节中描述平板介质波导的 TE 模在横向（x 方向）场变化的波动方程，可将描述矩形波导中 TE 模在横截面上场变化的方程写为

$$\nabla_t^2 E = -(k_0^2 \bar{n}^2 - \beta^2)E \tag{3.3-1}$$

式中，∇_t^2 是横截面上的拉普拉斯算子，$\bar{n}$ 为折射率，k_0 为自由空间的波数，β 为纵向传播常数。对于侧向厚度不均匀的情况，只要与光场相比折射率随位置的变化缓慢，或者说，在光波长的尺寸范围内，折射率的变化非常小时，矢量波动方程仍然可由式（3.3-1）所表示的用标量波动方程代替，如果令 $\partial^2 E / \partial x^2 = -\kappa_x^2 E$，并且令[9]

$$k_0^2 \bar{n}_{\mathrm{eff}}^2 = k_0^2 \bar{n}^2 - \kappa_x^2(y) \tag{3.3-2}$$

则由式（3.3-1）得到

$$\frac{\partial^2 E}{\partial y^2} = -(k_0^2 \bar{n}_{\mathrm{eff}}^2 - \beta^2)E \tag{3.3-3}$$

式中，$\bar{n}_{\mathrm{eff}}$ 为有效折射率。由式（3.3-3）可以清楚看出，由于有效折射率的引入，使二维介质波导具有和平板介质波导形式上完全相同的波动方程。在 BH 激光器中 κ_x（即侧向上的波数）为常数，折射率在侧向有源区的边界上有突变。而在图 3.3-3 所表示的 IRW 和 CSP 中，有源层中 Al 含量 x 小于限制层 Al 含量 y 或 z，由式（2.4-8）有源层的折射率高于限制层折

射率，但折射率在侧向不存在突变，只是限制层的厚度中间厚两侧薄，从而区域 I 和区域 II 有着不同的 κ_x 值，有 $\kappa_{xI} > \kappa_{xII}$，也就是说 $\bar{n}_{\mathrm{eff}}(\mathrm{II}) > \bar{n}_{\mathrm{eff}}(\mathrm{I})$，即形成在侧向中心区域的有效折射率大于两侧区域的有效折射率而导致侧向波导效应，也即产生类矩形波导效应，为了进行对比并作进一步理解，从图 3.3-4 所示的条形加载（strip-loaded）波导中得到启发，在有效折射率为 $\bar{n}_1$ 的平面波导上形成一个宽度为 A、高度为 C、折射率为 $\bar{n}_3$ 的条形，并有 $\bar{n}_2 > \bar{n}_1 \geq \bar{n}_3 > \bar{n}_4$，或 $\bar{n}_2 > \bar{n}_3 \geq \bar{n}_1 > \bar{n}_4$。因为 $\bar{n}_3 > \bar{n}_4$，由射线分析法可知光场在折射率为 $\bar{n}_3$ 区域中的渗透深度大于在折射率为 $\bar{n}_4$ 区域中的渗透深度，等效于条形下方波导的有效厚度大于其两侧，意味着平面波在条形下方的等效波导中行进的光程要稍长，即条形下方区域的有效折射率 $\bar{n}'_{2\mathrm{eff}}$（$=\beta'/k$）要大于其两侧的有效折射率 $\bar{n}_{2,\mathrm{eff}}$（$=\beta/k$）。

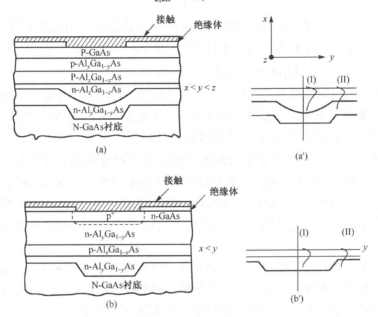

图 3.3-3 (a)反背脊波导（IRW）激光器；(b)沟道衬底平面（CSP）激光器；
(a') 和 (b') 分别示意光场的模式渗透

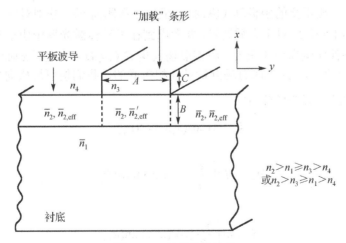

图 3.3-4 条形负载波导

对 IRW 激光器，侧向最大的有效折射率差可以通过对式（3.3-2）微分，并利用 $\Delta\kappa_x = -\kappa_x \Delta d / (d + \gamma_t^{-1})$ 得到

$$\Delta\bar{n}_{\text{eff}}^2 = 2\left(\frac{\kappa_x\lambda}{2\pi}\right)^2 \cdot \frac{\Delta d}{d + \gamma_t^{-1}} \tag{3.3-4}$$

式中，γ_t^{-1} 是由式（3.2-87）所表示的场渗透深度，因而 $d + \gamma_t^{-1}$ 被认为是有源层的有效厚度，对基横模我们可以近似取 $\kappa_x \approx \pi/(d + \gamma_t^{-1})$，则

$$\Delta\bar{n}_{\text{eff}}^2 \approx \frac{\lambda^2 \Delta d}{2(d + \gamma_t^{-1})^3} \tag{3.3-5}$$

作为一个例子，我们取 d（即 IRW 结构中 $y = 0$ 处的最大有源层厚度）为 1.35μm，$\gamma_t^{-1} = 0.4$μm，在 y 方向有源区厚度的变化量 $\Delta d = 0.75$μm，则在 $\lambda = 0.89$μm 时，$\Delta\bar{n}_{\text{eff}}^2 \approx 5.4 \times 10^{-2}$，而在 $\lambda = 1.15$μm 时，$\Delta\bar{n}_{\text{eff}}^2 = 8.8 \times 10^{-2}$。

对沟道衬底平面条形激光器（CSP），其特点是有源层厚度不变化而与其毗邻的衬底一侧限制层厚度却在侧向有变化。当限制层的厚度小于光场在横向的渗透深度时，则侧向有效折射率的计算必须要考虑横向的损耗，该微分损耗使沟道区的 $\partial^2 E/\partial x^2$ 小于两侧"肩"区的 $\partial^2 E/\partial x^2$，因而在侧向产生有效折射率的变化。因此，对 CSP 结构的有效折射率计算要比 IRW 结构复杂得多。文献[13]给出了采用有效折射率法对 CSP 结构中波导效应的详细分析，在此不做进一步论述。只是强调光场在衬底沟道区以外较大的横向损耗是 CSP 半导体激光器侧向光波导效应存在的基础，也是区别于在 4.5 节中将要论述的几何条形激光器中侧向增益波导的重要特点。

以上我们分析了几种典型情况的侧向光波导，即侧向发生折射率突变（如 BH）的情况以及有源层侧向折射率不变而衬底厚度发生变化（如 CSP）的情况，并用有效折射率方法对侧向光波导结构进行了分析，下面将讨论矩形介质波导中的波导模式。

除了平板介质波导中 TE 模的三个场分量，即 E_y、H_x 和 H_z（或 TM 模的三个场分量，即 H_y、E_x 和 E_z）外，矩形介质波导中还有两个附加的场分量。实际上，电矢量 E（或磁矢量 H）垂直于三个互相正交的坐标轴（纵向 z、横向 x 和侧向 y），分别对应三组 TE（或 TM）模式的场分量（每组 5 个）。对于介质波导，并考虑到在半导体激光器中由于有源层厚度很小，故沿横向的边界条件比侧向更为重要，我们取场矢量 E（或 H）垂直于 x 轴的选择比较合适，并用 TE^x（或 TM^x）表示。因为所有场分量是互相关联的，我们便可用横向场 E_y 的振幅 A 作参考振幅。写出 TE^x 的五个场分量[14]：

$$E_y = A\cos(\kappa_x x)\cos(\kappa_y y) \tag{3.3-6a}$$

$$H_z = -iA\left(\frac{\kappa_x}{\omega\mu}\right)\sin(\kappa_x x)\cos(\kappa_y y) \tag{3.3-6b}$$

$$E_z = iA\left(\frac{\kappa_y}{\beta}\right)\cos(\kappa_x x)\sin(\kappa_y y) \tag{3.3-6c}$$

$$H_x = -A\left(\frac{\bar{n}_2^2 k_0^2 - \kappa_x^2}{\omega\mu\beta}\right)\cos(\kappa_x x)\cos(\kappa_y y) \tag{3.3-6d}$$

$$H_y = -A\left(\frac{\kappa_x}{\omega\mu}\right)\left(\frac{\kappa_y}{\beta}\right)\sin(\kappa_x x)\sin(\kappa_y y) \tag{3.3-6e}$$

式（3.3-6）适合于折射率在侧向有突变的情况。同时，若加进适当的指数衰减因子，式（3.3-6）能适合于图 3.3-2 的四个低折射率区。式（3.3-6）中，κ_x、κ_y 和 β 分别为 x、y 和 z 方向的传播常数，并且有 $\kappa_y < \kappa_x < \beta$。当 κ_y 趋于零时，矩形介质波导就有相应的平板介质波导的 TE 模。再利用 E_y、E_z、H_y 和 H_z 分量在 $x = \pm d/2$ 处的边界上必须连续的条件，便可得到特征方程：

$$\kappa_x d = m\pi + \arctan(\gamma_1/\kappa_x) + \arctan(\gamma_3/\kappa_x) \tag{3.3-7}$$

式中，m 表示横模序数，γ_1^{-1} 和 γ_3^{-1} 分别表示光场沿横向两个低折射率区的渗透深度，这和平板介质波导的模方程式（3.2-94）是一致的。

对于侧向，我们可以将场分量 H_x、H_z 和 E_z 在 $y = \pm W/2$ 边界上连续的条件联立求解，并注意到 $E_x = 0$ 和 H_x 与 H_z 的边界条件不一致而忽略 H_z 的边界条件，便可得到 p 阶侧模的特征方程：

$$\kappa_y W = p\pi + \arctan\left(\frac{(\bar{n}_2^2 k_0^2 - \kappa_x^2)\gamma_4}{(\bar{n}_4^2 k_0^2 - \kappa_x^2)\kappa_y}\right) + \arctan\left(\frac{(\bar{n}_2^2 k_0^2 - \kappa_x^2)\gamma_5}{(\bar{n}_5^2 k_0^2 - \kappa_x^2)\kappa_y}\right) \tag{3.3-8}$$

式中 W 为矩形介质波导的侧向宽度。既然式（3.3-7）相应于平板介质波导的 TE 模的特征方程，那么式（3.3-8）就应为在有效折射率近似中考虑 κ_x 后改进的 TM 模的特征方程。事实上，TE^x 模应该与在 x 方向上的 TE 模、y 方向的 TM 模的性质相一致。但如果忽略 H_x 的边界条件，而只考虑 H_z 和 E_z 在 $y = \pm W/2$ 处的连续性，则可得到侧向波导模式的另一种表示式为

$$\kappa_y W = p\pi + \tan^{-1}(\gamma_4/\kappa_y) + \tan^{-1}(\gamma_5/\kappa_y) \tag{3.3-9}$$

显然，式（3.3-8）适合于忽略 H_z 的边界条件即 $|H_z|/|H_x| \sim \kappa_x\beta/k_0^2\bar{n}_2^2 \ll 1$ 的情况。但在两种极限情况下，即① $\bar{n}_4 = \bar{n}_5 \approx \bar{n}_2$，即对应于侧向只有弱波导的衬底掩埋异质结（SBH）和肋波导（RW）激光器；② $\gamma_4/\kappa_y = \gamma_5/\kappa_y = \infty$，这对应于侧向折射率差较大的台面条形激光器，这时式（3.3-8）和式（3.3-9）就没有明显的差别。对于介于以上两个极限情况之间的 BH 激光器，式（3.3-8）与式（3.3-9）之间有明显的差别，如不满足边界条件，会激励起以 TE^x（或 TM^x）混合模形式出现的高阶模。因此，为减少侧向模式和减少模之间的耦合，BH 激光器有源区与其两侧的折射率差不宜太大。

思考与习题

1．论述光波导效应在异质结激光器中的作用，在垂直于异质结平面方向上的光波导是怎样形成的？

2．要想在激射波长为 1.3μm 的双异质结激光器中得到基横模，已知中心层折射率为 $\bar{n}_2 = 3.501$，两边限制层折射率 $\bar{n}_1 = \bar{n}_3 = 3.220$，试求中心层厚度 d 应满足的取值条件。

3．在图 3.2-1 所示的平板介质波导中，已知 $\bar{n}_2 = 2.234$、$\bar{n}_1 = 2.214$、$d = 1\mu m$ 和 $\lambda_0 = 0.6328\mu m$，求该波导的数值孔径和特征圆方程的 R 值。

4. 反射相移与古斯-亨森位移在物理概念上有何联系和差别？

5. 如何理解反射相移对波导模式的影响？为什么在对称平板介质波导中基模永不截止，而在非对称平板介质波导中存在基模截止条件？

6. 从理论上证明在体材料双异质结激光器中的光偏振方向平行于结平面。

7. 什么是有效折射率方法？在分析光波导中有何作用？

8. 有哪些方法能在半导体激光器的侧向形成光波导？

9. 为什么在讨论 TE 或 TM 模式中均未考虑其 x 分量？

参 考 文 献

[1] （美）H. C. 凯西、M. B. 帕尼什著，杜宝勋译. 异质结构激光器（上）. 国防工业出版社, 1983, pp. 20～108.

[2] Allen H. Cherin. An Introduction to Optical Fibers, McGraw-Hill Bookcompany, 1983, pp. 62～82.

[3] D. Marcuse. Light Transmission Optics, Van Nostrand, New York, p. 305(1972).

[4] R. E. Collin. Field Theory of Guided Waves, McGraw-Hill Bookcompany, New York, p. 470(1960).

[5] （日）西泽润一著，史一京、石忠诚译. 光电子学. 人民邮电出版社, 1983, pp 4C1～61.

[6] F. Goos and Hanchen, Ann. phys.1, p. 333(1947).

[7] G. H. B. Thompson, Physics of Semiconductor Laser Devices, The Pitman Press, Bath 1980. pp. 165～239.

[8] 叶培大、吴彝尊著，光波导技术基本理论，人民邮电出版社, 1984, pp. 125～135.

[9] Shyh Wang, chung—Yih Chen et al. Control of Mode Behavior in Semiconductor Lasers, IEEE J. of Quantum Electron, 1981, 17(4):453～468.

[10] E. A. J. Marcatili, Dielectric Rectangular Waveguide and Directional Coupler for Integrated Optics, Bell Syst. Tech. J. , 1969, 48: 2071～2102.

[11] Jens Buus, The Effective Index Method and Its Application to Semiconductor Lasers, IEEE J. of Quantum Electron., 1982, 8(7): 1083～1089.

[12] Dan Botez, Effective Refractive Index and First-Order-Mode Cutoff Condition In lnGaAsP/InP DH Laser Constructures(λ=1.2～1.6μm), IEEE J. of Quandrum Electron. , 1982, 18(5): 865～870.

[13] T. Kuroda, M. Nalcamura, et. al, Channeled-Substrate-Planar Structue $AI_xGa_{1-x}As$ Lasers：An Analytical Waveguide Study, Appl. Opt., 1978, 17: 3264～3267.

[14] S. L. Chuang, Physics of Optoelectronic Devices, John Wiley & Sons, New York 1995, Section 7.4.

第4章　异质结半导体激光器

4.1　概　　述

和其他激光器一样，半导体激光器的基本结构也由三部分组成，即能高效率产生受激发射的工作物质（有源介质或增益介质）、提供光学反馈的谐振腔和驱动电源。所不同的是半导体异质结激光器有光波导结构，但其作用也类似于固体激光器的聚光腔。一般半导体激光器的谐振腔不是由外加反射镜构成，而是利用半导体本身的晶体解理面形成内反射腔，这一特点正是半导体激光器有别于其他激光器的优点，即结构很紧凑，避免了外加谐振腔可能产生的机械不稳定性。半导体激光器的驱动电源也较简单，需要的电流、电压均很小，因此工作较方便和安全，不过半导体激光器也很容易遭受浪涌电流和电压的冲击而损坏。

1962 年问世的半导体激光器是同质结的，由于它在室温下的阈值电流密度高达 10^4A/cm^2 量级，故只能在液氮温度下才能连续工作，因而毫无实用价值。1967 年用液相外延生长出结晶良好、晶格匹配的 $Ga_{1-x}Al_xAs/GaAs$ 异质结，并很快研制出单异质结半导体激光器，其室温下的阈值电流密度比同质结激光器降低一个数量级（$8.6 \times 10^3 \text{A/cm}^2$），但仍然很高的阈值电流密度使它只能在室温下脉冲工作。1970 年出现的双异质结半导体激光器再次使室温下的阈值电流密度大幅度降低，几乎比单异质结半导体激光器降低了一个数量级，从而实现了半导体激光器在室温下连续工作，开创了激光在光纤通信、光信息处理领域应用的新纪元。最早的双异质结激光器是宽接触的，即从衬底到电极接触各层都是等面积的，注入的载流子和激发的光子在有源层的侧向没有受到应有的限制，因而所需的工作电流和相应的热负载均较大，横模与纵模特性也不理想。因此直至目前，被广泛采用的是 1970 年以后不断发展起来的各种条形激光器。为满足大容量光纤通信的需要，从 20 世纪 70 年代中期开始相继出现了一些具有不同结构特点、高频响应特性好、热稳定性好的单纵模激光器，如分布反馈（DFB）、分布布拉格反射（DBR）、垂直腔表面发射激光器（VCSEL）等。

20 世纪 80 年代末量子阱材料渐趋成熟，其微分增益等材料特性明显高于此前的体材料，使基于量子阱材料的半导体激光器的性能获得全面的提高。除了满足光纤通信低损耗窗口（1250～1650nm）的半导体激光器得以持续发展外，大容量存储需求的红光和蓝光等短波长半导体激光器相继得到快速发展；除了用于信息传输、信息存储等小输出功率（～10mW）半导体激光器外，在 20 世纪 90 年代中期为满足泵浦掺铒光纤放大器的需要，中等功率（～100mW）的半导体激光器在光纤通信扩容方面做出了历史性贡献；为泵浦光纤激光器和取代传统的灯泵浦而用于泵浦固体激光器的大功率（数瓦～百瓦量级）列阵半导体激光器也同时出现；连续输出功率至千瓦的超大功率半导体激光器直接用于材料加工也已成为现实。

依据有源区材料、侧向限制结构、光出射方式的不同，可对半导体激光器进行如下分类：

4.2 光子在谐振腔内的振荡

前已提及，光学谐振腔是激光器的必要组成部分之一，光子在腔内来回振荡的过程中不断与增益介质中的电子相互作用，不同振荡模式之间的光子也相互作用。正是由于光子在腔内振荡而不断增强与电子的相互作用，使激光器区别于发光二极管而产生很强的受激发射和表现出所谓阈值特性。由于半导体激光器的谐振腔面是反射率较低的晶体自然解理面（例如GaAs、InP 等Ⅲ-Ⅴ族化合物半导体的解理面的功率反射率为 0.3～0.32,）因此从两平行腔面的光损耗较大或对光子的反馈量小；同时由于半导体激光器的谐振腔长（即有源介质的长度）很短，一般为 200～400μm，因而要在半导体激光器的有源介质中获得粒子数反转以形成受激光发射，只能靠向有源区有效地注入浓度较高的电子以及将注入的电子和复合产生的光子有效地限制在有源区，并使它们在谐振腔内产生强的光子-电子互作用，这些已在前面各章中讨论过。

要使激光器产生受激光输出，除了粒子数反转这个必要条件外，还必须使粒子数反转达到某一程度。一旦出现粒子数反转，就在增益介质中产生增益，但这时的增益还不足以抵消光子在谐振腔内的损耗和输出损耗，只有当粒子数反转达到光子在腔内所得到的增益与产生的损耗相平衡的程度，光子才能获得净增益而获得激光输出。我们将光子在谐振腔内振荡开始出现净增益所必须满足的条件称为阈值条件，这时所对应的一些参数（如增益、驱动电流等）都相应地被称为阈值。下面将用一般激光器的谐振腔理论得出阈值条件。

设光子在谐振腔内传播有如下的平面电磁波

$$E = E_i \exp(-\dot{\beta}z) \tag{4.2-1}$$

式中，E_i 为光场在入射面上的振幅，如图 4.2-1 所示，$\dot{\beta}$ 为光波在腔长 z 方向上的复传播常数（为避免与光场限制因子混淆，在此用 $\dot{\beta}$ 表示复传输常数，与式（3.1-34）是一致的），表示为

$$\dot{\beta} = j(\bar{n} - j\bar{k})k_0 \tag{4.2-2}$$

式中，$\bar{n}$ 为介质的折射率，$\bar{k} = \alpha\lambda_0/(4\pi)$ 为消光系数，α 为广义损耗系数，$k_0 = 2\pi/\lambda_0$ 为真空中的波数。阈值条件要求光子在谐振腔内往返一次，总的效果是不产生损耗而能维持稳定的振荡或形成稳定的驻波。这就要求光子在腔内的环路增益为 1，即

$$r_1 r_2 E_i \exp(-2\dot{\beta}L) = E_i \tag{4.2-3}$$

或者简化为

$$r_1 r_2 \exp(-2\dot{\beta}L) = 1 \tag{4.2-4}$$

式中，L 为谐振腔长，r_1、r_2 分别为光场在两个谐振腔面上的场反射系数，它们的功率反射系数分别为 $R_1 = r_1 r_1^*$、$R_2 = r_2 r_2^*$，其中 r_1^* 和 r_2^* 是相应的共轭复数。在低损耗介质中，可以忽略反射相移，则有 $r_1 = R_1^{1/2}$、$r_2 = R_2^{1/2}$。将式（4.2-4）改写为

$$r_1 r_2 \exp\left\{-2\left[j(\bar{n}-j\bar{k})k_0\right]L\right\}=1 \qquad (4.2\text{-}5)$$

将 $\bar{k}$ 与 k_0 的有关表示式代入式（4.2-5）后得到

$$r_1 r_2 \exp\left[\left(-j\frac{4\pi\bar{n}}{\lambda_0}-\alpha\right)L\right]=1 \qquad (4.2\text{-}6)$$

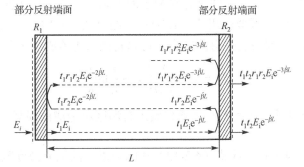

图 4.2-1　光子在平行腔内增益介质中振荡的示意图

增益本身即为负的损耗，则损耗系数 $\alpha=-g+\alpha_i$，α_i 为介质的内部损耗，则式（4.2-6）变为

$$r_1 r_2 \exp\left[(g-\alpha_i)L\right]\exp\left[-j\left(\frac{4\pi\bar{n}}{\lambda_0}\right)L\right]=1 \qquad (4.2\text{-}7)$$

这就要求：

$$r_1 r_2 \exp\left[(g-\alpha_i)L\right]=1 \qquad (4.2\text{-}8)$$

$$\exp\left[-j\left(\frac{4\pi\bar{n}}{\lambda_0}\right)L\right]=1 \qquad (4.2\text{-}9)$$

式（4.2-8）和式（4.2-9）分别为光子在腔内形成稳定振荡的阈值振幅条件和相位条件，必须同时满足。前者表示光波在腔内往返一周回到起始位置时振幅保持不变。由式（4.2-8）可以得到阈值增益为

$$g_{th}=\alpha_i+\frac{1}{L}\ln\left(\frac{1}{r_1 r_2}\right) \qquad (4.2\text{-}10)$$

通常以功率反射系数代替场反射系数，则有

$$g_{th}=\alpha_i+\frac{1}{2L}\ln\left(\frac{1}{R_1 R_2}\right) \qquad (4.2\text{-}11)$$

对通常具有内腔结构的半导体激光器，有 $R_1=R_2=R$，则还可将式（4.2-11）简化为

$$g_{th}=\alpha_i+\frac{1}{L}\ln\left(\frac{1}{R}\right) \qquad (4.2\text{-}12)$$

式中，R 为腔面反射率，由式（3.2-63）给出。式（4.2-12）表明，当激光器达到阈值时，光子从单位长度介质所获得的增益须足以抵消由于介质对光子的吸收、散射等内部损耗和从腔面的激光输出（对激光器谐振腔本身来说，输出光也是一种损耗）。显然，尽量减少光子在

介质内部的损耗、适当增加增益介质的长度、对非输出面镀以高反射膜都能降低激光器的阈值增益。

阈值增益条件是靠向激光器的有源区注入载流子或者说由注入电流来实现的。达到阈值增益所需的注入电流密度称为阈值电流密度，相应的电流称为阈值电流。阈值电流密度 J_{th} 和阈值电流 I_{th} 都是衡量激光器质量优劣的重要参数，在 5.1 节中还将详细讨论。

一般在增益系数与电流密度之间不存在简单的关系表达式，但在低掺杂材料或虽重掺杂但注入电流足够高时，仍可近似使用式（1.7-11）。结合式（1.7-11）与式（4.2-12），并且考虑到激光器不能将光场全部限制在有源区内，可以将阈值电流密度表示为

$$J_{th} = J_t + \frac{1}{\Gamma A}\left(\alpha_i + \frac{1}{L}\ln\frac{1}{R}\right) \tag{4.2-13}$$

式中，Γ 为光场限制因子，它代表着光场扩展出有源区所造成的损耗。式（4.2-13）的物理意义也是显而易见的。

阈值增益方程式（4.2-11）或式（4.2-12）在阈值以上的电流密度范围内（$1.1\sim1.5\,J_{th}$）仍可适用，特别是当激光器各部分很均匀时，在更大的电流范围内增益能精确地与损耗相抗衡，使增益系数被"钳制"于它的阈值，注入载流子浓度和自发发射速率也被"钳制"于阈值（参见图 1.7-2）。超过阈值的电流用来产生受激发射。即使量子效率不为 1，部分阈值电流将用于非幅射复合的情况也如此，因此激光输出将随电流增加。然而，由于有源区各部分存在不均匀性，特别是在一些结构简单的条形激光器中，侧向载流子浓度或电流分布不均匀，各部分的增益特性不完全一样，随着电流的增加，某一部分的增益将增加，而另一部分区域可能处于吸收状态，因此饱和效应就将限制增益的进一步增加。

再返回来讨论式（4.2-9），它代表光子在谐振腔内形成稳定振荡的驻波条件，欲使式（4.2-9）成立，则要求：

$$\frac{4\pi\bar{n}L}{\lambda_0} = 2m\pi \tag{4.2-14}$$

式中，$m = 1，2，3，\cdots$。该式表明，光子在谐振腔内来回一周所经历的光程必须是波长的整数倍。因此，当增益介质的折射率 $\bar{n}$ 和谐振腔长一定时，每一个 m 值就对应着光子的一个振荡频率或波长，或者说对应着一个振荡模式（也即是第 5 章中的纵模模式）。因此，可以认为式（4.2-9）所代表的是激光纵模所需满足的阈值条件。为求出各纵模的间隔，把式（4.2-14）简化为

$$2\bar{n}L = m\lambda_0 \tag{4.2-15}$$

对式（4.2-15）两边取微分后得到

$$\lambda_0 dm + m d\lambda_0 = 2L d\bar{n} \tag{4.2-16}$$

对相邻的两个模式，取 $dm = -1$，则纵模间隔为

$$d\lambda_0 = \frac{\lambda_0^2}{2\bar{n}L\left[1 - \left(\dfrac{\lambda_0}{\bar{n}}\right)\left(\dfrac{d\bar{n}}{d\lambda_0}\right)\right]} \tag{4.2-17}$$

式中，分母方括号所代表的是增益介质材料的色散。以上只是谈到光子在谐振腔内形成稳定振荡所必须满足的相位条件，至于半导体激光器的纵模性质将在 5.4 节中详细分析。

4.3　在同质结基础上发展的异质结激光器

4.3.1　同质结激光器[2]

在 4.1 节中已谈到，由于同质结半导体激光器过高的阈值电流密度而不实用，被后来出现的异质结激光器所取代。为便于比较，有必要先扼要地介绍同质结激光器。

最早出现的同质结激光器是将高浓度受主杂质扩散进已重掺杂的 n 型 GaAs 半导体中生成所需的 pn 结，故当时也称为 pn 结激光器。其结构如图 4.3-1 所示。粒子数反转条件 $F_c - F_v \geqslant E_g$ 是靠上述重掺杂来实现的。在平衡时，pn 结界面出现一个空间电荷区，但在外加电压 $V_a \geqslant E_g/e$ 的作用下，由于 pn 结势垒的降低，就会在 pn 结两侧的 p 区和 n 区分别积累非平衡电子和空穴。因此，同质结激光器的有源区是由空间电荷区及 p 区的电子扩散长度和 n 区的空穴扩散长度所对应的区间所组成的。图 4.3-2(a)和(b)分别表示同质结激光器在平衡时和加正向偏压后的能带图。由于电子有比空穴高的迁移率因而有大的扩散长度，所以同质结半导体激光器的有源区偏向 p 区一侧。

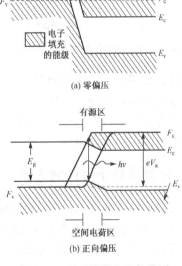

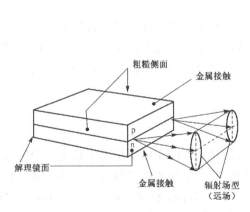

图 4.3-1　同质结半导体激光器　　　　图 4.3-2　同质结激光器能带图

同质结半导体激光器所遇到的困难是阈值电流密度高且随温度发生剧烈变化。理论分析指出，在低增益下，其阈值电流密度 J_{th} 随温度按 $T^{2/3}$ 变化；在高增益下，这种关系变为线性。然而，实际的 $J_{th} \sim T$ 关系更为剧烈。例如在 30~80K 之间，理论预期 J_{th} 将增加 4~8 倍，而实际却增加了 50 倍。因此，除基本的增益过程外，尚有其他因素影响同质结半导体激光器的 $J_{th} \sim T$ 特性。

在正向电压下，pn 结的空间电荷区的厚度可以减少到忽略不计的程度，因此，同质结激光器有源区的厚度主要由 p 区电子的扩散长度所决定，而它是随温度的增加而增加的，室温时的电子扩散长度可达 5μm，这自然需要大的注入载流子浓度来保证在如此厚的有源区内实现粒子数反转。

在一个电子扩散长度范围内产生的受激发射的光子无限制地向结区两边材料扩展是室温下同质结半导体激光器阈值电流密度大到难以容忍的又一重要原因。在低温下，结附近存在一个结两边由自由电子浓度差所产生的很小的折射率台阶，并由此引起一个很弱的光波导效应。随着温度升高，本来很小的折射率台阶被削弱，致使更多的光子漏入非激射区而被吸收掉。同时由于 p 型 GaAs 的吸收边（光吸收的长波限或红限）比 n 型长，而激射波长又随温度升高发生偏移，致使更多的光子在 p 区一侧有源区之外遭受吸收损耗。同质结半导体激光器的折射率 $\bar{n}$、增益 g 以及光强随垂直于 pn 结方向位置的变化如图 4.3-3 所示。

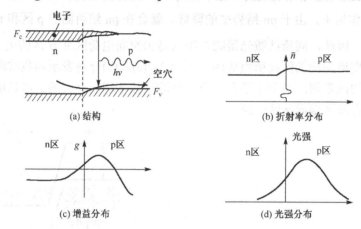

图 4.3-3　(a)同质结激光器在垂直于 pn 结方向上的能带；(b)折射率分布；(c)增益分布；(d)光强分布

因此，要降低室温下的阈值电流密度以实现室温下连续工作，最重要的是：①将注入载流子有效地限制在比电子扩散长度小得多的区域内产生受激发射；②应将所产生的光子在垂直于腔长方向（横向、侧向）上得到有效限制，使光子在谐振腔内振荡和放大。这些正是异质结激光器得以成功的基础。

4.3.2　单异质结半导体激光器

在用异质结克服同质结激光器的缺点时，最初只是考虑在同质结上生长出一个构成电子势垒的异质结，将这种异质结激光器称为"紧密限制"单异质结（SH-CC）激光器，它由一个同质结和一个异质结构成，有源层 p-GaAs 被夹在 n-GaAs 和宽带隙材料 P-GaAlAs 之间，如图 4.3-4 所示。这种单异质结激光器显示出比同质结结构优越的性质，它首先实现了室温下脉冲工作。在对上述同质结和异质结的基本特点有所了解后就容易知道，只要在 p-GaAs 层厚度小于一个电子扩散长度处生长一宽带隙 P 型 $Ga_{1-x}Al_xAs$ 限制层，那么从 n-GaAs 注入 p-GaAs 的电子就会受到 p-GaAs/P-GaAlAs 异质结势垒的限制。在同样的注入速率下，这将使有源层积累的非平衡少数载流子浓度增加；同时异质结两边材料的折射率差所形成的光波导效应，限制了有源区中所激发的光子从横向逸出该异质结而损失掉。然而，如第 2 章所述，pn 同质结的电子注入效率较低，该同质结对注入有源层的空穴向 n 区扩散没有限制，同时对光子也只有很弱的光波导效应。因此，为了达到粒子数反转所需的载流子浓度，仍需在 n 区重掺杂（$3\sim4\times10^{18}/cm^3$）。但是，单异质结已使激光器的阈值电流密度比同质结激光器低一个数量级而达到 $6000\sim8000A/cm^2$。最低的阈值电流密度是在 p-GaAs 层厚度为 1μm 左右时得到的。进一步减少该层厚度虽对该区少数载流子积累有利，但同时会更削弱同质结一侧的光波导效应而使阈值电流密度升高。对以上所述，可以从单异质结激光器这种非对称结构在正向偏压下的能带结构、折射率分布和光强分布中来理解，分别如图 4.3-5(a)、(b)和(c)所示。

  这种激光器的主要优点是工艺简单，只比同质结激光器多一次外延，但比同质结低的阈值电流密度却能使它获得高的脉冲峰值功率。但仍然居高不下的阈值电流密度使它难以实用。然而，单异质结半导体激光器仍不失为利用异质结来发展半导体激光器的一个重要探索。为紧随其后双异质结半导体激光器的成功实践奠定了基础。

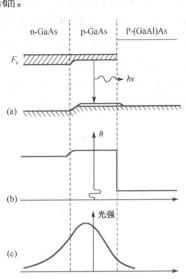

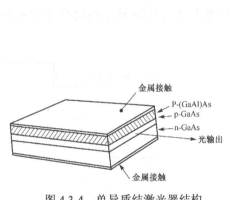

图 4.3-4 单异质结激光器结构

图 4.3-5 (a)单异质结激光器的能带结构；
(b)折射率分布；(c)光强分布

4.3.3 双异质结激光器

  在分析同质结和单异质结激光器各自特点的基础上很自然想到，如果以另一个异质结 Np 代替单异质结激光器中的 np 同质结，则既能高效率地向有源区注入载流子，有源区两边的异质结又能分别对注入该区的非平衡少数载流子和该区的多数载流子进行限制，还能利用异质结具有的光波导效应对有源区内产生的光子在垂直于结平面方向进行限制，这些分别在第 2 章和第 3 章讨论过。最早由阿尔费洛夫提出的 N-Ga$_{1-x}$Al$_x$As/p-GaAs/P-Ga$_{1-x}$Al$_x$As 双异质结激光器结构，显示了上述优越性，如图 4.3-6 所示。利用这种结构特点，就可以在很薄（≤0.2μm）和不需要重掺杂的有源层内使得非平衡电子浓度比电子注入源区（N-GaAlAs）还高。这种"超注入"效应和有源层两边对称的光波导结构使 1970 年实现的双异质结激光器室温阈值电流密度又比单异质结激光器大幅度降低，从而实现了室温下激光器的连续工作。此后通过对双异质结各层有关元素组分及有源层厚度的进一步优化，使阈值电流密度进一步大幅度下降。例如埃特贝格（Ettenberg）取限制层 Ga$_{1-x}$Al$_x$As 中 $x=0.65$、有源层厚度为 0.12μm 的双异质结激光器，其室温阈值电流密度低达 470A/cm²，这比最早的双异质结激光器的阈值电流密度下降了近一个数量级。图 4.3-7 表示双异质结激光器在垂直于结平面方向的能带图、折射率分布和光强分布。与图 4.3-3 和图 4.3-5 比较后可清楚看出，双异质结结构上的对称性，带来了折射率和光强分布的对称性；同时可以看出，渗出有源区的光子明显减少，或者说光场限制因子 Γ 增加。

在如图 4.3-6 所示的宽面双异质结半导体激光器实现了室温下连续工作以后，对异质结半导体激光器的研究主要集中在以下几个方面：

（1）提高激光器工作寿命，研究激光器性能退化和失效的机理，提高激光器长期工作的稳定性与可靠性，其中主要工作之一是发展各种条形结构的激光器，降低阈值电流。

（2）扩展半导体激光器的工作波段。最早出现的 GaAlAs/GaAs 半导体激光器的工作波长在 0.85μm 左右，为适应光纤更低损耗窗口的需要，从 20 世纪 70 年代初期就开始研究能覆盖 1.1～1.7μm 波段的四元化合物半导体 InGaAsP/InP 激光器，并很快在光纤通信中发挥了重要作用。对波段在 1.7～1.8μm 的 AlGaAsSb/GaSb 激光器和波段在 1.9～2.0μm 的 GaInAsSb/GaSb 激光器也得到了许多很有意义的研究结果。为适应光盘等信息存储和处理的需要，对可见光激光器的研究与对上述波长激光器的研究并驾齐驱，发展迅速。

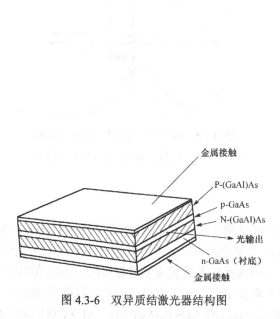

图 4.3-6　双异质结激光器结构图

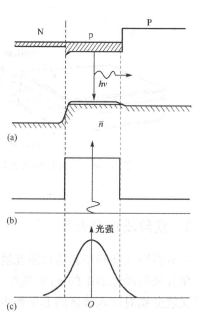

图 4.3-7　(a)双异质结激光器在垂直于结平面方向的能带图；(b)折射率分布；(c)光强分布

（3）压缩半导体激光器输出光谱宽度（线宽）和适用在高速调制下的单纵模工作（即动态单纵模）。为此开发出分布反馈（DFB）激光器和垂直腔表面发射激光器（VCSEL）。

（4）提高半导体激光器的输出功率和输出光束的相干性，使光子从信息领域扩展到以光子为能量载体的材料加工领域。

4.4 条形半导体激光器

4.4.1 条形半导体激光器的特点

对异质结半导体激光器的进一步研究发现，仅仅在垂直于结平面方向（横向）对有源区的载流子和光子进行限制的上述宽面异质结激光器有许多不足之处。首先是它的侧向（平行于结平面方向）近场分布一般呈现所谓多"光丝"，即具有许多侧向模式；而且随着注入电流的增加，这些光丝的空间分布将发生变化。在许多应用中，要求半导体激光器有良好的横模（包括侧模）特性，要求有尽可能圆对称的远场光斑，以便能用较简单的光学系统将激光束聚焦成很小的光点，这不仅是高密度信息存取的需要，也是与光纤高效率耦合所必需的。例如，有源层宽度为 5~10μm 的半导体激光器所发出的光束可以有效地耦合进经简单类透镜处理的渐变折射率光纤中，这显然是有源层侧向尺寸约 300μm 的宽面半导体激光器所不能的。为满足上述要求，可行的途径是除横向外，在半导体激光器有源层的侧向也对注入的载流子和产生的光子施行限制。随着这种将有源层限制在一窄条内的所谓条形半导体激光器的不断发展和上述限制机构的不断完善，条形激光器不但能改善横向（包括侧向）模式，同时也有利于实现单纵模工作。因此，条形激光器是半导体激光器实现室温连续工作后一个重要的发展里程碑。条形结构已成为广泛使用的半导体激光器的主要结构形式，其主要优点概括如下：

（1）由于有源层侧向尺寸减少，光场分布对称性增加，这对绝大多数应用都是有利的。

（2）因为在侧向对电子和光场也有限制，有利于减少激光器的阈值电流和工作电流。例如，目前掩埋条形激光器的阈值电流可低至 5mA 以下，而输出功率却可达 10mW 以上。

（3）在这种结构中，由于工作时产生热量的有源层被埋在导热性能良好的无源晶体之中，因而减少了激光器的热阻，有利于提高激光器的热稳定性。

（4）由于有源区面积小，容易获得缺陷尽可能少或无缺陷的有源层。同时，除用做谐振腔的解理面外，整个有源区与外界隔离，有利于提高器件的稳定性与可靠性。

（5）有利于改善侧向模式。

围绕着在侧向对注入载流子和产生的光子进行限制，先后探索了多种条形激光器，可以按它们在侧向的波导机构分为两类，即增益波导与折射率波导，分别对应复折射率的虚部和实部。对电子的限制或导引，也是一种波导行为。最早的一些条形激光器是利用相对简单的工艺在半导体芯片纵向的中心区域内形成一个注入电流的条形通道，使有源层中心部分的增益（或复介电常数的虚部）高于其两侧，形成所谓"增益波导"，图 4.4-1(a)和(b)分别所示的氧化物条形和质子轰击条形就属于这一类。后来发展起来的侧向折射率波导是由有源层与其两侧材料的折射率差来实现的，如在 3.3 节已提到的沟道衬底平面条形（CSP）激光器、掩埋条形（BH）激光器等。

早期曾出现的如图 4.4-2(a)和(b)分别所示的深锌扩散条形（DDS）和横结条形 （TJS）等的侧向波导机构比较复杂，可能是增益波导、折射率波导或者是在高激励水平下出现的反折射率波导，这取决于特定的掺杂浓度和在这种多层结构中各层的分布情况[4]。

因为增益波导以及可能发生的弱抗（反）折射率波导都是由载流子不均匀分布所引起的，因此可将它们合理地统称为载流子波导。条形激光器中的增益波导特性将在 4.5 节中分析。

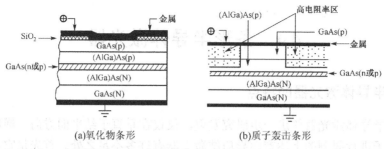

图 4.4-1　(a)氧化物条形；(b)质子轰击条形

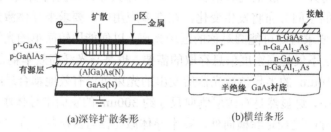

图 4.4-2　(a)深锌扩散条形；(b)横结条形

4.4.2　条形激光器中的侧向电流扩展和侧向载流子扩散[5, 6]

最早的电极条形（如前面提到的氧化物条形）是将注入电流加在一条形电极上，注入电流在电极接触条与有源层之间不可避免地会发生侧向扩展，注入有源层的载流子也会发生侧向扩散。这两种行为对条形激光器的阈值特性、输出模式、输出功率随电流变化的线性等都产生不良的影响。因此，以后相继出现的各种条形结构都围绕着如何限制注入电流的侧向扩展，使注入电流途经一窄的通道而以尽可能均匀的电流密度到达有源层；同时如何防止注入有源层的载流子发生侧向扩散，使窄的有源层内有尽可能均匀的载流子分布。自从双异质结实现室温连续工作之后，上述课题就成为了半导体激光器的研究重点。然而各种条形结构对注入电流和有源层中的载流子进行限制的能力各不相同。后面还将看到，各种条形结构对注入电流和载流子在侧向限制能力的大小往往与该结构所形成的侧向光波导效应的强弱是一致的。

虽然电流的侧向扩展与载流子的侧向扩散都是载流子运动的结果，但两者的物理过程是不同的。前者是条形接触电极与有源层的 pn 结之间多数载流子在电场作用下侧向的漂移运动，而后者是注入有源层的非平衡少数载流子由中心向两侧所形成的浓度梯度使其产生侧向扩散。这两个过程之间的联系，可以从后面将要讨论的载流子扩散方程中看到。

为理解条形激光器中注入电流的侧向扩展，我们用如图 4.4-3 所示的简单模型来讨论。电流从顶上的条形电极依次通过 p+型顶层 1、P 型限制层 2、有源层 3、N 型限制层 4 和 n 型衬底 5。因 n 型衬底的接触电极相对于条形电极的宽度来说要宽得多，同时 N 型限制层有中等的掺杂浓度，因而可忽略电流在 N 型限制层和 n 型衬底中的扩展，在这些层的压降以及同型异质结的压降均可忽略不计，而认为外加电压主要降落在异质 pn 结及其以上的区域内[7]，因而我们可以将图 4.4-3 简化为图 4.4-4 而认为电压降落在厚度为 t_r、复合电阻率为 ρ 的区域内[4]。电流在条宽为 $2S$ 的接触电极与 pn 结之间的扩展是所有 p 区中的多数载流子在电场作用下的侧向漂移电流，因而是一个欧姆过程。图中分别用实线和短划线表示电流和电位的分布，复合电阻率由下式求得：

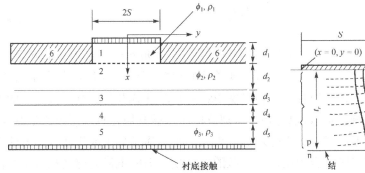

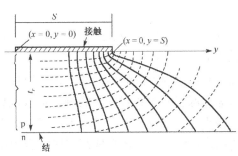

图 4.4-3　电极条形激光器横截面　　　图 4.4-4　电流侧向扩展示意图，

其中短画线为等电位线

$$\frac{1}{\rho} = \frac{d_1}{\rho_1} + \frac{d_2}{\rho_2} \tag{4.4-1}$$

式中，ρ_1 和 ρ_2 分别为图 4.4-3 中层 1 和层 2 的电阻率，d_1 和 d_2 为相应层的厚度。由拉普拉斯方程可以写出一维电位方程[4]：

$$\frac{\mathrm{d}^2 V}{\mathrm{d}y^2} = \frac{a_1 \rho}{t_r}[J(y) - J_c], \qquad |y| \leqslant S \tag{4.4-2}$$

$$\frac{\mathrm{d}^2 V}{\mathrm{d}y^2} = \frac{a_2 \rho}{t_r} J(y) \qquad |y| > S \tag{4.4-3}$$

式中，J_c 为电极接触条上的电流密度，$J(y)$ 为在 pn 结（即在有源层）处的电流密度，它与结电压 $V(y)$ 之间的关系由典型的二极管方程给出，即为[4]

$$J(y) = J(0) \exp\left[\frac{e(V - V_0)}{m k_B T}\right] \tag{4.4-4}$$

式中，V_0 为 $y = 0$ 处的参考结电压，$J(0)$ 为 $y = 0$ 处的电流密度，$e/(m k_B T)$ 为指数结参数，一般取常数 $m = 4$。将电流守恒原理和电压与积分路径无关的条件应用到电极接触平面与结平面之间的矩形环上，可以得到式（4.4-2）和式（4.4-3）中的常数 a_1 和 a_2 分别为[4]

$$a_1 = \frac{t_r^2}{S^2}, \qquad a_2 = 2 \tag{4.4-5}$$

求解方程式（4.4-2）可以得到侧向的电流分布为[4]

$$J(y) = J(S)\left[1 + \left(\frac{y - S}{\Delta S}\right)^2\right]^{-1} \tag{4.4-6}$$

式中，$J(S)$ 为 $y = S$ 的电流密度，ΔS 为电流扩展的有效宽度，表示为[4]

$$\Delta S = \left[\frac{m k_B T t_r}{e \rho J(S)}\right]^{1/2} \tag{4.4-7}$$

式（4.4-7）表明，由于电流的侧向扩展，有源区中在 $y = S + \Delta S$ 处的电流密度已下降到 $J(S)$ 的一半，因此 ΔS 的大小可以表征电流扩展的程度。显然 ρ 值越大，电流侧向扩展就越小。如果 $J(S)/J(0) > 0.5$ 作为有源层中电流均匀分布的判据，那么对具有 t_r 为常数的激光器结构应满足[4]：

$$\rho J t_{\mathrm{r}} < \frac{2mk_{\mathrm{B}}T}{e} \tag{4.4-8}$$

利用式（4.4-6）和式（4.4-7），对 $\rho = 4\times10^{-2}\Omega\cdot cm$、$2S = 10\mu m$ 和 $J_c = 5000A/cm^2$ 的条形激光器在不同的 t_r 和 $J(0)$ 下所计算出的电流分布如图 4.4-5 所示[4]。对实际的条形激光器，为保证有源层内电流的均匀分布，常取接触电极条宽 $2S$ 大于有源层的宽度 W。因此，即使不考虑有源层内少数载流子的侧向扩散，也有相当一部分电流未被利用在有源层内产生激光。为了减少侧向电流扩展，必须形成良好的电流通道。为此，曾用质子轰击或氧注入的方法在所需的电流通道区两侧形成高阻区；也曾用深锌扩散的方法使所需的电流通道区相对于两侧形成低阻区，但比较有效的方法是用反向 pn 结阻止电流的这种扩展。如图 3.3-1 所示的埋层异质结（BH）激光器、如图 4.4-6(a)所示的双电流限制的沟道衬底平面条形（DCC-CSP）激光器、如图 4.4-6(b)所示的沟道衬底埋层异质结（CSBH）激光器、如图 4.4-6(c)所示的双沟道衬底埋层异质结（DCPBH）激光器等都具有有效的电流限制机构。

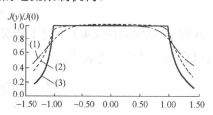

$\rho = 4\times10^{12}\Omega\cdot cm$，	$2S = 10\mu m$	$J_c = 5000A/cm^2$
	$t_r(\mu m)$	$J(0)(A/cm^2)$
(1)	5	2700
(2)	2	3270
(3)	0.5	4000

图 4.4-5　在电极条形激光器中所计算的电流密度分布

注入半导体激光器有源区中的载流子越过垂直于结平面方向的异质结势垒而泄漏的损耗已在 2.5 节中分析。如果有源层与条形电极下面的限制层属同一掺杂类型，则有源层的电流扩展和限制层一样属同样的欧姆过程。但当有源层中注入的载流子浓度较高，则和有源层掺杂浓度低或与其上面的限制层掺杂类型相反的情况一样，注入的载流子将发生侧向扩散。注入有源层的载流子发生侧向扩散与条形结构有关。例如，在浅质子轰击条形中，载流子侧向扩散的范围与载流子的扩散长度相一致；而在深质子轰击条形中，由于条宽以外的有源层的性质被质子轰击所改变，致使载流子在轰击区的复合速度提高，使条边界处的载流子浓度为条中心处的 25%；如果条形以外的区域用氧注入，其主要影响是减少载流子的迁移率，因而减少了侧向载流子扩散流，使条形电极下面的有源层内能维持较高的载流子浓度。

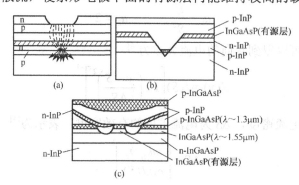

图 4.4-6　(a)具有双电流限制机构的沟道衬底平面条形激光器；(b)沟道衬底埋层异质结激光器；(c)双沟道衬底埋层异质结激光器

为了分析有源层内载流子的侧向扩散，给出如下扩散方程[8]

$$\frac{1}{W_a(y)}\frac{d}{dy}\left[W_a(y)D(N)\frac{dN}{dy}\right] - f(N) = -\frac{\eta J(y)}{W_a(y)e} + \frac{g(y)\Gamma}{W_a(y)hv}\left|G_{av}(y)\right|^2 \qquad (4.4\text{-}9)$$

式中，为避免与微分号混淆，暂不用 d 而用 $W_a(y)$ 代表有源层的厚度；$f(N)=(N/\tau)+BN^2$ 为载流子的辐射复合速率，其中线性辐射复合项中的 τ 为载流子的自发复合寿命，平方项是考虑带尾模型中违背 k 选择定则的双分子辐射复合，B 是描述双分子复合的系数。严格来说，正如 1.6 节所述，对长波长激光器，在 $f(N)$ 中还应包括俄歇复合项；$D(N)$ 是载流子的双极扩散系数；η 为载流子的注入效率；$g(y)$ 为增益系数；hv 为光子能量；$\left|G_{av}(y)\right|^2$ 为考虑正向和反向传播的光场在侧向每微米的平均功率密度；Γ 为光场限制因子。如果我们做如下假设：

① 有源层厚度沿 y 方向不变，仍取 $W_a(y)=d$；

② 不考虑俄歇复合（如前所述，在长波长激光器中，这一假设是不合理的）；

③ 如忽略异质结界面的影响，可以取载流子的注入效率 $\eta=1$；

④ 所加电流在阈值以下，则式（4.4-9）中右边表示受激发射的项可忽略。

这些假设对认识式（4.4-9）的物理意义是有好处的。在这些假设的基础上，可将式（4.4-9）简化为

$$D\frac{d^2N}{dy^2} - f(N) = -\frac{J(y)}{ed} \qquad (4.4\text{-}10)$$

要想得到具有非线性项的式（4.4-10）的解析解是困难的，但如取边界条件为

$$\left.\frac{dN}{dy}\right|_{y=0} = 0, \qquad \lim_{y\to\infty}N(y)=0 \qquad (4.4\text{-}11)$$

则可对式（4.4-10）进行数值计算。文献[9]对载流子密度进行数值计算的结果如图 4.4-7 所示。计算中所使用的有关参数列于图左边。图中还表示了注入有源层的电流密度 $J(y)$ 和沿条形接触电极的电流密度 J_c 随条宽方向 y 的变化。注入有源区中的电流与载流子浓度在 y 方向变化的相似性反映了它们之间的耦合。J_c 沿接触电极不为常数。在条边（$y=S$）处出现奇异点是由于侧向无限的扩展电阻所致。图 4.4-8 和图 4.4-9 分别表示用图 4.4-7 左方的参数所计算的条宽（$2S$）和电阻区的薄膜电阻率（ρ/t_r）对 pn 结上电流密度分布的影响[9]，在条宽 $2S$ 较大和薄膜电阻率较低的情况下，在有源层中心处可能出现电流密度的凹陷，这可导致增益的空间烧洞和输出功率-电流（P-I）特性的非线性[10]，产生这种凹陷的原因是在条边缘处极不均匀的电流密度分布。实践表明，紧靠接触电极条的低电阻率盖帽层对防止电流扩展、改善条边缘处电流密度分布的不均匀性、改善 P-I 线性是有积极作用的[11]。具有高电子迁移率的有源层（不掺杂或轻掺杂），能使载流子在有源层内的分布变得均匀，这对抑制侧模漂移和 P-I 非线性是有利的。如上所述的双分子复合的存在也趋向于使载流子在有源层中心部分的分布变得平坦。

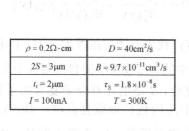

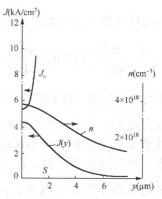

$\rho=0.2\Omega\cdot cm$	$D=40cm^2/s$
$2S=3\mu m$	$B=9.7\times10^{-11}cm^3/s$
$t_{\rm r}=2\mu m$	$\tau_{\rm S}=1.8\times10^{-8}s$
$I=100mA$	$T=300K$

图 4.4-7　电流和载流子密度分布[9]。$J(y)$：注入有源区的电流密度；J_c：沿接触电极的电流密度

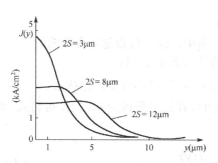

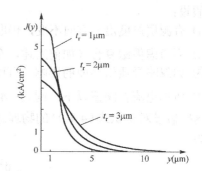

图4.4-8　注入有源区的电流密度分布与条宽的关系[9]　图4.4-9　注入有源区的电流密度分布与电阻层厚度的关系[9]

　　为了防止载流子的侧向扩散，将注入的载流子有效地限制在有源层内，可以采取以下措施：

　　（1）由于注入有源层的载流子浓度正比于注入电流，因而限制注入电流的侧向扩展，也就能在某种程度上保证注入有源区所需要的载流子浓度。这可用前面已提到的质子轰击等方法来形成方向性好的电流通道。质子轰击所形成的半绝缘体（SI）并不能提供注入有源层的少数载流子势垒，而会在该区内产生大量的非辐射复合中心，但不明显减少载流子的迁移率。这将使注入有源区的非平衡少数载流子在 SI 区有较高的复合速度，使中心有源区的载流子浓度降低。相比之下，若 SI 区用氧注入使扩散进该区的载流子迁移率降低，因而可能在有源层内维持较高的载流子浓度。图 4.4-10(a)表示在有源区两侧形成半绝缘体的能带图和载流子分布。

　　（2）在有源区两侧用 pn 同质结势垒限制载流子，如图 4.4-10(b)所示。pn 结势垒对 p 型有源区的多数载流子进行限制，同时提供一个附加的少数载流子注入源，早期的双横结条形激光器就是利用这种方法来限制载流子的侧向扩散的。

　　（3）和横向用异质结势垒限制载流子一样，在侧向也用异质结对载流子的侧向扩散进行限制，其侧向能带图如图 4.4-10(c)所示。如在埋层异质结中就采用了这种方法。两侧的异质结对 p 型有源区的空穴提供了良好的限制，同时在侧向提供了附加的电子注入源。显然这是一种理想的侧向载流子限制方法。

　　一般双异质结半导体激光器均采用 n 型衬底，在其上相继生长 N 型限制层、有源层和 P型限制层。也可在 p 型衬底上形成的 "V" 沟内条形激光器，在防止载流子泄漏、改善横模特性和获得高功率方面表现出明显的优越性。图 4.4-11 表示了这种结构的 GaAlAs/GaAs 异质结激光器[12]。电流限制的原理是利用了 V 形沟槽外的 p-n-p-n 结构，衬底上的 n 型 GaAs 电流阻挡层迫使注入电流进入靠近异质结的条形区。因为电流阻挡层内的少数载流子是扩散长度短的空穴，它与阻挡层中的电子复合而不会造成电子的积累，p-n-p-n 结构不会开通。相反，如用 n 型衬底和 p 型电流阻挡层，则条形有层源内所产生的光子被阻挡层吸收后产生电子–空穴对。阻挡层内的少数载流子（在此为电子）由于其扩散长度较长（几微米）而比阻挡层厚，电子将穿过阻挡层进入两边的层内而造成空穴的积累，这将使 p-n-p-n 结构开通，使电流阻挡层失去对电流的限制作用。

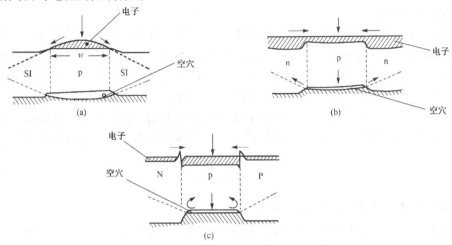

图 4.4-10　(a)在有源区两侧形成半绝缘体（SI）的能带和有源区中的载流子分布；(b)在有源区两侧用 pn 同质结限制载流子侧向扩散；(c)在有源区两侧用异质结限制载流子扩散

　　具有同样结构特点的 InGaAsP/InP 激光器（$\lambda = 1.3\mu m$）截面示意图如图 4.4-12 所示。以上仅对如何增强对注入载流子进行侧向限制、提高有源区内产生光子的量子效率所提供的一些可供参考的思路，而非教条。

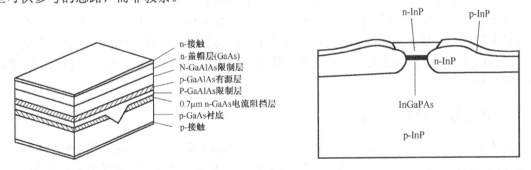

图 4.4-11　V 形沟槽 p 型衬底的激光器结构　　图 4.4-12　p 型衬底的 InGaAsP/InP 激光器横截面示意图

4.5　条形激光器中的增益光波导

4.5.1　概述

　　前面已经提到，在条形激光器中按其侧向的光波导性质，可以分成折射率波导与增益波导。侧向折射率波导可参考 3.3 节。增益波导激光器没有内部的侧向材料折射率差来导引光波，唯一的侧向变化是由注入电流的侧向扩展和载流子的侧向扩散所决定的载流子浓度在有源层内的分布，如在电极接触条下方的有源层中心区域有最高的载流子浓度，而向两侧则逐渐减少，因而受激辐射复合速率和增益也有类似的变化。因此，常把这一物理事实描述为"增益波导"。尽管这种波导曾在集成光学中被称为主动（有源）波导，但它在半导体激光器和发光二极管中对光场的限制却是被动的，光场在纵向传播过程中会发生侧向扩展。因此，所谓增益波导相对于折射率波导是一种弱波导，有源层内所产生的光功率将在光场的振荡过程中产生较大的泄漏损耗。

材料的增益是与复介电常数的虚部相联系的，但在实际的增益波导激光器中，有源介质的复介电常数的实部（与材料的折射率相关）和虚部都沿侧向有变化。即有源层中载流子产生受激复合引起增益的同时，由于自由载流子与光场（频率为 ω）的互作用所产生的等离子体效应以及载流子在能带之间跃迁与注入载流子（浓度为 N）的互作用使折射率减少。式（2.4-13）是从牛顿第二定律估算载流子在光场中运动引起的折射率变化。这种由自由载流子形成的等离子体引起的负 $\Delta \bar{n}_{\text{fc}}$ 在 InGaAsP 长波长半导体激光器研究中也有类似的表示：

$$\Delta \bar{n}_{\text{fc}} = -\frac{e^2 N \bar{n}}{2 m_e \omega^2 \varepsilon} \tag{4.5-1}$$

式中，ε 为半导体材料的介电常数，e 为电子电荷。

由于这种影响，就会使有源层的折射率相对于增益会在侧向产生一个反分布（反波导），其结果是对光束产生散焦，增加光场的泄漏损耗。除了上述增益和反折射率波导与载流子的分布有关外，还可能出现所谓"自聚焦"效应，即在强的受激发射下，可能在有源层的中心区由于载流子的大量消耗而出现载流子分布的空间"烧洞"（凹陷），使中心部分的折射率高于其两侧区域的折射率，其效果是使光场能量向中心会聚。可以把以上这几种与载流子分布有关的波导效应统称为载流子波导。因为在增益波导中并存的这些复杂过程，显然在数学分析上远比折射率波导困难得多。尽管增益波导由于对电子和光子的导引能力较弱，在实际的半导体激光器中已很少沿用，但对于发展侧向折射率波导具有启迪作用，因此分析光子在增益波导中的行为还是必要的。下面只在一些简化假设的前提下，对增益波导作简单的数学分析，然后用统一的反波导参数（在有关半导体激光器线宽的论述中称为线宽增强因子）来识别以上几种情况。

4.5.2 增益波导的数学分析

在质子轰击条形中，凯西（Casey）沿用库克（Cook）和纳什（Nash）[5]的理论模型，假设电流均匀注入由质子轰击所限定的有源区，如图 4.5-1 所示。为了后面数学表示上的简化，和前面一样取条宽为 2S。由波动方程式（3.1-13），并考虑光场在时间上依 $\exp(j\omega t)$ 变化，则有

$$\nabla^2 E_y + \omega^2 \mu_0 \varepsilon E_y = 0 \tag{4.5-2}$$

式中，ε 为介电常数（$\varepsilon = \varepsilon_r \varepsilon_0$）。利用式（3.1-25）、式（3.1-26）和式（3.1-29），则式（4.5-2）变为

$$\nabla^2 E_y + k_0^2 \frac{\varepsilon}{\varepsilon_0} E_y = 0 \tag{4.5-3}$$

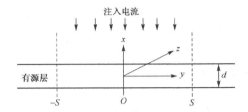

图 4.5-1 分析增益波导的模型图

与平板介质波导的场分布有所不同，反映出增益波导特点的是复介电常数，假设它在有源层内随 y 按抛物线变化

$$\frac{\varepsilon(x,y)}{\varepsilon_0} = \frac{\varepsilon(0) - a^2 y^2}{\varepsilon_0}, \qquad |y| \leqslant S \tag{4.5-4}$$

而在有源区外则有

$$\frac{\varepsilon(x,y)}{\varepsilon_0} = \frac{\varepsilon_1}{\varepsilon_0}, \qquad |y| > S \tag{4.5-5}$$

式（4.5-4）中的 $\varepsilon(0)$ 为 $y = 0$ 处的复介电常数，$\varepsilon(0) = \varepsilon_r(0) + j\varepsilon_i(0)$ 为有源层内材料的介电常数，ε_1 为有源区外侧材料的介电常数，a 为复常数

$$a = a_r + ja_i \tag{4.5-6}$$

含有复介电常数式（4.5-4）和式（4.5-5）的波动方程式（4.5-3）尚无严格解，保利（Pooli）取其一级近似解得到条形激光器紧靠解理面的光场（近场）分布为

$$E_y(x, y, z) = E_y(x)E_y(y)\exp(-j\beta_z z) \tag{4.5-7}$$

并假设 E_y 随 y 方向的变化不显著，对式（4.5-2）通过分离变量得到

$$\frac{\partial^2 E_y(x)}{\partial x^2} + \beta_x^2 E_y(x) = 0 \tag{4.5-8}$$

式中，β_x 为光场在 x 方向的传播常数，将式（4.5-7）和式（4.5-8）代入式（4.5-3）后得到

$$E_y(x)\frac{d^2 E_y(y)}{dy^2} + \left(k_0^2 \frac{\varepsilon}{\varepsilon_0} - \beta_x^2 - \beta_z^2\right)E_y(x)E_y(y) = 0 \tag{4.5-9}$$

式中，β_z 为光场在 z 方向的传播常数。将式（4.5-9）两边乘以 $E_y(x)$ 的共轭复数并消去 $E_y(x)$ 后再对 x 积分得到

$$\frac{d^2 E_y(y)}{dy^2} + \left\{k_0^2 \left[\varepsilon(0) - a^2 y^2\right]\frac{\Gamma}{\varepsilon_0} + k_0^2(1-\Gamma)\frac{\varepsilon_1}{\varepsilon_0} - \beta_x^2 - \beta_z^2\right\}E_y(y) = 0 \tag{4.5-10}$$

式中，Γ 为光场限制因子。进一步将式（4.5-10）整理为

$$\frac{d^2 E_y(y)}{dy^2} + \left\{k_0^2\left[\frac{\Gamma\varepsilon(0)}{\varepsilon_0} + \frac{(1-\Gamma)\varepsilon_1}{\varepsilon_0}\right] - \beta_x^2 - \beta_z^2 - \frac{\Gamma k_0^2 a^2 y^2}{\varepsilon_0}\right\}E_y(y) = 0 \tag{4.5-11}$$

式（4.5-11）表示的场分布是厄米-高斯函数，故有

$$E_y(y) = H_p\left[\left(\frac{\Gamma^{1/2}}{\varepsilon_0^{1/2}}ak_0\right)^{1/2}y\right]\exp\left[-\frac{1}{2}\left(\frac{\Gamma}{\varepsilon_0}\right)^{1/2}ak_0y^2\right] \tag{4.5-12}$$

式中，H_p 为 p 阶厄米多项式，表示为

$$H_p(\xi) = (-1)^p\exp(\xi^2)\frac{\partial^p}{\partial\xi^p}\exp(-\xi^2) \tag{4.5-13}$$

并有 $H_0(\xi)=1$、$H_1(\xi)=2\xi$、$H_2(\xi)=4\xi^2-2$。对侧向基模（$p=0$）的强度分布，由式（4.5-13）得到

$$\left|E_y(y)\right|^2 = \exp\left[-\left(\frac{\Gamma}{\varepsilon_0}\right)^{1/2}a_rk_0y^2\right] \tag{4.5-14}$$

这种分布是高斯型的。显然，侧向光场分布受复常数的实部 a_r 的影响，为了求出 a_r，将式（4.5-4）用复折射率 $\bar{N}$ 的平方来表示，即

$$\bar{N} = \left\{\left[\varepsilon(0)-a^2y^2\right]/\varepsilon_0\right\}^{1/2} = \bar{n}-\mathrm{j}\bar{k} \tag{4.5-15}$$

利用 $\varepsilon(0)$ 与 a 的复数形式，式（4.5-15）变为

$$\bar{n}-\mathrm{j}\bar{k} = \left[\frac{\varepsilon_r(0)}{\varepsilon_0}-\left(\frac{(a_r^2-a_E^2)y^2-\mathrm{j}\left[\varepsilon_i(0)-2a_ra_iy^2\right]}{\varepsilon_0}\right)\right]^{1/2} \tag{4.5-16}$$

在不涉及增益和折射率分布、只考虑有源层中心（$y=0$）处的情况下，有 $\varepsilon_r(0)\gg\varepsilon_i(0)$ 或 $\varepsilon_r(0)\gg a_i^2y^2$，则有

$$\bar{n}-\mathrm{j}\bar{k} = \left(\frac{\varepsilon_r(0)}{\varepsilon_0}\right)^{1/2}\left[1-\left(\frac{(a_r^2-a_i^2)y^2-\mathrm{j}\left[\varepsilon_i(0)-2a_ra_iy^2\right]}{2\varepsilon_r(0)}\right)\right] \tag{4.5-17}$$

将式（4.5-17）两边的实部和虚部分别相等，并考虑增益系数 g 与消光系数 $\bar{k}$ 的关系式 $g=-2k_0\bar{k}$，则有

$$\bar{n}(y) = \left(\frac{\varepsilon_r(0)}{\varepsilon_0}\right)^{1/2}-\left[\frac{(a_r^2-a_i^2)y^2}{2\left[\varepsilon_r(0)\varepsilon_0\right]^{1/2}}\right] \tag{4.5-18}$$

$$g(y) = \frac{4\pi}{\lambda_0}\left(\frac{\varepsilon_r(0)}{\varepsilon_0}\right)^{1/2}\left[\frac{\varepsilon_i(0)-2a_ra_iy^2}{2\varepsilon_r(0)}\right] \tag{4.5-19}$$

式（4.5-19）是考虑 $g=-\alpha$ 和式（3.1-47）。式（4.5-18）和式（4.5-19）所给出的模型如图 4.5-2 所示。在 $y=0$，$\bar{n}(0)=\left[\varepsilon_r(0)/\varepsilon_0\right]^{1/2}$；当 $|y|=S$，有 $\bar{n}(S)=\bar{n}(0)-\Delta\bar{n}$。因此式（4.5-18）可以写为

$$\bar{n}(y) = \bar{n}(0)-\frac{\Delta\bar{n}}{S^2}y^2 \tag{4.5-20}$$

同样，可将式（4.5-19）写为

$$g(y) = g(0) - \frac{\Delta g}{S^2} y^2 \qquad (4.5\text{-}21)$$

比较式（4.5-18）和式（4.5-20）可以得出

$$a_r^2 - a_i^2 = \frac{2\bar{n}(0)\Delta\bar{n}}{S^2} \varepsilon_0 \qquad (4.5\text{-}22)$$

比较式（4.5-19）和式（4.5-21）可以得出

$$a_i = \frac{\lambda_0 \bar{n}(0) \Delta g}{4\pi a_r S^2} \varepsilon_0 \qquad (4.5\text{-}23)$$

将式（4.5-23）代入式（4.5-22）可以最后求出 a_r 为

$$a_r^2 = \left\{ \frac{\bar{n}(0)\Delta\bar{n}}{S^2} + \left[\left(\frac{\bar{n}(0)\Delta\bar{n}}{S^2} \right)^2 + \left(\frac{\lambda_0 \Delta g \bar{n}(0)}{4\pi S^2} \right)^2 \right]^{1/2} \right\} \varepsilon_0 \qquad (4.5\text{-}24)$$

考虑到光场在横向所受到的限制，式（4.5-24）中的 $\bar{n}(0)$ 应由 $\left[\Gamma\varepsilon(0)/\varepsilon_0 + (1-\Gamma)\varepsilon_1/\varepsilon_0 \right]^{1/2}$ 所代替。至此，即可将式（4.5-24）代入式（4.5-14）而得出侧向基模的光强分布。正如前面所述，这种分布是高斯型的。但如果增益和损耗不是如图 4.5-2 所示的连续分布，而是发生突变，则光强随 y 将发生指数衰减[16]。如果复介电常数不是如式（4.5-4）所示的倒抛物线分布，而是随 y 按 $\cosh^{-2}$ 变化（$\cosh$ 是双曲余弦函数），如条宽小于 4 倍扩散长度的情况，则光强将依双曲余弦函数随 y 缓慢变化。与高斯分布相比，这种分布将使更多的泄漏模出现。

由图 4.5-2 可以看出，增益波导是由有源层中心及其两边的增益（损耗看成是负增益）差造成的。要想知道 Δg，就需先知道增益系数在侧向的分布 $g(y)$。一般来说，$g(y)$ 是注入有源层的非平衡载流子浓度 n 与波长的复杂函数，从负值（$n=0$，代表带间吸收）通过零点（在此增益等于损耗）到高的 n 值下的正增益。对某一特定波长，我们取增益与 n 之间的线性关系为

$$g(y) = bn(y) - c \qquad (4.5\text{-}25)$$

式中，b 为增益常数，c 代表注入载流子时的带间吸收，显然 $g(y)$ 与 $n(y)$ 是密切相关的。前面已经提到，计算双分子复合的扩散方程式（4.5-10）是很难得到解析解的。同时，考虑了双分子复合后，$g \propto n^2$。为了简单地对 Δg 做定性了解，我们进一步假设在低电流下不考虑双分子复合，同时不考虑注入电流的侧向扩展（这对质子轰击条形是合理的），则可得到扩散方程式（4.5-10）的解为

$$n(y) = \frac{I\tau}{2eSLd}\left[1 - \cosh\left(\frac{y}{L_n} \right) \exp\left(-\frac{S}{L_n} \right) \right], \qquad |y| \leqslant S \qquad (4.5\text{-}26)$$

$$n(y) = \frac{I\tau}{2eSLd}\sinh\left(\frac{S}{L_n} \right) \exp\left[\left(-\frac{S}{L_n} \right) \exp\left(\frac{|y|-S}{L_n} \right) \right], \qquad |y| > S \qquad (4.5\text{-}27)$$

上两式中 L 为激光器腔长，L_n 为电子的扩散长度（在此忽略了空穴的复合），S 为接触电极半条宽，I 为注入电流，τ 为电子寿命。在 $y=0$ 处，由式（4.5-26）得到

$$n(0) = \frac{I\tau}{2eSLd}\left[1 - \exp\left(-\frac{S}{L_{\mathrm{n}}}\right)\right] \qquad (4.5\text{-}28)$$

将式（4.5-28）代入式（4.5-25）得到

$$g(0) = b\left(\frac{I\tau}{2eSLd}\right)\left[1 - \exp\left(-\frac{S}{L_{\mathrm{n}}}\right)\right] - c \qquad (4.5\text{-}29)$$

同样，利用式（4.5-26）或式（4.5-25）可得到 $n(S)$ 和相应的 $g(S)$，进一步还可得到

$$\begin{aligned}\Delta g &= g(0) - g(S) \\ &= b\left(\frac{I\tau}{2eSLd}\right)\exp\left(-\frac{S}{L_{\mathrm{n}}}\right)\left[\cosh\left(\frac{S}{L_{\mathrm{n}}}\right) - 1\right]\end{aligned} \qquad (4.5\text{-}30)$$

由式（4.5-30）可以看到，在确定的条形激光器几何参数下，Δg 与注入电流成正比。

高斯光束的半功率点宽度 W_0 在决定侧向束腰的大小和位置[17]、Δg 和 $\Delta \bar{n}$[18]等方面是一个重要参数，由式（4.5-14）可以得出

$$W_0^2 = \frac{4\ln 2}{\Gamma^{1/2} a_{\mathrm{r}} k_0} \qquad (4.5\text{-}31)$$

由式（4.5-31）可以看出，复常数 a 的实数部分 a_{r} 决定着光强分布的半功率点宽度或高斯光束的有效宽度（光强分布中光强下降到 $1/\mathrm{e}^2$ 处的宽度）[19]。对侧向折射率差 $\Delta\bar{n}$ 为零的纯增益波导，式（4.5-24）给出 $a_{\mathrm{r}} = \left[\lambda_0 \Delta g \bar{n}(0)/2\pi S\right]^{1/2}$，则由式（4.5-31）得到

$$W_0^4 = \frac{7.68\lambda_0 S^2}{\Gamma\pi\bar{n}(0)\Delta g} \qquad (4.5\text{-}32)$$

W_0 可以用显微物镜聚焦到激光器的解理面上来测量其近场分布得到。图 4.5-3 表示一个条宽为 $12\mu\mathrm{m}$ 的台面条形增益波导激光器的近场光强分布的实测结果和束腰处的光强分布[19]。

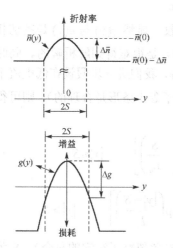

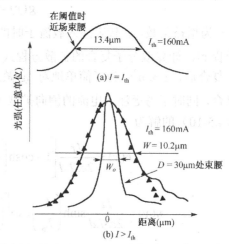

图 4.5-2　复折射率的图示；(a)折射率 $\bar{n}$ 随 y 的变化；(b)增益 g 随 y 的变化

图 4.5-3　台面条形增益波导激光器近场光强分布

4.5.3　增益波导激光器中的像散、K 因子

实验发现，早期的条形激光器（包括同质结与异质结）都存在非平面波前。进一步的理论与实验分析表明，当折射率在垂直与平行于结平面方向的波导中均起主要作用时，波前（或相前）是平面的，而且光束的束腰位于解理面上。如前所述，异质结激光器在垂直于结平面方向是折射率波导结构的，因此在激光器有源层内该方向上的波前是平面的，束腰在解理面上，如图 4.5-4(a)所示。如果在平行于结平面方向上的波导机构中是介电常数的虚数部分起主要作用，即增益波导，则侧向光场 $E_y(y)$ 的分布如图 4.5-4(b)所示，在腔内距离腔面为 D 的地方出现虚腰，这也就是对外部的观察者所能看到的最小近场宽度，而真正的束腰在腔长中心。因此，从光传播方向看，两个方向的合成波前呈圆柱凹面，如图 4.5-4(c)所示，这种输出光束是像散的。这就是说，如果用球透镜对解理腔面成像，则虚腰的像面位于与腔面的像平面不同的地方，这种像散使激光输出的远场分布出现"兔耳状"、模式增多、光谱线宽加宽和对输出光束的聚焦光学系统的设计带来困难等。

由式（4.5-31）已经看到，式（4.5-6）中的复常数 a 的实部 a_r 决定着高斯光束的宽度，而高斯分布中指数内的虚数部分 $\Gamma^{1/2} a_i k_0 y^2 / 2$ 代表一个相对的相位延迟，它随 y 呈抛物线分布而近似描述圆柱形波前。复常数 a 的虚部 a_i 决定圆柱凹面的曲率半径 R_{int}：

$$R_{int} = \frac{\varepsilon_r^{1/2} k_0}{a_i} \tag{4.5-33}$$

式中，a_i 为正数，ε_r 为复介电常数的实部。如 a_i 为负，则对应于自聚焦波导的情况，这时的波前曲率半径为

$$R = \frac{k_0}{a_i} \tag{4.5-34}$$

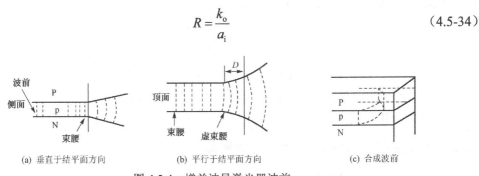

(a) 垂直于结平面方向　　　　(b) 平行于结平面方向　　　　(c) 合成波前

图 4.5-4　增益波导激光器波前

为了对像散做出定量描述，定义一个像散因子 K，常称为 K 因子[20]，定义为

$$K = \frac{\left(\int |E_y(y)|^2 \, dy \right)^2}{\left| \int E_y(y) dy \right|^2} \tag{4.5-35}$$

它在决定半导体激光器的自发发射因子、模式特性、光谱线宽等方面是一个重要的物理参数，它表征了增益波导效应的强弱和相应的像散大小，为了从实验上确定 K 值，还可将式（4.5-35）写成以下形式[21]

$$K = \frac{2}{\lambda} \cdot \frac{\iint |E_y(y)|^2 \, dy}{|E_y(y)|^2_{y=0}} \cdot \frac{\iint |E_y(\theta)|^2 \, d\theta}{|E_y(\theta)|^2_{\theta=0}} \qquad (4.5\text{-}36)$$

式中，$|E_y(y)|^2$ 是近场强度分布，由式（4.5-14）确定；$E_y(\theta)$ 可由 $E_y(y)$ 的福里叶变换得到；$|E_y(\theta)|^2$ 表示光束的远场分布。近场和远场分布以及它们各自在中心的强度均是可以实测的。

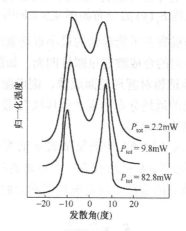

图 4.5-5　在氧化物条形激光器中出现的"兔耳"光场分布[22]

如前所述，增益波导的侧向远场分布一般呈"兔耳"状，图 4.5-5 表示某一氧化物条形激光器在三种不同输出功率下的远场分布[22]，最大"兔耳"的强度 $I(\theta_1)$ 与远场角 $\theta = 0$ 处的强度之比能直接反映出像散因子 K 的变化，即

$$K \propto \frac{I(\theta_1)}{I(\theta = 0)} \qquad (4.5\text{-}37)$$

由式（4.5-35）可以看出，对于在激光器有源层侧向具有折射率波导的情况，有 $K = 1$，说明在垂直与平行于结平面方向上的波前均为平面，且它们的束腰在腔面上。对侧向为增益波导的激光器，其 K 因子大于1。

4.5.4　侧向折射率分布对增益波导的影响

在前面对增益波导的分析中，强调了 Δg 的作用。然而，由注入的载流子在有源层的侧向分布可能出现的反波导和自聚焦波导也对侧向波导产生影响。一般认为，在忽略应力对折射率影响的前提下，由式（4.5-1）所决定的条中心相对于条边的负折射率差（反折射率波导）很小，为由热量引起的正折射率差所抵消[23]，因而体现出纯的增益波导效应（在一般输出光强下，自聚焦效应是很小的）。但在有的条形半导体激光器中有不能为温度影响所抵消的大的负折射率差[24]，为了考虑载流子波导中几种效应的影响而引入反波导因子 b_R，定义为由载流子引起的实折射率的减少与虚折射率的增加之比，即

$$b_R = -\frac{\Delta \bar{n}_r}{\Delta \bar{n}_i} \qquad (4.5\text{-}38)$$

显然，当反波导为主要影响时，$b_R > 0$；对纯增益波导，$b_R = 0$；当自聚焦效应为主要波导机构时，则 $b_R < 0$。因此 b_R 的取值范围在–4 与 4 之间。

图 4.5-6 是根据一些典型的器件参数所计算的近场宽度、阈值电流与反波导参数之间的关系[24]。可以看出，最大的阈值电流对应着反波导效应最强的情况。在自聚焦的情况下，近场宽度和阈值电流均较小，这又一次说明了侧向正折射率波导（相对于反波导）在限制光场扩展上的积极作用。图 4.5-7 表示半导体激光器近场强度与反波导参数的关系[24]。其中接触条宽 $S = 6\mu m$，扩展电阻 $R_y = 2000\Omega$，增益系数 $g = 150 \times 10^{-18} n - 150 (\text{cm}^{-1})$。由图 4.5-7(b) 可以看出，对反波导参数为较大的正值，则强的反波导将畸变相位波前。随着反波导因子的减少，实折射率波导逐渐变得有效，相位波前逐渐变得平坦，但仍然是曲面。同时，随着反波导因子的减少，侧模的扩展也减少，这将改善激光器的远场特性。当反波导因子 $b_R \leqslant 0$ 时，可以得到 TE$_{00}$ 模的单瓣辐射图案，随着 b_R 由零增加，光束的发散角增大，当 $b_R = 0$ 时，远场辐射图将出现前面所谈到的"兔耳"。这些结论与前面对增益波导的定性分析是一致的。

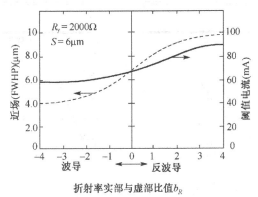

图 4.5-6　半导体激光器阈值电流（右边刻度）、近场半功率点全宽（FWHP）与反波导参数的关系[24]

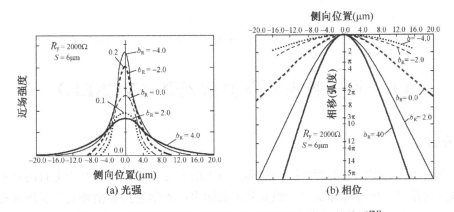

(a) 光强　　　　　　　　(b) 相位

图 4.5-7　增益波导激光器近场模与反波导参数 b_R 的关系[24]

作为一个概括，半导体激光器侧向采取折射率波导或增益波导对半导体激光器的许多性能都产生重要影响，如图 4.5-8 所示。图中左列为侧向增益波导的光谱、远场、典型结构、P-I 特性和波前；作为比较，该图右列则表示侧向折射率波导的对应特性。

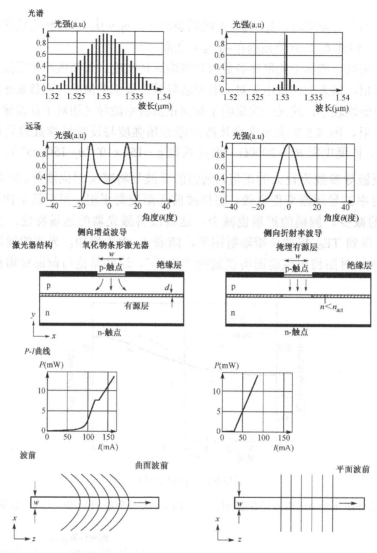

图 4.5-8　侧向增益波导（左列）与折射率波导（右列）某些性能的比较

4.6　垂直腔表面发射激光器（VCSEL）

4.6.1　概述

　　本节介绍的 VCSEL 与前面所提到的端面输出的半导体激光器在结构上有两点不同，即光子谐振方向垂直于半导体外延层，激光从表面输出；光学谐振腔由外延生长的分布布拉格反射器（DBR）构成。

　　由晶体解理面构成法布里-珀罗谐振腔，从解理端面输出激光的半导体激光器虽似简单，但也有某些不足：

　　（1）解理面的反射率由半导体有源区的折射率决定，一般Ⅲ-Ⅴ族半导体材料的折射率 $\bar{n} = 3.5$ 左右，由式（2.4-12）所得到的反射率 $R \approx 0.32$。这种两个腔面反射率相等且为固定值的设计，显然不是优化的。在光纤通信用的小功率半导体激光器的前端面用光纤耦合其输出功率作光发射系统的光源，虽然可利用后端面的输出由光探测器接收作自动功率监控，但这并不需要和前端同样大的功率，因而相对减少了前端的输出功率。

（2）这种半导体激光器的有源区端面的侧向尺寸（一般为 4μm 左右）远大于横向尺寸（<0.15μm），因而输出的远场是椭圆光斑，这与用来耦合的光纤产生严重的模场失配而造成 3dB 以上的耦合损耗。

（3）在半导体激光器中，这种法布里–珀罗腔的腔长较大（几百 μm），可能输出多纵模或边模抑制比较低的单纵模，很难获得光纤通信中所需的动态单纵模。

（4）不便于单片集成为半导体激光器的二维阵列，而这在并行光互连或光信号处理等一些应用中却是需要的。

（5）解理腔面虽然比较简单，但在解理过程中也易产生崩边等机械损伤。

20 世纪 70 年代出现的 VCSEL 能有效克服上述端面发射半导体激光器的某些不足[25]。它的分布布拉格反射谐振腔和有源层可通过外延生长工艺相继完成；可优化 DBR 的高/低折射率及其周期数得到所需的反射率；因为是表面发射，可方便地设计和加工出便于与光纤或其他光学系统高效耦合的圆形输出窗；VCSEL 的有源层的厚度即为光子在谐振腔内的受激作用长度，因为纵模频率间隔 $\Delta v = c/(2\bar{n}L)$，VCSEL 如此短的腔长，自然有利于提高张弛振荡频率和获得单纵模激光输出；因为整个 VCSEL 器件可用半导体平面工艺完成，故可方便地得到 VCSEL 的二维列阵，这种列阵器件在大容量计算机中作并行信号处理和光互连有其独特优点。此外，和集成电路同样基于平面工艺便于在大片上规模化形成 VCSEL，便于在线性能检测和降低生产成本。因此，VCSEL 是一种值得探索、研究和开发的激光器。

然而，早期所研究的 VCSEL，其有源层是Ⅲ-Ⅴ族体材料半导体，其增益系数虽然比其他气体或固体激光介质高很多（可达 10^2cm^{-1} 量级），但因其腔长很小，因而光子在腔内的单程增益小，这就要求 DBR 有大于 0.99 以上的反射率，这往往需要形成 DBR 的高/低折射率材料交替的周期数达 25 以上。这给 DBR 材料的选择和加工带来很大困难。随着量子阱、量子线和量子点等低维量子材料的发展，它们高的增益系数（10^3cm^{-1}）能明显提高单程增益，因而对输出端 DBR 反射率的要求可适当降低也能获得更高的输出功率。VCSEL 的发展不只是开拓了另一种半导体激光器的结构形式和输出形式，而且拓宽了半导体激光器的应用。事实上成熟的 850nm 波段的 VCSEL 已在巨型计算机中发挥了关键作用。而随着 1310nm 和 1550nm 波段 VCSEL 的性能不断提高，特别是它们比 DFB 激光器有更高的斜率效率，而且在高速的电-光调制中具有更大的电-光转换效率，这使它在射频无线与光纤混合接入系统中的应用有明显优势。

4.6.2 VCSEL 的结构

如图 4.6-1 所示，VCSEL 是在半导体衬底上依次生长底部 DBR、底部间隔层（spacer）、低微量子材料有源层、顶部间隔层、顶部 DBR 和含有输出窗口的金属导电层。其中底部和顶部的 DBR 构成激光器的谐振腔。有源区上/下的间隔层的设立是为了使有源区处在 DBR 谐振腔所形成驻波场的波腹内，以便有源层内辐射复合产生的光子与腔内驻波场有最大的相互作用，获得最大的受激发射速率或谐振增强效果。间隔层由外延一种带隙波长小于有源层带隙波长的半导体材料形成，使有源层受激发射的光子能够"透明"地到达 DBR 谐振腔。因两个 DBR 的反射率相差较少，DBR 谐振腔长 L 可近似认为两个对称的空间层厚 L_S 和有源层厚 L_a 之和。即 $L = 2L_S + L_a$。则驻波条件为

$$2\bar{n}_{\text{eff}}L = m\lambda_0 \tag{4.6-1}$$

式中，$\bar{n}_{\text{eff}}$ 为腔内半导体材料的有效折射率，m 为正整数，λ_0 为谐振波长。由式（4.6-1），可根据所需有源层的厚度来设计空间层厚。

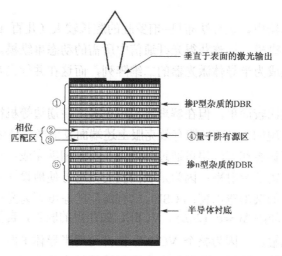

图 4.6-1   VCSEL 截面示意图，图中①②③④⑤分别代表 P 型掺杂顶部
DBR、上间隔层、下间隔层、有源区、n 型掺杂底部 DBR

式（4.6-1）只是说明光子在 DBR 腔内来回一周的光程应为光波长的整数倍。对含有增益介质的激光谐振腔，维持光子在腔内稳定振荡的条件，即为式（4.2-7）所示的有源腔的驻波条件。它表明光子在腔内来回一周回到起始点，其振幅不变；而相应的相位变化是 2π 的整数倍，这可通过间隔层设计来保证。对基于量子阱材料的 VCSEL，其驻波条件可表示为[26]

$$r_1(\omega)r_2(\omega)\exp\left[2\left(\sum_{m=1}^{N_m}g(\omega)L_Z - i\frac{\omega}{c}\bar{n}L\right)\right] = 1 \tag{4.6-2}$$

式中，$r_1(\omega)$ 和 $r_2(\omega)$ 分别为构成谐振腔的两个 DBR 的场反射系数，$g(\omega)$ 是量子阱材料的增益系数，L_Z 是量子阱的阱宽（即量子阱的阱层厚度），N_m 为量子阱数，c 为光速，$\bar{n}$ 为腔长 L 内半导体材料的平均折射率，这对腔内各层无几何结构差别来说，平均折射率可视为 $\bar{n}_{\text{eff}}$。
与式（4.2-8）比较，式（4.6-2）中因子 2 是考虑量子阱置于驻波场的峰值处，空间上经受平均光场两倍的作用。由式（4.6-2）得到光子在腔内形成稳定振荡的振幅条件：

$$\left|r(\omega)\right|^2 = \exp(-2N_mg(\omega)L_Z) \tag{4.6-3}$$

该式表明，若两个 DBR 有相同的反射率，尽管量子阱有高出半导体体材料一个数量级的增益系数，但单程增益 $g(\omega)N_mL_Z$ 毕竟很小，则要求 DBR 有高的反射率。正如 He-Ne 激光器的增益系数很小，需有长的腔长和高反射率的腔镜才能维持稳定振荡一样。作为一个例子，设 $L_Z = 70\ \text{Å}$，$g(\omega)$ 取 $5\times10^3\text{cm}^{-1}$，可由式（4.6-3）得出不同量子阱数所要求的 DBR 反射率。若 N_m 为 1、2、3 和 4，则 DBR 的反射率分别要求达到 0.993、0.986、0.979 和 0.972。通过对谐振腔的优化设计，在保持 $|r_1(\omega)|^2$ 和 $|r_2(\omega)|^2$ 之积不变的情况下，应使非输出的 DBR 的反

射率尽量高（趋近 1），从而使输出 DBR 端的反射率适当降低，以便得到尽可能多的输出功率。然而，下面将看到，如此高的反射率，对 DBR 的加工制作是有相当难度的，特别是对长波长 DBR 更是如此。

VCSEL 有源材料的选择同样应遵循 2.4 节中所提到的一些原则，但还需顾及与晶格适配的 DBR 外延材料的选择。

4.6.3 布拉格反射器

在 VCSEL 中，DBR 是实现高性能激光输出的关键，也是加工制作的难点所在。由全反射原理，反射单元必须含有高/低两种不同折射率的材料，而 VCSEL 的 DBR 又必须在半导体衬底上晶格匹配地外延生长来实现。这就限制了不可能外延两种折射率差很大的材料来实现所需要的高反射率，取而代之的是能满足晶格匹配、折射率差适当、周期性地交替生长厚度为 $\lambda/(4\bar{n})$（$\bar{n}$ 为所生长材料的折射率）两种不同半导体材料的"反射堆"。早期的 DBR 不但起到反射腔镜的作用，还承担注入电流的通道作用。为得到良好的注入电流通道，这些半导体材料需重掺杂，以减少串联电阻；另一方面，光在各层内行进时，还会有小的光吸收损耗。为得到高反射率，这种反射周期是一个大的数目。在 DBR 本身又是电流通道情况时，电流所产生的焦耳热将影响 DBR 的反射特性和可靠性，因此构成 DBR 的材料还应有良好的热导特性。驻波场在向 DBR 深处行进过程中，其振幅依周期指数衰减。图 4.6-2 示意在 VCSEL 中的光场分布。进一步发展的 VCSEL 中，DBR 只起到激光器反射腔镜的作用，注入电流通过侧面电极引入有源区，从而减少 VCSEL 的阈值电流、工作电流和相应的压降或功耗。图 4.6-3 只是这种结构的一例，它所示的是一个剖面，其中 n/p 电极是圆环形的，在氧化物（如 AlO$_x$）层中心光刻出圆对称有源区，氧化层限制了注入电流侧向扩展流向有源区。

对光子在 DBR 或在 4.7 节将介绍的分布反馈布拉格反射激光器的这种依布拉格反射原理遭受周期性反射特性的分析，一般都沿用正向行波和反向行波相互耦合的耦合波理论。即光子在这种周期结构中所遭受的反射是这些正向与反向行波相互作用或耦合所产生的叠加综合效果，这是对周期性波导共同的分析方法。为略去一些分析的过程，而着重了解一些有用的结论，在此直接列出一组沿传播方向 z（在 VCSEL 中，光束传播方向为垂直于外延生长层的方向）的正向行波 $A(z)\exp[i(\omega t - \beta_b z)]$ 和反向行波 $B(z)\exp[i(\omega t + \beta_b z)]$，其中 β_b 为满足布拉格反射条件的基模传播常数：

$$\beta_b = \ell \frac{\pi}{\Lambda} \quad (\ell = 1,\ 2,\ 3,\cdots) \tag{4.6-4}$$

式中，Λ 为 DBR 的光栅周期，ℓ 为光栅级次，常取 $\ell=1$。在分布反馈光栅中每一点的光场是正向和反向传播的两个行波之和，而且每一行波在 z 方向的变化都有与它相向传播的另一行波以一定比率（称为耦合系数）耦合其中，其一阶线性耦合波方程为

$$\frac{\mathrm{d}A}{\mathrm{d}z} = kB\exp(-i\Delta\beta z)$$
$$\frac{\mathrm{d}B}{\mathrm{d}z} = kA\exp(i\Delta\beta z) \tag{4.6-5}$$

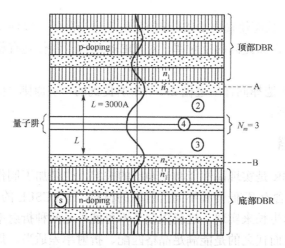

图 4.6-2 光子在 VCSEL 中的场分布

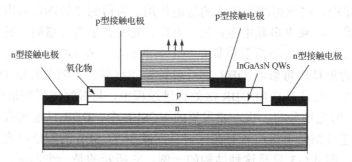

图 4.6-3 注入电流经侧面电极引入的 VCSEL

其中设两相向传播的行波有相同的耦合系数（注意不要与第 3 章的式（3.2-4）所表述的传播常数概念相混淆）

$$k = \frac{\omega \varepsilon_0}{4\pi}(\overline{n}_1^2 - \overline{n}_2^2)\int_{-\infty}^{\infty} E_y^2(x,y)\mathrm{d}x\mathrm{d}y \approx \frac{2\Delta\overline{n}}{\lambda} \qquad (4.6\text{-}6)$$

式中，ω 为所传播光波的角频率，$E_y(x,y)$ 为在外延平面 (x,y) 内沿 y 方向偏振的光场，ε_0 为真空中的介电常数，$\overline{n}_1$ 和 $\overline{n}_2$ 分别为 DBR 中交替生长高和低的材料折射率（$\overline{n}_1 > \overline{n}_2$），这表明相向传播的行波之间耦合的强弱及其影响与交替生长层的折射率差相关。式（4.6-5）中 $\Delta\beta$ 为

$$\Delta\beta(\omega) = 2\left[\frac{\pi}{\Lambda} - \beta(\omega)\right] \qquad (4.6\text{-}7)$$

式中，$\beta(\omega) \approx \omega\sqrt{\mu\varepsilon_0} \cdot \overline{n}$，其中 $\overline{n} \equiv (\overline{n}_1^2 + \overline{n}_2^2)/2$，$\beta(\omega)$ 是式（3.1-30）表示的光波的传播常数。耦合波方程组（4.6-5）的解且取边界条件 $A(L_{\mathrm{DBR}}) = 0$（L_{DBR} 为 DBR 长度）的情况下为

$$A(z)\exp(\mathrm{j}\beta z) = B(0)\frac{\mathrm{j}k\exp(i\beta_0 z)}{-\Delta\beta\sinh(SL_{\mathrm{DBR}}) + \mathrm{j}S\cosh(SL_{\mathrm{DBR}})} \cdot \sinh[S(z - L_{\mathrm{DBR}})] \qquad (4.6\text{-}8)$$

式中，$S = \left[k^2 - (\Delta\beta)^2\right]^{1/2}$，取相位匹配条件 $\Delta\beta(\omega) = 0$，则有 $S = k$，由式（4.6-8）得到振幅反射系数：

$$r(\omega) = \frac{A(0)}{B(0)} = \tanh(kL_{DBR}) \qquad (4.6\text{-}9)$$

若 DBR 由 N 个周期组成，而每个周期含有两个折射率不同、厚度为 $\lambda/(4\bar{n})$ 的半导体材料，则 DBR 的长度 $L_{DBR} = N\lambda/(2\bar{n})$，因而 $kL_{DBR} = N\Delta\bar{n}/\bar{n}$，DBR 振幅反射率表示为

$$R(\omega) = |r(\omega)|^2 = \tanh^2\left(N\frac{\Delta\bar{n}}{\bar{n}}\right) \qquad (4.6\text{-}10)$$

该式的物理意义在于，为使 VCSEL 的 DBR 的谐振腔有高的反射率，在保证晶格匹配外延生长条件下，组成布拉格周期的高/低折射率半导体材料的折射率差 $\Delta\bar{n}$ 尽可能大，以便以尽量少的周期数 N 得到同样高的反射率 $R(\omega)$。作为一个例子，设激射波长 $\lambda = 875\text{nm}$，其 DBR 由 15 对（周期）的 $Ga_{0.8}Al_{0.2}As/AlAs$ 组成，$\Delta\bar{n} = 0.55$，平均折射率 $\bar{n} = 3.3$，则由式（4.6-10）计算得到 $R(\omega) = 0.973$，这相当于前面所述由 4 个量子阱有源区所要求的反射率。图 4.6-4(a) 和(b)分别为这种 DBR 所计算和实验得到的反射率谱。

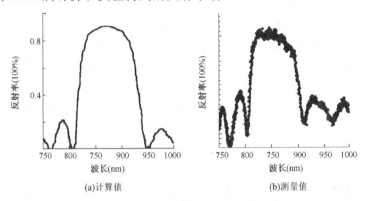

图 4.6-4　15 周期 $Al_{0.2}Ga_{0.8}As/AlAs$ DBR 的反射率

短波长波段（850nm 波段）的 VCSEL 较易实现，DBR 可用 $Ga_{1-x}Al_xAs$（或直接用 GaAs）作高折射率 $\bar{n}_H$ 材料，AlAs 作低折射率 $\bar{n}_L$ 材料，可得到高的相对折射率 $\Delta\bar{n}/\bar{n}$ 且与之相适应的 GaAlAs/GaAs 量子阱，有源材料也相对成熟。因此短波长 VCSEL 已能很好进入实际应用。

相比之下，制造长波长 1310nm 和 1550nm 波段的 VCSEL 器件要困难许多。除了长波长有源材料所固有的、影响半导体有源材料量子效率和温度稳定性的俄歇复合外，更重要的是如何获得与有源材料和衬底材料晶格匹配、好的热稳定性和高反射率的 DBR，即如何获得这些波段 DBR 所需的高/低折射率材料。表 4.6-1 列举了曾探索过的、在长波长波段的 DBR 材料。表中 $\Delta\bar{n}$（%）表示 $(\bar{n}_H - \bar{n}_L)/\bar{n}_{InP}$ (%)，$\bar{n}_{InP}$ 为衬底材料 InP 的折射率。这一比值越高则表示与 InP 晶格匹配的同时有大的 $(\bar{n}_H - \bar{n}_L)$，就可以减少 DBR 中高/低折射率材料的周期数。InGaAs 和 InP 分别是长波长半导体激光器的有源区和衬底材料，如果用它们作为 DBR 中的高/低折射率材料时，$\Delta\bar{n} < 0.3$。为了让 DRB 提供足够高的反射率，需要外延生长 45～50 个周期的 DBR！这就要求外延设备有极高的稳定性和外延生长重复性以减少光衍射和散射损耗。而且，生长如此多的周期数耗时太长，原材料和成本将急剧增加。虽已探索过 InGaAs/AlInAs、InAlGaAs/ AlInAs 等 DBR，但远未达到理想要求，尚需进一步探索。

表 4.6-1　Ⅲ-Ⅴ族化合物的主要材料参数[27]

波长（μm）	材料	$\bar{n}_H$	热导率（W/cm·K）	材料	$\bar{n}_L$	热导率（W/cm·K）	$\Delta\bar{n}(\%)$
1.3	GaAs	3.41	0.440	AlAs	2.92	0.900	15.5
	InGaAsP	3.37	0.043	InP	3.21	0.680	4.9
	AlGaInAs	3.35	0.042	$Al_{0.48}In_{0.52}As$	3.24	0.045	3.3
	AlGaAsSb	3.57	0.050	$AlAs_{0.56}Sb_{0.44}$	3.15	0.057	12.5
	AlGaPSb	3.57	0.038	$AlP_{0.4}Sb_{0.6}$	3.10	0.039	14.1
	$In_{0.2}Ga_{0.8}As$	3.47	0.060	$Al_{0.2}In_{0.8}As$	3.04	0.070	13.2
1.5	GaAs	3.37	0.440	AlAs	2.89	0.900	15.3
	InGaAsP	3.45	0.045	InP	3.17	0.680	8.5
	AlGaInAs	3.47	0.045	$Al_{0.48}In_{0.52}As$	3.21	0.045	7.8
	AlGaAsSb	3.60	0.062	$AlAs_{0.56}Sb_{0.44}$	3.10	0.057	14.9
	AlGaPSb	3.55	0.046	$AlP_{0.4}Sb_{0.6}$	3.05	0.039	15.2

以上只是以量子阱材料为例说明 VCSEL 能获得低的阈值电流、窄的光谱线宽、良好的近场和远场对称性等许多好的特性。可以肯定，如果进一步采用增益系数更高的量子点有源材料，将使 VCSEL 获得更优异的特性。例如，数 mA 或亚 mA 的阈值电流、在数 mA 的工作电流下获得 10mW 以上的输出功率、谱线宽度在 kHz 量级等。

VCSEL 在光通信、光互联、3D 传感等方面具有重要意义，尤其是 VCSEL 阵列可用于固态激光雷达中，在无人驾驶、人机交互、人脸识别、三维建模、安防等具有日益重要和广泛的应用。

4.7　分布反馈（DFB）半导体激光器

4.7.1　概述

在前面有关章节中涉及半导体激光器的工作原理和结构时，都是与具有集中和恒定的光场反射系数 r（或功率反射率 R）的谐振腔面相联系的，光子在有源区两端的腔面（即解理面）之间振荡和放大。这种腔型虽然很简单，但未对谐振腔的反射率及色散特性作优化设计。

在 4.6 节中已提到相对于固定反射率、在腔面上集中反馈的光子谐振而言，光子在布拉格光栅内行进过程中不断经受反馈的分布反馈（DBR）方式使激光器具有许多独特性质。特别是布拉格光栅的色散特性，只能是满足布拉格条件的光子作选择性的反馈，使半导体激光器获得很好的动态单纵模。与 VCSEL 将 DBR 置于有源层上方和下方不同，如将 DBR 置于有源层长度方向（纵向）两端的所谓 DBR 激光器，也曾是一种获得动态单纵模且输出功率比 VCSEL 高的半导体激光器。

与上述 DBR 反射器置于有源层的上/下（VCSEL）或两端（DBR 激光器）不同的另一种分布反馈方式是将分布反馈光栅直接在全腔长的有源层上形成，特称此为分布反馈半导体激光器（DFB 激光器）。其光栅长度与有源层长度一致。

拉动 DFB 激光器发展的动力是光纤通信速率的持续增加,因而对作为光发射机光源的半导体激光器的动态单纵模、窄线宽和温度稳定性等特性要求更高。例如，由光纤色散引起的时延正比于激光源的线宽；目前正在实施的相干接收更是要求本地振荡激光源的线宽在 kHz 量级。由于 DFB 半导体激光器有很好的动态单纵模、光谱线宽已达 100kHz 左右，特征温度可达 100℃ 以上，已成为高速光纤通信的首选激光源。

分布反馈光栅可以利用复折射率的实部，即周期性地改变有源层的折射率，称为折射率耦合的 DFB；也可周期性地改变有源层复折射率的虚部，使有源层的增益（或损耗）发生周期性变化，此称为增益耦合 DFB。鉴于折射率耦合 DFB 是最早实现和获得广泛应用，以下将对此作详细分析。

对这种具有周期波导结构的分布反馈，其理论分析上有三种近似方法：①科格尼克（Kogelnik）和香克（Shank）[29]用平面波近似，把分布反馈看成是作用在周期波导结构上正向和反向传播的两个行波相互耦合的结果；②亚里夫（Yariv）[30]也采取了耦合波理论，所不同的是把周期性波导中介电常数的微扰反映在带有微扰极化源的波动方程中，而得出对 DFB 激光器具有重要意义的表达式：③德瓦姆斯（Dewames）[31]等同样使用了与科格尼克等同样不含极化矢量的波动方程，把周期波导内传播的波看成是正、反两个方向传播的布洛赫波之和。这与第一种方法没有本质上的区别。可以证明，这三种方法是等效的。下面我们将用 4.6 节中概括性提到的耦合波理论来详细分析 DFB 激光器的原理，并着重分析它的纵模特性。它的一些其他特性将在第 5 章作为激光器的一些共性来讨论。

4.7.2 耦合波方程

对可能具有损耗或增益的介质，可以用与式（3.1-33）同样形式的波动方程：

$$\frac{\partial^2 E_x(z)}{\partial z^2} - \dot{\beta}^2 E_x(z) = 0 \tag{4.7-1}$$

式中，$\dot{\beta}$ 为复传播常数，且有

$$-\dot{\beta}^2 = (\bar{n}^2 - \bar{k}^2 - 2\mathrm{j}\bar{n}\bar{k})(2\pi/\lambda_o)^2 \tag{4.7-2}$$

式中，$\bar{n}$ 和 $\bar{k}$ 分别为材料的折射率和消光系数，设光波导中的折射率按如下的正弦变化：

$$\bar{n}(z) = \bar{n} + \bar{n}_a \cos Kz \tag{4.7-3}$$

式中，$\bar{n}_a$ 是对折射率扰动的幅度，显然有 $\bar{n}_a \ll \bar{n}$，$K = 2\pi/\Lambda$，Λ 为折射率变化的周期。由周期光栅所衍射的光，其波长 λ_b 须满足布拉格条件：

$$m\lambda_b = 2\bar{n}\Lambda \tag{4.7-4}$$

式中 m=1, 2, 3, …，是光栅的阶数。比如，m=1、2 分别代表一阶、二阶光栅。

布拉格波传播常数 β_b 满足

$$\beta_b = \frac{\pi}{\Lambda} = \frac{\pi}{\lambda_b/2\bar{n}} \tag{4.7-5}$$

因而有

$$K = \frac{4\pi\bar{n}}{\lambda_b} = 2\beta_b \tag{4.7-6}$$

设光波在周期波导中的场吸收系数为 α_f，它与功率吸收系数 α 的关系为 $\alpha = 2\alpha_f$。因此，相应的消光系数为

$$\overline{k}_f = \frac{\alpha_f \lambda_0}{2\pi} \tag{4.7-7}$$

因为在增益介质中以传播常数 $\beta = 2\pi\overline{n}/\lambda_0$ 传播的平面光波，有

$$\beta \gg \alpha_f \tag{4.7-8}$$

将式（4.7-3）和式（4.7-7）代入式（4.7-2）中，并考虑到 $\overline{n}_a \ll \overline{n}$ 和 $\beta \gg \alpha_f$，则有

$$-\dot{\beta}^2 = \beta^2 - 2j\beta\alpha_f + (4\pi/\lambda_0)\beta\overline{n}_a \cos(Kz) \tag{4.7-9}$$

将式（4.7-9）代入式（4.7-1）后得到

$$\frac{\partial^2 E_x(z)}{\partial z^2} + (\beta^2 - 2j\beta\alpha_f)E_x(z) = -(4\pi/\lambda_0)\beta\overline{n}_a \cos(2\beta_b z)E_x(z) \tag{4.7-10}$$

理论上满足布拉格条件所产生的衍射光的阶数有无穷多个，但只在布拉格波长附近有一对相位同步但传播方向相反的衍射光有最大的振幅，其余可忽略不计。这一对衍射波中的正向行波为 $R(z)\exp(-j\beta_b z)$，反向行波为 $S(z)\exp(j\beta_b z)$，它们在增益介质内相向传播的过程中不断缓慢地交换（或耦合）能量，如图 4.7-1(b)所示。图 4.7-1(a)示意地表示了引起这种耦合过程周期变化的折射率分布。因此，周期性折射率变化的介质内的总电场为

$$E_x(z) = R(z)\exp(-j\beta_b z) + S(z)\exp(j\beta_b z) \tag{4.7-11}$$

式中，$R(z)$、$S(z)$ 分别为正、反行波的复振幅。将式（4.7-11）代入式（4.7-10）中，考虑这种缓慢交换能量而不计它们的二阶微商，并分别归并所有具有指数 $\exp(-j\beta_b z)$ 和 $\exp(j\beta_b z)$ 的项，便得到一对耦合波方程：

$$-\frac{\partial R}{\partial z} - \left[a_f + j\left(\frac{\beta^2 - \beta_b^2}{2\beta_b}\right) \right] R = j\left(\frac{\pi\overline{n}_a}{\lambda_0}\right) S \tag{4.7-12}$$

$$\frac{\partial S}{\partial z} - \left[a_f + j\left(\frac{\beta^2 - \beta_b^2}{2\beta_b}\right) \right] S = j\left(\frac{\pi\overline{n}_a}{\lambda_0}\right) R \tag{4.7-13}$$

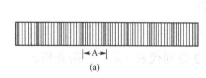
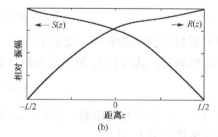

(a)在分布反馈有源介质中折射率的空间分布　　(b)正向（R）和反向（S）两行波振幅与距离的关系

图 4.7-1　(a) 在分布反馈有源介质中折射率的空间分布

(b) 正向（R）和反向（S）两行波振幅与距离的关系

在式（4.7-12）和式（4.7-13）中我们已近似取 $\beta/\beta_b \approx 1$（假设波长变化很小），因而可以将以上两式中的 $(\beta^2 - \beta_b^2)/2\beta_b$ 用下式表示：

$$\delta = \frac{\beta^2 - \beta_b^2}{2\beta_b} = \frac{(\beta - \beta_b)(\beta + \beta_b)}{2\beta_b} \approx \beta - \beta_b \tag{4.7-14}$$

式（4.7-12）和式（4.7-13）右边括号内的因子称为耦合常数（系数），记作 κ_c：

$$\kappa_c = \frac{\pi \overline{n}_a}{\lambda_0} \qquad (4.7\text{-}15)$$

它是表示相向传播的两个波之间耦合强弱的物理量。对决定 DFB 激光器的特性具有重要意义。我们可以使用 κ_c 将耦合波方程写成以下简单的形式（以 $\partial R/\partial z = R'$，$\partial S/\partial z = S'$）：

$$-R' - (\alpha_f + j\delta)R = j\kappa_c S \qquad (4.7\text{-}16)$$

$$S' - (\alpha_f + j\delta)S = j\kappa_c R \qquad (4.7\text{-}17)$$

4.7.3 耦合波方程的解

前面的 $R(z)\exp(-j\beta_b z)$ 和 $S(z)\exp(j\beta_b z)$ 只是分别为正向和反向行波，并非耦合波。式（4.7-11）也只是满足波动方程式（4.7-10）的总电场表示式，也未涉及两个相向传播的行波之间的能量耦合。为此，需求出能满足一定边界条件的耦合波方程的解。显然，这种解应与耦合系数和两个波的相互作用长度有关。首先，可以合理地假设耦合波具有指数形式的解 $\exp(\gamma_c z)$，其中复传播常数 γ_c 为

$$\gamma_c = \left[\kappa_c^2 + (\alpha_f + j\delta)^2 \right]^{1/2} \qquad (4.7\text{-}18)$$

则耦合波方程的通解应该为

$$R(z) = r_1 \exp(\gamma_c z) + r_2 \exp(-\gamma_c z) \qquad (4.7\text{-}19)$$

$$S(z) = s_1 \exp(\gamma_c z) + s_2 \exp(-\gamma_c z) \qquad (4.7\text{-}20)$$

实际上，式（4.7-19）和式（4.7-20）分别代表正向和反向随位置慢变化的合成波振幅，并以此振幅分别按 $\exp(-j\beta_b z)$ 和 $\exp(j\beta_b z)$ 作正向和反向传播。每个合成振幅中都包含有在该方向上的主要分量和反方向波耦合进该方向上小的分量。应该有 $r_2 > r_1$、$s_2 > s_1$。为求出式（4.7-19）和式（4.7-20）中各系数之间的关系，假设波的振幅在 $z = \pm L/2$ 为零（参见图 4.7-1(b)）处开始。因 $\overline{n}(z)$ 周期变化而彼此交换能量，故边界条件为

$$R(-L/2) = S(L/2) = 0 \qquad (4.7\text{-}21)$$

将式（4.7-21）代入式（4.7-19）和式（4.7-20）后得到

$$\frac{r_1}{r_2} = \frac{s_2}{s_1} = -\exp(\gamma_c L) \qquad (4.7\text{-}22)$$

再将式（4.7-22）代入式（4.7-19）和式（4.7-20）中得出

$$R(z) = 2r_1 \exp(-\gamma_c L/2)\sinh\left[\gamma_c(z + L/2)\right] \qquad (4.7\text{-}23)$$

$$S(z) = -2s_2 \exp(-\gamma_c L/2)\sinh\left[\gamma_c(z - L/2)\right] \qquad (4.7\text{-}24)$$

利用光场的对称性 $E(-z) = E(z)$ 和反对称性 $E(-z) = -E(z)$，便可得到系数 s_2 和 r_1 之间的关系：

$$r_1 = \pm s_2 \qquad (4.7\text{-}25)$$

再由式（4.7-22）得到

$$r_2 = \pm s_1 \qquad (4.7\text{-}26)$$

对式（4.7-23）和式（4.7-24）中的相同因子归一，便得到 DFB 结构中光场的纵向分布：

$$R(z) = \sinh\left[\gamma_c(z + L/2)\right] \tag{4.7-27}$$

$$S(z) = \pm\sinh\left[\gamma_c(z - L/2)\right] \tag{4.7-28}$$

这种关系已表示在图 4.7-1(b)中。这时的光场分布是对应于分立的本征值 γ_c 的模式。将式（4.7-27）和式（4.7-28）代入到耦合波方程组（4.7-16）和式（4.7-17）中，然后再相加和相减，就得到本征值方程：

$$-\gamma_c \sinh(\gamma_c L/2) - (\alpha_f + j\delta)\cosh(\gamma_c L/2) = \pm j\kappa_c \cosh(\gamma_c L/2) \tag{4.7-29}$$

$$-\gamma_c \cosh(\gamma_c L/2) - (\alpha_f + j\delta)\sinh(\gamma_c L/2) = \mp j\kappa_c \sinh(\gamma_c L/2) \tag{4.7-30}$$

在式（4.7-29）和式（4.7-30）中，已分别消去了公因子 $\sinh(\gamma_c z)$ 和 $\cosh(\gamma_c z)$。

为了得出耦合系数 κ_c，将式（4.7-29）与式（4.7-30）相加和相减后得到

$$\gamma_c + (\alpha_f + j\delta) = \mp j\kappa_c \exp(-\gamma_c L) \tag{4.7-31}$$

$$\gamma_c - (\alpha_f + j\delta) = \pm j\kappa_c \exp(\gamma_c L) \tag{4.7-32}$$

取以上两式之和后得出

$$\kappa_c = \pm j\gamma_c / \sinh(\gamma_c L) \tag{4.7-33}$$

这是一个含有本征值 γ_c 的超越方程，说明了耦合系数 κ_c 和 γ_c 与腔长 L 之间的关系。

4.7.4 阈值增益和振荡模式

为了求出均匀波纹光栅结构激光器的阈值增益和振荡模式，将式（4.7-31）和式（4.7-32）之差表示为

$$(\alpha_f + j\delta) = \mp j\kappa_c \cosh(\gamma_c L) = \gamma_c \coth(\gamma_c L) \tag{4.7-34}$$

因为增益 $g_f = -\alpha_f$，$\delta = (2\pi\bar{n}/\lambda_0) - \pi/\Lambda$，因而由式（4.7-33）给出每一个本征值 γ_c 就可由式（4.7-34）求出相应的增益和振荡波长。

在近似情况下，设 $\alpha_f \gg \kappa_c$，则式（4.7-18）变为

$$\gamma_c \approx (\alpha_f + j\delta) \tag{4.7-35}$$

因而本征值方程式（4.7-31）变为

$$2(\alpha_f + j\delta) \approx \mp j\kappa_c \exp\left[-(\alpha_f + j\delta)L\right] \tag{4.7-36}$$

式（4.7-36）给出了阈值增益 $g_f = -\alpha_f$ 与 DFB 激光器耦合系数 κ_c 与腔长的直接关系。

为了与 4.2 节中所述的一般平行平面腔激光器的阈值类比，将式（4.7-36）改写为

$$1 \approx \left[\mp j\kappa_c / 2(\alpha_f + j\delta)\right] \exp\left[-(\alpha_f + j\delta)L\right] \tag{4.7-37}$$

因而可以得到达到阈值时的振幅条件：

$$\left[\kappa_c^2 / 4(\alpha_f^2 + \delta^2)\right] \exp\left[(-2\alpha_f L)\right] \approx 1 \tag{4.7-38}$$

和相位条件：

$$\mp\left(q + \frac{1}{2}\right)\pi - \arctan(\delta/\alpha_f) - \delta L = 0 \tag{4.7-39}$$

式中，$q = 0、\pm 1、\pm 2\cdots$。将式（4.7-38）与式（4.2-8）比较可见，式（4.7-38）中的 $-2\alpha_\mathrm{f}$ 和 $\kappa_\mathrm{c}^2/4(\alpha_\mathrm{f}^2 + \delta^2)$ 分别对应于式（4.2-8）中的 $(g - \alpha_\mathrm{f})$ 和两解理面光场反射系数之积 $r_1 r_2$。

为了求出振荡模式，我们以布拉格波长 λ_b 为参考点，由式（4.7-14）可以看出，在 λ_b 附近的频率参量 $\delta \approx 0$，因而有 $-\alpha_\mathrm{f} \gg \delta$。利用 κ_c 的表达式（4.7-15），则式（4.7-38）和式（4.7-39）分别为

$$(\pi\bar{n}/\lambda_0)^2 \exp(-2\alpha_\mathrm{f} L) \approx 4\alpha_\mathrm{f}^2 \tag{4.7-40}$$

和

$$\delta = \pm\left(q + \frac{1}{2}\right)\frac{\pi}{L} \tag{4.7-41}$$

由表示 δ 的式（4.7-14），并取 $\lambda_0/\lambda_b \approx 1$，则式（4.7-41）给出 DFB 激光器的谐振波长为

$$\lambda_0 = \lambda_b \pm \left[\left(q + \frac{1}{2}\right)\lambda_b^2/(2\bar{n}L)\right] \tag{4.7-42}$$

由式（4.7-42）看出：①谐振波长（即，纵模）的间隔 $\Delta\lambda_0$ 为 $\lambda_b^2/(2\bar{n}L)$；②谐振波长 λ_0 以 λ_b 为中心对称分布；③无论 q 取任何值，这种均匀波纹光栅波导的 DFB 激光器不存在 $\lambda_0 = \lambda_b$ 的振荡模式，因此存在一个以 λ_b 为中心波长的截止带宽 $\Delta\lambda_{sb}$。截止带宽 $\Delta\lambda_{sb}$ 与耦合系数 κ_c、等效折射率 $\bar{n}_{eff}$ 和 λ_b 之间的关系为[32]

$$\kappa_c = \bar{n}_{eff}\Delta\lambda_{sb}/\lambda_b \tag{4.7-43}$$

下面再分析一下由式（4.7-42）所代表的各模式的阈值增益分布的情况。柯格尼克等对超越方程式（4.7-33）用数值计算，得到了如图 4.7-2 所示的阈值增益与模式的关系。对以 λ_b 对称的模式分布，阈值增益也同样呈对称分布，且离 λ_b 越远的模式，其阈值增益越大。这就是说，除截止带内没有振荡模式外，该带两边振荡模式的振幅将对称地随模指数增加而减少，如图 4.7-3(b)所示。为了与通常的法布里-珀罗腔比较，图 4.7-3(a)表示出 F-P 腔模式。DFB 激光器的这种对称模式结构带来了我们所不希望的两个主模的同时振荡。造成这种结果是由于完全对称且均匀分布的周期光栅所致。为了将辐射功率集中到一个主模上，同时使各振荡模式的阈值增益差增大，已经探索了许多方法。其共同的特点是扰动正、反行波反馈的对称性。诸如：

① 在均匀分布的周期折射率光栅区引进一个 $\lambda/4$ 相移[33, 34]；

② 将解理面之一增透或另一面增反，造成非对称的腔面反射率[32]；

③ 使距腔面之一的一小段形成无分布反馈光栅的透明区[35]；

④ 对光栅周期进行适当啁啾[36]。

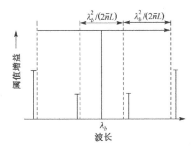

图 4.7-2　具有折射率周、期变 DFB 激光器的振荡模谱及其阈值增益

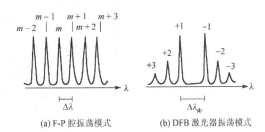

(a) F-P 腔振荡模式　　(b) DFB 激光器振荡模式

图 4.7-3

在所有这些方法中，插入 $\lambda/4$ 相移区和不对称的端面反射率结构较为可行，并取得了成效。$\lambda/4$ 相移方法虽有一定工艺难度，但却可以获得性能很好的动态单纵模，下面着重介绍这一方法。

4.7.5　DFB 激光器结构与模选择

早期的 DFB 激光器，无论是单异质结还是双异质结，都是把周期折射率光栅直接在有源层上制作。这种加工过程所产生的非辐射复合中心使激光器阈值电流大大增加。为克服这一缺点，目前普遍采用的是将周期波纹光栅用全息或电子束刻蚀方法加工在与有源层毗邻的波导层上，再与适当的条形结构相结合而制成 DFB 激光器。图 4.7-4(a)和(b)分别表示在将周期光栅加工在衬底（InP）和波导层（InGaAsP）上，而更多的是采用前者。

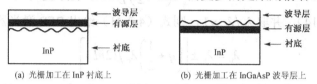

(a) 光栅加工在 InP 衬底上　　　　(b) 光栅加工在 InGaAsP 波导层上

图 4.7-4

光栅本身的参数对耦合系数和激光器的性能将产生重要影响。设如图 4.7-5 上方的图所示的分布反馈波导结构中，d 为有源层的厚度，c 为波导层的厚度，b 为光栅刻划深度，由图 4.7-5 可以看出，有关的光栅参数和有源层厚度都对耦合系数 κ_c 产生影响[37]。波导层（无论波导层在有源层之上或之下）与有源层厚度的增加都会引起耦合系数的降低。光栅的级次对光场的反馈（衍射）产生影响。由图 4.7-5 也可以看出，一级光栅（图中虚线所示）明显比二级光栅（图中实线所示）有高的耦合系数，一级光栅反馈可以避免低阶的衍射光损耗，有利于提高量子效率。对长波长半导体 DFB 激光器，可由一级布拉格衍射条件得到用全息照相所能分辨的光栅周期 Λ。例如用 He-Cd 激光器可以在折射率 $\bar{n}=3.5$ 的 InGaAsP 波导层上得到周期 Λ 为 1800～1900Å 的全息光栅，制成振荡波长为 1.24μm 的 DFB 激光器，同样可得到光栅周期 $\Lambda=2400$Å、振荡波长为 1.5μm 的 DFB 激光器。对于振荡波长为 0.83～0.9μm 的短波长 DFB 激光器，由于一级光栅的 Λ 小而难以制造，故一般采用第二级或第三级布拉格光栅。

如前所述，具有对称的、均匀周期波纹光栅的 DFB 激光器，在截止带两边存在对称的模振荡。但在未采取上述任何措施时也可能出现的单纵模往往是由于 DFB 区在加工过程中不完善所致的随机不均匀引起的，这时的输出功率往往不稳定，并可能产生跳模和不稳定的两模振荡。

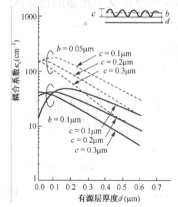

图 4.7-5　以正弦光栅有关参数为参变量表示的耦合系数 κ_c 与 d 的关系（虚线：一级光栅；实线：二级光栅）

为了实现可靠的动态单纵模振荡，有效的方法是在均匀波纹光栅的 DFB 区中形成一个 $\lambda/4$ 相移区，这时就能以最强的反馈、最低的阈值增益在布拉格波长 λ_b 下实现单纵模工作，同时由于主模和次模的阈值增益差很大，可能得到次模抑制比大于 30dB 的稳定的单纵模。

为了说明在 DFB 区引入 $\lambda/4$ 相移得到单纵模的原理，将 DFB 区分成左和右两段，如图 4.7-6 所示[18]。为简单起见，设两段的材料折射率相同，DFB 区两端面有相同的反射率，使 $\hat{\rho}_r = \hat{\rho}_l$。两段各在区中心附近产生一个 $\lambda/4$ 相移 $\Omega = \pi/2$，因而总的相移为 $2\Omega = \pi$。左区和右区的折射率分别为

$$\overline{n}_1(z) = \overline{n}_0 + \Delta\overline{n}_{\mathrm m} \cos\frac{2\pi m}{\Lambda}\left(z + \frac{\Omega}{2\pi m}\Lambda\right) \tag{4.7-44}$$

$$\overline{n}_2(z) = \overline{n}_0 + \Delta\overline{n}_{\mathrm m} \cos\frac{2\pi m}{\Lambda}\left(z - \frac{\Omega}{2\pi m}\Lambda\right) \tag{4.7-45}$$

上两式中 $\overline{n}_0$ 为平均折射率，$\Delta\overline{n}_{\mathrm m}$ 为折射率变化的振幅，Λ 为正弦光栅周期，m 为布拉格光栅阶（或级）数，Ω 为半相移角。为了进一步说明 $\lambda/4$ 相移的作用，首先将 1 级正弦光栅 DFB 区分成上述的左、右段，如图 4.7-7(a)所示。左段内的正、反向行波分别用 F_l、B_l 表示；右段内的正、反向行波分别用 F_r、B_r 表示。各段内正、反向行波相互作用的结果在其内形成稳定的驻波，在布拉格波长 $\lambda_b = 2\overline{n}_{\mathrm{eff}}\Lambda$（$\overline{n}_{\mathrm{eff}}$ 为等效折射率）下，各驻波波节均位于正向波传播方向上等效折射率增加最快之处，如图 4.7-7(b)所示。由图可见，左段和右段的驻波在 DFB 区中心不能平滑相接，因此不能在布拉格波长上发生谐振，如图 4.7-7(c)所示，这也在式（4.7-42）中得到证明。但是，如若在 DFB 区中心引入如图 4.7-7(d)所示的相移 π，则导致两段的驻波在 DFB 区中心平滑相接，如图 4.7-7(e)所示。因而出现如图 4.7-7(f)所示的以波长为 λ_b 振荡的单纵模[39]。进一步发现，若 λ_b 相移区不在 DFB 区中心而偏向输出端面，能使输出功率增加，且单纵模重复性好[34]，但相应的振荡波长也会稍偏离 λ_b。

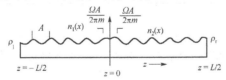

图 4.7-6　$\lambda/4$ 相移 DFB 激光器波纹光栅示意图

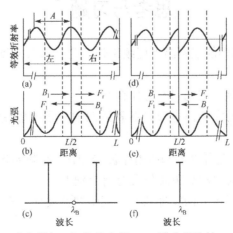

图 4.7-7　一般正弦光栅与 $\lambda/4$ 位移光栅 DFB 激光器比较：(a)、(d)为等效折

射分布；(b)和(e)为在 DFB 区内光强分布；(c)和（f）为谐振谱

除了上述折射率耦合的 DFB 半导体激光器外，利用复折射率虚部所成的增益耦合 DFB 激光器也体现出独特的优越性。其原理结构如图4.7-8所示。图中表示在与有源层毗邻所生长的吸收层上刻蚀出周期调制的光栅，使该层周期性损耗耦合到有源层，使有源区的增益（或损耗）产生与式（4.7-3）类似的周期性变化，即

$$g(z) = g + g_a \cos\frac{2\pi}{\lambda}z \tag{4.7-46}$$

式中，g 为未受扰动的材料增益系数，g_a 为增益调制（扰动）的振幅（$g_a \ll g$）。然而，在增益耦合的同时，有源层内仍会发生式（4.7-3）所示的折射率调制。因此正向和反向行波之间的耦合系数就需考虑增益和折射率的共同影响，即

$$k_c = \frac{\pi\overline{n}_a}{\lambda} + i\frac{g_a}{2} \tag{4.7-47}$$

这意味着与前面所讨论的折射率调制相比，增益调制的耦合系数有一个 $\exp(i\pi/2)$ 因子的差别。用式（4.7-47）代替式（4.7-15），就能从式（4.7-38）得到在布拉格波长 λ_b 处有最大的等效反射率和最低的阈值增益。因而无需对光栅进行相移处理就能得到 λ_b 处的单纵模工作。同时增益耦合 DFB 激光器受端面反射率的影响也小。所不足的是在增益调制的同时，折射率也发生相应的周期变化，很难得到纯增益调制 DFB 特性。

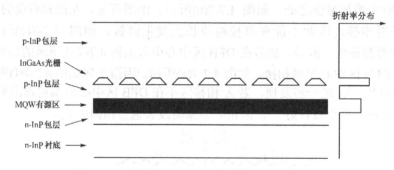

图 4.7-8　增益耦合 DFB 半导体激光器原理结构

思考与习题

1. 为什么同质结激光器不能在室温下连续工作？为什么其光场分布相对于结平面不对称分布？

2. 条形半导体激光器有哪些优点？为什么？

3. 在条形半导体激光器中侧向电流扩展和侧向载流子扩散在物理概念上有何不同？如何减少这两种影响？

4. 增益波导的物理本质是什么？与折射率波导相比，在限制光场扩展能力上有何差别？

5. 说明增益波导与折射率波导束腰位置有何差别？

6. 说明象散因子（K 因子）的物理意义，证明增益波导与折射率波导的 K 因子在数值上的差别。

7. 说明 VCSEL 有哪些优点。说明 DBR 的工作原理。

8．为什么相对于 GaAlAs/GaAs 制造基于 InGaAsP/InP 材料半导体的 VCSEL 要困难？

9．分布反馈激光器与通常的法布里-珀罗激光器在原理、结构和性能上有哪些差别？

10．如何理解驻波条件式（4.2-15）与布拉格条件式（4.7-4）的一致性？

11．DFB 激光器中 $\lambda/4$ 相移区有何作用？为什么能起到这种作用？

参 考 文 献

[1] （美）H. c. 凯西、M. B. 帕尼什著, 杜宝勋泽. 异质结构激光器（上）. 国防工业出版社, 1983, pp. 166～169.

[2] G. H. B. ThomPson. Physies of Semiconductor Laser Devices. The Pitman Press, 1980, pp. 132～162.

[3] H. Kressel, Semiconductor Devices for Optical Communication, Sprin-ger-Verlag Berlin Heidelberg, New YorK, 1982, pp. 21～25.

[4] Shyh Wang, et al. Control of Mode Behavior in Semiconductor Lasers, IEEE J. of Quantum Electron. , 1981, 17(4):454.

[5] H. C. 凯西、M. B. 帕尼什著, 郭长志译. 异质结构激光器（下）, 国防工业出版社, 1985, pp. 222～246.

[6] 同[4]p. 453～468.

[7] Tribhawan Kumar, et al. Numerical Solution of Lateral Current Spreading and Diffusion in Near-Threshold DH Twin-Stripe Lasers, IEEE J. of Quantum Electron., 1985, 21(5): 421～433.

[8] J. P Van de Capelle, et al. Lateral Current Spreading in DH-Lasers above Threshold, IEE Proc, 1986, 133(2): 143～148.

[9] G. Lengyei, et al. An Analytical Solution of the Lateral Current Spreading and Diffusion Problem in Narrow Oxide Stripe (GaA1)As/GaAs DH Lasers, IEEE J. of Quantum Electron., 1982, 18(4): 618～625.

[10] S. J. Chua, T. S. Low and P. C. Chen. Comparison of Current Spreading in Stripe Contact Semiconductor Lasers, IEE Proc；1986, 133(4): 299～302.

[11] Amanin, M C. New Stripe-geometry Laser with Simplified Fabrication Process, Electron. Lett, 1979, (15): 441～442.

[12] Toshiki HijiKata. Development and Production of VSIS Laser, Laser & Application, P. 57(1985).

[13] Ken Hamada, et al. A 0. 2W CW Laser with Buried Twin-Ridge Substrate Structure, IEEE J. of Quantum Electron. , 1985, 21(6): 619～628.

[14] Jean-Claude Bouley, et al. Injected Carrier Effects on Modal Properties of 1. 55μm GaInAsP Lasers, IEEE J. of Quantum Electron. , 1983, 19(6): 970.

[15] D. D. Cook and F. R. Nash. Gain-induced Guiding and Astigmatic Output beam of GaAs Lasers, J. of App1. Phys. , 1975, 46(4): 1660～1672.

[16] 同[2], pp. 321～343.

[17] 同[15], P. 1663.

[18] Wolfgang Elsasser, et al. Coherence Properties of Gain-and Index-Guided Semiconductor Lasers, IEEE J. of Quantum Electron. , 1983, 19(6): 681.

[19] 同[16], p. 203.

[20] K. Petermann. Calculated Spontaneous Emission Factor for Double Heterostructure Injection Laser with Gain-induced Waveguiding, IEEE J. of Quantum Electron. , 1979, 15: 566～570.

[21] 同[18], p. 977.

[22] 同[18], p. 984.

[23] 同[5], p. 259.

[24] William Streifer, et al. An Analytic Study of (GaA1)As Gain Guided Lasers at Threshold, IEEE J. of Quantum Electron. , 1982, 18(5): 856.

[25] H. Soda, K. Iga, C. Kitahara, and, Y. Suematsu, InGaAsP/InP Surface Emitting Injection Laser, Jpn. J. Appl. Phys. , 1979, 18(12): 2329-2330.

[26] Amnon Yariv. Optical Electronics in Modern Communications (Fifth Edition), 1997, Oxford University Press, Inc, Chapter 16.

[27] Ivan P. Kaminow, Tingye Li, Optical Fiber Telecommunications VI A, Elsevier Inc, 2002, chapter 13.

[28] 同[1], pp. 92~108.

[29] H. Kogelnik and C. V. Shank, Coupled-Wave Theory of Distributed Feedback Lasers, J. Appl. Phys. 1972, 43: 2327.

[30] A. Yariv, Coupled-Mode Theory for Guided-Wave Optics, IEEE J. of Quantum Electron. , 1973, 9: 919.

[31] R. E. Dewames and W. F. Hall, Theory of Corrugated Distributed-feedback Laser, J. Appl. Phys. 1973, 44: 3638.

[32] Maniyeh Razeghi, e t al. Low Threshold Distributed Feedback Lasers Fabricated on Material Grown Completely by LP-MOCVD, IEEE J. of Quantum Electron. , 1985, 21(6): 507.

[33] K. Utaka, S. Akiba, K. Sakai and Y. matsuhima. λ/4-Shifted InGaAsP/InP DFB Lasers, J. of Quantum Electron. , 1986, 22(7): 1042~1051.

[34] Masashi Usami, et al. Asymmetric λ/4-Shifted InGaAsP/InP DFB Lasers, IEEE J. of Quantum Electron. , 1987, 23(6): 815~821.

[35] N. Eida, K. Furuya, et al. Axial Mode Selecting in Active Distributed-reflector for Dynamic-Single-Mode Lasers, J. Lightwave, Tech. , 1985, LT-3:400~403.

[36] A. SuzuKi and K. Tada. Theory and Experiment on Distributed Feedback Lasers with Chirped Grating, Proc. SPIE, 1981, 239: 10~18.

[37] Yoshio Itaya, et at. Longitudinal Mode Behaviors of 1. 5μm Range GaInAsP/InP Distributed Feedback Lasers, J. of Quantum Electron. , 1984, 20(3): 230~235.

[38] K. Utaka, et al. Analysis of Quarter-wave-shifted DFB Laser, Electronics Lett. 1984, 20(8): 326.

[39] K. Sekcartedjo, et al. 1.5μm Phase-shifted DFB Lasers for Single-Mode Operation, Electron. Lett., 1984, 20(2): 80~81.

第5章　半导体激光器的性能

概括起来，可以将半导体激光器的性能分为：①在直流偏置下的稳态（或静态）特性；②在调制情况下的瞬态（动态）特性。前者主要包括阈值特性、量子转换效率、输出线性、光谱特性（模式和谱线宽度）、近场和远场（光束发散角）、短期和长期稳定性（退化和寿命）等；后者主要涉及调制带宽、调制畸变、自脉冲以及在调制情况下某些静态特性的变化等。本章将对以上所列的一些主要性能进行讨论。

5.1　半导体激光器的阈值特性

在 4.2 节所讨论的半导体激光器的阈值条件并结合图 1.7-2 可知，阈值是光子在谐振腔内振荡时，光子所获得的腔内谐振增益随外部注入电流强度所发生的量变-质变的转折点；或腔内粒子数反转过程中量变-质变（相应由正增益到净增益）的转折点，也就是腔内增益与损耗的平衡点；也是衡量激光器腔内是受激发射还是自发发射占主导地位的分水岭；有无阈值是区分半导体激光器（LD）、半导体发光二极管（LED）、行波半导体光放大器的重要判据，也是判断半导体激光器芯片解理面是否遭受破坏的判据；阈值大小则是用来衡量和比较不同激光器之间质量优劣的重要参数。对应半导体激光器阈值点的注入电流、注入电流密度、注入载流子浓度、压降等各种外部参数和内部性能参数（如内部增益等）都称相应的阈值。通常以直观的达到阈值的电流来表征和比较不同半导体激光器的阈值特性。图 5.1-1(a)表示半导体激光器阈值特性和与 LED 或超辐射发光二极管（SLED）的区别；在实际测量中可用激光器输出功率对注入电流的二次微分（$\mathrm{d}^2P/\mathrm{d}I^2$）来获取准确的阈值，如图 5.1-1(b)所示。

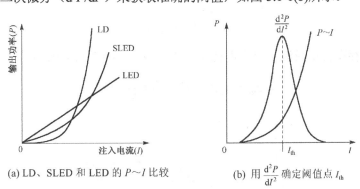

(a) LD、SLED 和 LED 的 $P\sim I$ 比较　　　　(b) 用 $\dfrac{\mathrm{d}^2P}{\mathrm{d}I^2}$ 确定阈值点 I_{th}

图 5.1-1　(a) LD、SLED 和 LED 的 $P\sim I$ 比较；(b) 用 $\dfrac{\mathrm{d}^2P}{\mathrm{d}I^2}$ 确定阈值点 I_{th}

5.1.1　半导体激光器结构对其阈值的影响

在第 4 章已经看到，对同样的增益介质，半导体激光器从同质结到异质结，从单异质结

（SH）到双异质结（DH），其阈值电流密度都大幅度下降，如图 5.1-2 所示。这足以说明异质结在降低阈值电流密度上的积极作用。条形激光器的阈值电流密度虽然高于宽面异质结激光器，但总的工作电流和阈值电流却比宽接触面激光器低得多。

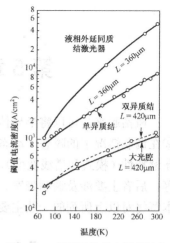

图 5.1-2　不同结构的半导体激光器阈值电流密度比较

在条形激光器中，阈值电流密度与其侧向波导结构有关。在侧向增益波导中，由于存在电流的侧向扩展和注入载流子的侧向扩散，同时由于光场向两侧的扩展所造成的损耗，致使增益波导激光器的阈值电流密度比在侧向具有折射率波导和对载流子有很好限制作用的激光器（如掩埋条形激光器）要高得多。

5.1.2　半导体激光器的几何尺寸对阈值电流密度的影响

对同一种半导体激光器来说，有源区的几何尺寸不同，对阈值电流密度将产生不同的影响。

1．阈值电流密度与有源层厚度的关系

有源层厚度对阈值电流密度的影响来自于在垂直于结平面方向异质结对注入的载流子和辐射复合产生的光子的限制能力。单就双异质结对注入载流子限制而言，希望有源层厚度应远小于电子的扩散长度，以便在较小的层厚内积累起高的载流子浓度，从而提高辐射复合速率。然而对光子限制而言，由于异质结两边有限的材料折射率差，不可避免地存在光子逸出有源层外，即存在倏逝场，造成有源区辐射复合产生光子的损耗。有源层厚度 d 越小，漏出有源层外的光子越多，如图 5.1-3 所示。用光场限制因子 Γ 来表示由异质结构成的平面光波导在垂直于结平面方向（x 方向）对光场的限制能力，表示为

$$\Gamma = \frac{\int_{-d/2}^{d/2} |E_y|^2 \, dx}{\int_{-\infty}^{\infty} |E_y|^2 \, dx} \tag{5.1-1}$$

考虑到有源层内存在自由载流子吸收损耗 α_{fc}，则可将式（4.2-12）改写为[1]

$$\Gamma g_{th} = \alpha_{out}(1-\Gamma) + \frac{1}{L}\ln\frac{1}{R} + \Gamma\alpha_{fc} \tag{5.1-2}$$

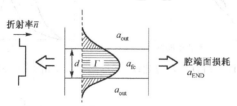

图 5.1-3　在 DH 激光器有源层内外的光强分布

式中，α_{out} 为激射光子能量在有源层外材料的吸收系数，Γ 为限制因子。对 $Ga_{1-x}Al_xAs/GaAs$ 异质结，在激射波长 $\lambda = 0.9\mu m$ 时的折射率台阶 $\Delta\bar{n}$ 与异质结两边 Al 组分之差 Δx 的关系为 $\Delta\bar{n} \approx 0.62\Delta x$。图 5.1-4 以 $\Delta\bar{n}$ 为参变量表示出 Γ 与 d/λ 之间的关系。由图可见，随着 d/λ 的减少，有必要增加 $\Delta\bar{n}$ 来有效地限制光场向限制层渗透。

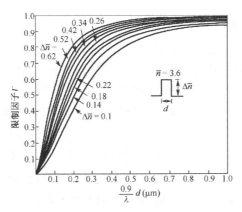

图 5.1-4 DH 激光器中限制因子与有源层厚度的关系

根据 1.7 节中所定义的名义电流密度 J_n，可以把阈值电流密度写为

$$J_{th}(\text{A}/\text{cm}^2) = J_n d/\eta_i \qquad (5.1\text{-}3)$$

式中，η_i 为激光器有源层的内量子效率，如果取 g_{th} 与 J_n 的线性关系[2]，则可将双异质结半导体激光器的阈值电流密度表示为

$$J_{th} = \frac{J_t}{\eta_i}d + \frac{d}{\eta_i A}\left[\frac{(1-\Gamma)}{\Gamma}\alpha_{out} + \frac{1}{\Gamma L}\ln\frac{1}{R} + \alpha_{fc}\right] \qquad (5.1\text{-}4)$$

式中，J_t 和 A 分别是式（1.7-11）中所提到的透明电流密度和增益因子。

图 5.1-5 表示了这种 $J_{th} \sim d$ 关系[1]，图中已设 $\Delta\bar{n} \approx 0.62\Delta x$。由图可见，随着有源层厚度的减少和异质结对注入其内的载流子限制，从而使 J_{th} 减少，但当有源层厚度 d 小于某一值后，因光场限制因子显著减少，从而使有源层的模增益减少，而使阈值电流密度增大。最小的阈值电流密度出现在最小的光场扩展所对应的 d 值，这是通过选择异质结界面处适当的介质常数台阶来实现最小光场扩展的。尽管图 5.1-5 是由 GaAlAs/GaAs 双异质结激光器所得到的，但这种变化规律也适应于其他材料的半导体激光器，一般将 d 设计在 0.15μm 左右。

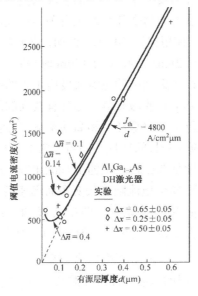

图 5.1-5 在 GaAlAs/GaAs DH 激光器中阈值电流密度随有源层厚度的变化

2．阈值电流密度与有源层宽度的关系

在宽面激光器中，电流只是在垂直于结平面方向流动，有源区中的电流密度为外部驱动电流除以接触层面积。然而在具有增益波导的条形激光器中，由于存在注入电流的侧向扩展和载流子的侧向扩散，使阈值电流密度 J_{th} 随条宽 W 发生变化，只有当条宽超过某一值后，条形激光器的阈值电流密度 $J_{th}(W)$ 才能达到宽面激光器的阈值电流密度 $J_{th}(\infty)$，如图 5.1-6 所示。条宽减少引起阈值电流密度增加的原因：①载流子的侧向扩散降低了在条宽中心处的载流子峰值浓度。为了达到宽面激光器有源层中的载流子浓度，势必需要增加电流密度；②由于增益波导中所谓的发光丝从条中心向两侧的非增益区扩展，使净的模增益低于条中心处的峰值增益，因此需要增加电流密度来达到阈值增益。在一般的条宽下，前一种因素是主要的，当条宽很窄（<15μm）时，后一种因素则对 J_{th} 的增加产生重要影响。

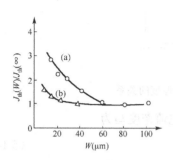

图 5.1-6　DH 激光器阈值电流密度与条宽的关系(a) 条形激光器；(b) 宽面激光器

对于侧向具有折射率波导的条形激光器，由于对注入载流子和复合产生的光子都进行了限制，减少了它们的侧向扩展。因此，这类条形激光器的有源层宽度可以做到很窄，以便降低阈值电流、改善模式特性和远场的对称性等。例如，目前掩埋条形激光器的条宽可以小至数微米。

3．阈值电流密度与腔长的关系

由前面阈值电流密度的一般表示式（4.2-13）可以看到，随着腔长的减少，光子所能经历增益的长度减少，因而引起阈值电流密度的增加。然而这可以带来激光器总阈值电流的减少。图 5.1-7 给出了条宽分别为 4μm 和 8μm 的激光器阈值电流与腔长的关系。可以看出，半导体激光器的阈值电流与腔长呈线性变化。直线的斜率和外推到纵轴的截距与条形激光器的有效条宽、有效有源层厚度、腔面反射率和材料的吸收系数等因素有关。图中虚线和实线分别代表增益波导激光器中光丝宽度为常数和与腔长有关的情况。显然，从获得低的阈值电流和得到单纵模的观点出发，应该使用很短的腔长。例如，质子轰击条宽为 5μm 的条形激光器，腔长为 50μm 时，阈值电流低至 28mA，腔长为 47μm 时得到了单纵模输出。

但在如此短的腔长下，必须考虑到高的电流密度所带来的高的热产生密度和与之相适应的热沉问题。对腔长为 250～400μm 的激光器，尽管有较高的阈值电流，但为了获得高的单程增益（例如在行波半导体光放大器中那样）和高功率输出往往还是需要的。

图 5.1-7 所表示的阈值电流与腔长的线性关系对通常 GaAlAs/GaAs 双异质结激光器是正确的。但也有例外，例如在俄歇复合比较严重的 InGaAsP/InP 激光器中，实验已经证明，当腔长比较短时（例如 $L<100\mu m$），阈值电流随腔长变短而迅速增加。图 5.1-8 表示 InGaAsP/InP 分布反馈激光器阈值电流与腔长的关系[4]，图中实线和虚线分别对应俄歇复合系数为 $c=0.9\times10^{-28}cm^6/s$ 和 $c=0$ 时所得到的结果。一般地，可将阈值电流表示为

$$J_{th} = e(WdL)N_{th}/\tau_s \qquad (5.1\text{-}5)$$

式中，W，d 和 L 分别对应有源层的宽度、厚度和腔长，N_{th} 为阈值载流子浓度，τ_s 为载流子

的自发发射寿命。在短腔长中，由于俄歇非辐射复合使 τ_s 显著减少，因而使阈值电流迅速增加。

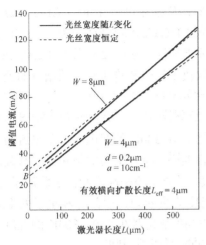
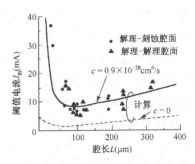

图 5.1-7　半导体激光器阈值电流与腔长的关系　　图 5.1-8　InGaAsP/InP DFB 脉冲激光器阈值电流与腔长的关系

5.1.3　温度对阈值电流的影响

实践中很容易发现，半导体激光器的阈值电流密度 J_{th} 对温度 T 表现出很灵敏的依赖关系。由图 5.1-2 已经看到，所有的半导体激光器的阈值电流密度均随温度的升高而明显增大，增大的幅度随不同激光器而异。因影响半导体温度特性的因素很多，不可能有一个公式来概括所有器件的 $J_{th} \sim T$ 的关系，一般用近似式 $J_{th} \approx \exp(T/T_0)$。为便于测量，通常使用下式：

$$J_{th}(T) = J_{th}(T_r)\exp\left(\frac{T-T_r}{T_0}\right) \tag{5.1-6}$$

式中，T_r 为室温，$J_{th}(T_r)$ 为室温下的阈值电流密度，T_0 是一个表征半导体激光器温度稳定性的重要参数，称为特征温度，它与激光器所使用的材料与器件结构有关。由式（5.1-6）看到，T_0 越高，激光器的温度稳定性越好。若能使 $T_0 \to \infty$，则半导体激光器的 J_{th} 不随温度变化。因此，如何提高 T_0 始终是半导体激光器的一个重要研究课题。分析 $J_{th} \sim T$ 的关系，也就归结为分析影响 T_0 大小的有关因素。由式（5.1-4）对 GaAlAs/GaAs 激光器 J_{th} 的分析，可推广到 InGaAsP/InP 激光器中。温度对 J_{th} 的影响可以认为是来于下列与温度相关的因素：①增益系数；②内量子效率；③内部载流子和光子的损耗。而我们将俄歇复合、载流子与有源层中缺陷和异质结界面态的复合损失归入内量子效率考虑，将价带间的光吸收损耗作为内部损耗，将载流子的泄漏损失 α_{leak} 可作为另一项列入式（5.1-4）中。式（5.1-6）在一定的温度范围内其 T_0 为一常数，但当温度增高，载流子越过异质势垒的泄漏和俄歇复合（特别是长波长半导体激光器是如此）变得严重而使 T_0 降低。

对于 GaAlAs/GaAs 双异质结激光器，当限制载流子的异质结势垒足够高和异质结界面态很少时，温度变化对 J_{th} 的影响主要是由于温度对有源层增益系数的影响。即随着温度的增加，需要有更多的载流子注入来维持所需的粒子数反转。这种激光器的 T_0 可以达到 120～180K。

对 InGaAsP/InP 异质结激光器来说，影响 $J_{th}\sim T$ 关系的主要是 1.6 节中所述的俄歇复合，特别是其中的 CHHS 俄歇过程随温度的变化很明显。例如，CHHS 俄歇复合系数由 100K 的 $10^{-4}(\times10^{-29}\text{cm}^6/\text{s})$ 变化到 400K 的 $3.97(\times10^{-29}\text{cm}^6/\text{s})$，而对同样的温度变化量，CCHC 俄歇复合系数只是从 $2.95(\times10^{-29}\text{cm}^6/\text{s})$ 增加到 $4.71(\times10^{-29}\text{cm}^6/\text{s})$。越过 InGaAsP/InP 异质结势垒而泄漏的载流子随温度的变化也是这类激光器特征温度较低的一个重要原因。如在 2.5 节中 GaAlAs/GaAs 异质结势垒对载流子限制的那样，泄漏载流子的多少取决于导带和价带在异质结界面处各自的台阶 ΔE_c 和 ΔE_v。在 $Ga_{0.28}In_{0.72}As_{0.6}P_{0.4}/InP$ 异质结激光器($\lambda = 1.3\mu m$)中，$\Delta E_c = 0.27\text{eV}$ 和 $\Delta E_v = 0.13\text{eV}$，在热平衡下，带尾中的载流子泄漏在接近室温时并不显著，而从图 5.1-9 所示的 InGaAsP/InP 激光器的阈值电流密度与温度的关系中看到，在 300K 的漏电流占总电流的 1/3。这种漏电流被认为是由于俄歇复合所产生的热载流子泄漏[5]，而且主要的是热电子泄漏。漏出载流子的浓度与俄歇复合速率、有源区中载流子浓度、异质结势垒高度和由于载流子-晶格互作用的弛豫有关。图 5.1-9 中还分别表示了增益的温度关系 $g(T)$、增益 g 和量子效率 η 共同所受到的温度的变化[5]。综合这些影响，使 InGaAsP/InP 激光器在 250～300K 的温度范围内的 T_0 值仅为 65K。如果能够消除载流子泄漏，能从 65K 增加到 100K。

总之，高的特征温度表明这对载流子有强的限制作用。量子阱激光器具有很好的温度稳定性，其特征温度可高达 400K 以上就说明这一点。在量子阱中载流子所获得的热能不足以使较多的载流子越过限制势垒；高的 T_0 也说明有源区内有较少的非辐射复合，而各种引起非辐射复合的因素（如俄歇复合、界面态、表面态等）对温度都是很敏感的。

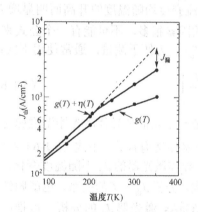

图 5.1-9　$In_{0.72}Ga_{0.28}As_{0.6}P_{0.4}/InP$ 激光器阈值电流密度随温度的变化

总之，降低半导体激光器阈值电流的关键是如何加强有源区中电子和光子的有效限制，加强它们之间的相互作用，从而在相同注入电流下得到尽可能高的输出功率。低的阈值电流和 5.2 节将谈到的高量子效率是一致的。具体地说，半导体激光器的阈值特性与其增益介质和器件结构均密切相关，初步概括如下：

（1）第 6 章将介绍的低维量子材料由于加强了对注入载流子的限制，在相同器件结构下有望比前面所提到的体材料实现低的阈值电流和高的特征温度。

（2）半导体增益介质不同，其激光器的阈值特性不一。同一种增益介质（如 $Ga_{1-x}Al_xAs/$ GaAs）有一最佳的材料组分和相应的激射波长，此时间接带隙影响最小。

（3）侧向折射率波导结构由于限制注入载流子的侧向扩散和光子的侧向泄漏，比增益波导结构的激光器具有更好的阈值特性。

5.2　半导体激光器的效率

正如绪论中所述，半导体激光器是电子-光子的直接转换器，因此它具有很高的工作效率。本节将定义半导体激光器的有关效率，并讨论影响效率的因素。

1. 功率效率

功率效率表征由所加于激光器上的电能（或电功率）转换为输出的光能（或光功率）的效率：

$$\eta_p = \frac{激光器每秒所辐射的光功率}{激光器每秒所消耗的电功率} = \frac{P_{ex}}{IV + I^2 r_s} \qquad (5.2-1)$$

式中，P_{ex} 为激光器所发射的光功率，I 为工作电流，V 为激光器 pn 结正向压降，r_s 为串联电阻（包括半导体材料的体电阻与电极接触电阻）。提高功率效率的关键是要尽可能产生良好的欧姆接触，从而减少 r_s。然而，通常并不测量这一效率，而是通过测量激光器的电压-电流（V-I）曲线（往往是在函数记录仪上与 P-I 曲线同时画出）并从其斜率定性评估激光器的质量，如图 5.2-1 所示。

在正向电压 V_a 下，向有源区注入电子和空穴，在达到激光器的阈值以前，其电流-电压的关系为

$$I \approx I_0 \left\{ \exp\left[a_j (V_a - I r_s) \right] - 1 \right\} \qquad (5.2-2)$$

式中，I_0 为饱和电流，a_j 为二极管参数。对于一般的 GaAlAs/GaAs 激光器，室温下的 r_s 为 $1 \sim 10\Omega$，$a_j \approx 30 V^{-1}$，$I_0 / A_d \approx 2 \times 10^{-11} A/cm^2$（$A_d$ 为激光器电接触面积）。当激光器达到阈值以后，式（5.2-2）不再成立。对理想的激光器来说，阈值以上的结电压是不变的，并且有

$$V_a \approx \frac{E_g}{e} + I r_s \qquad (5.2-3)$$

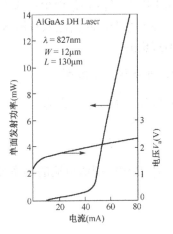

图 5.2-1　半导体激光器的输出功率，结电压与注入电流的关系

如果图 5.2-1 中的 V-I 曲线斜率较大，则意味着在 r_s 上消耗的电功率较大而使功率效率下降。

2. 内量子效率 η_i

内量子效率定义为

$$\eta_i = \frac{激光器有源区内每秒产生的光子数}{每秒注入有源区的电子-空穴对数} \qquad (5.2-4)$$

如果注入有源区内的每一电子-空穴对都能产生一个辐射复合光子，则内量子效率为 100%。但由式（2.3-8）已经看到，由于存在异质结的界面态、有源区中存在的杂质和缺陷所引起的非辐射复合以及在长波长激光器中严重的俄歇复合等因素，使半导体激光器的内量子效率不能达到理想的程度，但一般也有 $\eta_i > 70\%$，因而它是有效的电子-光子转换器。

3. 外量子效率

内量子效率只是考虑到注入有源区的载流子所产生的非辐射复合损失。式（2.3-8）实际上给出了提高内量子效率的途径。但即使在 $\eta_i = 1$ 时，所产生的光子也会在腔内产生散射、衍射和吸收等损耗，而不能全部发射出去。为了反映这一事实，定义外量子效率为

$$\eta_{\mathrm{ex}} = \frac{\text{激光器每秒发射的光子数}}{\text{有源区每秒注入的电子-空穴对数}} \qquad (5.2\text{-}5)$$

并且有

$$\eta_{\mathrm{ex}} = \frac{P_{\mathrm{ex}}/h\nu}{I/e} \qquad (5.2\text{-}6)$$

因为 $h\nu \approx E_{\mathrm{g}} \approx eV_{\mathrm{a}}$（$V_{\mathrm{a}}$ 为外加电压），还可以将式（5.2-6）写为

$$\eta_{\mathrm{ex}} = \frac{P_{\mathrm{ex}}}{IV_{\mathrm{a}}} \qquad (5.2\text{-}7)$$

因为在电流 $I < I_{\mathrm{th}}$ 时 P_{ex} 很小，而 $I > I_{\mathrm{th}}$ 时，P_{ex} 直线上升，所以 η_{ex} 是 I 的非线性函数。同时，式（5.2-5）并未反映出注入有源区的载流子由于非辐射复合的损失，这对评价激光器的效率仍是不理想的。

4．外微分量子效率

外微分量子效率定义为

$$\eta_{\mathrm{D}} = \frac{(P_{\mathrm{ex}} - P_{\mathrm{th}})/h\nu}{(I - I_{\mathrm{th}})/e} \qquad (5.2\text{-}8)$$

式中，P_{th} 是对应阈值电流的功率输出，因 $P_{\mathrm{th}} \ll P_{\mathrm{ex}}$，故可将式（5.2-8）写为

$$\eta_{\mathrm{D}} = \frac{P_{\mathrm{ex}}/h\nu}{(I - I_{\mathrm{th}})/e} = \frac{P_{\mathrm{ex}}}{(I - I_{\mathrm{th}})V_{\mathrm{a}}} \qquad (5.2\text{-}9)$$

这实际上是 *P-I* 曲线在阈值以上线性部分的斜率，故也称为斜率效率，可以用它很直观地比较不同激光器之间效率上的差别。结合式（5.2-5）和式（5.2-8），并考虑到激光器所发射的光功率 P_{ex} 正比于 $(1/L)\ln(1/R)$，而有源区内所产生的光功率正比于 $[(I/L)\ln(1/R) + \alpha]$，则有

$$\eta_{\mathrm{D}} = \eta_{\mathrm{i}} \frac{\dfrac{1}{L}\ln\dfrac{1}{R}}{\dfrac{1}{L}\ln\dfrac{1}{R} + \alpha} \qquad (5.2\text{-}10)$$

式中，分母的第一项是输出的光子损耗（对光腔内所产生的光子来说，输出的光子被视为损耗），第二项是总的内部损耗 α，它包括在有源区内主要由自由载流子的吸收损耗 α_{fc} 和光子逸出有源层所产生的损耗 α_{out}（参见图 5.1-3），则还可以将式（5.2-10）表示为

$$\eta_{\mathrm{D}} = \eta_{\mathrm{i}} \frac{\dfrac{1}{L}\ln\dfrac{1}{R}}{\dfrac{1}{L}\ln\dfrac{1}{R} + \varGamma\left[\alpha_{\mathrm{fc}} + \dfrac{1 - \varGamma}{\varGamma}\alpha_{\mathrm{out}}\right]} \qquad (5.2\text{-}11)$$

由式（5.2-11）可看到，要想使激光器得到高的微分量子效率，重要的是内量子效率应尽可能高，即尽量减少载流子的非辐射损耗；同时尽量减少光子的非输出损耗。这些措施与降低激光器的阈值电流密度是一致的。然而，如减短腔长，虽能使 η_{D} 提高，却带来 5.1 节中已提到的阈值电流密度的升高。若对解理面之一镀高反膜，可以降低激光器的阈值电流密度，但却使 η_{D} 降低。设计激光器时，应考虑到这些相互制约的参数。外微分量子效率可高达 50%以上。

在半导体激光器中，自由载流子的吸收损耗是最主要和不可避免的，它是由于载流子在运动时与光子相互作用而对光子散射所造成的。这种损耗的大小与载流子浓度成正比和近似比例于波长的平方，因此，对双异质结激光器的有源区不宜高掺杂。对低的有源区掺杂浓度，α_{fc}一般为 $10\sim15\mathrm{cm}^{-1}$，这对应着有源区一般为达到所需增益时的载流子浓度（10^{18}/cm）。更高浓度的掺杂将导致 α_{fc} 的直线上升。在限制层一般的掺杂浓度下（10^{17}/cm），α_{fc} 很小而不必考虑。有关自由载流子吸收机理在第9章还将阐述。

在式（5.2-11）中，我们忽略了由有源区和异质结界面上的缺陷对光子的散射损耗以及由于异质结界面波导壁微观上具有波长量级的不平整度对光子的散射损耗。如果波导壁的粗糙度能小于 $0.01\mu\mathrm{m}$，由此产生的损耗小于 $5\mathrm{cm}^{-1}$。因此需要有很好的生长工艺来保证平整的异质外延界面。

5.3 半导体激光器的远场特性

我们将半导体激光器输出的光场分布分为近场与远场。所谓近场分布系指光强在解理面上或离解理面一个光波长范围内的分布，这往往和激光器的侧向模式联系在一起，这已在4.5节中进行了详细分析；所谓远场是指距输出腔面一个光波长以外的光束在空间上的分布，这常常是与光束的发散角相联系的。

对半导体激光器的许多应用，总是希望在远场有圆对称的光斑，以便用普通的透镜系统聚焦成小光点；也便于与通常的圆形截面光纤高效率地耦合。对用于光信息存储的半导体激光器，更希望有发散角很小的窄束输出，以便聚焦成极小的光点，提高信息的存储密度。然而，除垂直腔表面发射激光器外，通常端面发射半导体激光器的远场光斑既不对称，又具有很大的光束发散角，如图 5.3-1 所示。在垂直于结平面方向的发散角 $\theta_\perp$ 很大，一般达到 $30\sim40°$，而在平行于结平面方向的光束发散角 $\theta_{//}$ 也会有 $10\sim20°$。这种远场不对称且发散角大的特性主要来源于激光器有源层横截面的不对称性和很小的线度。本节将分析光束的发散角和改善远场对称性或减少发散角的途径。

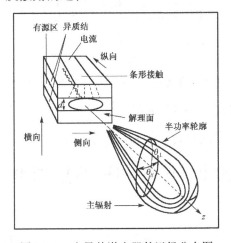

图 5.3-1 半导体激光器的远场分布图

5.3.1 垂直于结平面的发散角 $\theta_{\perp}$[6]

半导体激光器有源层厚度很小，一般为 0.1～0.2μm。这是为了获得单横模和小的阈值电流密度所需要的。由光的狭缝衍射理论可以理解 $\theta_{\perp}$ 如此之大的原因。

为了求出 $\theta_{\perp}$，我们必须计算光强随自由空间偏离光传播轴线的远场分布。这里考虑图 5.3-2 的结构，即在 $z=0$ 处具有半导体–空气界面的三层平板介质波导。为推导方便，和在第 3 章所假设的那样，认为波导在 y 方向是无穷的；折射率为 $\bar{n}_2$、厚度为 d 的有源层中心在 $x=0$ 处。为了求得 $\theta_{\perp}$，应先求出自由空间某点 $Q(x, z)$ 处的电场 $E(x, z)$。因为 $x=r\sin\theta$，$z=r\cos\theta$（r 看成是由点源 O 所发出的球面波半径），就可以将 $E(x, z)$ 表示为 θ 的函数，再利用傅里叶（Fourier）变换将 $E(x, z)$ 变换成 $E(\theta)$，继而可求出光强 $I(\theta)$ 和在 $\theta=0$ 时的光强 $I(0)$，则我们可定义 $I(\theta)/I(0)$ 为 1/2 时所对应的角度为 $\theta_{\perp}$。这里省去以上步骤的详细推导，而直接写出 $E(\theta)$ 为

$$E(\theta) = (k_0/2\pi r)^{1/2} \exp(\mathrm{j}\pi/4)\exp(-\mathrm{j}k_0 r)\cos\theta$$
$$\times \int_{-\infty}^{\infty} E_y(x, 0)\exp(\mathrm{j}k_0 x\sin\theta)\mathrm{d}x \tag{5.3-1}$$

式中，$k_0 = 2\pi/\lambda_0$，λ_0 为自由空间波长，$E_y(x,0)$ 是 $z=0$ 处的光强。求解式（5.3-1）的关键是要知道 $E_y(x, 0)$，这里直接利用杜姆克（Dumke）在有源层厚度 d 很小时所用的近似解：

$$E_y(x) = E_0 \exp\left(-\gamma|x|\right) \tag{5.3-2}$$

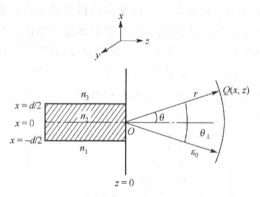

图 5.3-2　计算 DH 激光器沿垂直于结平面方向远场分布的示意图

式中，γ 为衰减常数，利用式（5.3-1）可得到

$$E(\theta) = (k_0/2\pi r)^{1/2} \exp(\mathrm{j}\pi/4)\exp(-\mathrm{j}k_0 r)\cos\theta$$
$$\times \left\{ E_0 \int_{-\infty}^{0} \exp\left[(\gamma + \mathrm{j}k_0\sin\theta)x\right]\mathrm{d}x + E_0 \int_{0}^{\infty}\exp\left[-(\gamma - \mathrm{j}k_0\sin\theta)x\right]\mathrm{d}x \right\} \tag{5.3-3}$$

或

$$E(\theta) = \left(\frac{k_0}{2\pi r}\right)^{1/2}\exp\left(\frac{\mathrm{j}\pi}{4}\right)\exp(-\mathrm{j}k_0 r)\cos\left[\frac{2E_0\gamma}{\gamma^2 + k_0^2\sin^2\theta}\right] \tag{5.3-4}$$

当 θ 很小时，$\cos\theta \approx 1$，远场强度与 θ 的关系为

$$I(\theta) \propto |E(\theta)|^2 \propto \gamma^2 / (\gamma^2 + k_0^2 \sin^2 \theta)^2 \tag{5.3-5}$$

决定半强度点所对应的光束发散角之半的方程为

$$\frac{I(\theta_{1/2})}{I(0)} = \frac{\gamma^4}{(\gamma^2 + k_0^2 \sin^2 \theta_{1/2})^2} = \frac{1}{2} \tag{5.3-6}$$

因而

$$\sin\theta_{1/2} = (\sqrt{2}-1)^{1/2}\, \gamma/k_0 \tag{5.3-7}$$

当 $\theta_{1/2}$ 很小时，有 $\sin\theta_{1/2} \approx \theta_{1/2}$，故半功率点处的全发散角（FAHP）为

$$\theta_\perp(\text{弧度}) = 2\theta_{1/2} \approx 2(\sqrt{2}-1)^{1/2}\, \gamma/k_0 = 0.2\gamma\lambda_0 \tag{5.3-8}$$

若取对称平板介质波导，即 $\bar{n}_1 = \bar{n}_3$，当 d 很小，由式（3.2-16）有 $\tan(kd/2) \to kd/2$，故可将 γ 近似为

$$\gamma = (\bar{n}_2^2 - \bar{n}_1^2)k_0^2 d/2 \tag{5.3-9}$$

则式（5.3-8）变为

$$\theta_\perp(\text{弧度}) \approx 4.0(\bar{n}_2^2 - \bar{n}_1^2)d/\lambda_0 \tag{5.3-10}$$

或表示为

$$\theta_\perp(\text{度}) \approx 2.3 \times 10^2 (\bar{n}_2^2 - \bar{n}_1^2)d/\lambda_0 \tag{5.3-11}$$

以 $Ga_{0.7}Al_{0.3}As/GaAs$ 激光器为例，$\lambda_0 = 0.9\mu m$，$d = 0.1\mu m$，$\bar{n}_2 = 3.59$，$\bar{n}_1 = 3.25$，则由式（5.3-11）得 $\theta_\perp$ 为 $50°$。式（5.3-11）只适合于 d 比较小的情况，表明随着有源层厚度 d 的减少，$\theta_\perp$ 变小，这似乎不能用衍射理论来解释。这一与实验结果基本符合的事实说明，随着有源层厚度 d 的减少，光场扩展出有源层外的比例增加，这相当于增大了有源层的厚度，因而使 $\theta_\perp$ 减少。

杜姆克给出了一个很宽的 d 值范围内 $\theta_\perp$ 的近似表达式[7]

$$\theta_\perp = \frac{4.05(\bar{n}_2^2 - \bar{n}_1^2)d/\lambda_0}{1 + \left[4.05(\bar{n}_2^2 - \bar{n}_1^2)/1.2\right][d/\lambda_0]^2} \tag{5.3-12}$$

显然，当 d 很小时，忽略式（5.3-12）分母中第二项，而得到与式（5.3-10）相同的结果。当激光器工作在基横模，但有源层 d 较厚时，则可以忽略式（5.3-12）分母中的 1，而得到

$$\theta_\perp \approx \frac{1.2\lambda_0}{d} \tag{5.3-13}$$

这表明在 d 较大的范围内，随着 d 的增大而 $\theta_\perp$ 减少，这仍可用衍射理论来解释。图 5.3-3 表示 $Ga_{1-x}Al_xAs/GaAs$ 激光器 $\theta_\perp$ 随 d 和 Al 组分 x 的变化，图中虚线对应可能出现高阶横模时有源层的厚度。图 5.3-4 则表示这种激光器（$d = 0.13\mu m$）的远场相对强度分布。

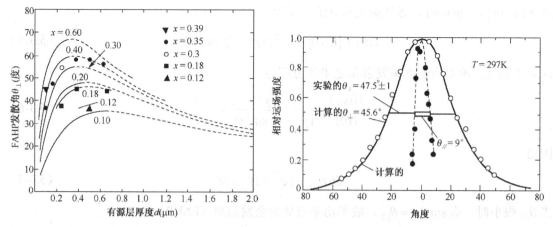

图 5.3-3　垂直于结平面光束发散角 $\theta_\perp$ 与有源层厚度的关系　　图 5.3-4　相对远场强度与发散角的关系

5.3.2　平行于结平面方向上的发散角 $\theta_{//}$

前面所讨论的在较厚有源层内的光束发散角也适合于平行于结平面方向的情况，设有源层宽为 W，则

$$\theta_{//} \approx \lambda_0/W（弧度）\tag{5.3-14}$$

因为有源层宽 W 较宽，因此 $\theta_{//}$ 一般能达到 $10°$ 左右。

5.3.3　波导结构对远场特性的影响

由 $\theta_\perp$ 的有关表示式看到，远场特性与异质结界面两边材料折射率差和有源层厚度密切相关。对平行于结平面方向的远场分布同样取决于波导结构。对于侧向增益波导激光器，由于存在多光丝（即，多个侧向模式）发射，使侧向远场分布易出现不平滑和不对称。图 5.3-5(a) 和(b)分别为在侧向具有增益波导与折射率波导的远场分布[8]。随着激光器驱动电流的增加，在增益波导内还会出现侧向模式沿结平面移动、侧模向高阶模转变或者 TE 模向 TM 模转变，这种远场特性往往伴随着功率-电流的非线性而出现不利于调制的所谓"kink"（扭折），如图 4.5-8 左列中的 *P-I* 曲线所示。

为了获得圆对称的窄束远场分布，已由有源层宽度很窄的折射率波导激光器（如埋层异质结）获得了近似的圆形光斑。一种在激光器两端具有薄锥形厚度有源层的结构（所谓 T³ 激光器）兼顾了激光器以窄光束发射和低阈值电流工作的特点[9]，使 $\theta_\perp$ 达到 $10°$，这样就能得到近乎圆对称的光斑。图 5.3-6 说明了这种结构的特点。图 5.3-7(a)和(b)分别表示了这种激光器的结构和沿脊条解理后的情况，图 5.3-8 为它的远场强度分布。这种锥形有源区其实是模斑变换器(spot-size converter)的一种，它需要对有源区进行刻蚀以形成锥形，会造成有源区损伤和非辐射复合所带来的损耗，可以采用其他结构和形式的模斑变换器来避免此问题。

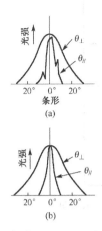

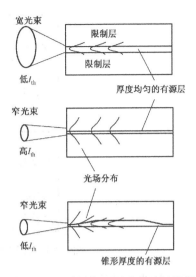

图 5.3-5　(a)增益波导远场分布　(b)折射率波导远场分布

图 5.3-6　锥形有源层改善远场的基本概念

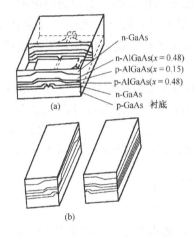

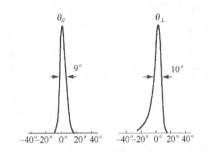

图 5.3-7　(a) 锥形有源层激光器的基本结构；
　　　　　(b) 锥形有源层激光器沿脊解剖图示

图 5.3-8　锥形有源层激光器远场分布

5.4　半导体激光器的模式特性

　　激光器中所允许的光场模式分为横电（TE）和横磁（TM）两组，每一组模式对应着电（或磁）场在垂直于半导体激光器结平面方向（横向）、平行于结平面方向（侧向）和传播方向（纵向）的稳定驻波形式，分别称为横模、侧模和纵模，并分别用模指数 m、s 和 q 来表示这三种模式数。如果模指数表示波腹数，则基模用 1 表示；若模指数表示波节数，则基模用零表示。不同的横模和侧模也对应着不同的远场分布（或不同的光斑图案）。图 5.4-1 给出了几种横模（x 方向）和侧模（y 方向）的光强分布和光斑的示意图。其中 TE_{00q} 表示基模，其余是几个高阶模。

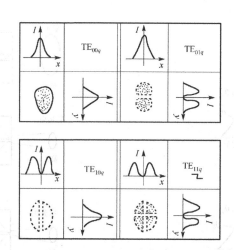

图 5.4-1　几种横模和侧模光强分布和光斑示意图

半导体激光器的许多应用对其输出模式提出了严格的要求。例如，在大容量、单模光纤通信系统中，要求激光器线宽很窄且在高速调制下仍能单纵模工作。稳定的单纵模工作有利于减少模分配噪声。基横模和基侧模的激光输出能量，绝大部分集中在光斑的对称中心上（参见图 5.4-1），这对于与光纤耦合有利，同时有利于聚成小光斑。而多侧模则易造成 $P\text{-}I$ 曲线扭曲。光信息存储应用更要求基横模工作。

关于横模的分析，已在 3.2 节中论述。对于通常的激光器有源层厚度（$0.15\mu m$ 左右）是能保证基横模工作的。至于侧向模式，与侧向波导结构有关。在增益波导激光器中，一般呈多光丝（即多侧模）发射；而在侧向折射率波导激光器中，由于有良好的侧向光限制，对有源层宽度在 $10\mu m$ 以下的激光器，一般能工作在单侧模，最高的侧模数 S_m 可表示为[10]

$$S_m = \mathrm{Int}\left[1+\left(\frac{2\overline{n}W}{\lambda}\right)\left(\frac{2\Delta\overline{n}}{\overline{n}}\right)^{1/2}\right] \tag{5.4-1}$$

式中，W 表示有源区宽度，符号 Int 表示对其后括号中的值取整数。因此要想得到侧向基模，则侧向相对折射率台阶需满足：

$$\frac{\Delta\overline{n}}{\overline{n}}\leqslant\frac{1}{8}\left(\frac{\lambda}{nW}\right)^2 \tag{5.4-2}$$

激光器所允许的纵模是由法布里-珀罗谐振条件所决定的,因而取决于有源区的有效折射率和腔长。然而，由于纵模分布受到器件结构、温度、自发发射因子、增益特性等多方面因素的影响，因此对纵模的分析和保证单纵模工作的条件远比横模和侧模复杂。下面将重点讨论纵模。

5.4.1　纵模谱[11]

这里所讨论的纵模模谱包括：①由谐振条件所决定的振荡波长或频率；②各个模之间的强度（或功率）分布。对于腔长为 L、有源层材料折射率为 $\overline{n}$ 的半导体激光器，其谐振波长可由式（4.2-15）给出，在此改写为

$$\lambda_q = 2\overline{n}L/q \tag{5.4-3}$$

式中，q 为用整数表示的纵模指数，λ_q 为 q 阶纵模的自由空间波长。

对如图 5.4-2(a)所示的抛物线近似的增益谱，除在增益谱峰值波长 λ_p 振荡的主模外，还存在其他次模（$q = \pm 1, \pm 2, \cdots$）。

为了分析各纵模的功率，我们先写出使每个模建立而需注入的电子浓度和每个模所含光子的速率方程：

$$\frac{\mathrm{d}N}{\mathrm{d}t} = \frac{J}{ed} - \frac{N}{\tau_s} - \left(\frac{c}{\overline{n}}\right)\sum_q g_q S_q \tag{5.4-4}$$

$$\frac{\mathrm{d}S_q}{\mathrm{d}t} = \frac{\Gamma \gamma N}{\tau_s} + \left(\frac{c}{\overline{n}}\right)\left[\Gamma g_q - \alpha_c\right]S_q \tag{5.4-5}$$

式中，N 为注入电子浓度，J 为注入电流密度，g_q 为第 q 阶模增益，S_q 为 q 阶模的光子密度，α_c 为腔损耗，$c/\overline{n}$ 为介质中的光速，τ_s 为自发发射复合寿命，Γ 为光场限制因子，γ 在此为自发发射因子，定义为进入每一腔模的自发发射速率与总的自发发射速率之比，并表示为

$$\gamma = \frac{\lambda^4 K}{8\pi^2 \overline{n}^2 \overline{n}_g \Delta\lambda \cdot V} \tag{5.4-6}$$

式中，$\overline{n}_g$ 为群折射率，$V = dWL$ 为有源区体积，$\Delta\lambda$ 为自发发射光谱宽度，K 为 4.5 节所论述的像散因子（K 因子），而 g_q 在抛物线增益谱近似中为

$$g_q = g_p - \left[(\lambda_p - \lambda_q)/G_0\right]^2 \tag{5.4-7}$$

式中，g_p 和 λ_p 为峰值增益和相应的抛物线近似增益谱的峰值波长，由式（1.7-12）表示；G_0 为抛物线拟合因子。

由式（5.4-5）可以得到稳态下 q 阶模内的光子密度

$$S_q = \frac{\gamma N/\tau_s}{(c/\overline{n})\left[(\alpha_c/\Gamma) - g_q\right]} \tag{5.4-8}$$

因此，如已知 N 和 g_q，则从一个解理面输出的第 q 阶模的功率为

$$P_q = 0.5R^{-1/2}(1-R)Wd\left(\frac{c}{\overline{n}}\right)ES_q/\Gamma \tag{5.4-9}$$

式中，W 为条宽，E 为用焦耳表示的光子能量，R 为腔面的功率反射率，由式（5.4-8）和式（5.4-9）可以看出，自发发射因子 γ 和模增益 g_q 在决定模谱中起了重要的作用。

5.4.2 影响纵模谱的因素

由前面的分析可知，影响纵模谱的因素较多。下面将分析一些主要因素。

1. 自发发射因子对模谱的影响

由于半导体的能带结构，自发发射因子 γ 较大，一般为 10^{-4}，这远比气体或固体激光器的自发发射因子（约 10^{-9}）大得多，这也是为什么半导体激光器的光谱宽度比一般气体和固体激光器宽得多的原因，这一点在 5.4.3 节还将谈到。尽管在阈值以上，对不同的自发发射因子大小，

P-I 曲线一般都呈线性变化，但其模谱却随 γ 变化很大，如图 5.4-2(b)所示。对于 $\gamma=10^{-5}$，几乎所有的激光功率集中于一个模内，即呈单纵模工作；而当 $\gamma=10^{-4}$ 时，只能是 80%的功率在一个模上，而其余的由旁模所分配；当 $\gamma=10^{-3}$ 时，则激光功率由为数众多的纵模所分配。

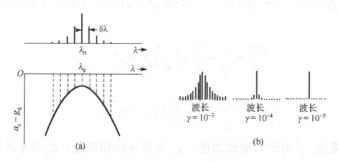

图 5.4-2(a) 半导体激光器中 F-P 腔模与增益曲线的关系；(b)腔长 250μm 输出功率为 2mW 激光器模谱

2. 模谱与注入电流的关系

若激光器具有标准腔长（250μm）和通常的 γ 值（10^{-4}），实验中很容易发现，在小于阈值的低电流注入下，模谱的包络基本上和自发发射谱一样宽。随着电流增加到阈值以上，模谱包络变窄，这可归因于模式竞争效应，主激射模（$q=0$）的增长速率比邻近纵模快，激光能量随着注入电流的增加而向主模转移。图 5.4-3 表示了主模（$q=0$）和 8 个边模（$q\pm1$，±2，±3，±4）的光子密度（左边刻度）和输出功率（右边刻度）随注入电流的变化。由图看出，在阈值以下，所有纵模功率均随注入电流的增加而增大；在阈值以上，随着电流增加，次模由高阶到低阶逐渐进入饱和，最后，注入电流全部转为主模的光子（若量子效率为 1 以及理想的侧向电流限制）。图 5.4-4 表示从一个腔面各个模输出的总功率随电流的变化（即 *P-I* 曲线），并示出几个电流下的模谱。

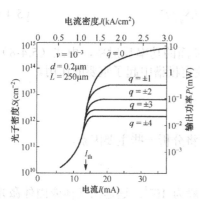

图 5.4-3　几个低阶纵模的光子密度、
输出功率随注入电流的变化

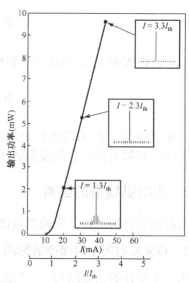

图 5.4-4　在增益饱和前纵模谱、
输出功率随电流的变化

3．腔长对模谱的影响

由式（4.2-17）可以看到，纵模间隔随着腔长的变短而增大；由式（5.4-7）可知，在增益峰值的模式和其他模之间的增益差是较大的。在足够短的腔长下，除主模外的其他振荡模式可能已处在增益介质的增益谱之外而不能获得增益，将只留下主模振荡。这是 VCSEL 有好的单纵模特性的原因所在，也为许多腔长小于 50μm 的短腔激光器能实现单纵模工作所证实。当然，这里所指的只是在腔长唯一变化的前提下得到的。对其他某些特殊结构激光器（如4.7 节所介绍的 DFB 激光器及以后还将提到的一些单模激光器），即使在较长的腔长下也能实现单纵模工作。

5.4.3 激光器的单纵模工作条件

可以设想，如果主模的饱和输出功率足够高，而次模和其他高阶模的饱和功率又足够低，此时是容易获得单纵模工作的。但是，首先考虑这样一个事实，即使在增益谱均匀加宽的半导体激光器中（实际上，在阈值以上并非理想的均匀加宽），由于有大的自发发射速率，因此在接近阈值时，有相当一部分功率在次模中。在阈值以上，次模功率逐渐趋于饱和。如果次模饱和功率越大，则达到单模所需的电流也越高。为此，必须知道次模的饱和功率。

由式（5.4-7）和式（5.4-8）可以得到中心模（$q=0$，$\lambda_0=\lambda_p$）的光子密度

$$S_0 = \frac{\gamma N/\tau_s}{\left(\dfrac{c}{\bar{n}}\right)\left[(\alpha_c/\Gamma)-g_p\right]} \tag{5.4-10}$$

和其他纵模的光子密度：

$$S_q = \frac{\gamma N/\tau_s}{\left(\dfrac{c}{\bar{n}}\right)\left[(\alpha_c/\Gamma)-g_p+\left(\dfrac{q\delta\lambda}{G_0}\right)^2\right]} \tag{5.4-11}$$

式中，$\delta\lambda$ 为不考虑有源材料折射率色散影响时由式（4.2-17）所得出的纵模间隔，将式（5.4-10）代入式（5.4-11）得

$$S_q = \frac{1}{\dfrac{1}{S_0}+\left(\dfrac{c}{\bar{n}}\right)\left(\dfrac{\tau_s}{\gamma N}\right)\left(\dfrac{q\delta\lambda}{G_0}\right)^2} \tag{5.4-12}$$

我们定义 q 阶模的饱和光子密度为

$$S_{q_{sat}} = \lim_{S_0 \to \infty} S_q = \left(\frac{\bar{n}}{c}\right)\left(\frac{\gamma N}{\tau_s}\right)\left(\frac{G_0}{q\delta\lambda}\right)^2 \tag{5.4-13}$$

同时有

$$\frac{S_q}{S_0} = \frac{1}{1+S_0/S_{q_{sat}}} \tag{5.4-14}$$

因而每一输出面上 q 阶模的饱和输出功率为

$$P_{q_{sat}} = AR^{-1/2}(1-R)\left(\frac{c}{n}\right)E \cdot S_{q_{sat}}/2\Gamma$$

$$= \frac{A}{2}\left(\frac{1}{\sqrt{R}}\right)\left(\frac{1-R}{\Gamma}\right)\left(\frac{\gamma N}{\tau_s}\right)\left(\frac{hc}{\lambda}\right)\left(\frac{G_0}{q\delta\lambda}\right)^2 \tag{5.4-15}$$

式中，$A = Wd$ 为有源区的横截面，将式（5.4-6）和纵模间隔 $\delta\lambda = \lambda_q^2/2\bar{n}_g L$ 代入式（5.4-15）中得到

$$P_{q_{sat}} = \left(\frac{K}{\sqrt{R}}\right)\left(\frac{1-R}{\Gamma}\right)\left(\frac{\bar{n}_g L}{4\pi^2\bar{n}^2\Delta\lambda}\right)\left(\frac{N}{\tau_s}\right)\left(\frac{hc}{\lambda}\right)\left(\frac{G_0^2}{q^2}\right) \tag{5.4-16}$$

由式（5.4-16）可见，$P_{q_{sat}}$ 随腔长线性增加。同时因为 G_0 和 $\Delta\lambda$ 均与波长的平方成正比，所以 $P_{q_{sat}}$ 与波长成正比。由式（5.4-15）和式（5.4-16）可以看出，用减少次模的饱和功率来实现单纵模（单频）工作，需要减少自发发射因子 γ 和腔长，增加腔面的反射率和采取侧向折射率波导结构（$K = 1$）。图 5.4-5 表示次模饱和功率 $P_{q_{sat}}$ 与腔面反射率的关系。作为一个例子，取 $\lambda = 1.3\mu m$，$A = 5 \times 0.2\ (\mu m)^2$，$L = 250\mu m$，$N = 10^{18}/cm^3$，$\gamma = 0.34 \times 10^{-4}$，则由式（5.4-15）可以得到 $q=1$（即最靠近主模的次模）的饱和功率 $P_{1_{sat}}$ 为 $0.1mW/(\mu m)^2$。

由式（5.4-14）可以得到第 q 阶模功率与主模功率之比为

$$\frac{P_q}{P_0} = \frac{1}{1+(P_0/P_{q_{sat}})} \tag{5.4-17}$$

要想得到近乎单纵模输出，必须使 P_q/P_0 尽可能小，即要求小的 $P_{q_{sat}}$。图 5.4-6 为根据上述例子中的有关数据和图 5.4-5 所计算的 P_1/P_0 与主模功率 P_0 的关系，可以看出短腔长和高腔面反射率都有利于使激光器单模工作。

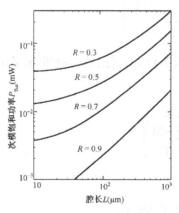

图 5.4-5　次模饱和输出功率随腔
长和腔面反射率的变化

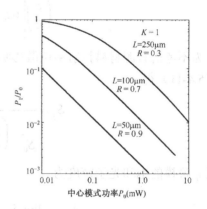

图 5.4-6　在几种腔长和腔面反射率下，
P_1/P_0 与中心模功率 P_0 的关系

定义边模抑制比（SMSR）为主模功率与最大边（次）模功率之比：

$$\text{SMSR} = \frac{P_0}{P_{1_{sat}}} = 10\log_{10}\left[\left(\frac{P_0}{P_1}\right)-1\right] \quad (dB) \tag{5.4-18}$$

如果以 $(P_q/P_0) \leqslant 0.05$ 作为激光器单纵模工作的判据，则由式（5.4-18）可以得出，激光

器单纵模工作时至少应使 P_0 比 $P_{I_{sat}}$ 大 12.8dB，这给出了在均匀加宽激光器中为达到单纵模工作所需输出的下限。大的边模抑制比在半导体激光器的高速调制等应用是很重要的。FP 腔半导体激光器的 SMSR 只能达 15dB 左右，而 DFB 激光器的则可达 30dB 以上。

5.4.4 "空间烧洞"效应对单模功率的限制

前面谈到，随着注入电流的增加，由于次模功率向主模转移，最后致使单模输出，但这并不能得出在此基础上注入电流的进一步增加能始终维持单模输出的结论，即只能在一定的输出功率下得到单纵模振荡。

随着单模功率的增加，在谐振腔内出现稳定的驻波，但随之而来的是在驻波的峰值处对注入载流子的消耗（由于受激发射）比周围区域来得快，从而使该处的平均模增益下降，这就产生了所谓增益的"空间烧洞"。在"烧洞"处所消耗的载流子只能通过载流子的扩散来补充。因此，激光模的增益抑制量或模增益减少量 Δg 取决于电子和空穴的扩散率（双极扩散率）D，即

$$\Delta g = \frac{R^{1/2} \Gamma A_0 g_p \lambda_p^2 P}{16\pi^2 \overline{n}^2 (1-R) WdED} \tag{5.4-19}$$

式中，P 为输出功率，A_0 为式（1.7-12）中的增益常数（$A_0 = 3.3 \times 10^{-16} \text{cm}^2$）。我们假设当主模与最邻近纵模之间的增益差等于式（5.4-19）所确定的 Δg 时开始发生空间烧洞，即

$$\Delta g = g_0 - g_1 = \Gamma \left(\frac{\delta\lambda}{G_0} \right)^2 \tag{5.4-20}$$

因 $\delta\lambda = \lambda_q^2 / (2\overline{n}_g L)$，$g_p = (1/\Gamma)\left[\alpha_i + (1/L)\ln(1/R) \right]$，由式（5.4-19）和式（5.4-20）可以得到由于空间烧洞所限的最大单模功率 $P_{\max}$：

$$P_{\max} = \frac{4\pi^2 \overline{n}^2 \Gamma}{\overline{n}_g} \left(\frac{hc\lambda}{A_0 G_0^2} \right) \frac{1-R}{\sqrt{R}[\alpha_i L + \ln(1/R)]} \left(\frac{D}{L} \right) A \tag{5.4-21}$$

式中，A 为有源层截面，α_i 为有源区的内部损耗。式（5.4-21）图示于图 5.4-7(a)（对应 $D = 2\text{cm}^2/\text{s}$）和图 5.4-7(b)（$D = 10\text{cm}^2/\text{s}$，相应于重掺杂有源层情况）中。图中直线是随腔长变化的单模输出功率的下限，而曲线表示由于空间烧洞效应所确定的单模输出功率的上限。由式（5.4-21）和图 5.4-7 可以看到，在长腔激光器中，在低的输出功率下将发生空间烧洞效应，而使单模工作范围减小。相反，在短腔情况下，能在较大的单模输出范围内工作。

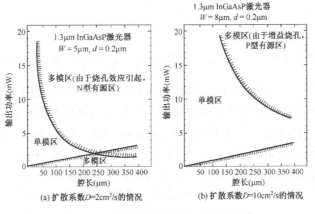

图 5.4-7　单模输出功率与腔长的关系

5.4.5 温度对模谱的影响

在以上的分析中，已假设了某一纵模的波长与增益峰值的波长一致，从而使该模得到最大的增益。因为增益峰值波长是随温度变化的，因此，可以通过改变激光器温度来满足这种一致，这正是用温度来进行波长调谐的原理。但是，当温度偏离最佳值时，就没有腔模处在增益峰值上，使主模与最邻近侧模之间的增益差减少，结果使次模的饱和输出功率增高，为达到单纵模而所需的主模功率也相应增加。而主模功率的任何增加将提高半导体激光器的结温，这种恶性循环阻碍着单模的存在。下面将求出偏离单模输出（即偏离增益峰值波长）的最大温度范围。

由式（5.4-10）和式（5.4-11）可知，主模及其最相邻的次模的光子密度分别为

$$S_0 = \frac{\gamma N / \tau_s}{\left(\dfrac{c}{n}\right)\left[(\alpha_c / \Gamma) - g_p + \left(\dfrac{\lambda_p - \lambda_0}{G_0}\right)^2\right]} \qquad (5.4\text{-}22)$$

$$S_1 = \frac{\gamma N / \tau_s}{\left(\dfrac{c}{n}\right)\left[(\alpha_c / \Gamma) - g_p + \left(\dfrac{\lambda_p - \lambda_1}{G_0}\right)^2\right]} \qquad (5.4\text{-}23)$$

令 $a_0 = |\lambda_p - \lambda_0| / (\delta\lambda / 2)$，则

$$S_1 = \frac{1}{\left(\dfrac{1}{S_0}\right) + \dfrac{1}{S'_{1_{sat}}}} \qquad (5.4\text{-}24)$$

如果 $a_0 < 1$，则 $S'_{1_{sat}}$ 为最邻近次模的饱和光子密度，并由下式给出：

$$S'_{1_{sat}} = \left(\frac{1}{1-a_0}\right)\left(\frac{\bar{n}_g}{c}\right)\left(\frac{\gamma N}{\tau_s}\right)\left(\frac{G_0}{\delta\lambda}\right)^2 \qquad (5.4\text{-}25)$$

$$= S_{1_{sat}} / (1 - a_0)$$

其中 $S_{1_{sat}}$ 由式（5.4-13）给出（当 $q = 1$ 时），因而有

$$P'_{1_{sat}} = \frac{P_{1_{sat}}}{1 - a_0} \qquad (5.4\text{-}26)$$

它表示次模的饱和输出功率。当 $a_0 = 1$，此时有 $|\lambda_p - \lambda_q| = \dfrac{\delta\lambda}{2}$，即增益峰值处在两个相等激励的腔模之间。这时的"主"模包括两个振幅相等的模。这将使激光器光谱宽度增加，增加了模分配噪声，从而减少了单模光纤有用的带宽，这对光纤通信是不利的。这种情况相应于图5.4-8(a)中温度为 18℃的模谱。所用激光器为 InGaAsP/InP，$L = 70\mu m$。温度为 14℃时，峰值模波长恰好改变一个纵模间隔，相应于波长随温度的漂移率为 0.21nm/℃。图 5.4-8(b)表示在两种腔长（$L = 250\mu m$，$50\mu m$）的情况下，为在上述 InGaAsP/InP 激光器中得到单模输出所需的功率与温度的漂移量 ΔT 的关系（其中设 $P_{1_{sat}} = 0.75 + 0.005L(mW)$）。对 $L = 250\mu m$，由图

可见有五个最小值代表增益峰值与主模波长的一致，为得到单模，所需最小输出功率为 2mW。如增益峰值波长漂移 ±0.2nm（或温度漂移为 ±1℃），则为得到单模所需的输出功率需加倍。相比之下，短腔激光器在同样的情况下可允许峰值增益波长漂移 ±1nm（或温度漂移 ±5℃）。

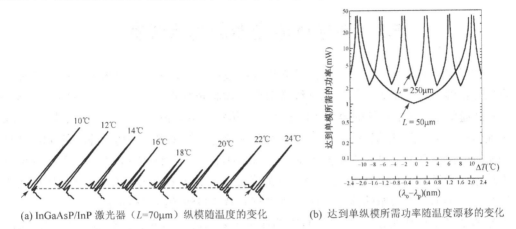

(a) InGaAsP/InP 激光器（L=70μm）纵模随温度的变化　　(b) 达到单纵模所需功率随温度漂移的变化

图 5.4-8　(a) InGaAsP/InP 激光器（L=70μm）纵模随温度的变化；
(b) 达到单纵模所需功率随温度漂移的变化

5.4.6　单纵模激光器

单纵模半导体激光器是高速光通信的理想光源。根据上述分析，为得到单纵模输出，可以采取以下几种方法：

（1）采用对主模选择反馈放大，从而提高边模抑制比 P_0/P_1。如采取内光栅的 DFB 激光器、DBR 激光器（见图 5.4-9(a)、(b)）。目前 DFB 激光器边模抑制比可达 30dB 以上。也可以采取外闪耀光栅对主模的反馈加强（见图 5.4-9(c)），还可以用外反射镜来减少次模的饱和输出功率和提高主模的饱和输出功率（见图 5.4-9(d)）。

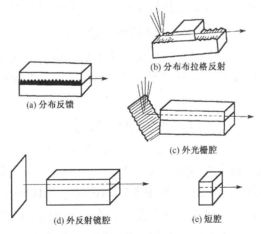

(b) 分布布拉格反射

(a) 分布反馈

(c) 外光栅腔

(d) 外反射镜腔　　(e) 短腔

图 5.4-9　(a) 分布反馈激光器 (b) 分布布拉格反射激光器(c) 外光栅腔激光器 (d) 外反射镜腔激光器 (e) 短腔激光器

（2）短腔激光器（见图 5.4-9(e)）。

（3）用侧向折射率波导和其他提高侧向光限制能力的波导结构，以提高光功限制因子 Γ，减少自发发射因子和象散因子（侧向折射率波导的 $K=1$，增益波导的 $K>1$）。如图 3.3-1 所示的埋层异质结激光器（BH）一般也有较好的单模特性。

5.5 半导体激光器的光谱线宽

半导体激光器和其他激光器一样，其光谱纯度或相干性是表征激光器性能的重要参数，通常是用光谱线宽来定量表示的。光谱线宽对半导体激光器的许多应用产生重要的影响。例如，在光纤通信中，通信系统的容量（传输距离与传输速率之积）与光源的光谱线宽成反比；在相干通信中，为得到低的误码率，要求本地振荡激光器的线宽小于传输速率的 1%。例如，在 1Gb/s 的传输速率下，要求激光器线宽小于 10MHz；对相移键控（PSK）相干探测系统，要求本地振荡光源线宽 $\Delta v<100\text{kHz}$；窄线宽的光源是高分辨率光谱学所必需的；探测地波所用的激光源，不但要有很窄的线宽，而且要求有亚赫兹量级的线宽稳定性。

半导体激光器和其他激光器一样，有限的线宽主要来源于相位的随机起伏（或相位噪声），然而与多数固体、气体激光器不同，在半导体激光器中，激光跃迁不是发生在两个分立的能级之间，而是发生在由禁带宽度所隔的两个能带之间。这不但使半导体激光器有不对称的增益谱，而且也使半导体激光器的增益谱宽比一般气体和固体激光器要宽得多。例如，相干性好的氦-氖激光器用波长表示的线宽可达 10^{-3}Å 量级，而半导体激光器的线宽却一般在 0.2~2Å。

5.5.1 肖洛–汤斯（Schawlow-Townes）线宽 Δv_{ST}

激光器的谱线加宽机制有两种，即由激光器的机械振动和其他外部噪声源所产生的所谓"技术"噪声引起的线宽加宽和由量子起伏所产生的"基本"加宽。一般认为主要来自于自发发射引起的线宽加宽和由量子起伏所产生的"基本"加宽，进一步认为主要来自于自发发射引起光场相位的波动（即相位噪声）。相位噪声是引起半导体激光器线宽加宽的主要因素。一般的激光器有很好的偏振特性，并认为接近于单色，因而可将光场用复电场的实部来表示

$$E(r,t)=E(t)\hat{n}\exp(\text{j}k\cdot r) \tag{5.5-1}$$

式中，$\hat{n}$ 为单位偏振矢量，k 为辐射场的波矢。由于自发发射使光场复振幅与其共轭函数之积 $E(t)\cdot E^*(t)$ 随时间的变化使其具有有限的线宽。设第 i 个自发发射分量引起的场的变化为 ΔE_i，则有

$$\Delta E_i=\exp[\text{j}(\phi+\Delta\phi_i)] \tag{5.5-2}$$

式中，ϕ 为 $t=0$ 时的初始相位，$\Delta\phi_i$ 为自发发射引起的随机相位，这里假设 ΔE_i 的大小为 1。因此，除了受激发射外，进入激光模式的自发发射光子使激光场矢量附加上一个小的矢量 ΔE_i 而变成 $E+\Delta E_i$，相应的相位为 $\phi+\Delta\phi_i$，如图 5.5-1(a)所示。为比较起见，图 5.5-1(b)表示完全非相干光的情况。图中的每一点代表一个自发发射在复场平面上的随机位置。由描述辐射场与介质中反转粒子互作用的动力学微分方程可知，这种随机变化的场强振幅经过一个短暂（约 1ns）的阻尼弛豫振荡后恢复到平衡位置，却没有一种力使相位恢复到原来的数值。这种由自发发射引起的平均平方相位变化 $\langle\Delta\phi^2\rangle$ 随时间 t 线性增加：

$$\langle \Delta\phi^2 \rangle = \frac{R_{sp}}{2I}t \tag{5.5-3}$$

式中，R_{sp} 为自发发射速率（光子数/秒），I 为总的光子数或光强。这种相位的扩散等效于线性布朗运动。可以用时刻 t 与 $t = 0$ 时的电场相关 $\langle E^*(t) \cdot E(0) \rangle$ 来描述。相位 ϕ 的变化有高斯几率分布：

$$\langle E^*(t) \cdot E(0) \rangle \approx E(0)^2 \exp\left[j\omega t - \langle \Delta\phi^2 \rangle / 2 \right] \tag{5.5-4}$$

由式（5.5-3）和式（5.5-4）可得相关函数随时间 t 的指数衰减：

$$\langle E^*(t) \cdot E(0) \rangle \approx E(0)^2 \exp\left[j\omega t - (t/\tau_c) \right] \tag{5.5-5}$$

式中，$\tau_c = 4I/R_{sp}$ 为激光的相干时间（即相位由它的初始值变到不相干所需的平均时间），ω 为激光的角频率，$\langle \ \rangle$ 表示统计平均，式（5.5-4）的傅里叶变换得出罗仑兹线型功率谱，其光谱线宽为

$$\Delta v_{sT} = (\pi \tau_c)^{-1} = \frac{R_{sp}}{4\pi I} \tag{5.5-6}$$

这是由拉克斯（Lax）得出的改进了的肖洛-汤斯线宽公式，它比首先由肖洛-汤斯得到的线宽公式要窄两倍，并指出肖洛-汤斯线宽只适合于阈值以下的情况。在阈值以上，由于激光的作用稳定了场的振幅起伏，因而减小了线宽。这时的粒子数反转达到了较为稳定的程度，因而自发发射速率也变得相对稳定。式（5.5-6）还可用可测量的量表示为

$$\Delta v_{sT} = \frac{\pi h v Q_c}{P_o} \tag{5.5-7}$$

式中，P_o 为激光输出功率，Q_c 为激光器的冷腔 Q 值（即无源谐振腔的线宽）。式（5.5-7）称为改进的肖洛-汤斯线宽公式，它表明在激光阈值以上，由于粒子数反转达到了稳定的程度，此后激励水平的进一步增加将使激光输出功率增加。由于在阈值以上自发发射趋于稳定，因此随着功率的增加，激光线宽将减少。

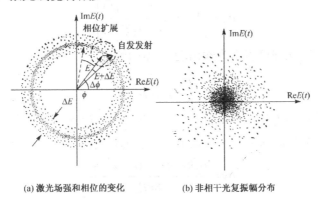

(a) 激光场强和相位的变化　　　　(b) 非相干光复振幅分布

图 5.5-1　场强的复数表示，每一点代表场矢量的随机顶点

5.5.2　半导体激光器的线宽

改进的肖洛-汤斯线宽公式（5.5-7）是基本线宽，这为 $\lambda = 10\mu m$ 的铅盐半导体激光器所

证实。但弗勒明（Fleming）和莫雷定（Mooradian）首先对 GaAlAs/GaAs，其后对 InGaAsP/InP 半导体激光器的精确线宽测量指出，半导体激光器的线宽要比改进的肖洛–汤斯公式复杂得多。在对某一 GaAlAs/GaAs 半导体激光器（功率为 1mW）线宽的精确测量值（114MHz）要比由式（5.5-7）计算的大 50 倍。这一明显的线宽加宽被认为是半导体激光器与其他激光器相比不完全的粒子数反转所致，即价带的电子吸收光子后能从价带跃迁至导带，也可以通过受激发射或自发发射返回价带。这种不完全的粒子数反转所产生的自发发射光子增加了场强的波动，因而使半导体激光器的线宽比式（5.5-7）增加 n_{sp} 倍。n_{sp} 也被称为自发发射因子，被定义为每个激光模中的自发发射速率与每个光子引起的受激发射速率之比。对于 GaAlAs/GaAs 激光器，n_{sp} 约为 2.5（在 300K）或 1（在 77K）。对于上述实验数据比式（5.5-7）所计算的线宽大（20 倍）的原因，亨利（Henry）解释为自发发射改变了场的振幅所致[13]。或者说由于载流子浓度的变化使折射率发生波动，因而相位和强度的波动使线宽再加宽 $(1+\alpha^2)$ 倍。所以，可以将半导体激光器的线宽表示为

$$\Delta v = \Delta v_{sT}(1+\alpha^2)n_{sp} \tag{5.5-8}$$

式中，Δv_{sT} 为式（5.5-7）所表示的肖洛–汤斯线宽，α 为线宽增强因子，它与半导体激光器的材料和结构有关。如何将该因子减至零或以下是对半导体激光器进行创新研究的方向之一。例如，对 GaAlAs/GaAs 激光器的 α 值为 2.2～4.3（BH 结构）。因为半导体激光器的自发发射速率比式（5.5-6）中的 R_{sp} 提高了 n_{sp} 倍，因此还可将半导体激光器的线宽表示为

$$\Delta v = \frac{R_{sp}}{4\pi I}(1+\alpha^2) \tag{5.5-9}$$

根据爱因斯坦关系，每个模的自发发射速率等于每个光子的受激发射速率与像散因子（即 4.5 节所提到的 K 因子）K 之积：

$$R_{sp} = g n_{sp} v_g K \tag{5.5-10}$$

式中，g 为增益，v_g 为光子的群速，n_{sp} 为由式（1.5-22）所得出的自发发射因子

$$n_{sp} = \left[1 - \exp\left(\frac{hv - \Delta F}{k_B T}\right)\right]^{-1} \tag{5.5-11}$$

而式（5.5-9）中的光强可表示为输出功率 P_o 的函数：

$$I = \frac{2P_o}{hv v_g \alpha_m} \tag{5.5-12}$$

式中，α_m 为腔面的损耗 $(1/L)\ln(1/R)$。将式（5.5-10）和式（5.5-12）代入式（5.5-9）中，得到我们所需要的半导体激光器单模线宽与输出功率的关系式：

$$\Delta v = \frac{v_g^2 hv g n_{sp} \alpha_m (1+\alpha^2) K}{8\pi P_o} \tag{5.5-13}$$

如图 5.5-2 所示，线宽 Δv 与 $1/P_o$ 成线性变化。由式（5.5-13）可以看出，前面提到的三个因子（即自发发射因子 n_{sp}，线宽增强因子 α 和像散因子 K）对半导体激光器线宽的影响，它们从不同角度反映了半导体的能带结构、器件结构（其中包括了反映波导结构的 K 因子）等的特点。

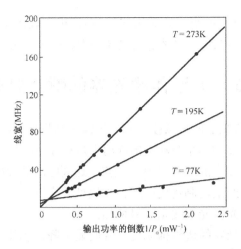

图 5.5-2　GaAlAs 半导体激光器光谱线宽与输出功率的关系

5.5.3　与输出功率无关的线宽

由图 5.5-2 可以看出，即使输出功率为无穷大，半导体激光器的线宽并不为零，而仍有一个与功率无关的线宽 Δv_0。并且，对不理想的单模激光器、边模抑制比较低的多模激光器，这一部分线宽 Δv_0 是不能忽略的。因此，应该将式（5.5-13）表示为

$$\Delta v = \Delta v_0 + \frac{\upsilon_g^2 h v g n_{sp} \alpha_m (1+\alpha^2) K}{8\pi P_o} \qquad (5.5\text{-}14)$$

Δv_0 的大小取决于总的模谱，它随多模特性的凸现而增大，因而对宽谱的多模激光器，Δv_0 是很大的。对理想的单模激光器，Δv_0 近似为零。对 Δv_0 的进一步分析表明，Δv_0 来自于：① 有源区中电子数的统计起伏或导带和价带中载流子占据态的热起伏；②调频噪声谱中的 $1/f$ 分量；③多模激光器中正在竞争的模式之间的交叉耦合拍频。图 5.5-2 还表示了温度对线宽的影响。温度增加，在体积很小的有源区内导带电子的绝对数 N 也会增加（例如，GaAlAs/GaAs 激光器，当温度由 1.7K 增加至 300K，N 将由 10^6 增加到 10^8），载流子的波动引起谐振频率的波动。实验表明，振幅与频率的波动与谐振频率有关，这就会产生 $1/f$ 噪声。

线宽增强因子（又称 α 因子）定义为半导体激光器增益介质复折射率的实部与虚部随注入载流子浓度变化的比值，即 $\alpha = \partial \bar{n}' / \partial \bar{n}''$。由式（3.1-39），将 α 表示为

$$\alpha = -\frac{\mathrm{d}\bar{n} / \mathrm{d}N}{\mathrm{d}g / \mathrm{d}N} \qquad (5.5\text{-}15)$$

式右边 "−" 号源于注入载流子使有源材料折射率降低[见式（2.4-13）]。微分增益 $\mathrm{d}g/\mathrm{d}N$ 对半导体激光器调制带宽有重要影响。低维量子材料有高微分增益，有可能使半导体激光器的 α 减至 $0\sim-1$。在光纤通信中窄光谱线宽激光源能有效减少光纤色散的影响，延长通信距离。

5.5.4　增益饱和与线宽

前面所述 $\Delta v \sim 1/P_o$ 的线性关系在激光器的增益未饱和以前是成立的。在阈值以上注入电流的增加实际上是增加主模的功率而提高边模抑制比。但当注入电流达到增益饱和并可能出现增益谱烧孔效应时，主模将受到抑制而旁模的功率增加，而使 Δv 增加，因此 $\Delta v \sim 1/P_o$ 并

非严格的线性。为了反映这一特点，有时用线宽–功率积来表示半导体激光器的光谱特性。例如，高功率的 DFB 激光器的线宽功率积可达 44MHz·mW (1.3μm)和 63MHz·mW(1.5μm)。

5.6　半导体激光器的瞬态特性

前面所讨论的半导体激光器的振荡模式和光谱线宽都只涉及在直流偏置条件下的稳态情况。然而，半导体激光器在多数与信息相关的应用中是充分利用其能承载高速脉冲电信号、能直接对其调制的这一有别于其他激光器的独特优点。这同时对其性能也提出了严格要求[16]：

① 对输入的电信号不产生调制畸变或所谓"码型效应"；
② 不因直接调制使激光器光谱线宽明显增加；
③ 不因直接调制使激光器的边模抑制比出现明显下降，仍能实现动态单纵模工作；
④ 不产生自持脉冲。

然而，当对半导体激光器加以高速阶跃电信号调制时，会产生一些与上述要求相左的瞬态物理过程。如何避其所害，使调制速率达 40 GHz 以上，这是人们长期以来所探求的。

5.6.1　瞬态响应的物理模型[17]

如图 5.6-1 所示，设在时间 $t=0$ 时在半导体激光器上加上一个大于阈值的阶跃电流脉冲，但注入有源区的载流子浓度要经过一个延迟时间 t_d 才能上升到阈值 N_{th}。因为在这段时间内载流子浓度小于阈值，故受激复合所产生的光子数（以光强表示）很少。但在阈值 N_{th} 以上载流子的浓度继续增加，将使光强依指数迅速上升。当载流子浓度达到由注入速率与复合速率所决定的平衡时，光强达到它的稳定值，这段时间叫做开启时间，用 t_a 表示。但由于这段时间受激复合的迅速增加，载流子消耗很大，因而出现载流子浓度的下降，当下降到阈值浓度时，光强达到最大值。而载流子浓度下降到阈值浓度以后，由于腔内的损耗大于增益，光强也开始下降。当光强下降到稳态后，载流子浓度又开始回升。此后，就是重复前面的过程，只是这种波动的振幅越来越小而表现张弛振荡。下面将定量分析上述光子对电子响应延迟时间及张弛振荡和它们对高速调制的影响。

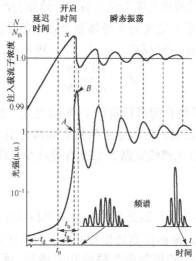

图 5.6-1　半导体激光器中的瞬态过程：载流子浓度（上图）和光强（下图）随时间的变化

5.6.2 速率方程

为了得到 t_d，我们还是从式（5.4-4）和式（5.4-5）的速率方程出发，注意到在这一组速率方程中已经做了如下的假设：①忽略了载流子的侧向扩散，因而在式（5.4-4）中忽略了载流子的扩散项；②在理想的光腔中具有均匀的粒子数反转，因此电子和光子密度只是时间的函数；③内量子效率为1，即每注入一对电子-空穴都产生一个光子。为了简单起见，在此再做进一步假设：①每一个自发发射光子均进入腔模，即自发发射因子 $\gamma = 1$；②忽略光子渗入有源区之外的损耗，即 $\Gamma = 1$；③增益是载流子浓度的线性函数；④激光器以单纵模工作。列出如此多的假设，目的在于更全面理解速率方程的物理意义，也引起对如果没有这些假设将会发生另外一些物理过程及其影响的思考。至此，我们将式（5.4-4）和式（5.4-5）写为

$$\frac{dN}{dt} = \frac{J}{ed} - \frac{N}{\tau_s} - GS \qquad (5.6\text{-}1)$$

$$\frac{dS}{dt} = \frac{N}{\tau_s} + GS - \frac{S}{\tau_p} \qquad (5.6\text{-}2)$$

式中，G 为受激发射速率，它表示为增益系数与光群速之积，在不考虑色散的情况下，则有

$$G = \left(\frac{c}{n}\right)g \qquad (5.6\text{-}3)$$

式（5.6-2）中的 τ_s 为载流子寿命，在直接带隙半导体中 τ_s 为 ns 量级；光子寿命 τ_p 为

$$\tau_p^{-1} = \left(\frac{c}{n}\right)\left(\alpha_i + \frac{1}{L}\ln\frac{1}{R}\right) \qquad (5.6\text{-}4)$$

式中，α_i 为有源区内部光损耗，R 为腔面反射率。先讨论一下稳态情况，为此将式（5.6-1）和式（5.6-2）改为

$$\frac{dN_0}{dt} = \frac{J}{ed} - \frac{N_0}{\tau_s} - GS_0 \qquad (5.6\text{-}5)$$

$$\frac{dS_0}{dt} = GS_0 + \frac{N_0}{\tau_s} - \frac{S_0}{\tau_p} \qquad (5.6\text{-}6)$$

当 $J < J_{th}$ 时，$S_0 \approx 0$，由式（5.6-5）得到稳态解：

$$J = \frac{edN_0}{\tau_s} \qquad (5.6\text{-}7)$$

当 J 达到阈值，即 $J = J_{th}$ 时，相应有 $N_0 = N_{th}$，则

$$J_{th} = \frac{edN_{th}}{\tau_s} \qquad (5.6\text{-}8)$$

然而，当 $J > J_{th}$ 时，由于光的增益饱和而有 $g_0 = g_{th}$，且有

$$g_{th} = \frac{1}{\tau_p}\left(\frac{\bar{n}}{c}\right) \qquad (5.6\text{-}9)$$

由式（5.6-5）和式（5.6-8）可得到阈值以上稳态电流密度与光子密度的关系为

$$J - J_{\text{th}} = \frac{edS_0}{\tau_{\text{p}}} \qquad (5.6\text{-}10)$$

这表明在阈值以上的注入电流将用来增加腔内的光子密度，如图 5.6-2 所示。因为增益系数是与光子密度有关的，达到阈值以后，光子密度的突然增大，将使增益系数随光子密度的增大线性减少。此时为保持 $g_0 = g_{\text{th}}$，必须有一个满足如下条件的电子浓度的增量 ΔN_0，即

$$\left(\frac{\partial g}{\partial N}\right)\Delta N_0 + \left(\frac{\partial g}{\partial S}\right)S_0 = 0 \qquad (5.6\text{-}11)$$

为了使式（5.6-10）具有与式（5.6-8）相同的形式，将式（5.6-10）改写为

$$J - J_{\text{th}} = \frac{ed\Delta N_0}{\tau_{\text{s}}'} \qquad (5.6\text{-}12)$$

式中 $\tau_{\text{s}}' \ll \tau_{\text{s}}$，它是在阈值以上由受激复合所决定的电子寿命。式（5.6-12）可用图 5.6-3 表示。

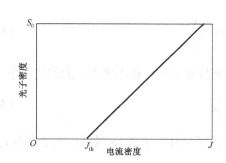

图 5.6-2　半导体激光器稳态光子
密度与电流密度的关系

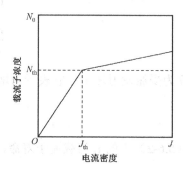

图 5.6-3　半导体激光器中载流子浓度
与注入电流密度的关系

5.6.3　延迟时间 t_{d}

前面的瞬态物理模型中已经指出，在 t_{d} 时间内 $N < N_{\text{th}}$，光子密度 $S \approx 0$，由式（5.6-1）可得

$$\frac{\mathrm{d}N}{\mathrm{d}t} = \frac{J}{ed} - \frac{N}{\tau_{\text{s}}} \qquad (5.6\text{-}13)$$

设注入电流为理想的阶跃函数，并利用初始条件 $N(0) = 0$，则由式（5.6-13）得到

$$N = \frac{J\tau_{\text{s}}}{ed}\left[1 - \exp(-t/\tau_{\text{s}})\right] \qquad (5.6\text{-}14)$$

由前面物理模型可知，在 t_{d} 的末端，有 $N(t_{\text{d}}) = N_{\text{th}}$，则由式（5.6-13）和式（5.6-14）可以得出

$$t_{\text{d}} = \tau_{\text{s}}\ln\left(\frac{J}{J - J_{\text{th}}}\right) \qquad (5.6\text{-}15)$$

由式（5.6-15）可以看到，延迟时间 t_{d} 与 $J/(J - J_{\text{th}})$ 近乎线性变化关系，如图 5.6-4 所示。直线斜率由载流子的自发发射寿命 τ_{s} 决定，而 τ_{s} 可以由电子扩散常数 D 和电子扩散长度 L_{n} 来

确定，其关系式为 $\tau_s = L_n^2/D$ 。也可以利用内量子效率 η_i、辐射复合系数 B 和阈值载流子浓度得出其关系式为 $\tau_s = \eta_i/BN_{th}$ 。对一般双异质结半导体激光器，$\tau_s = 2 \sim 3\text{ns}$ 。这对一般掺杂浓度的有源区是正确的。显然，上面所得出的 t_d 是忽略了对耗尽层电容充电的有关时间，而这对注入电流由零开始阶跃的情况可能是不能忽略的。

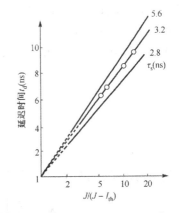

图 5.6-4　半导体激光器的瞬态延迟时间与电流密度的关系

5.6.4　半导体激光器的直接调制

要使半导体激光器在高速调制下不产生调制畸变或图案效应，最基本的要求是输出功率要与阈值以上的电流呈良好的线性，如图 5.6-5 中的曲线(a)所示。但在有些激光器中，特别是多光丝发射的增益波导激光器中，容易产生如图 5.6-5(b)所示的 $P{\sim}I$ 非线性，这不但减少有用的输出功率和影响输出功率的稳定性，而且还产生调制畸变。而侧向折射率波导激光器（如隐埋异质结即 BH 激光器）不但有好的 $P{\sim}I$ 线性，而且可实现基侧模，而基横模和基侧模对保证动态单纵模工作是很重要的。

延迟时间 t_d 对实现无畸变调制将产生重要影响。图 5.6-6(d)表示对加在激光器上的准阶跃序列脉冲。由于调制畸变引起的光脉冲的失真，分别如图 5.6-6(a)、(b)、(c)所示；图中的 I_0 是直流偏置，I_1 是调制电流幅度。

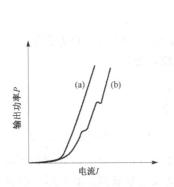

图 5.6-5　(a) 输出功率与电流呈线变化
(b) $P{\sim}I$ 呈非线性（出现 Kink）

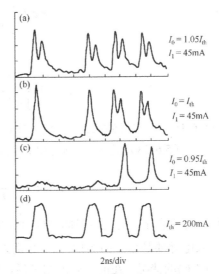

图 5.6-6　调制畸变示意图

为减轻调制畸变，需要尽可能缩短延迟时间 t_d 。为此采取将激光器预偏置到某一直流 I_0 。当振幅为 I_p 的电脉冲叠加于直流偏置电流 I_0 后，延迟时间为

$$t_d = \tau_s \ln\left[I_p/(I_p - I_{th} + I_0) \right] \tag{5.6-16}$$

显然，当 $I_0 = I_{th}$ 即激光器预先偏置到其阈值电流 I_{th} 时，则有 $t_d = 0$。

实际中，注入电流不可能是理想的阶跃函数，而通常有一上升时间 $t_r (< t_d)$，为此必须考虑 t_r 对 t_d 的影响。将速率方程式（5.6-13）在两个时区（$0 \leqslant t \leqslant t_r$ 和 $t_r \leqslant t \leqslant t_d$）建立，即

$$\frac{\mathrm{d}N}{\mathrm{d}t} = \frac{J}{ed}\left(\frac{t}{t_r}\right) - \frac{N}{\tau_s} \qquad 0 \leqslant t \leqslant t_r \qquad (5.6\text{-}17)$$

$$\frac{\mathrm{d}N}{\mathrm{d}t} = \frac{J}{ed} - \frac{N}{\tau_s} \qquad t_r \leqslant t \leqslant t_d \qquad (5.6\text{-}18)$$

利用初始条件 $N(0) = 0$，由式（5.6-17）得出

$$N = \frac{J\tau_s^2}{edt_r}\left[\exp\left(-\frac{t}{\tau_s}\right) - 1\right] + \frac{J\tau_s t}{edt_r} \qquad 0 \leqslant t \leqslant t_r \qquad (5.6\text{-}19)$$

因而

$$N(t_r) = \frac{J\tau_s^2}{edt_r}\left[\exp\left(-\frac{t_r}{\tau_s}\right) - 1\right] + \frac{J\tau_s}{ed} \qquad (5.6\text{-}20)$$

用式（5.6-20）做式（5.6-18）的初始条件并求解得

$$N = \frac{J\tau_s^2}{edt_r}\left[1 - \exp\left(\frac{t_r}{\tau_s}\right)\right] + \frac{J\tau_s}{ed} \qquad t_r \leqslant t \leqslant t_d \qquad (5.6\text{-}21)$$

由 $N(t_d) = N_{th}$，再由式（5.6-8）和式（5.6-21）得到

$$t_d = \tau_s \ln\left[\frac{J}{J - J_{th}}\right] + t_d' \qquad (5.6\text{-}22)$$

其中 t_d' 为

$$t_d' = \tau_s \ln\left\{\frac{\tau_s}{t_r}\left[\exp\left(\frac{t_r}{\tau_s}\right) - 1\right]\right\} \qquad (5.6\text{-}23)$$

将式（5.6-15）与式（5.6-22）比较可知，t_d' 是由于电脉冲上升时间 t_r 引起的附加延迟。当 $t_r \leqslant \tau_s$ 时，式（5.6-23）简化为 $t_d' \approx t_r/2$，则式（5.6-22）变为

$$t_d = \tau_s \ln\left[\frac{J}{J - J_{th}}\right] + \frac{t_r}{2} \qquad (5.6\text{-}24)$$

和前面一样，这种情况下的延迟时间同样可以用预偏置直流电流的方法（$I_0 = I_{th}$）来减少 t_d。

如果注入电脉冲是理想的周期为 T、脉宽为 τ 的矩形脉冲的情况，这对应脉码调制中连续两个以上"1"码的情况。在前一脉冲结束后，电子浓度按指数衰减；而在后一脉冲开始时有一残留的电子浓度 N_D'，这相当于有内部直流预偏置的情况，如图 5.6-7 所示。在这种情况下，要使激光器实现无畸变的调制，必须对脉冲周期 T、脉冲宽度 τ 和脉冲幅度 J 进行合理选择。讨论这一问题的前提是 $\tau > t_d$。等效内部直流预偏置电流密度为

$$J_D' = \frac{edN_D'}{\tau_s} \qquad (5.6\text{-}25)$$

残留电子浓度为

$$N'_\mathrm{D} = N_\mathrm{th} \exp\left(-\frac{T-\tau}{\tau_\mathrm{s}}\right) \quad (5.6\text{-}26)$$

由式（5.6-8）、式（5.6-25）和式（5.6-26）得到

$$J'_\mathrm{D} = J_\mathrm{th} \exp\left(-\frac{T-\tau}{\tau_\mathrm{s}}\right) \quad (5.6\text{-}27)$$

由式（5.6-15）、式（5.6-27），再考虑到 $\tau > t_\mathrm{d}$，就能得到激光器理想调制的条件为

$$\tau > \tau_\mathrm{s} \ln\left\{\frac{J}{J-J_\mathrm{th}\left[1-\exp\left(-\dfrac{T-\tau}{\tau_\mathrm{s}}\right)\right]}\right\} \quad (5.6\text{-}28)$$

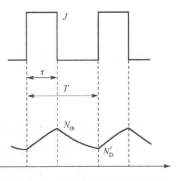

图 5.6-7　矩形脉冲调制时有源层中有残留电子的情况

为消除第一脉冲后残留载流子浓度对调制的影响，可以在相继的第二个脉冲之前通过置一逻辑"0"，为此可在每一脉冲前加上一个附加脉冲。

5.6.5　张弛振荡

由前面图 5.6-1 所表示的瞬态物理模型可以看到，t_b 包括开启时间 t_a 和光子密度峰值相对于电子密度峰值的滞后时间。t_b 的存在表示电子系统和光子系统之间的能量交换需要一个时间过程。正因为如此，造成了其后的瞬态现象，即电子浓度 N 和光子密度 S 均呈现张弛振荡，两者最后趋于各自的稳态值 N_0 和 S_0。下面将求出这种阻尼张弛振荡的振荡频率、衰减（或阻尼）系数以及这种张弛振荡对调制的影响。

在这个瞬态过程中，可以给出瞬态电子浓度 N、光子密度 S 和增益系数 g 与它们相应稳态值 N_0、S_0 和 g_th 之间的关系：

$$N = N_0 + \Delta N \quad (5.6\text{-}29)$$

$$S = S_0 + \Delta S \quad (5.6\text{-}30)$$

$$g = g_\mathrm{th} + \Delta g \quad (5.6\text{-}31)$$

以上 ΔN、ΔS 和 Δg 分别为电子浓度、光子密度和增益系数的涨落，在小信号近似下有 $\Delta N \ll N_0$，$\Delta S \ll S_0$ 和 $\Delta g \ll g_\mathrm{th}$。增益系数的涨落为

$$\Delta g = \frac{\partial g}{\partial N}\Delta N + \frac{\partial g}{\partial S}\Delta S \quad (5.6\text{-}32)$$

注意到 $\Delta N \approx \Delta N_0$，$\Delta S \ll S_0$，由式（5.6-11）有

$$\left|\left(\frac{\partial g}{\partial N}\right)\Delta N\right| \gg \left|\left(\frac{\partial g}{\partial S}\right)\Delta S\right| \quad (5.6\text{-}33)$$

因而可将式（5.6-32）简化为

$$\Delta g \approx \left(\frac{\partial g}{\partial N}\right)\Delta N \tag{5.6-34}$$

将式（5.6-34）代入式（5.6-31）后得出

$$g = g_{th} + \left(\frac{\partial g}{\partial N}\right)\Delta N \tag{5.6-35}$$

不考虑自发发射的光子对振荡模式的贡献，把式（5.6-29）、式（5.6-30）和式（5.6-35）代入式（5.6-1）和式（5.6-2）中，并忽略高次项，整理后得到

$$\frac{dN_0}{dt} + \frac{d\Delta N}{dt} = \left(\frac{J}{ed} - \frac{c}{\overline{n}}g_{th}S_0 - \frac{N_0}{\tau_s}\right) - \left[\frac{c}{\overline{n}}\left(\frac{\partial g}{\partial N}\right)S_0 + \frac{1}{\tau_s}\right]\Delta N + \frac{c}{\overline{n}}g_{th}\Delta S \tag{5.6-36}$$

$$\frac{dS_0}{dt} + \frac{d\Delta S}{dt} = \left(\frac{c}{\overline{n}}g_{th} - \frac{1}{\tau_p}\right)S_0 + \left(\frac{c}{\overline{n}}g_{th} - \frac{1}{\tau_p}\right)\Delta S + \frac{c}{\overline{n}}\left(\frac{\partial g}{\partial N}\right)S_0\Delta N \tag{5.6-37}$$

利用式（5.6-5）、式（5.6-6）和式（5.6-9），可将式（5.6-36）和式（5.6-37）简化为

$$\frac{d\Delta N}{dt} = -\left[\frac{c}{\overline{n}}\left(\frac{\partial g}{\partial N}\right)S_0 + \frac{1}{\tau_s}\right]\Delta N - \frac{\Delta S}{\tau_p} \tag{5.6-38}$$

$$\frac{d\Delta S}{dt} = \frac{c}{\overline{n}}\left(\frac{\partial g}{\partial N}\right)S_0\Delta N \tag{5.6-39}$$

由式（5.6-38）和式（5.6-39）可得到两个形式完全相同的二阶微分方程：

$$\frac{d^2\Delta N}{dt^2} + \left[\frac{c}{\overline{n}}\left(\frac{\partial g}{\partial N}\right)S_0 + \frac{1}{\tau_s}\right]\frac{d\Delta N}{dt} + \frac{c}{\overline{n}}\left(\frac{\partial g}{\partial N}\right)\frac{S_0}{\tau_p}\Delta N = 0 \tag{5.6-40}$$

$$\frac{d^2\Delta S}{dt^2} + \left[\frac{c}{\overline{n}}\left(\frac{\partial g}{\partial N}\right)S_0 + \frac{1}{\tau_s}\right]\frac{d\Delta S}{dt} + \frac{c}{\overline{n}}\left(\frac{\partial g}{\partial N}\right)\frac{S_0}{\tau_p}\Delta S = 0 \tag{5.6-41}$$

对方程式（5.6-40）和式（5.6-41）求解得到

$$\Delta N = \Delta N(t_2)\exp[(j\omega_R - \sigma)(t - t_2)] \tag{5.6-42}$$

$$\Delta S = \Delta S(t_3)\exp[(j\omega_R - \sigma)(t - t_3)] \tag{5.6-43}$$

$$\sigma = \frac{1}{2}\left[\frac{c}{\overline{n}}\left(\frac{\partial g}{\partial N}\right)S_0 + \frac{1}{\tau_s}\right] \tag{5.6-44}$$

$$\omega_n = \left[\frac{c}{\overline{n}}\left(\frac{\partial g}{\partial N}\right)\frac{S_0}{\tau_p} - \sigma^2\right]^{1/2} \tag{5.6-45}$$

式（5.6-42）中的 $\Delta N(t_2)$ 和式（5.6-43）中的 $\Delta S(t_3)$ 分别对应于图 5.6-1 中电子浓度和光子密度的第一个峰值；ω_R 为张弛振荡角频率；σ 为张弛振荡的衰减系数。

光增益系数 g 与电子浓度 N 的关系通常是非线性的。但在阈值附近，可取式（1.7-12）所表示的线性近似，其中直线斜率 A_0 即微分增益系数，表示为

$$A_0 = \frac{\partial g}{\partial N} = \frac{g_{th}}{N_{th} - N_t} \tag{5.6-46}$$

式中，N_t 是增益恰为正值时的载流子浓度。利用式（5.6-8）、式（5.6-9）和式（5.6-46）得到

$$\sigma = \frac{1}{2\tau_s}\left(\frac{J - J_t}{J_{th} - J_t}\right) \tag{5.6-47}$$

$$\omega_R = \left[\frac{1}{\tau_s \tau_p}\left(\frac{J - J_t}{J_{th} - J_t} - 1\right) - \sigma^2\right]^{1/2} \tag{5.6-48}$$

在重掺杂有源区的激光器件中，$J_t = 0$，则式（5.6-47）和式（5.6-48）简化为

$$\sigma = \frac{1}{2\tau_s}\left(\frac{J}{J_{th}}\right) \tag{5.6-49}$$

$$\omega_R = \left[\frac{1}{\tau_s \tau_p}\left(\frac{J}{J_{th}} - 1\right) - \sigma^2\right]^{1/2} \tag{5.6-50}$$

由以上分析可以看出，张弛振荡的角频率和其衰减系数随工作电流的增大而增大。当调制角频率 ω 接近张弛振荡角频率 ω_R 时，张弛振荡的影响就很突出。对直接振幅调制（AM）的激光器，当 $\omega \to \omega_R$ 时，就会发生调制畸变。在阈值以上增大注入电流 J 有利于高频调制，但在高注入电流下，激光器又将出现一些所不希望的现象，如激发起更多的光丝（侧模），也可能引起自脉冲等。在光纤通信中，高的直流光功率还会增加接收机中的散粒噪声和在光纤中激起受激喇曼散射等不良后果。

为了反映材料增益特性（微分增益系数 A_0、透明载流子浓度 N_t）和谐振腔参数 Γ 等的影响，在忽略阻尼系数 σ 情况下，还可将张弛振荡频率表示为

$$f_R = \sqrt{\frac{\upsilon_g A_0 S}{\tau_p}} \tag{5.6-51}$$

式中，τ_p 为由式（5.6-4）表示的光子寿命，与谐振腔参数（腔面反射率 R、腔长 L）和腔内损耗有关；$\upsilon_g = c/\overline{n}$ 为光的群速；A_0 为微分增益；S 为有源区内平均光子密度，可用输出直流偏置功率 P_o 间接得到：

$$S = \frac{\pi P_o}{c(1 - R)h\nu A} \tag{5.6-52}$$

式中，A 为有源区截面，R 为解理面反射率，c 为光速。除了张弛振荡频率所限外，直接调制带宽还受半导体激光器本身的寄生电容、串联电阻和键合引线电感的限制，特别是侧向隐埋异质结在反向偏置电流阻挡层的电容不容忽略。可以在这种侧向电流阻挡结构中使用厚半绝缘体（Fe:InP 或 Cr:GaAs）来减少这种电容等措施，可使半导体激光器的直接调制带宽达 10GHz 以上。

在张弛振荡频率附近对半导体激光器进行直接调制是不稳定的，易引起调制非线性。为避开 ω_R，取对应于 ω_R 的相对调制度以下 3dB 处作为直接调制允许的带宽，$f_{3dB} = 1.55 f_r$。图 5.6-8 表示$(3 \times 100)\mu m^2$ 脊形波导、4 个 QW $In_{0.35}Ga_{0.65}As/GaAs$、直流偏置在 65mA 的激光器调制特性[19]。

在高速直接调制时，振幅变化的同时，注入载流子浓度随时间的变化将引起折射率和群速色散的变化，随即产生相位随时间的随机变化 $\mathrm{d}\phi/\mathrm{d}t$，也即引起波长的漂移或频率啁啾。其结果使线宽增强因子增加，使光纤的传输带宽减少。采取第 6 章将介绍的低维量子材料和 DFB 器件结构能有效减少频率啁啾（chirping）。

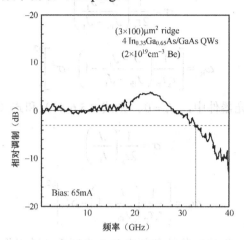

图 5.6-8　量子阱半导体激光器的调制特性

对半导体激光器直接调制的正向直流偏压和交变调制信号分别通过电感和电容同时接入 P 型接触电极（为安全起见，直流正极接地）。这种含有电感、电容在内的三端口专用耦合商品器件称为"bias T"（即形状似"T"字的耦合器件）。

5.6.6　自持脉冲

实验发现，尽管调制带宽随着偏流 J 的增加而增加，但当激光器的直流偏置略高于阈值时，半导体激光器可能出现稳定的自持脉冲，如图 5.6-9 所示。其振荡频率范围为 0.1GHz 到数 GHz，这已与正弦调制谐振频率相近。因此，自持脉冲对调制深度一直到 0.8 的高频直接调制将是一种威胁。已有一些理论模型来解释自持脉冲存在的原因。巴索夫[20]指出，半导体激光器有源区空间上的不均匀性将造成自持脉冲，其对激光器动力学的影响可用如图 5.6-10 所示的两区共腔激光器的理论模型来解释。区 1 和区 2 的增益可以通过独立地控制各区的电流 I_1 和 I_2 来实现。两个有源区共法布里-珀罗腔，但只要其中之一的区域有光增益，就能产生激光。设区域 1 为增益区，区域 2 为损耗（或吸收）区，当满足阈值条件时，谐振腔内的光子密度突然增大，区域 2 因吸收了光子而产生电子-空穴对，从而使该区电子和空穴的准费米能级之差（$F_c - F_v$）增大。当满足 $F_c - F_v \geqslant h\nu$ 时（$h\nu$ 为光子能量），该区产生受激发射，增益增大；与此同时，区域 1 的电子浓度（因而光增益）却因受激发射而减少。在区域 2 的电子浓度（因而光增益）饱和的情况下，区域 1 的电子浓度仍因受激发射在继续下降，直到增益低于损耗时，光子密度突然下降，而吸收区 2 也会因电子浓度相继的减少重新进入吸收状态，然后区域 1 又会满足阈值条件，恢复到原来的增益状态。这种过程周而复始地进行下去，就形成了持续的振荡，这可类比于饱和吸收体调 Q 的振荡。如果 r_{st1} 和 r_{st2} 分别为区 1 和区 2 的受激发射系数，γ 为区 2 与区 1 的体积比，则产生自持振荡的不稳定性条件为

· 170 ·

$$r_{st1} \frac{\partial r_{st1}}{\partial N_1} + \gamma r_{st2} \frac{\partial r_{st2}}{\partial N_2} < 0 \qquad (5.6\text{-}53)$$

根据这一模型，如果在某一半导体激光器中出现自持脉冲，则应理解为在该激光器有源区内存在明显的不均匀性。在光腔内存在局部的净增益区和净损耗区。这种非阻尼的振荡，在某些激光器性能已相当退化的情况下也可观察到。这进一步说明，在激光器有源层中存在的某些局部的缺陷对光子的饱和吸收也是产生自持脉冲的原因。因此，改善激光器有源层的晶体生长质量和均匀性，对防止自持脉冲是有效的。

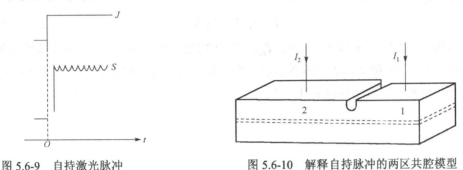

图 5.6-9　自持激光脉冲　　　　　图 5.6-10　解释自持脉冲的两区共腔模型

5.7　半导体激光器的退化和失效

半导体激光器长期可靠的工作对其在各个领域的应用是很重要的。特别是在海底光纤通信中，要求半导体激光器连续工作寿命在 25 年以上；在光信息存储中其连续工作寿命也应在 4～5 年。因此，整个半导体激光器的发展历史，也是一个不断提高其可靠性的过程，由第一个半导体激光器仅仅连续工作 12 分钟就夭折而发展到现在小功率半导体激光器（～10mW）能连续工作数十万小时，乃至百万小时；大功率（瓦级）的激光器，其工作寿命也可达数万小时级。

半导体激光器可靠性的研究包括：（1）如何完善半导体激光器芯片材料生长工艺，减少材料生长中的缺陷从而减少器件的早期夭折；（2）如何防止激光器受到浪涌冲击、静电破坏等造成的毁灭性破坏（COD）的机理及防止措施；（3）激光器在长期工作过程中的性能退化机理，提高工作寿命。半导体激光器的可靠性与器件的工作方式（连续或脉冲）、有源区的材料、有源区与限制层材料的晶格匹配、热沉和致冷条件、腔面损伤情况等多种因素有关。

5.7.1　半导体激光器的工作方式

通常半导体激光器的工作方式有三种：①在阈值以上某一连续输出功率下工作；②将激光器偏置在接近阈值（例如 $0.9I_{th}$），然后在其上叠加电信号调制；③无直流电流偏置下的直接电流调制。第一种提供连续输出功率，对可靠性来说是最严峻的工作条件。后两种工作方式是激光器的脉冲工作状态，常用于信息处理与传输中。

半导体激光器的工作电流虽小但电流密度较高，因此半导体激光器的可靠性很大程度上取决于激光器的散热条件。图 5.7-1 以 GaAlAs/GaAs 双异质结激光器为例表示一般半导体激光器的实际结构。为了有效地冷却，常将芯片的衬底朝上而将芯片顶部与用来散热的热沉相接触。低的阈值电流密度固然是双异质结激光器在室温下连续工作所必需的，但还要求激光器有尽可能稳定和小的温升，两者往往是互为因果的。先讨论一下脉冲工作情况，连续工作只是脉冲工作的一个特例。为简单起见，我们忽略激光器所发射的光功率，而认为加在激光器上的电功率全部转变为热。用这种假设所估计的温升比实际器件大一些，但不会造成很大的差别。器件所消耗的电功率为

$$P = (IV + I^2 r_s)\tau f \tag{5.7-1}$$

式中，τ 称为脉冲宽度，f 为脉冲重复频率，τf 称为占空比，I 为加于激光器上的电流，V 为结区电压降，r_s 为串联电阻。平衡时结区温升为

$$\Delta T = r_T (P - P_{out}) \tag{5.7-2}$$

r_T 为器件的热阻，单位是 K/W 或 ℃/W；P_{out} 是输出的光功率。由 5.1 节，激光器的阈值电流随温度指数增加。因此随着结温温升的提高，为达到结温升高前的功率，必须增加工作电流。由式（5.2-9）可知，输出的峰值光功率为

$$P_p = \eta_D (I - I_{th})V \tag{5.7-3}$$

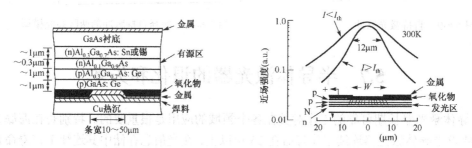

图 5.7-1　半导体激光器的一般结构

平均功率可以写成峰值功率与 τf 之积：

$$\overline{P} = \eta_D (I - I_{th})V\tau f \tag{5.7-4}$$

　　r_T 是一个重要参数，r_T 越小，即使工作在高占空比下结区的温升也越小，阈值电流也就不会增加很多。因此 r_T 对决定激光器能否在室温下连续工作起着重要作用。可以通过实验来确定 r_T 和 r_s。例如，可以通过改变重复频率 f，测出激射波长或阈值电流的变化来估算出温升 ΔT，由式（5.7-2）来求出 r_T 和 r_s。一般 r_s 为 0.08Ω左右，r_T 约为 32K/W。为减少 r_s 需要接触电极层与半导体之间有良好的欧姆接触，芯片与热沉之间有很好的熔焊接触等。减少热阻最有效的方法是提高热沉的散热效率，一般使用的无氧铜热沉其导热率为 2.0W/(cm·K)，而金刚石热沉的导热率比铜大 2～5 倍，适合于高功率应用。不过金刚石热沉价格昂贵而不常用。如图 5.7-1 所示的 p 型顶层朝下的结构方式对降低热阻有利。例如，p 型顶层朝下而接触热沉的 InGaAsP/InP 埋层异质结激光器的热阻为 44℃/W，相比之下，若 p 型顶层朝上，则其热阻为 76℃/W。

　　当式（5.7-4）中的占空比 $\tau f = 1$ 时，即激光器处于连续（直流）工作状态，此时对 r_s 和 r_T 的要求更苛刻。直流工作时激光器结区工作温度为

$$T = T_s + \Delta T = T_s + (VJ + R_s J^2)R_T \tag{5.7-5}$$

式中，T_s 为热沉温度，J 为电流密度，R_s 为总的串联电阻，R_T 为总热阻。如 S 为结区的面积，

则 $R_s = r_s S$，$R_T = r_T S$，要求 $R_s < 1 \times 10^{-5} \Omega \cdot cm^2$。采取条形结构有利于降低热阻。由式（5.7-5），采用低维量子材料和合理波导结构，以减少阈值电流和相应的工作电流，从而对降低结区工作温度是最重要的。

5.7.2 半导体激光器的退化

随着半导体激光器工作时间的加长，往往伴随着性能的退化。例如阈值电流会因激光器退化而增加，当需要维持某一不变的输出功率时（如具有自动功率控制的激光器）就需增加其工作电流。相反，如保持工作电流不变，则由于退化会使激光器输出功率降低或斜率效率下降。此外，退化还会引起模式特性变坏，光谱增宽或出现自持脉冲等。通常将半导体激光器输出功率下降到其额定值的一半时所经历的工作时间称为它的寿命。半导体激光器的退化原因可大致归纳为以下几个方面。

1. 腔面损伤[21]

作为半导体激光器谐振腔镜面的解理面是激光器的重要组成部分。在高功率密度的激光（每微米发射面上数毫瓦）作用下，解理面会出现局部的损伤，使解理面的反射率下降；同时这些损伤点将引起载流子的非辐射复合，这些都使激光器的阈值电流增加。如果功率密度增大而达到腔面的破坏阈值，将使激光器完全失效。激光器的输出功率与腔面反射率之间的关系为

$$\frac{P_1}{P_2} = \sqrt{\frac{R_2}{R_1} \left(\frac{1 - R_1}{1 - R_2} \right)} \tag{5.7-6}$$

一般情况下有 $R_1 = R_2$，因而 $P_1 = P_2$。如果腔面产生辐射损伤而使反射率下降，输出功率也会下降。可以从输出功率的降低和两个腔面不对称的输出来估计激光器的退化情况。在同样的工作条件下，InGaAsP/InP 激光器比 GaAlAs/GaAs 激光器具有较大的腔面损失阈值。

激光器腔面损伤与其工作方式有关。在脉冲工作时，激光器腔面将承受较高的峰值功率，当峰值功率超过临界值 $(6 \pm 2) \times 10^6$ W/cm^2 时，可以造成解理面"灾难"性破坏而失效。同时还发现，对脉宽 1 微秒左右的脉冲，腔面的破坏功率随脉宽的平方根 $\sqrt{\tau}$ 的增加而减少。对于脉宽很宽的情况，可以看成是准连续的工作，对脉冲宽度从 $\tau = 20ns$ 到 $\tau = 200ns$ 的脉冲叠加在连续工作激光器上的情况，发生解理面恶性破坏的功率在侧向发光区上约为 10mW/μm。而对以最大所允许的输出功率连续工作的激光器，即使光功率密度相当低，也易造成腔面破坏。在条形激光器中，由于在结平面方向激光辐射的不均匀性，很难确定出一个简单的发生恶性破坏阈值功率的准则。但以脉宽为 100ns 工作的激光器，其腔面破坏阈值比它工作在连续情况时约高 10 倍。这种破坏一般始于光功率密度高的中心区。为了提高脉冲工作的腔面破坏阈值，可以在腔面适当镀增透膜来减少表面的电场强度，虽然增透会使 I_{th} 有所升高，但对脉冲工作不会造成太大的影响。镀保护膜后的破坏阈值功率 P_c' 与镀膜前腔面破坏阈值功率 P_c 之比与增透后腔面反射率 R' 之间的关系为

$$\frac{P_c'}{P_c} = \frac{\overline{n}(1 - R')}{(1 + R'^{1/2})^2} \tag{5.7-7}$$

式中，$\overline{n}$ 为腔面折射率。工作在一定温度和潮湿或氧气氛条件下的半导体激光器，腔面的腐

蚀是造成激光器退化的一个重要因素。这可以通过对激光器封装时在管壳内充氮气或其他保护气体密封，也可以在腔面上镀以 $\lambda/2$ 厚的 Al_2O_3 或 Si_3N_4 等保护膜，既不使腔面反射率发生很大变化，又能阻止环境的影响，对提高激光器工作寿命是有效的。

对高功率连续激光器，为提高输出腔面的破坏阈值，可以在腔长方向上将有源区与输出腔面之间作一小段光透明窗，在该段内（约 $25\mu m$ 长）材料的禁带宽度大于光子能量而不被吸收。具有这种输出窗结构的 p 型衬底内条形激光器的输出功率可达 0.2W 以上。加大近场光斑来减少解理面上单位面积的功率密度也是防止腔面破坏的有效方法。例如将有源层厚度减至 $0.04\mu m$ 的双脊衬底（TRS）激光器，也可使连续输出功率达到 200mW，还可以采取增加激光器后端面反射率和增加输出面透射率等措施。

2. 半导体激光器退化的内部因素

即使激光器在小于腔面破坏阈值的功率下工作或对腔面采取保护措施以后，激光器的性能仍随工作时间的加长而退化。在退化过程中，少数载流子寿命减少，而非辐射复合速率增加，内量子效率降低。这说明在激光器有源层内部存在着随工作时间增长而不断增加的杂质、晶格缺陷和其他非辐射复合中心。在短波长 GaAlAs/GaAs 激光器老化过程中，发现有源区的电子显微镜照片上的"暗点"和"暗线"不断发展甚至形成暗线网。在这些"暗点"和"暗线"出现的地方，发光非常弱。分析认为，这些暗点和暗线是由于晶体生长（例如外延）过程中异质结晶格失配所产生的位错；在晶体生长或工作过程中，激光器有源层中形成的点缺陷（如空格点和填隙原子）所产生的内应力和位错；或者是由于衬底材料和限制层中的位错或其他的晶体缺陷在生长温度和工作条件下向有源层扩散的结果。而且位错可以在晶体中存在的内应力下增殖。另外，即使在无位错的器件中，也发现与温度有关的慢退化过程，这是由于存在于有源层中的某些点缺陷所产生非辐射复合的结果。因此，提高半导体激光器工作寿命的最有效的方法是使用低位错密度（$<2\times10^3$ 位错$/cm^2$）的衬底，选择合理的工艺，尽可能减少失配位错和生长过程所形成的晶体缺陷和内应力。在长波长 InGaAsP/InP 激光器中，引起器件退化的原因与短波长 GaAlAs/GaAs 激光器不完全相同，实验表明，即使这些器件的有源区有比较高的位错密度却有慢的退化速度。造成长波长激光器退化的主要原因是由于在这种窄带隙有源区材料中存在严重的俄歇复合和注入有源层的载流子越过限制势垒所造成的泄漏。俄歇效应所产生的高能量载流子能越过异质结势垒从有源层进入InP 限制层，通常将这种"俄歇泄漏"包括在第 1 章所讨论的俄歇复合中。在长波长激光器中的热载流子泄漏和价带间的吸收损耗也是影响这类激光器寿命的重要因素。热载流子泄漏是异质结势垒高度与温度的函数。对通常不掺杂的有源区和对掺杂浓度为 $2\times10^{18}/cm^3$ 的 P 型和 N 型限制层，限制电子和空穴的势垒高度在室温下分别为 300meV 和 200meV，以此数据求解扩散方程可以算出约占总注入电流 10%的热电子和 1%的热空穴越过异质结势垒而泄漏。在温度 $T > 340K$ 时，热载流子泄漏的影响很明显；而 $T \geqslant 250K$，俄歇复合和价带间光吸收将造成注入载流子的严重损失；在 300K 时，它们引起的非辐射复合损失分别为总注入载流子的 50%和 23%；在 $T \leqslant 250K$ 时，则主要是双极分子复合。这些因素所引起的阈值电流密度与温度的关系如图 5.7-2 所示[22]。图中曲线①代表总的载流子损耗；曲线②为没有考虑价带间吸收的情况；曲线③为不包括俄歇复合的情况。而俄歇效应、价带间吸收和热载流子泄漏是造成长波长 InGaAsP/InP 激光器在温度为 250～350K 范围内特征温度 T_0

低（～79K）的原因。而低的特征温度 T_0 必然导致阈值电流密度的增加以及同样输出功率下半导体激光器结温的增加，从而引起热载流子泄漏的进一步增加，如此恶性循环致使激光器在同样的工作电流下输出功率逐渐降低（即退化）。有关电子在价带中子带之间的跃迁所引起的光吸收将在第 9 章论述，并将指出，由此引起的光吸收系数正比于波长的平方。

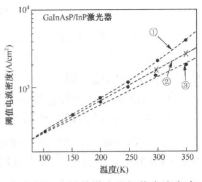

图 5.7-2　半导体激光器阈值电流密度

5.7.3　欧姆接触的退化

金属电极接触层与半导体之间需有很好的欧姆（Ohmic）接触。即，不但要有小的接触电阻，而且其阻值与在其上所加电压的极性无关，否则由于金属和半导体之间费米能级和由它决定的功函数的差异将形成肖特基（Schottky）势垒，从而减少载流子对有源芯片的注入效率，增加器件的功耗和引起接触区局部过热。为此，常需对与金属接触的 p 型半导体实施高浓度受主掺杂；同时分别选用与 p 型和 n 型半导体功函数尽量一致的金属作为电极材料。金属引线与接触电极金属层用激光或超声波热熔焊接。有源芯片与热沉之间一般用熔点较低的铟（In）加热固定。这种接触所产生的热阻可能随时间而变化，产生如式（5.7-8）中 0.6eV 的退化激活能[23]。In 与 Au 所形成的金属间化合物以及电极接触层（如 Au-Sn 合金）与半导体之间的金相反应都使热阻增加而使器件性能退化。

5.7.4　温度对半导体激光器退化的影响

由上述分析知道，无论是短波长器件还是长波长器件，其退化机理都与温度有关。因此，对半导体激光器（特别是连续输出和高重复率的激光器）采取合理的致冷措施和温度控制以维持激光器在恒定温度下工作，是保证激光器工作的稳定性和可靠性的最重要的措施。另一方面，通常在为测定半导体激光器工作寿命所做的加速老化试验中，采取提高激光器工作温度（如 70℃）的方法来进行，通过观测阈值电流升高或者输出功率下降的程度，以期用短期的高温老化得到室温下长期工作寿命或者平均失效时间（MTTF：Mean Time To Failure）的数据，而有如下的关系：

$$\tau \propto \exp[E_a/(k_B T)] \qquad (5.7\text{-}8)$$

式中，T 为激光器的温度，τ 为工作寿命，E_a 为所谓"激活能"，它的取值根据存在于激光器中的具体退化机构而定。E_a 值越小，说明退化速率越快，工作寿命越短。例如，由暗线缺陷引起的退化，取 E_a 为 0.1eV，由接触产生的退化，取 $E_a = 0.6eV$，一般 E_a 的取值在 0.7eV 左右，而对一些高可靠的激光器，E_a 可达 1.1eV 以上。

此外，带有尾纤的半导体激光器，在与尾纤高效耦合的同时，对尾纤可靠且无时效地固定以及在使用中采取慢启动、防止浪涌电流冲击破坏都是要注意的[24]。

思考与习题

1. 结合式（5.1-4），解释图 5.1-5 所表示的阈值电流密度 J_{th} 与双异质结激光器有源层厚度的关系。

2．半导体激光器的特征温度 T_0 有何物理意义？为什么 GaA1As/GaAs 激光器与 InGaAsP/InP 激光器相比有高的特征温度？

3．为什么用对 P-I 曲线的二次微分比对其一次微分或用阈值前后各做直线取其交叉点来确定阈值的方法更精确？

4．有哪些具体措施能提高半导体激光器的外微分量子效率？

5．结合式（5.3-12）和图 5.3-3，说明半导体激光器的 $\theta_\perp$ 与有源层厚度的关系。

6．在以 $Ga_{1-x}Al_xAs$ 为有源层的半导体激光器中，其折射率 $\bar{n}$ 与 x 的关系为 $\bar{n}=3.59-0.71x+0.09x^2$，若激射波长为 0.83μm，取 $\Delta\bar{n}/\bar{n}_2$（$\bar{n}_2$ 为有源层折射率）为 3%～7%，为得到单侧模，求所允许的有源层宽度 W。

7．区分半导体激光器中的横模、侧模和纵模的概念，各对器件应用产生何影响？结合本书第三、四章，如何改善横模和侧模特性？8．结合第四章，从理论上分析，如何使半导体激光器得到单纵模。

9．半导体激光器的光谱线宽为什么比气体、固体激光器的线宽大得多？

10．造成与功率无关的线宽原因是什么？如何减少这种线宽？

11．半导体激光器在高速调制下出现调制畸变的原因是什么？有哪些方法可以消除它？

12．论述半导体激光器中张弛振荡与自持脉冲在形成机理上的区别。

13．设一半导体激光器的注入电流密度 $J=2000A/cm^2$，在 pn 结上的压降为 1.8V，其微分量子效率为 30%，求在结区所产生的热功率密度。

14．造成半导体激光器退化的机理有哪些？

参 考 文 献

［1］ H.Kressel. Semiconductor Devices for Optical Communication，Springer Verlag Berlin Heidelbery，New York，1982，pp.9～21，27～36.

［2］（美）H.C.凯西，M.B.帕尼什著，郭长志译. 异质结构激光器（下），国防工业出扳社，1985，pp.221～237.

［3］（美）亨利 克雷歇尔，J.K.巴特勒著，黄史坚译. 半导体激光器和异质结发光二极管. 国防工业出版社，1983，pp.265～299.

［4］ Yoshio Itaya，et al. Low Threshold Current GalnAsP/InP DFB Lasets，IEEE J. of Quantum Electronics，1987，23(6): 828～834.

［5］ H.C.Casey，Jr.. Temperature Dependence of the Threshold Current Density in InP-$Ga_{0.28}$ $In_{0.72}As_{0.6}P_{0.4}$($\lambda=$ 1.3μm) Double Heterostructure Lasers. J. Appl. Phys.，1984, 56(7): 1959.

［6］（美）H.C.凯西、M.B.帕尼什著，杜宝勋译. 异质结构激光器（上）. 国防工业出版社，1983，pp.72～80.

［7］ W.P. Dumxe，The Angular Beam Divergence in Double-Heterojunction Lasers with Very Thin Active Regions，IEEE J. of Quantum Electron.，1975, 11: 400.

［8］ Michael Etteilberg. Development to Watch in Diode Lasers，Lasers Focus，pp.86～98(1985).

［9］ TaKashi Muraxami，et.al. A Very Narrow-Beam AlGaAs Laser with a Thin Tapered-Thickness Active Layer(T^3 Laser)，IEEE J. of Quantum Electron.，1987, 23(6): 712～719.

［10］ 同[1]p.30.

［11］ Tien-Pet Lee，et al. Short-Cavity InGaAsP Injection Lasers：Dependence of Mode Spectra and Single-

Longitudinal-Mode Power on Cavity．Length，IEEE J. of Quantum Electron.，1982, 18(7): 1101～1112

[12] Dantel S. Chemla. Quantum Wells for Photonics，Physics Today，1985, 5: 62～64.

[13] Charles H. Henry. Theory of the Linewidth of Semiconductor Lasers. IEEE J.of Quantum Eleotron，1982, 18(2): 259～264.

[14] MareK Osinsxi and Jens Buus. Linewidth Broadening Factor in Semiconductor Lasers. An Overview，IEEE J. of Quantum Electron.，1987, 23(1): 19～29.

[15] Wolfgang E. and Ernst O. Goble. Multimode Effects in the Spectral Line width of Semiconductor Lasers，IEEE J. of Quantum Electorn.，1985, 21(6): 687～692.

[16] H. Kressel. Semiconductor Devices for Optical Communication，Springer-Verlag Berlin Heidelberg，New York，1982，pp.213～242.

[17] G.H.B.Thompson. Physics of Semiconductot Laser Devices. The Pitman Press，Bath，1980，pp.402～473.

[18] Y. Suematsu and K. Iga, Semiconductor Lasers in Photonics, J. of Lightwave Technology, 2008, 26 (9):1132-1144.

[19] A. Yariv. Optical Electronics in Modern Communications (Fifth Edition), chapter 16,1997.

[20] N.G.Basov, et al，Sov. Phys.Semicnd.，1，p.1305(1968).

[21] Michael Ettenberg and Henry Kressel. The Reliabilify of(AIGa)As CW Laser Diodes，IEEE J of Quantum Electron.，1980, 16(2): 186～196.

[22] Albrecht P. Mozer，et a1. Quantitative Evaluation of Gain and Losses in Quaternary Lasers，IEEE J. of Quantum Electron., 1985, 21(6): 719～725.

[23] Ken-Ichit Mizuishi，et a1. Reliability of InGaAsP/InP Buried Heterostructure 1.3μm Lasers，IEEE J. o f Quantum Electron.，1983, 19(8): 1294.

[24] 黄德修，刘雪峰. 半导体激光器及其应用，国防工业出版社，1999.

第6章 低维量子半导体材料

6.1 概　述

纵观整个半导体光电子学的发展，无不是围绕如何加强半导体中电子与光子的相互作用、如何提高电子与光子能量相互转换的效率。本书前几章以半导体光电子学中最具活力的半导体激光器为例，表明从同质结到单异质结再到双异质结都是围绕着如何将注入半导体激光器有源区中的载流子和它们辐射复合所产生的光子在垂直于结平面方向（横向）进行限制。采用条形结构（如隐埋异质结条形）进一步将注入的载流子和辐射复合产生的光子在结平面方向（侧向）限制到较小的有源区内，使电子和光子的相互作用得以进一步加强，由此不断改善提高半导体激光器的性能。然而，电子在这种所谓体材料中的横向和侧向运动仍是相对自由的，即在这两个方向的线度（或尺寸）都远大于表征电子自由或束缚状况的某些特征尺寸。例如表示电子在经历两次碰撞散射之间的平均自由路程（即平均自由程）、表征电子波动性特点的德布罗意波长和表征电子束缚状况的玻尔半径。对于不同的半导体材料，这些特征尺寸都不完全一样。例如，如图 5.1-5 所示，在体材料双异质结激光器中有源层最佳厚度为 0.1～0.15μm，这已大大超过电子的某些特征尺寸（如电子在 GaAs 中的平均自由程约 63Å，玻尔半径～160Å）。如进一步减少有源层厚度，将会由于更多有源层中所产生的光子逸出到有源层外而使阈值电流增加。另外，直至 20 世纪 70 年代初，包括半导体激光器在内的多数半导体光电子器件是依靠液相外延（LPE）生长多层薄膜而制成的，很难精确控制超薄层的厚度从而进一步研究超薄层半导体中可能发生的各种量子效应。

异质结结构及其界面的异质势垒不但成就了 1970 年半导体激光器室温连续工作，而且也成为进一步研究超薄层半导体中电子和空穴在 k 空间量子化和能带的基础。1970 年 IBM 公司的江崎（L. Esaki）和朱肇祥（R. Tsu）首先提出由众多超薄阱层和垒层周期相间的所谓超晶格概念[1]。超晶格中载流子的输运除受半导体晶体本身的周期势作用外，还将受到超晶格所附加的周期势的调制，其结果是原来在体材料中导带和价带连续性能带将被分裂为小带隙分开的一些量子化子带。1971 年前苏联约飞（Ioffe）研究所的 Kazarinov 和 R. A. Suris 在对超晶格进一步分析的基础上预期有量子隧道效应，即一个阱的基态和相邻阱的激励态在能量上一致，而且一个阱中电子和空穴复合产生的光子还有助于激励该阱基态的电子在外场作用下穿越隧道进入邻阱的激励态[2]。以上这些理论的预言为 1973 年贝尔实验室的丁格尔（R. Dingle）等的实验所证实。他们研究出能精确控制薄膜生长速度的分子束外延（MBE）设备并生长出 50 个周期的 AlGaAs/GaAs 超晶格，如图 6.1-1 所示，并在室温下观察到了在体材料中难以看到的激子吸收峰，如图 6.1-2 所示[3]。图中每个峰对应着量子化子带的激子跃迁。有关激子概念参见第 9 章。

事实上，双异质结本身的能带结构可认为是一个势阱。这是 20 世纪 60 年代末期对量子力学教程中提到的所谓方势阱模型的实践。由异质势垒所构成的陡直竖阱成为对进入阱内的量子（在此为电子）的限制，故称量子阱。然而在第 2 章所涉及的体材料双异质结中，窄带隙的有源层的厚度相对较厚（或对应势阱模型中的阱宽较宽），只是考虑了有源层厚度小于电子的扩散长度。电子在这种体材料中正交的三个方向都是自由的，即有三个自由度。真正意义上的量子阱是指阱宽 L_z 小于电子的平均自由程，或者小于电子绕原子核运动量子化轨道的玻尔半径（10～500Å，对 GaAs 约 160Å），此时在垂直于阱壁（即异质结平面）方向的电子将受限而失去该方向的自由度，即仅在阱平面内存在两个自由度，故称量子阱材料为二维量子材料。丁格尔将这种限制在仅存二个自由度的阱层内的电子称二维电子气。同时将只对垒层掺杂而阱层不掺杂、垒层电子却可通过隧道效应进入阱内，从而在阱内形成高密度电子的调控方式称为调制掺杂。这类似于双异质结激光器中所提到的"超注入"。上述超晶格实质是周期性排列且阱间电子能产生隧道效应的多量子阱系列。类似于量子阱这样依靠减少某一维几何尺寸而出现与体材料不同性质的现象统称量子尺寸效应，这也是量变到质变规律的一种体现。

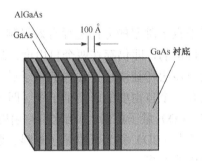

图 6.1-1   AlGaAs/GaAs 超晶格

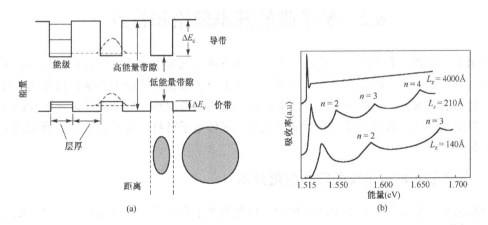

图 6.1-2   (a) 周期量子阱能带结构（图中右下方的圆和椭圆分别代表体材料和量子阱中的激子）；(b) 体材料和量子阱材料光吸收谱（其中阱宽 $L_z = 4000$Å 对应体材料）

随着分子束外延（MBE）和金属有机化合物化学汽相沉积（MOCVD）设备相继问世并不断完善，薄膜生长速度可精确控制到 1Å/秒，从而能生长出高质量的量子阱并确立了量子阱在光电子学发展中的重要性[4]，使基于量子阱的半导体光电子器件得到迅速发展。它使第 5 章所提到的半导体激光器的主要性能获得全面改善，使半导体光放大器摆脱了体材料无法提高其性能的长期困扰，在增益、增益与偏振的相关性、噪声特性等方面都有明显的改善[5]；

使用于泵浦的大功率半导体激光器成为可能并广泛用于泵浦固体激光器、光纤放大器和光纤激光器，特别是使波长为 980nm 泵浦的 EDFA 所获得的低噪声特性，使光纤通信系统接收机前置放大灵敏度得到明显改善；使半导体电吸收调制器（EAM）成为可能，并开发出一种高速且便于集成的调制器；在本书的后续各章还将看到量子阱对可见光半导体光发射器件、半导体光探测器和光子集成的发展都作出了积极的贡献，也为半导体光电子学的发展提供了强劲的动力。

半导体量子阱本身和体材料相对应的是半导体材料领域的范畴，但它本身又是半导体光电子器件的基础或直接构成器件。更具深层次意义的是，应变量子阱的理论和实践开启了所谓"能带工程"或"价带工程"。除了上面已谈到的使体材料的连续抛物线能带变为量子阱的量子化子带外，应变量子阱还使轻空穴带或重空穴价带在 k 空间原点解除解并的同时，其相对位置还可依要求发生变化，甚至还能改变价带的曲率和相应的空穴有效质量，改善价带与导带曲率的对称性，从而提高载流子的辐射复合效率，这是对材料主动改性实现器件性能提高的创新实践。

量子阱还只是对载流子在垂直于阱壁的方向进行有效限制，使它们在该方向失去了自由度，而在阱层平面内电子仍是自由的，即仍存在两个自由度，故称量子阱为二维（2D）量子材料。在量子阱的基础上，进一步思考让阱层平面内的电子进一步失去剩余的一个或两个自由度，这就导致后来发展的只有一个自由度的所谓量子线（即一维（1D）量子材料）和失去全部自由度的量子点（即零维（0D）量子材料）。相比于自由度为 3 的体材料，人们将量子阱（2D）、量子线（1D）和量子点（0D）称为低维量子材料。要获取可控生长且质量好的量子线或量子点自然要比量子阱困难得多。

6.2　量子阱的基本理论和特点

由第 1 章已知，电子的波函数是描述电子状态特点的数学形式。体材料半导体的电子波函数既含有自由电子波函数的特点，同时又反映了原子晶格周期场的影响；而描述晶体中电子能量特点的哈密顿算符作用到波函数上，由求解描述微观粒子运动的薛定谔方程就可得到电子能量的本征值。这些方程同样适应于低维半导体量子材料（参见附录 A：薛定谔方程与一维方势阱）。

6.2.1　量子阱中的电子波函数和能量分布

可以想象，量子阱中的电子波函数应能反映出电子在垂直于阱层方向（z 向）受限而在阱层平面（xy 平面）内两个正交方向仍具有和体材料相同的特点，即，量子阱中的电子波函数 Ψ_{QW} 应为 z 方向有量子化的波函数 Ψ_z 与 x 和 y 方向仍为体材料波函数 $\Psi_\parallel$ 之积。以 r 为坐标矢量，则有

$$\Psi_{QW}(r) = \Psi_z(r_z)\Psi_\parallel(r_\parallel) \tag{6.2-1}$$

其中 $\Psi_\parallel(r_\parallel)$ 在不考虑时间因素时有与式（1.2-21）类似的形式。

$$\Psi_\parallel(r_\parallel) = u(r)\exp(jk_\parallel r) \tag{6.2-2}$$

式中，$u(r)$ 为反映出半导体晶格周期性特点的周期函数（即布洛赫函数），$k_\parallel$ 为阱层平面内

的波矢。在一维无限深势阱中，电子在限定阱宽 L_z（即阱层厚度）的两势垒壁处（$z=\pm L_z/2$）的波函数应有被截止的边界条件，因而有

$$\Psi_z(r_z)=\begin{cases}\cos\left(l\dfrac{\pi}{L_z}z\right), & l=1,3,5\cdots\\[3mm]\sin\left(l\dfrac{\pi}{L_z}z\right), & l=2,4,6\cdots\end{cases}\qquad(6.2\text{-}3)$$

式中，l 为体现量子化特点的量子化序数，并且已用到 $k_z=\pi/L_z$。如果势阱深度有限，即图 6.2-1(a) 中的 ΔE_c 或 ΔE_v 不为无穷大，则电子波函数在阱外表现为依指数函数的衰减波。图 6.2-1(a) 和 6.2-1(b) 分别表示在无限深阱和有限深阱中的电子波函数（在此只画出导带势阱；价带波函数依阱深 ΔE_v 有类似分布）。

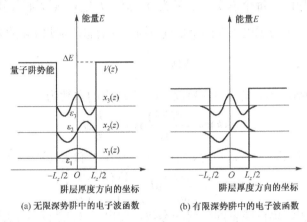

(a) 无限深势阱中的电子波函数　　(b) 有限深势阱中的电子波函数

图 6.2-1　量子阱中的电子波函数（包络函数）

电子在量子阱中的行为服从与时间无关的薛定谔方程，即

$$\left[V-\frac{\hbar^2}{2m_{e,h}}\left(\frac{\partial^2}{\partial Z^2}+\frac{\partial^2}{\partial X^2}+\frac{\partial^2}{\partial Y^2}\right)\right]\Psi_{QW}(r)=E\Psi_{QW}(r)\qquad(6.2\text{-}4)$$

式中左边方括号内的两项分别代表薛定谔方程中哈密顿算符 H 所包括的电子势能和动量算符；E 为电子本征能量；$m_{e,h}$ 为导带电子或价带空穴的有效质量。

为了求得电子在 z 方向的本征能量，先给出该方向电子所遵循的薛定谔方程

$$\left[V(z)-\frac{\hbar^2}{2m_{e,h}}\frac{\partial^2}{\partial Z^2}\right]\Psi_Z(r_z)=E_Z\Psi_Z(r_z)\qquad(6.2\text{-}5)$$

对式（6.2-5）求解可得到量子阱中电子（或空穴）在垂直于阱层方向的能量本征值。对某一阱宽 L_z 的量子阱，E_z 是与该方向波矢量（因而动量）无关而只与量子化序数相关的常量，即

$$E_z(l)=l^2\frac{\hbar^2\pi^2}{2m_{e,h}L_z^2},\quad l=1,2,3,\cdots\qquad(6.2\text{-}6)$$

因而量子阱中电子（或空穴）总的能量为

$$E(k_{xy},l)=\frac{\hbar^2 k_{xy}^2}{2m_{e,h}}+l^2\frac{\hbar^2\pi^2}{2m_{e,h}L_z},\quad l=1,2,3\cdots\qquad(6.2\text{-}7)$$

式中，k_{xy} 为量子阱层内电子（或空穴）的波矢量，并有 $k_{xy}^2 = k_x^2 + k_y^2$，电子（或空穴）的能量分别是从导带底或价带顶计算的。结合式（1.4-3）和式（6.2-7）不难看出，量子阱中的电子（或空穴）在平行于阱层平面方向的能量体现出体材料的特点，而在垂直于阱层方向的能量则体现出量子化的特点，总的能量是这二者之和。

6.2.2 量子阱中电子的态密度和增益

由第 1 章可知，电子态密度是影响跃迁速率、增益等许多特性的一个重要物理量。参照第 1 章求体材料 k 空间态密度的方法，并考虑到量子阱中的电子在垂直于阱壁方向已失去自由度，因而只需考虑在 $k_x k_y$ 面内的态密度。因此只需计算 $k_x k_y$ 面内某一点以某个 k 值为半径的圆面积内的态密度。同时因考虑阱层量子态的均匀性和对称性，可将态密度求值范围进一步缩小到 1/4 的圆面积内。每个态所占面积为 $A = \pi^2/(L_x L_y) = \pi^2/A_□$（其中 L_x 和 L_y 分别为 x 和 y 方向的单位长度）。又考虑电子有两个自旋方向相反的态，则此 1/4 的 k 面积内所含态数为

$$N(k) = \frac{k^2 A_□}{2\pi} \tag{6.2-8}$$

注意态密度是 $\rho(k) \equiv \mathrm{d}N(k)/\mathrm{d}k$，则在 $k \to k+\mathrm{d}k$ 的一个环内的态数为

$$\rho(k)\mathrm{d}k = \frac{\mathrm{d}N(k)}{\mathrm{d}k}\mathrm{d}k = A_□ \frac{k}{\pi}\mathrm{d}k \tag{6.2-9}$$

为了得到单位能量间隔内的态密度 $\mathrm{d}N(E)/\mathrm{d}E$，则在 E 和 $E+\mathrm{d}E$ 之间的总态数为

$$\rho(E)\mathrm{d}E = \frac{\mathrm{d}N(E)}{\mathrm{d}E}\mathrm{d}E = \frac{\mathrm{d}N(K)}{\mathrm{d}k}\frac{\mathrm{d}k}{\mathrm{d}E}\mathrm{d}E \tag{6.2-10}$$

量子阱中单位面积、单位能量间隔内的态数，即电子（或空穴）的态密度 $\rho_{QW}(E)$ 为

$$\frac{1}{A_□}\frac{\mathrm{d}N(E)}{\mathrm{d}E} = \frac{k}{\pi}\frac{\mathrm{d}k}{\mathrm{d}E} \tag{6.2-11}$$

由式（6.2-7），且只考虑量子化子带序数 $l=1$，将分别得到的 $k(E)$ 和 $\mathrm{d}k(E)$ 代入式（6.2-11）即得

$$\rho_{QW}(E) = \frac{1}{A_□}\frac{\mathrm{d}N(E)}{\mathrm{d}E} = \frac{m_{e,h}}{\pi\hbar^2} \tag{6.2-12}$$

对照体材料的态密度式（1.4-5），量子阱中某一子带内的态密度却是与能量无关的常数，当 $l=2$ 时，E_2 子带内的态密度为式（6.2-12）的两倍；同样 E_3 子带内的态密度为第一子带态密度的 3 倍，依此类推[6]。这种态密度阶梯变化的特点用数学式表示为

$$\rho_{QW}(E) = \frac{m_{e,h}}{\pi\hbar^2}\sum_{l=1}^{\infty}H(E-E_l) \tag{6.2-13}$$

式中，$H(x)$ 为赫威赛（Heaviside）函数或称阶跃（台阶）函数。其特点是当 $x<0$ 时，$H(x)=0$；当 $x>0$ 时，$H(x)$ 为一个台阶单位。量子阱中态密度的这种台阶特性如图 6.2-2 所示。但仍需注意的是电子是依能量最小原理分布的，多数情况只是涉及低量子数的第一子带（或第二子带）。由量子阱这种台阶状态密度可以总结出与体材料不同的某些特点：

（1）载流子的零点能量不像体材料那样在抛物线的带边而是在如图 6.2-2 的 E_1 处，因而产生带间跃迁的光子能量为[6]

$$hv = E_c - E_v = E_g + \left(\frac{1}{m_e} + \frac{1}{m_h}\right)\frac{\hbar^2}{2}\left(k^2 + l^2\frac{\pi^2}{L_z^2}\right)$$

$$= E_g + \frac{\hbar^2}{2m^*}\left(k^2 + l^2\frac{\pi^2}{L_z^2}\right) \tag{6.2-14}$$

式中，m^*为导带电子和价带空穴的折合质量

$$m^* = \left(\frac{1}{m_e} + \frac{1}{m_h}\right) = \frac{m_e m_h}{m_e + m_h} \tag{6.2-15}$$

在量子阱材料中电子所发生的带间跃迁中，其跃迁选择定则仍是须遵循的。即和体材料一样，参与跃迁的电子和空穴应对应同一 k 值（实际情况是 k 选择定则可一定程度的松弛，但这种几率较小）；除此之外，量子阱中的电子跃迁只能发生在导带与价带的相同量子化序数 l 的子带之间，如图 6.2-3 所示。对比式（1.2-42）和式（6.2-14）可知，与体材料相比，量子阱中跃迁的光子能量多了一项 $\hbar^2 l^2 \pi^2 / (2m^* L_z^2)$，因而量子阱材料中电子在带间跃迁的峰值透明波长发生在 k=0 处，即

$$\lambda = \frac{1.24}{E_g + h^2\pi^2/(2m^*L_z^2)} \quad (\mu m) \tag{6.2-16}$$

与式（2.4-1）比较，量子阱中这一波长短于体材料。这对设计如光纤通信那样对激光器波长有严格要求的量子阱结构是需要注意的。但与此同时，也可通过适当调整阱宽 L_z 来调整到所需波长，给量子阱材料设计提供一个自由度。

（2）量子阱材料的增益谱

在体材料中，电子的带间辐射跃迁发生在导带底和价带顶之间，紧接着有随能量逐渐增高的更多电子参与；与此同时，经由声子参与的弛豫过程，注入电子发生依能量从高到低的逐级补充或填充过程。而在量子阱中，由于在垂直于阱层方向台阶状的态密度，在一个台阶内的态密度与能量无关。对照图 1.5-1 所示的抛物线带边（底部）态密度小的体材料，直观上可知量子阱由于台阶函数的性质可有大的态密度和载流子参与受激辐射跃迁，相应可获得高的增益系数和微分增益。参看体材料增益系数表示式（1.5-26），由于量子阱材料中的电子态密度表示式（6.2-13）中含有台阶函数，故其增益系数也具台阶特点，即

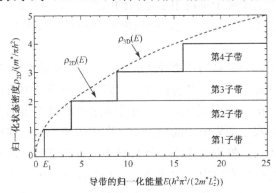

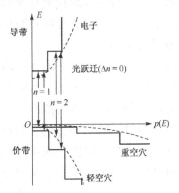

图 6.2-2　量子阱中的电子态密度　　　　图 6.2-3　量子阱中的电子带间跃迁

$$g(\hbar\omega)=\frac{\pi e^2}{m^{*2}}\frac{1}{\varepsilon_0 \bar{n} c\omega}\sum_l |M|^2 (f_c-f_v)\frac{2m^*}{\pi\hbar^2 L_z}H(\hbar\omega-E_{g,1}) \qquad (6.2\text{-}17)$$

为了比较，图 6.2-4(a)和(b)分别表示体材料和量子阱材料的增益系数与电子能量的关系。由图可见，体材料在 $h\nu = E_g$ 处开始出现增益，而量子阱则是第一量子化子带之间电子跃迁开始产生台阶状增益。再回到式（1.7-12），提高增益介质的增益系数需增加微分增益系数 $a(=\mathrm{d}g/\mathrm{d}N)$ 和减少透明载流子浓度。而体材料抛物线能带的"软"带边相对于量子阱台阶状能带的"硬"带边因底部参与跃迁的态密度小，有利于获得小的透明载流子浓度。然而，量子阱的"硬"带边却有利于提高微分增益系数[7]。

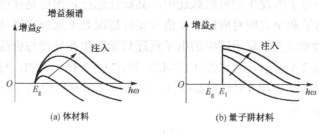

(a) 体材料　　　　　　(b) 量子阱材料

图 6.2-4　增益系数随电子能量的分布

6.2.3　量子阱中的激子性质

在半导体中的电子和空穴之间由于库仑力作用有可能形成类似于氢原子模型中的电子束缚态。将这种电子与空穴所形成的束缚态称为激子（exciton）。这种束缚态类似于半导体中的浅杂质态。在半导体体材料中，激子的离化能很小（～4meV），远小于室温时的热能（$k_B T$～25meV）。因此只能在超低温下才能观察到体材料中激子吸收外部能量而离化的所谓弗朗兹-克罗蒂（Franz-Keldysh）效应。在量子阱材料中激子的特点发生大的变化，阱中的激子不得不变更其本身的结构（或波函数）来适应这种超薄阱层的限制。图 6.1-2(a)右下方表示体材料 GaAs 中激子直径为 280Å 的圆，而在量子阱中却被挤压成椭圆，意味着量子阱中电子和空穴的轨道彼此靠得更近，使激子束缚能比体材料情况提高 4 倍左右，因而就有可能在室温下观察和利用激子的谐振吸收效应。图 6.2-5 表示 GaAs/GaAlAs 多量子阱在不同场强作用下的室温吸收谱，其中每一台阶代表导带与价带量子化子带内电子之间的跃迁。每一台阶边上的吸收峰由激子所产生。如果用精密的光谱测试，则在第一台阶处还能看到与重空穴/轻空穴相关的两个激子吸收峰。

静电场对量子阱中激子的作用将产生量子限制的斯塔克（Stark）效应，常简称为 QCSE。在未加电场时，则有与图 6.1-2(b)类似的吸收谱。在电场作用下，因阱层很薄，因而在垂直于阱层方向小的压降就有可能产生 10^4V/cm 量级的场强。场强的影响如图 6.2-6 所示。电场使能带发生倾斜，因而导带电子和价带空穴分别集中于能量最小（图中尖角）处，使电子和空穴的互作用增加，即激子的束缚能增加。当静电场作用于体材料中三维激子时，这种能带的倾斜也产生类似于氢原子中所观察到的斯塔克效应，使能级发生小的漂移，但这种漂移却很快受到由于电场影响所造成的能级扩展所掩盖。而在量子阱中的激子在垂直于薄层方向电场作用下，也有使其电子和空穴分离的倾向，但这种趋势却受到阱壁的限制而迫使其维持束缚态，激子的离化只在电子和空穴通过隧道效应逸出阱时才发生。因此，在未加电场（$E = 0$）

的量子阱中激子有比体材料大的束缚能；另外，在垂直于量子阱层的反偏电场 E 作用下，由于电场力使处于束缚态电子和空穴分别向相反方向运动，又使这种束缚能减少，使入射光子能量小于带隙能量时就能产生大的吸收，同时使吸收边移向比带隙波长更长的波长（即红移）。如果设计多量子阱（MQW）结构，在零电场时对外来入射光子是透明的（即材料的 E_g 大于入射光子能量），而在加以反向偏压时对入射光子产生大的吸收，则利用这种外电场（或电信号）对激子吸收的调制作用就能成为电吸收（EA）调制器的理论基础，在 9.6.3 小节中还将对此进行详细介绍。作为外调制器的 EA 调制器和铌酸锂调制器都是高速（2.5Gb/s 以上）光纤通信所必须采用的重要器件，以防止对半导体激光器直接高速调制所产生的频率啁啾而使线宽加宽和引起啁啾噪声。第 10 章还将谈到，EA 调制器的最大优点是能与半导体激光器单片集成。量子限制的斯塔克效应将对第 8 章可见光半导体激光器或发光二极管的波长控制和量子效率产生不利影响，也是需要避免的。在外电场作用下，量子阱倾斜能带锐角处电子和空穴的积累对 APD 光探测器响应速度的影响将在第 9 章描述。

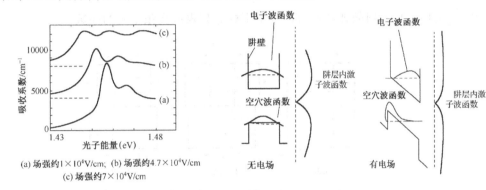

(a) 场强约 1×10^4 V/cm; (b) 场强约 4.7×10^4 V/cm;
(c) 场强约 7×10^4 V/cm

图 6.2-5　在电场作用下量子阱材料中激子对吸收的影响　　图 6.2-6　外加直流电场对激子跃迁的影响

6.2.4　应变量子阱

在第 2 章谈及异质外延形成异质结时曾一再强调异质材料之间的晶格匹配，并给出了允许的晶格失配度。超过此失配度将形成失配位错，对半导体激光器性能和可靠性产生严重影响。这在体材料和前面谈到的量子阱（即晶格匹配量子阱）都是必须注意的。另外，量变-质变规律又表明，当量子阱阱层的厚度小于某一临界尺寸时，由于晶格失配所产生的应力或应变能可以通过弹性形变来缓解或释放。这不但不会产生不利的影响，反而能改变价带结构。为了提高半导体激光器性能，人们通过选择应变的类型和应变量来调整半导体重空穴或轻空穴带的相对位置以及改变它们的有效质量，改善价带和导带之间的对称性，从而开创了所谓"价带工程"或"能带工程"。这是半导体光电子学的又一突破。

既然是异质外延，在衬底（或已外延形成的结晶层）上生长新的外延层，两者之间的晶格常数 a 总存在一定的差异。只要衬底晶格常数 a_1 与外延层晶格常数 a_2 之间的差值（a_1-a_2）相对 a_1 是一个允许的小量，则两种晶体之间仍能依靠原子间键力形成稳定的体系。然而，在界面上晶格常数的失配所造成的应力总是迫使外延层平面方向和垂直于外延层方向的晶格常数同时发生改变。如果 $a_2 > a_1$，则在外延层内形成压应变，即在外延层平面内晶格受压以维系与衬底晶格匹配，与此同时在垂直于外延层方向通过泊松比关系而被拉伸来保持原胞内应力的平衡；若 $a_2 < a_1$，则外延层发生和压应变情况相反的张应变，如图 6.2-7 所示。要使应变量子阱能稳定工作，关键是阱层厚度不能超过某一临界厚度 h_c。在临界厚度以下，由于晶格失配所引起的应变能小于产生位错所需的能量而不至形成位错。依超晶格各层之间有相等的弹性常数，可给出临界厚度 h_c[8]，这是一个超越方程：

$$h_c = \frac{a}{k\sqrt{2}\pi f}\frac{1-0.25}{1+v}\left(\ln\frac{h_c\sqrt{2}}{a}+1\right) \tag{6.2-18}$$

式中，a 为应变层的晶格常数；系数 k 在应变层超晶格、单量子阱和单应变层三种情况下分别为 1、2 和 4；$f = \Delta a/a$ 为失配度，为了避免产生位错应使 $f < 1.5\%$；v 为泊松比，定义为

$$v = \frac{c_{12}}{c_{11}+c_{12}} \tag{6.2-19}$$

其中 C_{ij} 为应变层材料的弹性系数，其中下标 ij 代表应变张量元的序数。

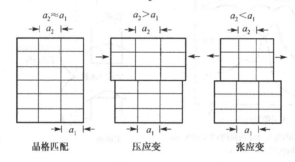

图 6.2-7　外延层与衬底晶格失配和产生的应变

考虑单应变层内应变能和形成孤立位错所需能量的平衡，假设层内还未出现位错线，只是出现产生所需能量最低的螺旋位错，可得出修正的临界厚度[9]

$$h_c = \frac{a}{32\sqrt{2}\pi f^2}\frac{1-v}{1+v}\left(\ln\frac{h_c\sqrt{2}}{a}\right) \tag{6.2-20}$$

注意到由位错决定的临界厚度反比于失配度 f^2，在失配度客观存在的情况下如何提高临界厚度是一个重要的研究课题。例如，用一定直径的纳米柱取代平面应变层可显著提高应变所决定的临界厚度。另一方面，在有源层内引入所允许应变量的应变量子阱对半导体激光器和半导体光放大器都产生了一些积极的影响：

（1）对能带结构的影响。由于应变破坏了晶格的对称性（常用的 GaAs、InP 为立方晶格），使晶格匹配时的重空穴带和轻空穴带两者的带顶在 k 空间原点不再重叠，即失去简并。

（2）视应变类型不同，轻空穴带和重空穴带的相对位置发生变化。张应变使轻空穴带处于重空穴带之上，压应变情况则相反，如图 6.2-8 所示。同时导带电子与重空穴或轻空穴的辐射复合分别形成光子的 TE 或 TM 偏振，如图 6.2-9 所示。第 7 章将看到，在半导体光放大器有源层中引入张应变量子阱，可使偏振相关增益得到明显改善。

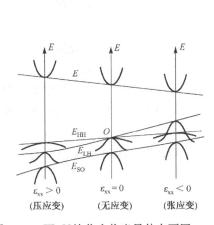

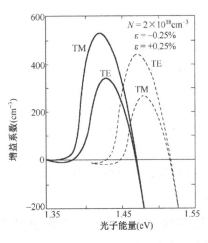

图 6.2-8　Ⅲ–Ⅴ族化合物半导体在不同
单轴应变的能带结构示意图

图 6.2-9　In$_x$Ga$_{1-x}$As 中双轴压应变（虚线）和
双轴张应变（实线）引起的光子偏振增益

（3）由于晶格失配造成的内应力使重空穴有效质量减少，表现在应变后的价带曲率增加，从而增加了与导带的对称性，减少了导带电子与价带空穴有效质量上大的差异（无应变时 $m_h^* = 5m_e^*$），使价带和导带以数量相近的态密度参与辐射跃迁，这对提高微分增益（dg/dN）和与之相关的性能起到了正面影响。

（4）应变对阱层带隙的影响。由图 6.2-8 也可看出，不同的应变类型使带隙的大小发生不同的改变。因此，除了采取调整组分、调整量子阱宽等手段之外，还可以通过选择应变类型或张应变与压应变量子阱的优化组合来实现所需的激射波长。例如，采用波长为 980nm 半导体激光器泵浦掺铒光纤放大器（EDFA）可得到低噪声指数的光放大，从而适用于光纤通信系统的前置光放大。为获得这一波长的光激射，单纯调整所选用的 In$_x$Ga$_{1-x}$As/GaAs 中 In 的组分难以奏效，最终是用 In 含量 x=0.2、张应变（失配度=–1.4%）量子阱（阱层厚为 8nm）来实现的。另一方面，In$_x$Ga$_{1-x}$As/InP 是用于长波长半导体激光器、光放大器所用的材料。当 x=0.53 时，In$_x$Ga$_{1-x}$As 有源材料与衬底 InP 晶格匹配；当 x<0.53 时，则产生张应变；x>0.53 则产生压应变。

6.3　量子阱半导体激光器

6.3.1　概述

前面已经分析了量子阱（包括应变量子阱）材料由于加强了对载流子的限制作用和加强了电子-光子的相互作用，表现出与体材料不同的一些突出优点，对全面改善半导体激光器的性能起了重要作用。概况起来有以下几点：

（1）多数半导体激光器都是依应用需求对波长特定设计的。量子阱（包括应变量子阱）为波长选择提供了额外的自由度。

（2）能在相对小的载流子浓度获得高的材料增益，即高的微分增益（dg/dN）。因而可望获得比体材料低的激光阈值；获得低的线宽增强因子从而获得窄的线宽；由于低的内部载流子损耗和高的微分增益，从而有高的内量子效率和产生高功率输出的能力。

（3）与体材料相比，在获得相同增益时只有小的折射率变化，因而有相对小的啁啾，从而可获得高的直接调制带宽。

（4）由于减少阈值和工作时所需的载流子浓度，减少了漏电流、减少了与载流子浓度三次方成正比的俄歇复合和其他非辐射复合，可望得到高的特征温度 T_0。

（5）与体材料激光器相比，基于量子阱材料的激光器能以相同的注入电流获得高的输出功率，即高的外微分量子效率。则在同样输出功率下可降低工作电流，因而可望获得高的可靠性。

用量子阱材料取代体材料，在不同器件结构（如 F-P 腔、DFB、VCSEL 等）都已获得好的器件性能。

6.3.2 单量子阱（SQW）半导体激光器

1977 年出现的第一个基于 $Ga_{1-x}Al_xAs/GaAs$ 单量子阱半导体激光器（阱层厚 200Å），室温阈值电流密度为 $3kA/cm^2$，仅能脉冲工作[10]。原因在于 SQW 结构中，正如图 5.1-3 所示在有源层（在此即阱层）中光子所得到的模式增益 Γg 却很小，大部分光场漏至有源区外，从而降低了有源层内的量子效率。因此在 SQW 激光器中解决了电子的一维限制后需用光波导有效地对光子进行限制，随即出现了一种对电子和光子分别进行限制的异质结（SCH）单量子阱结构。图 6.3-1 是一种渐变折射率 SCH（GRINSCH）单量子阱激光器结构[6]。采用 SCH-SQW激光器的阈值电流密度可降到 $10^2 A/cm^2$ 量级，并在 20 世纪 80 年代先后在 GaAlAs/GaAs、InGaAsP/InP 材料系中实现室温下高微分量子效率（70%～80%）的工作。图 6.3-2 给出了 GaAlAs/GaAs 渐变势垒（GB，即图 6.3-1 GRIN）、阱宽 $L_z = 100Å$ 的 SQW 条形激光器增益系数与注入电流密度的关系[11]。为比较，图中还给出体材料双异质激光器的情况。图中还表示随着注入电流密度的提高，除第一量子化子带外，第二量子化子带（在此量子化序数用 n 标注）也参与辐射跃迁和增益过程。

单量子阱激光器阱层厚度 L_z 不能太小，当 L_z 接近电子平均自由程时，电子与声子之间耦合作用减弱，这对阱中态密度量子化不利。

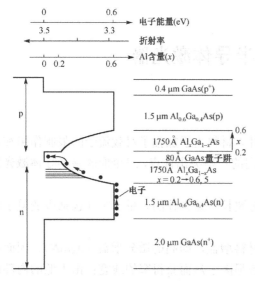

图 6.3-1 渐变折射率波导 SCH-SQW 激光器

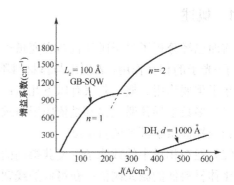

图 6.3-2 GB-SQW 增益系数与注入密度的关系

6.3.3 多量子阱（MQW）半导体激光器

SQW 激光器不足以体现量子阱所特有的优越性。特别是激光腔的长度较短时需用 MQW 而非 SQW。在超晶格中，要求对阱层和垒层的材料和厚度进行严格的周期性生长、阱层间电子波函数还有一定的重叠，垒层厚度不是太厚而允许电子通过隧道效应而相互作用。而 MQW 不同于超晶格，在 MQW 中并不强调阱层/垒层的周期性，可以根据需要设计不同的阱层厚度甚至不同的应变量子阱类型；MQW 中垒层厚度比超晶格的大一些，足以使各阱间电子波函数不发生耦合，但也不宜过厚以免造成材料浪费和增加串联电阻。由于异质结界面不可避免地存在界面态等缺陷，并由此引起非辐射复合损耗，所以，MQW 中的阱数也不能像超晶格那样取众多的周期数，而只能是很有限的量子阱数量。这也是长腔 SCH-MQW 半导体激光器可以得到较低的阈值电流密度的原因之一。

然而，即使是 MQW 仍然需要像 SQW 激光器中那样对光子进行有效限制。例如，由 10 个阱层和垒层厚度分别为 7.5nm 和 8nm 的 MQW 半导体激光器有源区，其总厚度也只能和体材料有源区相比拟。因此在多量子阱层的上/下层都需有比垒层更宽带隙（相应更小折射率）的波导层对光子进行限制，即同样需用 SCH 结构。由于模场限制因子的增大，SCH-MQW 与 SQW 半导体激光器相比可以得到低的阈值载流子密度。

以图 6.3-3 表示的 GaAlAs/GaAs 多量子阱结构为例说明对 MQW 半导体激光器的某些设计思考。图中只表示了 MQW 结构的导带电子能量的分布。由阱层（电子复合层）、势垒层（电子限制层）和波导层（光子限制层）组成，因各层 Al 含量不同，由表 2.4-1 可知，各层直接带隙能谷（用 Γ 表示）和间接带隙能谷（图中用虚线表示的 X 能谷和 L 能谷）的相对位置也不相同。其中，限制层中的 GaAlAs 由于 Al 组分较高而成为间接带隙半导体材料，而阱层和垒层中的 Al 组分较低仍然是直接带隙半导体。阱层厚度（即能带图中的阱宽）为 7.5nm，小于限制电子在垂直于阱层方向运动的特征尺寸，使电子在该方向失去自由度，电子波函数被限制在阱内，能使激光器获得小的阈值电流密度。取 8nm 的垒层厚度（即能带图中的垒宽）是基于考虑防止阱间波函数的相互耦合（即防止载流子隧道效应）。过厚的垒层不但浪费材料，而且会加大体电阻而增加功耗。MQW 各阱间在电流通道上是彼此串联的，但各量子阱所辐射的光子却是并行的。阱的数量应根据所需输出光功率而定。比势垒层带隙更大的波导层是为限制光子所设。两波导层之间的距离（图中 d_g）大小选取需要考虑对光场的限制，使在垂直生长层方向有大的光场限制因子（参见 5.1-3）。量子阱数越多，即总的有源层厚度越大，波导层间距 d_g 可适当减少。在图 6.3-3 所示的结构中，当量子阱数分别为 1、3 和 6 时，所计算的 d_g 分别为 258nm、219nm 和 215nm。因此，对有均匀周期性阱/垒层厚度的 MQW 的设计考虑有三个主要尺寸，即阱宽 L_z、总的有源层厚度 d_a 和波导层间距 d_g。

MQW 半导体激光器的阈值条件可原理性地表示为[13]

$$g_m(n_{th}, L_z)\Gamma(d_g) = \alpha \tag{6.3-1}$$

式中，g_m 和 α 分别为量子阱材料的增益系数和损耗系数，Γ 为光场限制因子，n_{th} 为阈值载流子浓度。阈值电流密度表示为：

$$I_{th} = e[B(n_{th}, L_z)n_{th}^2 + C(n_{th}, L_z)n_{th}^3]d \tag{6.3-2}$$

式中，B 和 C 分别为双分子复合系数和俄歇复合系数，二者均为 n_{th} 和 L_z 的函数。

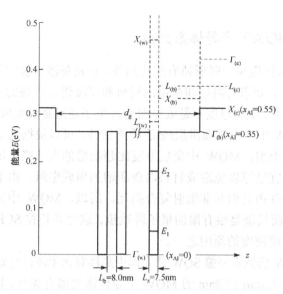

图 6.3-3　多量子阱半导体激光器能带（导带），图中字母的下标 w、b、c 分别代表阱层、垒层和限制层

多量子阱已成为当今高性能半导体激光器的基础,特别是高功率半导体激光器更是如此。将多量子阱中的各阱看成是独立的有源层,并没有考各阱光子之间的相位关系。如能像列阵半导体激光器那样实现各阱间光场的严格相位匹配与锁定[14],可望获得更高的激光输出功率。

在量子阱中纵向光学声子（晶格热振动能量量子化即为声子，光学声子即频率相对高的声子）参与带内能级间载流子弛豫过程的能量守恒,对带内松弛时间产生积极影响。带内载流子松弛时间 τ_{in} 由导带松弛时间 τ_{c} 和价带松弛时间 τ_{v} 共同决定:

$$\frac{1}{\tau_{\mathrm{in}}}=\frac{1}{2}\left(\frac{1}{\tau_{\mathrm{c}}}+\frac{1}{\tau_{\mathrm{v}}}\right) \tag{6.3-3}$$

带内松弛时间主要与有效质量较重的空穴相关的散射决定,包括空穴-空穴、空穴-纵向光学声子和空穴-电子的散射。量子阱材料中导带电子的松弛时间（～0.1ps）比空穴在价带内的松弛时间要小得多。τ_{in} 关系到增益介质增益系数的光谱展宽因子和对全光信号处理的处理速度。严格说前面体材料、量子阱材料的增益系数表达式后应乘以一个谱宽展宽因子。这是各种激光介质共有的特性,只是不同增益介质光谱展宽机理不一。为简单计,半导体增益介质光谱展宽因子用洛仑兹线形因子近似[15]

$$L(\hbar\omega-E_{\mathrm{c,v}})=\frac{1}{\pi}\frac{\hbar/\tau_{\mathrm{in}}}{(\hbar\omega-E_{\mathrm{c,v}})^2+(\hbar/\tau_{\mathrm{in}})^2} \tag{6.3-4}$$

式中，$E_{\mathrm{c,v}}$ 为电子跃迁能量（$\neq$ 光子能量 $\hbar\omega$）。光谱展宽因子与前面多次提到的线宽增强因子是两个不同的概念。

载流子带内松弛相对带间复合是一个瞬态过程,带内松弛时间通常在 ps 量级,在量子阱材料中甚至可达到亚皮秒;而载流子复合寿命在 2ns 左右。带内松弛除影响增益谱加宽外,对激光振荡模式和增益抑制也产生重要影响。图 6.3-4 所示为量子阱材料的增益谱和辐射谱。由图可见,与无松弛的情况相比,带内松弛由于散射机制使光谱变得平滑,谱宽也加宽。图中高和低两个峰值分别来源于电子与重空穴、电子与轻空穴之间的跃迁。

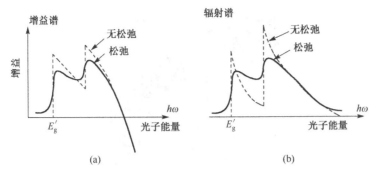

图 6.3-4　带内松弛引起的光谱加宽

多量子阱为半导体激光器设计提供了广阔的空间，可以根据需要灵活选择阱宽、阱深和量子阱个数，也可产生一定的应变量和应变类型（压应变或张应变），形成应变量子阱或应变补偿量子阱有源材料，以满足不同性能要求。还可在 MQW 上加工成 DFB 激光器，其 SMSR 也可进一步提高到 40～50dB。

6.3.4　量子级联激光器

量子级联激光器（quantum cascade laser，QCL）的概念是前苏联科学家 Rudolf Kazarinov 和 Robert Suris 在 1971 年提出的，其真正实现是在 1994 年贝尔实验室 Federico Capasso 和卓以和利用分子束外延设备制备出波长为中红外波段的量子级联激光器。

量子级联激光器在发光原理上就与传统的半导体激光器截然不同。传统的激光器利用电子从导带到价带的复合跃迁发光，属于带间跃迁的双极型器件，光子的产生依赖于电子与空穴的复合；有源区材料必须选取直接带隙半导体材料，发光波长主要是由半导体材料的带隙（即，禁带宽度）决定。即使是在量子阱激光器中，仍然是由材料的禁带宽度主导决定光子的能量，量子限制效应对光子能量的影响量很小。而量子级联激光器则只是利用了电子在导带内部的量子化子能级之间的跃迁来产生光子，并不涉及到空穴。因此这是一种子带间的单极器件，光子能量完全由导带子能级的能量间隔而决定，与材料带隙无关，有源区材料的选择也不必再局限于直接带隙半导体材料，这就为硅、锗等间接带隙半导体材料的发光提供了一种实现途径。

在量子级联激光器中，由于电子跃迁和光发射是发生在导带的分立子能级之间，而这些子能级间隔远小于带隙，而且可以通过改变量子阱的厚度对发射光波长进行人为的裁剪调控，这极大地扩展了材料的发光范围。量子级联激光器的发射波长可以覆盖 3μm~30μm 的中红外区域、30μm 以上的远红外区域和太赫兹波段。而这些波段是传统的半导体激光器难以实现的，因为对应长波长光子的材料带隙很小；与近红外波段常用的 InP 基、GaAs 基半导体材料相比，小带隙半导体材料的稳定可靠性较差，而且工艺制作难度较大。

量子级联激光器通常由几十甚至上百个重复的量子阱周期级联而成，每个周期可以分为注入区/弛豫区、有源区。图 6.3-5 给出了一个量子级联激光器导带的能带结构图，图中只画出了两个周期[22]，在外电场作用下整个能带发生倾斜。

注入区由多组垒层极薄（厚度 1～3 nm）的超晶格组成，电子的波函数一般会遍布整个注入区形成所谓的微带和微带隙；微带的基态由图 6.3-5 中的 g 表示。

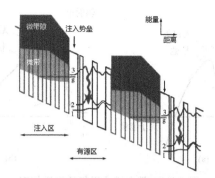

图 6.3-5　量子级联激光器的导带能带结构，此图只画出了两个周期[22]

注入区后面由一个较宽的势垒隔开的是有源区，注入区通过共振隧穿效应把电子注入到有源区的上能级，并将下能级的电子提取出来，使之继续进入下一周期。在图 6.3-5 所示的有源区中，有一个阱厚度较小的薄量子阱和两个阱厚较大的宽量子阱，导带三个子能级的位置以及电子波函数分布由这三个量子阱的结构（主要是阱厚）决定，电子波函数幅度的平方分别由图中的"1"、"2"和"3"曲线表示。电子从子能级 3 跃迁到子能级 2 的弛豫时间为几个皮秒，而从子能级 2 跃迁到子能级 1 的时间低至 0.3 皮秒，这就很容易在子能级 3 与子能级 2 之间形成粒子数反转条件，因而电子从高能级 3 向下跃迁到低能级 2 并辐射出光子（图中曲线型箭头所示）。随后，电子在光学声子的辅助下在亚皮秒时间内极为迅速地弛豫到子能级 1 上，并由下一个周期的注入区/弛豫区所收集、进而被注入到该周期的有源区去产生新的光子，如此循环下去。由上可知，上一个周期的电子向下跃迁到低能级子带发射光子之后，它并不会进入价带与空穴复合而湮灭，而是继续再注入下一个周期内，继续释放另外一个光子。这个过程不断重复，类同于水流在多个级联瀑布中的行为，只不过这里是电子瀑布。正是借助这种级联效应，一个电子可以辐射出多个光子，由此可以提高发光功率。而在传统的半导体激光器中，电子从导带跃迁到价带以后就会与价带内的空穴复合而湮灭，一个电子-空穴对的复合最多只能产生一个光子。

值得一提的是，此处介绍的是利用量子阱导带子能级之间的电子跃迁实现受激辐射、并将它应用在激光器中，而在 9.6.2 节还将介绍基于导带子能级电子跃迁实现受激吸收，并将它应用在中/远红外以及太赫兹探测器中。

6.4　量子线与量子点

6.4.1　量子线和量子点基本理论

在量子阱（Quantum well，QW）中，电子在阱层平面内还有两个自由度。很自然想到如能设法让电子进一步失去另外的一个或全部自由度，即只有一维自由度或零维自由度，就成为所谓量子线（Quantum wire，QR）或量子点（Quantum dot，QD，有时也称量子箱 QB），它们分别将载流子限制在线状或箱状的势阱中。也很自然期待基于 QR 或 QD 半导体材料的光电子器件有比 QW 更好的性能。例如，QW 激光器已有阈值电流密度 52A/cm^2、阈值电流 0.35mA 的报导；而如果用量子线或量子点可能使半导体激光器阈值电流达到微安量级，则包括单片光子集成、光互连和全光信号处理都是所希望的。

根据 6.2 节由薛定谔方程获得量子阱量子化能量本征值的方法可以得到量子线、量子点的量子化能量[16]

$$E_\ell = \frac{\hbar^2\pi^2\ell^2}{2m^*t_x^2} + \frac{\hbar^2(k_x^2+k_y^2)}{2m^*} \qquad \begin{array}{c}\text{1维限制的量子阱}\\ \text{（2维自由度）}\end{array} \qquad (6.4\text{-}1)$$

$$E_{\ell,m} = \frac{\hbar^2\pi^2}{2m^*} + \left(\frac{\ell^2}{t_x^2} + \frac{m^2}{t_y^2}\right) + \frac{\hbar^2k_z^2}{2m^*} \qquad \begin{array}{c}\text{2维限制的量子线}\\ \text{（1维自由度）}\end{array} \qquad (6.4\text{-}2)$$

$$E_{l,m,n} = \frac{\hbar^2\pi^2}{2m^*} + \left(\frac{\ell^2}{t_x^2} + \frac{m^2}{t_y^2} + \frac{n^2}{t_z^2}\right) \qquad \begin{array}{c}\text{3维限制的量子点}\\ \text{（0维自由度）}\end{array} \qquad (6.4\text{-}3)$$

式中，m^* 为式（6.2-15）表示的折合质量，t_x、t_y 和 t_z 分别为 x、y 和 z 方向量子化限制的尺寸（6.2 节中在 z 方向用 L_z 表示，为统一起见在此改用 t_x）；整正数 l、m 和 n 分别为 x、y 和 z 方向能量量子化序数($l, m, n = 1, 2, \cdots$)；k_x、k_y 和 k_z 为对应方向的波矢。

为比较起见，将体材料（3D）、量子阱（2D）、量子线（1D）和量子点（0D）的态密度表示为

$$\rho_{3D} = \frac{(2m^*/h^2)^{3/2}\sqrt{E}}{2\pi^2} \qquad \text{体材料} \qquad (6.4\text{-}4)$$

$$\rho_{2D} = \frac{m^*}{\pi\hbar^2t_x}\sum_\ell H(E-E_\ell) \qquad \text{量子阱} \qquad (6.4\text{-}5)$$

$$\rho_{1D} = \frac{(2m^*)^{1/2}}{\pi\hbar t_x t_y}\sum_{\ell,m}(E-E_{\ell,m})^{-1/2} \qquad \text{量子线} \qquad (6.4\text{-}6)$$

$$\rho_{0D} = \frac{2}{t_x t_y t_z}\sum_{\ell,m,n}\delta(E-E_{\ell,m,n}) \qquad \text{量子点} \qquad (6.4\text{-}7)$$

与量子阱态密度的台阶函数 $H(x)$ 不同，量子点是依 δ 函数分布。以上四种情况的态密度与能量的关系如图 6.4-1 所示。

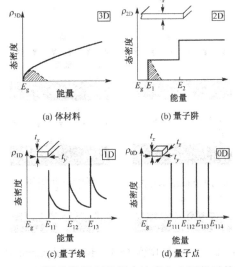

图 6.4-1　不同维数限制情况态密度与电子能量的关系

6.4.2 量子线和量子点制备方法

在低维量子材料中，量子阱材料和器件已获得广泛的应用，主要原因是只需用成熟的 MOCVD 或 MBE 这种能精确控制超薄层膜厚和化合物组分的薄膜外延设备就能按设计要求得到多量子阱（包括应变和应变补偿的多量子阱）。然而要形成符合要求的量子线或量子点，其制备工艺要复杂得多[17]。例如，早期获得量子线的一种方法是要在量子阱层上再通过刻蚀等手段形成阱/垒相间的量子限制线，其难度是可以想象的。

鉴于对电子三维限制的量子点应用前景的吸引，从 20 世纪 90 年代初开始就一直在积极探索获得量子点的形成工艺。小的三维结构的量子点允许相对较大的晶格失配。利用异质材料系统中晶格失配的所谓 S-K（Stranski-Krastanow）外延生长量子点的方法被得到普遍认可，它基于自组织（Self-organization）或自组装（Self-assemble）机理[18]。另一种基于 Volmer-Weber 生长模型的所谓微滴外延（Droplet epitaxy，DE）方法则无须晶格失配也可形成量子点[19]。图 6.4-2(a)和(b)分别给出了这两种方法机理的比较[20]。两者都是在 GaAs 衬底上生长 InAs 量子点。自组织方法是用含有 In 和 As 的化合物气流通过外延设备在 GaAs 衬底上外延生长出 InAs 薄层（称为湿层或浸润层），如图 6.4-2（a1 和 a2）所示。InAs 的晶格常数（a=6.058Å）大于 GaAs 的晶格常数（a_{GaAs}=5.654Å），则在浸润层内产生压应变。当浸润层的厚度达到临界厚度 h_c 时，层内所积累的应变在形成位错前通过衬底与浸润层的粘附性应变而释放，在浸润层上形成三维尺寸的岛，如图 6.4-2（a3）所示。这种基于应变的 S-K 量子点的形成也在 InGaAs/GaAs 等材料系统中实现。图 6.4-3 为用 S-K 方法在 GaAs 衬底上由于应变外延形成 InGaAs 量子点的透射电子显微照片[21]，图中(a)和(b)分别为不同生长速度所得。另外，用微滴法形成量子点也显示出它的优越性，它不是基于晶格失配原理形成量子点，而是基于吸附原子之间的束缚能大于吸附原子与衬底表面原子之间的束缚能。图 6.4-2（b1）表示首先在 GaAs 衬底形成 In 的微滴，再在 As$_4$ 气流作用下 As 原子被 In 原子吸附直接形成 InAs 量子点，如图 6.4-2（b2）和（b3）所示，这是一个"晶化"或"砷化"的过程。图 6.4-4 为用微滴法在不同淀积温度并经同样 500℃ 晶化的透射电子显微照片[21]。这种微滴方法可望在更大范围的晶格匹配或稍许失配的材料系统中实施，以获得量子点或其他纳米光电子材料与器件。

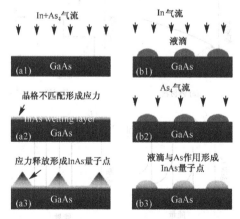

图 6.4-2 自组织和微滴外延生长量子点原理的比较

然而，不论用任何方法形成量子点，总是希望能精确控制量子点的密度、尺寸和位置，这对于获得性能优异的量子点器件至关重要，当然也对量子点的形成工艺提出了新挑战。理论上，量子点使电子完全失去其自由度，有利于电子和光子相互作用的加强，应为半导体激光器理想的有源材料。然而在生长过程中若不能对量子点形状、大小和分布的均匀性实施精确控制，则将产生彼此作用的内应力、晶格畸变，甚至产生失配位错。这将导致注入载流子产生侧向扩散损耗、光子遭受散射损耗和输出光谱的不均匀加宽等缺点，由此使得量子点激光器的性能反而不如量子阱激光器。

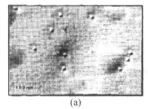
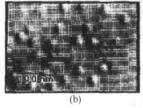

(a)　　　　　　　　　　(b)

图 6.4-3　S-K 方法生长的 InGaAs 量子点照片

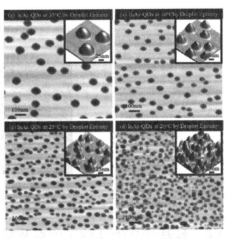

图 6.4-4　用微滴法形成的量子点照片

6.4.3　量子点的定位生长

　　制备量子点(QD)最常采用的方法是基于 Stranski-Krastanow（S-K）模式的自组织生长，通常是在平面衬底材料上进行，量子点成核位置随机分布，量子点的尺寸、形状和组分都不均匀，密度也不便于控制。这些都严重限制了 QD 这种"人工原子"优越光电性能的发挥，阻碍了量子点光电器件的应用。

　　采用图形衬底、选区外延生长等方法可以控制 QD 的成核位置、大小形状，以及 QD 的密度，既可以制备高密度、均匀性好的 QD，也可以获得密度极低（QD 之间的间隔高达微米量级）的 QD 以满足量子计算、量子密码和量子通信所需单光子光源的要求。

　　图形衬底方法是采用电子束曝光、刻蚀[23]、纳米压印[24]，甚至原子力显微镜[25]等手段在原来的平面衬底或者外延材料上雕刻出规则排布的 V 型槽或其他形式的凹坑（pit）等图案，清洗去氧化之后，利用分子束外延或者金属有机化学气相沉积手段在上述的图形材料上以 S-K 方式外延生长量子点。

　　图形衬底定位生长量子点的机理如下：V 型槽、凹坑等非平面图案所导致的纳-毛细管效应以及生长速率的各向异性使得量子点在凹坑等非平面区域的生长速率显著高于其他区域，由此在这些区域获得位置可控、尺寸形状以及密度可控的有序量子点。该方法的缺点在于：制备图形的刻蚀等工艺过程会造成材料损伤，由此对量子点性能产生不利影响。

　　选区外延量子点的方法则可以避免上述问题，它在平面衬底材料上即可获得定位生长的量子点[26-27]。它不是在衬底上直接制作定位生长量子点所需的图案，而是在平面衬底材料上首先沉积二氧化硅等氧化物掩膜层，然后在其上制作量子点定位所需的图案（如图 6.4-5 上排所示）[27]。之后再利用金属有机化学气相沉积等设备在图案掩膜层上进行量子点的外延生长。在有氧化物掩膜层的区域，材料外延生长不能进行；而在无氧化物的区域中，材料外延生长速率会得到加强，由此可获得定位生长的有序量子点（如图 6.4-5 下排所示）[27]。

选区外延方法不仅可以用于量子点的定位生长，它也是 10.3.2 小节所要介绍的光子集成的一种重要手段。

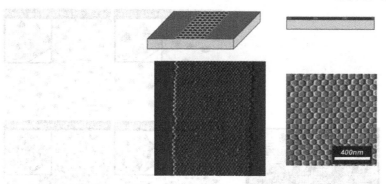

图 6.4-5　选区外延生长量子点。上排是掩膜图案，下排是外延生长的量子点及局部放大图[27]

6.4.4　硅基异质外延的量子点及激光器

硅基半导体是微电子产业的基石，以硅 CMOS 工艺为基础的大规模集成电路已经发展到了相当成熟的阶段，即便是硅基光波导、硅基光开关和调制器、硅基光电探测器也早已商用化。然而，由于硅是间接带隙半导体，不适合做发光材料，而半导体发光器件多是利用直接带隙的 III-V 族化合物半导体。因此，如何将这两种材料体系扬长避短地结合起来对于开发完整的、具有综合功能的大规模光电集成芯片和系统具有重要的意义。

由于硅和 III-V 族化合物半导体材料的晶格常数相差较大，晶格失配和缺陷位错的威胁和挑战导致人们难以在硅上直接外延生长出晶体质量令人满意的 III-V 族化合物。通常采用键合（bonding）手段将这两种不同体系的半导体材料/器件混合集成在一起，然而这种间接的集成工艺过程复杂，由此对成品率、成本、性能和可靠性等诸多方面带来不利影响。从另外一个方面来看，与传统的体材料和量子阱相比，量子点独特的生长机理和特性（即，应变积累、"岛"状局域成核生长、载流子局域化等）使其对于缺陷和位错具有较强的容忍度。如图 6.4-6 所示，即便材料中存在穿透位错（Threading dislocation，TD），但是每个穿透位错也只能影响数目非常有限的量子点（QD），而不至于影响其他量子点的光电特性[28]。更重要的是，图 6.4-6 还表明，穿透位错要么被"钉扎"在局部区域，要么被推离开量子点，而且量子点阵列的强应力场也限制了位错在生长平面内的运动和传播。因此，即使异质外延会产生较高密度的缺陷和位错，但是量子点天生对缺陷和位错不太敏感的独特性质为发展硅基异质外延 III-V 族量子点结构和器件提供了希望和可能，也对开发高性能、高可靠的单片集成器件，以及下一代与 CMOS 工艺兼容的光电子器件和微纳电子器件具有重要的意义。

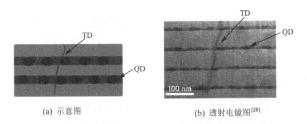

(a) 示意图　　　　　　　(b) 透射电镜图[28]

图 6.4-6　穿透位错（TD）对量子点（QD）的影响：(a) 示意图；(b) 透射电镜图[28]

以硅为衬底，可以在其上异质外延同为 IV 族元素的锗（Ge）材料和器件，也可以外延生长光通信波段常用的 InP 基和 GaAs 基等 III-V 族材料和器件。迄今为止，在硅基异质外延的 Ge 量子点激光器和 III-V 族量子点激光器、以及在 Ge 衬底上异质外延的 III-V 族量子点激光器均有报道。图 6.4-7 是硅上异质外延的各种结构[29]，其中图(a)是首先在 Si 衬底上生长一层较厚的 Ge 材料作为形式衬底，然后在其上生长 GeSn 体材料；图(b)也是在 Si 衬底上生长 Ge 形式衬底之后，再继续外延生长多层 InAs 量子点（QD）结构。在异质外延的界面中可能产生缺陷（图中的黑色竖线所示），因此图 6.4-7(a)和(b)这两种情况均采取了 Ge 形式衬底作为缓冲过渡层来隔离缺陷、位错对其上外延材料的不利影响。然而 Ge 形式衬底会带来以下缺点[28]：一方面 Ge 层的引入会限制 Si 基电路的应用范围，另一方面 Ge 材料对光通信波段的光子具有大的光吸收系数，由此阻碍光子在 Si 波导和 III-V 族光电器件之间进行高效的耦合。更为有效的方法是无需 Ge 形式衬底、直接在 Si 衬底上进行 III-V 族材料和量子点的异质外延，如图 6.4-7(c)～(e)所示。其中图(c)是在 Si 衬底上直接异质外延的 InAs QD 结构；图(d)是在 Si 衬底上直接异质外延生长的 InAs QD 激光器；图(e)则是在 Si 上直接异质生长的 Ge QD 激光器。

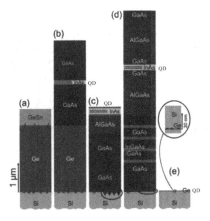

图 6.4-7　(a)在 Si 上的 Ge 形式衬底上生长 GeSn 体材料；(b)在 Si 上的 Ge 形式衬底上生长 InAs QD 结构；(c)在 Si 上直接生长 InAs QD 结构；(d)在 Si 上直接生长 InAs QD 激光器；(e)在 Si 上直接生长 Ge QD。图(a)～(b) 中的黑色竖线表示异质材料界面上的缺陷，图(c)～(e)中的圆圈所示内容是局部区域的放大图[29]

与通常在无图案的平面材料上自组织生长的量子点相比，在具有图案的材料上自组织生长的定位量子点不仅其成核位置可控，而且量子点在组分、形状和尺寸等方面具有更好的均匀性，由此可以更好地发挥出量子点的优异光电特性。在 V 型槽、凹坑等图案衬底/材料上异质外延量子点时，决定其成核位置、组分、尺寸和形状的最关键因素有以下几方面[29]：①凹坑的形状、直径、深度以及排布周期；②缓冲层；③沉积量子点材料时的生长温度、生长速率、生长时间以及沉积材料组分等。这些因素直接决定了异质外延量子点的结构和光电特性，必须优化考虑。

图 6.4-8 对比了在平面硅材料与在具有凹坑图案硅材料上异质外延 GeSi 量子点的原子力显微镜(AFM)图和光致发光(PL)的对比情况[29]。其中图 6.4-8(a)是在凹坑图案硅衬底上异质外延量子点的 AFM 图，量子点成核位置有序可控；图(b)则是在平面硅衬底上异质外延量子点的 AFM 图，量子点成核位置随机无序。图(c)是上述两种量子点的光致发光(PL)谱峰值光子能量随激发光强度的变化情况[29]。随着激发光强度的增加，在平面衬底上随机成核量子点的 PL 发光峰值能量发生了显著的蓝移，而图形衬底上的有序量子点的 PL 峰值波长变化很小。这是由于随机成核 GeSi 量子点中的 Ge 分布不均匀性，由此导致能带结构变化而导致的。

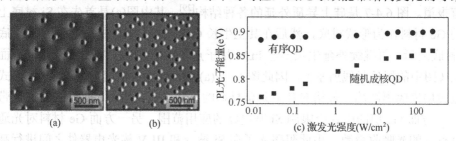

图 6.4-8　(a)在凹坑图案和(b)在平面硅衬底上异质外延的 GeSi 量子点的 AFM 图；
(c)上述两种量子点的光致发光（PL）能量随激发光强度的变化[29]

图 6.4-9 对比了量子阱激光器和量子点激光器的阈值电流密度的演变发展[28]，量子点激光器虽然起步较晚，然而在不足十年的时间内其阈值特性就超越了量子阱激光器，由此也可一窥其性能优越性。

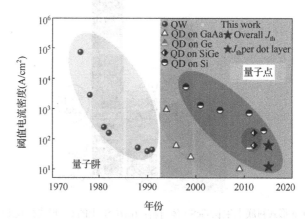

图 6.4-9　量子阱激光器和量子点激光器的发展[28]

图 6.4-10(a)所示的是一个硅衬底上的 InAs/GaAs 量子点激光器结构[28]。它在硅衬底上依次生长 AlAs 成核层、三层不同生长温度和不同厚度的 GaAs 材料、作为位错过滤层的 $In_{0.18}Ga_{0.82}As$/ GaAs 应变超晶格层。上述层次一起构成了图 6.4-10 的 III-V 族缓冲层。Si 衬底上方 200 nm 区域内的穿透位错密度高达 $10^9/cm^2$ 量级，而通过缓冲层结合实时热退火等手段显著抑制和减小了穿透位错密度，最终使得其后的 III-V 族外延层中的位错密度降低至

$10^5/cm^2$ 量级。由此获得了 1.3μm 波段高性能的宽面量子点激光器，其有源区中无穿透位错的存在，如图 6.4-10(b)量子点有源区透射电镜（TEM）结果所示；量子点密度大约为 $3.0×10^{10}/cm^2$（参见图 6.4-10(c)所示的 InAs 量子点的原子力显微镜（AFM）图）。该电注入 Si 基 InAs/GaAs 量子点激光器具有高可靠性能和高效率，其阈值电流密度低至 $62.5A/cm^2$，室温下的输出功率高达 105 mW，工作温度可达 120 ℃，不失效的工作时间超过 10 万小时[28]。

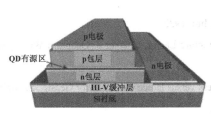 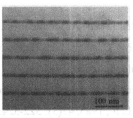 

(a)硅上外延的 InAs/GaAs 量子点激光器　　(b)有源区 TEM 图　　(c)量子点 AFM 图[28]

图 6.4-10　(a)硅上外延的 InAs/GaAs 量子点激光器；(b)有源区 TEM 图；(c)量子点 AFM 图[28]

思考与习题

1. 什么是量子尺寸效应？如何从电子平均自由程、电子的德布罗意波长、玻尔半径的不同概念理解产生量子尺寸效应的特征尺寸？

2. 什么是超晶格？它与多量子阱有何共同点和区别？

3. 什么是激子？为什么体材料中难以观察到量子限制的斯塔克效应？

4. 什么是量子阱？它与超晶格在物理概念上有何关联和区别？

5. 在复习第五章的基础上，比较量子阱半导体激光器有哪些比体材料激光器优异的性能？为什么？

6. 为什么在体材料双异质结半导体激光器中强调异质界面要有好的晶格匹配，而在应变量子阱中一定的晶格失配还会带来一些晶格匹配量子阱所没有的优点？其中，带来哪些优点？为什么？允许一定晶格失配的前提是什么？

7. 量子阱、量子线和量子点各有什么特点？

8. "光谱展宽"和"线宽增强"涉及半导体激光器的两个概念，它们有何区别？

9. 载流子在带内弛豫受哪些因素影响？与体材料相比，量子阱的带内松弛时间有何变化？

10. 能否提出一种对量子点尺寸、位置和均匀性精确控制的量子点生长或形成工艺？

11. 提高应变量子阱的临界厚度有何重要意义？试设想如何提高？

12. 量子级联激光器与通常的半导体激光器有哪些不同之处？

参 考 文 献

[1] L. Esaki and R. Tsu, Superlattice and negative differential conductivity, IBMJ. Res. Dev., 1970, 14: 61-65.

[2] R. F. Kazarinov, and R. A. Suris, Possibility of amplification of electromagnetic wave in a semiconductor superlattice, Soviet Phy. Semicond., 1971, 5: 707-709.

[3] R. Dingle, W. Wiegmann, and C. H. Henry, Quantized state of confined carriers in very thin $Al_xGa_{1-x}As$-GaAs-$Al_xGa_{1-x}As$ heterostructures, Phys. Rev. Lett., 1974, 33: 827-830.

[4] Daniel S. Chemla, Quantum Well for Photonics, Physics Today, 1985, 38(5): 57-60.

[5] 黄德修，张新亮，黄黎蓉. 半导体光放大器及其应用（1-4 章），科学出版社，2012.

[6] Amnon Yariv, Optical Electronics in Modern Communications, Fifth Edition, Oxford University Press, Inc, 1997.

[7] Peter S. Zory, Jr.,Quantum Well Lasers, Academic Press, Inc, 1933.

[8] James J. Coleman, Strained Layer Quantum Well Heterostructure Lasers, Chapter 8, Quantum Well Laser edited by Peter S. Zory, Jr., Academic Press, Inc, 1993.

[9] R. People, and J. C. Bean, Calculation of crystal layer thickness versus lattice mismatch for Ge_xSi_{1-x}/Si strained-layer heterostructures, Appl. Phys. Lett., 1985, 47(3): 322-324.

[10] R. D. Dupuis, P. D. Dapkus, et al, Room Temperature Operation of Quantum Well $Ga_{1-x}Al_xAs$-GaAs Laser Diode Grown by Metalorganic Chemical Vapor Deposition, Appl. Phys. Lett., 1978,32: 295-297.

[11] Navin B. Patel, et al, Narrow Stripe Graded Barrier Single Quantum Well Laser – Threshold Current Consideration, IEEE J. of Quantum Electron., 1987, 23(6): 988-992.

[12] Reinhart W. H. Engelmann, Chan-Long Shieh, and Chester Shu, Multiquantum Well Lasers: Threshold Considerations, Chapter 3, Quantum Well Lasers edited by Peter S. Zory, Jr., Academic Press, Inc, 1993.

[13] A. Sugimura, Auger Recombination Effect on Threshold Current of InGaAsP Quantum Well Lasers, IEEE J. of Quantum Electronics, 1983,19(6): 932-941.

[14] 黄德修，刘雪峰. 半导体激光器及其应用，国防工业出版社，1999.

[15] Masahiro Asada, Intraband Relaxtion Effect on Optical Spectra, Chapter 2, Quantum Well Lasers Edited by Peter S. Zory, Jr, Academic Press, Inc, 1993.

[16] Eli Kapon, Quantum Wire Semiconductor Lasers, Chapter 10, Quantum Well Lasers edited by Peter S. Zory, Tr, Academic Press, Inc, 1993.

[17] 黄德修，张新亮，黄黎蓉. 半导体光放大器及其应用（第五章），科学出版社，2012.

[18] I. N. Stranski and L. Krastanov, Theory of Orientation Separation of Ion Crystal, Sitzber, Akad, Wiss, Wien, Math-naturw, Klasse, Abt. 11b, 1938, 146: 797-810.

[19] M. Volmer and A. Weber, Keimbildung in Cubers Cattigten Gebilden, Z. Phys. Chen. 1926, 119: 277-301.

[20] Jihoon H. Lee, Zhiming M. Wang, and Gregory J. Salamo, The Control on Size and Density of InAs QDs by Droplet Epitaxy, IEEE Transactions on Nanotechnology, 2009, 8(4): 431-436.

[21] D. Leonard, M. Krishnamurthy, et al. Direct formation of quantum-sized dots from uniform coherent islands of InGaAs on GaAs surfaces, Appl. Phy. Lett., 1993, 63(23): 3203-3205.

[22] Federico Capasso, Claire Gmachl, Deborah L Sivco and Alfred Y Cho. Quantum cascade lasers. Physics World, 1999 12 (6) : 27-33.

[23] Li zhanguo, Wang Yong, Gao Xin, et al. High-performance of site-controlled and ultra-low density InAs/(In) GaAs quantum dots. 2015 International Conference on Optoelectronics and Microelectronics (ICOM), 404-406.

[24] J. Tommila, A. Schramm, T. V. Hakkarainen, M. Dumitrescu, and M. Guina. Properties of InAs Quantum

Dots in Nanoimprint Lithography Patterned GaAs Pits. CLEO: 2013 OSA Technical Digest (online) (Optical Society of America, 2013), paper JTu4A.65.

[25] C. K. Hyon, S. C. Choi, S.-H. Song, et al. Selective growth of InAs quantum dots using AFM-patterned GaAs substrate. 2000 International Microprocesses and Nanotechnology Conference, 13A-8-2: 244-245

[26] Raymond Tsui Ruth Zhang, Kumar Shiralagi, and Herbert Goronkin. Positioning of InAs Quantum Dots on Sub-250 nm Facets using Selective Area Epitaxy. 1997 IEEE International Symposium on Compound Semiconductors, San Diego, CA, USA: 531-534.

[27] Coleman, J. J.; Young, J. D.; Garg, A. Semiconductor Quantum Dot Lasers: A Tutorial. Journal of Lightwave Technology. 2011, 29(4): 499-510.

[28] Siming Chen, Wei Li, Jiang Wu, et al.2016.21 Electrically pumped continuous-wave III–V quantum dot lasers on silicon. Nature Photonics, 2016, 10: 307-312.

[29] Moritz Brehm and Martyna Grydlik. Site-controlled and advanced epitaxial Ge Si quantum dots fabrication properties and applications. Nanotechnology, 2017, 28: 392001, 1-22.

S. Weisser, et al. Tandem 2.65um GaInAs/AlGaAs SQW Lasers for Subpicosecond Pulse Generation or...
Semiconductor. pp. 2...., 199 6.

J. Erland, et al. ... ... from a Single Quantum Dot. ...

A. Sa...Larsson, ... Semiconductor ... ... and ... technology. Conference On AS.3.2.1993.

[2] Zitong, et al. Tang Wen Zheng. New... Shuangyan, cell In fine Quantum... Reduction of In... Quantum. Dots ... and Dot Pumps in the ... ... Area Epitaxy. 1997. IEEE International Symposium on Compound Semiconductors. San Diego. CA, 1338-1-6-324...

[2] Fafard. S., ... L.D. Guo. A Semiconductor Quantum Dot Lasers: A Review. Journal of Lightwave

第7章 半导体光放大器（SOA）

7.1 概 述

激光器和光放大器并无本质区别，常称激光器为"莱塞"或在我国台湾称为"镭射"，是英文缩写字 Laser（light amplification by stimulated emission of radiation）的谐音。其意是受激辐射的光放大。故早期曾称 Laser 为光放大器，后来才更准确地称 Laser 为激光振荡器或简称激光器。事实上，包括半导体激光器在内的其他一些激光器都可作光放大器，都能在有外部能量注入或泵浦下，对受激发射光子进行放大。所不同的是激光器是对谐振腔内增益介质内部所产生的光子的谐振放大，谐振腔是激光器的重要组成部分。而现在所指的光放大器则是对外部来的光子进行放大。半导体激光器芯片是由半导体增益介质晶体解理面构成的 F-P 腔，前端面（输出端面）与后端面有相同但较低的反射率（约 $0.31\sim0.32$）。因此最早就是将外来光信号耦合进半导体激光器的后端面，使外来光子在谐振腔内引起光子受激发射、振荡和放大，这就是最早出现的法布里—珀罗半导体激光放大器（FP-SOA）。因为 F-P 腔本身所具有滤波条件决定着 FP-SOA 只能使外来光子波长对准谐振主模才能获得最大增益，这对 FP-SOA 芯片的温度稳定性要求相当高而无法应用。取而代之的是设法去除谐振腔效应（即对解理面进行理想增透），外来光子在半导体增益介质宽的增益谱内均能得到放大，在这种结构中外来光子只是单次在增益介质内行进过程中得到放大，这就是目前普遍应用的行波半导体光放大器（TW-SOA）。图 7.1-1 表示半导体激光器（LD）、FP-SOA 和 TW-SOA 的区别。

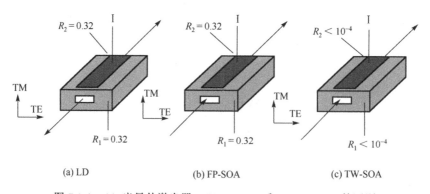

(a) LD (b) FP-SOA (c) TW-SOA

图 7.1-1 (a) 半导体激光器、(b) FP-SOA 和(c) TW-SOA 的区别

拉动 SOA 发展的最初动力是 20 世纪 70 年代开始的光纤通信。随着光纤通信优越性被逐渐认可，一些工业发达国家竞相研发光纤、半导体激光器、探测器，并在此基础上发展局部的光纤通信实验或示范系统。所开发的第一个光纤低损耗窗口波长为 850nm，损耗约为 4dB/km。当时信号传输速率较低（数 Mb/s 至数十 Mb/s），光纤通信传输距离主要由光纤的损耗决定。光信号历经数千米传输就需有一个"光—电—光"中继站，即光信号经光纤传输

衰减到某一程度(由误码率的要求决定)后，需用光探测器将其接收，然后在电域将信号再生和放大，再将经放大还原的电信号去调制半导体激光器又变成光信号往下一段传输。例如，美国 1980 年实施的 FT3 光纤通信系统（45Mb/s），"光—电—光"中继距离仅为 7km；1982 年由武汉邮电科学研究院所开发的我国首条横跨武汉三镇全长 13km 光纤通信示范系统（8Mb/s），就用了两个这样的"光—电—光"中继站。很自然想到能否对经光纤传输所衰减的弱光信号用光放大器将其直接放大而不经电域的转换。这无疑能节约光纤通信的成本和中继站的场地占用。首先所研究的光放大器就是半导体光放大器。1980 年日本电报电话公司（NTT）所属的两个研究所先后报道了对 FP-SOA 和 TW-SOA 的研究结果。1983 年开始，本书作者所领导的课题组在我国率先开展半导体光放大器的研究，并一直受国家多种研究计划的支持，对半导体光放大器及其应用开展了持续 20 多年的研究[1]。

自 20 世纪 80 年代开始，光纤通信的优越性不断显现，使信息传输速率和传输距离都得以迅猛发展。石英光纤的衰耗由最初 850nm 波段的 4dB/km 很快降至 1310 波段的 0.4dB/km 和 1550nm 波段的 0.18dB/km；光纤通信也很快由短距离的城域网扩展到连接省会城市的骨干网；单一波长的传输速率也由初期的数 Mb/s 发展到 Gb/s 量级。长距离的光信息传输迫切需要光放大器直接对经光纤衰减的光信号进行能量补充或放大以代替传统的光—电—光中继站。且不谈传输距离数千乃至数万千米的海底光纤通信所需数量众多、装设和维护成本高昂的光—电—光中继站，即使是对于陆地数千千米的传输距离，如果采用这种中继站的话，其成本和能耗都将达到难以容忍的程度。然而，迄今为止，光放大器仍还不能完全取代光—电—光中继站的功能，而只能对经光纤衰减的光信号脉冲幅度进行再放大（reamplifying）。而高速光信号脉冲在传输过程中将不可避免地受到色散积累所造成的光脉冲展宽或畸变，用于同步的时钟信号在长距离传输中也将出现脱拍或歪斜，因此在经多级光放大的长距离传输后还需依靠光—电—光中继站，充分利用电子学的优势在电域内完成对信号幅度放大的同时对信号脉冲再整形（reshaping）和再定时（retiming）的所谓 3R 功能。光放大器虽不能取代光—电—光中继，但却能大大延长这种光—电—光再生中继的距离。即使目前有超低噪声的喇曼光放大器的参与，能使这种光—电—光再生距离达到 2500km 以上，毕竟还未实现全光再生。利用半导体光放大器在光子集成方面的优势实现上述对光信号脉冲 3R 全光再生的努力一直在进行，还有很大的创新空间。这将在 7.3.2 节提到。

英国通信研究实验室（BTRL）为将 SOA 用于实际的光纤通信系统，于 1986 年研发出具有封装结构的 SOA[2]，1990 年 BTRL 还与杜邦公司一道开发出 SOA 产品，并用其进行了现场试验。然而就在这时，一个对光纤通信扩容产生革命性影响的波分复用（WDM）技术在酝酿和研究之中，它能在一根光纤中传输波长间隔很小（0.8nm、0.4nm，甚至 0.2nm）且数以百计的不同波长。然而 WDM 的优越性是以有光放大器与之配合使用为前提的，同时 WDM 应用也给光放大器的增益、增益的偏振相关性、饱和输出功率、噪声指数、平坦增益谱宽等特性提出了高的要求。面对 WDM 必然发展趋势，当时基于体材料的 SOA 性能难以满足。与此同时另一种光放大器——光纤放大器（EDFA）却悄然发展并显示出强大的生命力。从 20 世纪 90 年代中期开始，EDFA 与 WDM 的密切配合使光纤通信容量指数增长的规律延续至今，也确立了 EDFA 在 ITU-T 所规划的 C 带（1530～1560nm）和 L 带（1560～1610nm）的 DWDM 应用中难以撼动的地位。

另一方面，半导体光放大器所固有的一些优点是包括 EDFA 在内的光纤放大器所无法比拟的。诸如：和半导体激光器同样有小的体积和重量；和半导体激光器同样是直接注入电流产生增益，量子效率高；功耗低，在同样的光增益和输出功率时，其功耗仅为 EDFA 的十分之一以下，而低功耗是当今绿色通信所要求的；具有和其他半导体光电子器件单片集成的能力，这在 7.3 节还将强调；因其增益介质与同波段的半导体激光器相同，因而可获得与半导体激光源相对应的任何波段的半导体光放大器。正是这些独特的优点，即使光纤通信系统对光信号直接放大的初衷首先由 EDFA 实现，但始终没有放松对半导体光放大器的研究，而是以 EDFA 为参照点，扬长补短地将其性能不断提高。例如所发展的基于量子阱材料的光放大器，提高了其增益特性、输出功率，降低了噪声指数；以张应变量子阱作增益介质，改善了增益的偏振相关性等。另外，同样依靠它自身的优势，半导体光放大器在波长变换等全光信号处理、光子集成和光纤接入网中等方面显现出好的应用前景。

7.2 半导体光放大器的性能要求

前面已经谈到半导体光放大器和半导体激光器在原理上并无本质区别，都是在半导体增益介质中通过光子引起的受激辐射复合进行光放大，只是两者光子来源上有所差别。因此前面第 1～6 章的相关内容都可作为半导体光放大器的基础。然而，与半导体激光器作为激光源不同，半导体光放大器是对外来光信号的放大，因此在性能要求上存在较多差别。例如，作为光放大器，总希望外来光信号能从光放大器获得尽可能高的净增益和高的饱和输出功率；因为光放大器既有输入光信号，又需将经放大的光信号输出，因而对光放大器有噪声指数的要求，等等。前面已提到，有实际应用价值的都是行波半导体光放大器（TW-SOA）。根据不同应用，对 TW-SOA 性能要求还有所侧重。图 7.2-1 表示光放大器在光纤通信传输系统中几种代表性的应用，即在光发射机中用来补偿调制器的插入损耗（约 4～5dB）和提升入纤功率的后置放大器（postamplifier）、在线路中补偿光纤本身传输损耗的线路放大器（in-line amplifier），以及光接收机前来提高接收机灵敏度的前置放大器（pre-amplifier）。虽然这些应用都要求光放大器有合适的增益和噪声指数，但对前置放大器的噪声指数有更严格的要求才能得到高的接收机灵敏度。表 7.2-1 给出了行波半导体光放大器与半导体激光器（LD）工作原理和性能要求的比较。表 7.2-2 则给出了 TW-SOA 在光纤通信系统的不同应用中对光放大器性能要求上的不同侧重点。另外，光放大器除了在光纤通信传输系统中的应用外，利用半导体光放大器的增益饱和非线性实现全光信号处理，以解决光纤通信网络节点业务阻塞问题，使网络更具灵活性，更能体现出半导体光放大器的一些独特优点。如用其进行波长变换、光信号再生、码型变换、光子逻辑等。在这些应用中涉及高速光信号的处理，而且完成一个信号处理功能又往往有两个甚至多个输入光参与。但这与传输系统中一个光放大器可同时完成对多个信道（波长）的同时放大不同，在光信号处理中，往往是对各个信道的并行处理，这就要求采用光子集成的结构，对光放大器性能特别是低功耗、快速的增益恢复等有更高要求。

图 7.2-1 光放大器在光纤通信传输系统中的应用

表 7.2-1 TW-SOA 与半导体激光器的性能要求比较

比较项目	TW-SOA	LD
功能	对外来光子（信号）放大	对内部产生的光子放大
放大原理	受激辐射复合	受激辐射复合
放大方式	单程放大	谐振放大
对谐振腔要求	要尽量避免谐振腔效应	需有谐振腔提供光子反馈
阈值	无	有
主要性能要求	高的净增益	低阈值电流
	宽增益谱宽	窄光谱线宽
	高饱和输出功率	高斜率效率
	低噪声指数	好的动态单纵模
	增益的偏振相关性低	好的 P~I 线性

表 7.2-2 光放大器在光纤通信传输系统的不同应用对其性能要求的比较

应用类别 / 性能	后置放大器	线路放大器	前置放大器
平坦增益谱宽	△	△	△
高饱和输出功率	O	O	△
增益的偏振相关性小	△	O	O
低噪声指数	△	△	O

注：△——"要求的"；O——"必须的"。

7.2.1 半导体光放大器的增益特性

作为光增益器件，放大器与增益相关的特性自然是很重要的。

1. 谐振增益 G 与单程增益 G_S

前面已提到，有实用价值的半导体光放大器是行波型的。为说明此问题，不妨以早期的法布里-珀罗半导体光放大器的增益特性作为比较。FP-SOA 实质上是具有增益介质的法布里-珀罗标准具。由物理光学可知，外来光信号所获得的谐振增益为

$$G = \frac{(1-R_1)(1-R_2)G_S}{(1-\sqrt{R_1R_2}\,G_S)^2 + 4\sqrt{R_1R_2}\,G_S\sin^2[\pi(v-v_0)/\Delta v]} \qquad (7.2\text{-}1)$$

式中，R_1 和 R_2 分别为-法布里-珀罗腔的腔面反射率；v_0 为法布里-珀罗腔的谐振频率（或对应的波长）；v 为输入光频率（或波长）；Δv 为法布里-珀罗腔的自由光谱范围，对含有增益介质的法布里-珀罗腔，Δv 即为光子振荡纵模的频率间隔 $\Delta v(=c/2\overline{n}L)$；$G_S$ 为输入光在半导体增益介质内所获得的单程增益，即

$$G_S = \exp[\Gamma(g-\alpha)L] \qquad (7.2\text{-}2)$$

式中，Γ 为有源区内光模场限制因子；g 为有源区内由注入载流子浓度和微分增益所决定的材料增益系数；α 为有源区内材料的内部损耗系数；L 为法布里-珀罗腔长。对 FP-SOA，腔面即半导体晶体自然解理面，有 $R_1=R_2=R$，则式（7.2-1）简化为

$$G = \frac{(1-R)^2 G_S}{(1-RG_S)^2 + 4RG_S\sin^2[\pi(v-v_0)/\Delta v]} \qquad (7.2\text{-}3)$$

由式（7.2-1）或式（7.2-3）可知，只有当 $v=v_0$，即只有当入射到 SOA 的光波频率（或波长）与法布里-珀罗腔谐振频率（或波长）一致时，才能获得峰值增益，即

$$G_{\max} = \frac{(1-R)^2 G_{\mathrm{S}}}{(1+RG_{\mathrm{S}})^2} \qquad (7.2\text{-}4)$$

对 FP-SOA，还要求外部输入光频率应和增益谱的峰值频率相对应，才能获得最大的增益。只要输入 SOA 的光波长有少许漂移或法布里-珀罗腔的谐振波长因温度变化发生漂移都会造成光放大器增益的急剧下降，除非在海底那样的恒温环境中或能将 SOA 芯片温度控制在 ± 0.005℃，否则是很难有实际应用价值的。

面对 FP-SOA 所固有的问题，必须发展行波半导体光放大器。可以看到，只有对 SOA 芯片自然解理面实施理想增透，使 $R \to 0$，才能获得理想的行波光放大器。光信号在 TW-SOA 中所获得的是由式（7.2-2）所表示的单程增益，而不希望光子有任何谐振效应。为尽可能提高单程增益，关键是提高半导体增益介质的增益系数，这在第 6 章中已有较详细的讨论。从体材料发展到低维量子材料都是围绕着提高微分增益、减少各种载流子非辐射复合损耗，以减少透明载流子浓度，进而提高材料的增益系数。因为半导体增益介质通过载流子的注入可以获得高的材料增益系数。例如，用量子阱材料，其增益系数可高达 $10^3\,\mathrm{cm}^{-1}$ 量级，比体材料高出一个量级，这就是为什么半导体光放大器相比光纤放大器在很短的增益介质长度下仍能获得高增益的原因所在。

2. 增益饱和与增益压缩

在恒定的直流偏置下，在一定范围内增加光放大器的输入光功率，其输出光功率将线性增加，这是光放大器在光纤通信传输系统中应用所需要的。然而，当输入光功率超出某一限度后，输入光引起载流子过度的受激复合而使放大器的增益下降，即光放大器出现饱和。而利用这种饱和特性可将半导体光放大器用于全光信号处理（如波长变换等）；另外，在光放大器固定输入光功率的情况下，增加注入载流子浓度也能使光放大器的输出光功率线性增长，但当注入载流子浓度增加到一定程度后，受激辐射速率将受到抑制，使放大器增益偏离线性增长。由式（5.6-1）和式（5.6-2）表示的速率方程中可看出，输入光强的增加引起其中光子密度 S 的增加，因此受激辐射速率增加；注入载流子浓度的增加则引起式中辐射和非辐射速率的增加。由此可知，输入光强和注入载流子浓度增加到一定程度后，都将使得反转粒子数减少，载流子受激辐射速率达到饱和。上述增益饱和是量变-质变规律的体现，也是增益介质中电子-光子相互作用的客观规律的反映，这将对包括半导体激光器和半导体光放大器在内的光增益器件的性能产生影响。半导体光放大器的饱和输出功率可表示为[2]

$$P_{3\mathrm{dB}} = \frac{h\nu A \eta_{\mathrm{o}} \ln 2}{\tau \Gamma \mathrm{d}g / \mathrm{d}N} \qquad (7.2\text{-}5)$$

式中，$h\nu$ 为入射光子能量；A 和 Γ 分别为半导体光放大器有源区的横截面积和光场限制因子；η_{o} 为输出耦合系数；τ 为载流子寿命；$\mathrm{d}g/\mathrm{d}N$ 为微分增益系数。定义光放大器增益下降 3dB 所对应的输出功率为饱和输出功率($P_{3\mathrm{dB}}$)，如图 7.2-2 所示。根据该图可拟合出光放大器的净增益（即输入光纤与输出光纤之间不含光纤与 SOA 耦合损耗所得增益）为

$$G(\mathrm{dB}) = G_0(\mathrm{dB}) - \frac{3}{P_{3\mathrm{dB}}} P_{\mathrm{out}} \qquad (7.2\text{-}6)$$

式中，G_0 为小信号增益；输出功率 P_{out} 和 $P_{3\mathrm{dB}}$ 以 dBm 为单位。为获得高饱和输出功率从而满足要求高的线性增益的应用，可根据式（7.2-5）和式（7.2-2）对半导体光放大器的材料参数和器件结构参数做出合理和折中的选择。要注意尽量减少增益介质中自发发射功率对半导体

光放大器饱和输出功率的影响。特别是有多个半导体光放大器级联时，前一个光放大器的自发发射功率（−3dBm 左右）将对后一级光放大器的饱和输出功率产生明显影响。然而，在将增益非线性用于光信号处理（如波长变换）时，过高的饱和增益和饱和输出功率会带来大的功耗。

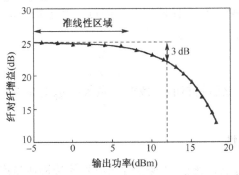

图 7.2-2　半导体光放大器输出功率与增益的关系

考虑到增益饱和，还可将材料增益系数与饱和光强 I_s 相关联，即

$$g_m = \frac{g_0}{1 + I/I_s} \qquad (7.2\text{-}7)$$

式中，I 为输入光强。I_s 为 g_0 下降 3dB 的光强

$$I_s = \frac{h\nu}{\tau \Gamma \mathrm{d}g/\mathrm{d}N} \qquad (7.2\text{-}8)$$

这显然与式（7.2-5）是一致的。

增益压缩是指增益介质内由于载流子消耗速率与补充速率的失衡使材料增益系数下降的一种效应。普遍认为造成增益压缩的原因在于光谱烧孔和载流子加热。光谱烧孔在其他一些增益均匀加宽介质中也会发生，在半导体增益介质中则表现为在信号波长附近，由于载流子的过度消耗而对材料增益系数抑制，从而在信号波长附近出现一个凹陷。如图7.2-3所示，因增益系数与态密度密切相关，图中 E_2 代表电子辐射跃迁的上能级。增益抑制的大小不仅取决于注入载流子辐射复合的速率，还取决于通过带内松弛使载流子所填充的速率。

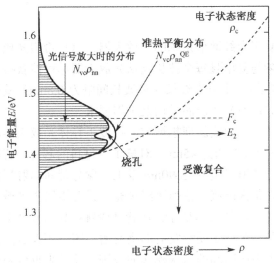

图 7.2-3　半导体增益介质的光谱烧孔

当满足粒子数反转条件时，载流子受激复合只涉及导带和价带的"冷电子"。在强的光场下，电子的平均速度远远高于晶格温度时的热运动速度，前面所述的光谱烧孔将由于所激发的光学声子对载流子产生非弹性散射而被填充，从而使得载流子的分布偏离热平衡态的载流子分布，即载流子被"加热"，从而使增益系数降低。基于均匀加宽的两能级激射系统模型，将增益压缩对增益系数的影响表示为

$$g_{\text{eff}} = \frac{g_0}{1 + \varepsilon S} \tag{7.2-9}$$

式中，g_{eff} 为考虑有增益压缩后材料的有效增益系数；g_0 为未饱和增益系数；ε 为增益压缩因子；S 为光子密度。

3. 增益与偏振的相关性

随着光纤通信速率的提高，光的偏振性对光信号的传输质量产生大的影响。例如，在传输光纤中，由于光的两个正交偏振态的增益系数不同引起偏振相关增益（PDG）会引起信号光强的起伏。特别在多级放大的长距离传输系统中，PDG 会严重影响系统的误码特性。因此要尽量减少或避免这种偏振相关性。与光纤放大器相比，半导体光放大器的不足处之一是它的增益与光的偏振有相关性。由式（7.2-2）可知，除了放大器长度 L 之外，模场限制因子、材料增益系数与损耗系数都与光的偏振相关。半导体光放大器基于平面波导结构，由第 3 章可知，光波的 TE 模和 TM 模分别是沿平面和垂直于平面方向偏振的。而在第 5 章提到由于有源区的宽度远大于它的厚度，因此水平方向的光场（TE 模）限制因子 $\varGamma_{TE}$ 比垂直方向光场（TM 模）限制因子 $\varGamma_{TM}$ 要大得多，即 $\varGamma_{TE} > \varGamma_{TM}$。另一方面，体材料中 TE 模和 TM 模的增益系数相等，而在晶格匹配量子阱中主要是导带电子与重空穴之间产生辐射复合跃迁从而产生增益，压应变量子阱更是如此，即 $g_{TE} > g_{TM}$。作为光增益器件，如果忽略增益介质内部损耗与偏振的相关性，上述情况下则有 $\varGamma_{TE}g_{TE} > \varGamma_{TM}g_{TM}$。因而基于体材料和晶格匹配量子阱材料的半导体光放大器增益的偏振相关性较大，压应变量子阱材料更不宜用来制作光放大器。第 6 章已提到，用张应变量子阱材料，使轻空穴带移至重空穴带之上，因而使 $g_{TM} > g_{TE}$，从而能使 $\varGamma_{TE}g_{TE} \approx \varGamma_{TM}g_{TM}$，而使增益的偏振相关性大为减少。

4. 增益谱宽

对所有应用于波分复用光纤通信系统的光放大器，总是希望光放大器有宽且平坦的增益谱，以便有更多的波长参与复用且每个波长能从光放大器尽可能获得相同的增益。要想得到 40nm 的平坦增益谱宽满足 40 个以上波长（设波长间隔为 0.8nm）复用，对所有的光放大器都需要采取外部措施（如滤波）才能满足增益平坦要求。

对半导体光放大器芯片端面实施理想增透的行波半导体光放大器，其 3dB 谱宽（即对应于 0.5 倍增益谱峰值处的谱宽）约为 45nm。对量子阱材料的芯片，若能使第二个量子化子带也参与辐射跃迁，增益的 3dB 谱宽可达 90nm 以上。参与带间辐射复合的载流子始于导带底和价带顶，再由载流子在带内能级间松弛逐级填充。只要不发生光谱烧孔效应，半导体光放大器的增益谱是较平滑的，如图7.2-4所示。尽管其轮廓宛如自发发射谱，但即使是理想的行波半导体光放大器，仍是一个基于受激发射的增益谱。图中还表示出由于半导体光放大器芯片解理面增透后剩余反射率所引起的谐振模式的痕迹。反过来也可利用这种剩余振荡模式强度的大小来估算或监控解理面增透的程度[1]。

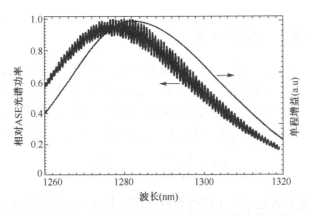

图 7.2-4　行波半导体光放大器的单程增益谱和放大的自发辐射（ASE）谱

5. 半导体光放大器的动态增益特性

对激光器或光放大器来说，为获得高的增益，总希望像固体或光纤增益介质那样有一个寿命较长的亚稳态来"屯积"粒子数，使之与基态形成大的粒子数反转度，从而产生高的增益。这也是在同样泵浦功率下 EDFA（其中铒离子亚稳态寿命高达 10ms）比掺镨光纤放大器（PDFA）（其中镨离子亚稳态寿命仅 400μs）获得高增益的原因。这种由激励态经快速松弛到停留时间较长的亚稳态才是产生激光辐射的上能级，因此会有一个慢的增益动力学过程。相比之下，在半导体增益介质中，受激辐射发生在导带底与价带顶之间。带边消耗的载流子通过带内的快速（亚皮秒量级）松弛得到补充，这是一个快的动态增益过程。这种机制虽对产生高增益并不有利，但对高速小信号的调制和全光信号处理是需要的。在这种应用中希望有短的增益建立时间和短的增益恢复时间。

在第 5 章中所谈及的高速电脉冲直接调制半导体激光器与此不同，其中电子转换到光子有一个延迟时间 t_d；在高速调制时还会引起啁啾。而高速光信号作用到半导体光放大器，是光子"调制"光子，不应存在延时响应。然而，输入的光脉冲前沿引起增益介质内强的受激发射和伴随的带内载流子瞬间大量消耗而产生的增益压缩，而要恢复到初始增益将受式（6.3-3）所表示的带内松弛时间的限制，其中空穴的带内松弛时间较导带电子的松弛时间长得多。这种时间的分散性和积累导致增益恢复时间有一个长的拖尾[3]。例如，图 7.2-5 显示增益恢复时间（从增益抑制峰值–0.9 到–0.1 的时间）为 140ps。这种慢的增益恢复对基于半导体光放大器的高速光信号处理有不利影响，可以通过在半导体光放大器后级联中心波长相对于连续光（探测光）中心波长有一定蓝移失谐量的带通滤波器等外部措施来减小增益恢复时间的影响，使全光信号处理速度达到 320Gb/s 以上[4]。

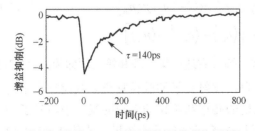

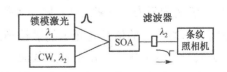

(a) 强光脉冲作用下，SOA 快速增益抑制和慢恢复过程　　　　　(b) 测量上述曲线的泵浦-探测系统

图 7.2-5　半导体光放大器在脉冲作用下的增益抑制和增益恢复的时间关系

7.2.2　半导体光放大器的噪声特性

除喇曼（Raman）光放大器外，对任何用于放大光信号的光放大器，其噪声都是一个对信号传输和信号处理产生不利影响的因素。因为放大光信号的同时，也对噪声进行了放大。

客观评价光放大器本身噪声特性的参数是噪声指数（NF），定义为放大器输入光信号的信噪比$(S/N)_{in}$与经光放大器放大后输出的光信号的信噪比$(S/N)_{out}$之比，即

$$\mathrm{NF} \equiv \frac{(S/N)_{in}}{(S/N)_{out}} \quad \text{(dB)} \tag{7.2-10}$$

对波分复用光纤通信传输系统中所用光放大器，其噪声指数直接对系统所要求的光信噪比 OSNR（以 dB 为单位）的重要影响为[5]

$$\mathrm{OSNR} = 58 + P_{out} - 10\lg(N_{ch}) - L_{sp} - \mathrm{NF} - 10\lg(N+1) \tag{7.2-11}$$

式中，P_{out} 为光放大器的输出功率（dBm）；N_{ch} 为参与复用的信道（波长）数；L_{sp} 为光纤链路内光放大器跨度（span）光纤的损耗（dB）；N 为所用光放大器的个数。显然光放大器的 NF 每减少 1dB 就相当于减少其输出功率 1dBm 或延长传输跨度 5km（假定光纤损耗为 0.2dB/km），或可增加复用的信道数。

半导体光放大器增益介质所固有能带结构和较强的自发发射，使它与光纤放大器相比，其噪声特性有所逊色。半导体光放大器的噪声是在增益介质内电子与光子相互作用中所产生的光强与相位的随机起伏所致。在物理上可借助量子力学中的多模速率方程和光子统计来分析；数学上是一个随机统计过程。按一般随机过程的数字处理方法，将温度引起的光子数随机起伏用平均值表示。输出光子数的平均值表示为[6]

$$\langle n_{out} \rangle = G\langle n_{in} \rangle + (G-1)n_{sp}m_t \Delta f_1 \tag{7.2-12}$$

式中，$\langle n_{in} \rangle$ 为光放大器输入光子的平均数；G 为光放大器增益；m_t 为有效横模数；Δf_1 为自发发射散粒噪声等效带宽；n_{sp} 为粒子数反转参数，表示为

$$n_{sp} = \frac{n}{n - n_0} \tag{7.2-13}$$

式中，n 和 n_0 分别为注入的和透明的载流子浓度。考虑到半导体光放大器还有多种因素引起光子之间的复杂随机过程，并用方差表示随机量变化引起的噪声，即

$$\begin{aligned}
\sigma_{out}^2 &\equiv \langle n_{out}^2 \rangle - \langle n_{out} \rangle^2 \\
&= G\langle n_{in} \rangle + (G-1)n_{sp}m_t\Delta f_1 + 2G(G-1)n_{sp}\chi\langle n_{in} \rangle + \\
&\quad (G-1)^2 n_{sp}^2 m_t \Delta f_2 + G^2\left[\langle n_{in}^2 \rangle - \langle n_{in} \rangle^2 - \langle n_{in} \rangle\right]
\end{aligned} \tag{7.2-14}$$

式中，Δf_2 为自发发射分量之间拍噪声等效带宽，等式右边的第一项和第二项即为式（7.2-12）所分别表示的放大的信号光光子的散粒噪声和自发发射光子的散粒噪声。散粒噪声来自于入射光子数的随机起伏、一定温度下载流子与晶格的碰撞和热振动引起的载流子与光子能量的随机起伏，即包括电子、光子在内的微观粒子与声子交换能量的结果。即使式（7.2-14）中其他噪声源减至最小，但散粒噪声仍会存在，即达到所谓散粒噪声极限。式（7.2-14）右边

的第三项和第四项分别代表信号光与频域较宽的自发发射之间的拍噪声和自发发射各频率分量之间的拍噪声。这两种拍噪声成为半导体光放大器的主要噪声源。式中右边的第五项表示输入信号光相干性的影响，对纯相干光（无相位噪声）的入射，该项不存在。特别是当光纤通信链路中串有 N 个半导体光放大器时，上述散粒噪声和拍噪声分别积累 N 和 N^2 倍。即使串接中等数量（如 $N=5$）的半导体光放大器，也能使所积累的噪声功率大于光接收机的热噪声功率。式（7.2-14）中的 χ 为过量噪声因子。对行波半导体光放大器有 $G=G_S$，则

$$\chi = \frac{1+R_1 G_S}{1-R_1}, \quad G_S \gg 1 \tag{7.2-15}$$

式中，R_1 为光放大器光输入解理面的剩余反射率。这也再次说明尽量减少半导体光放大器芯片解理面（特别是输入面）剩余反射率的重要性。如果用通带宽度远小于 Δf_1 或 Δf_2 的带通光学滤波器使式（7.2-14）中与自发发射相关的噪声第二项和第四项的影响减至最小，并忽略信号光子的过量噪声，当用量子效率为 1 的光探测器对上述噪声源探测时，则单位负载电阻和单位探测带宽的相对噪声功率由输出光子数的方差得到

$$\langle i_n^2 \rangle = e^2 \sigma_{out}^2 = e^2 \left[\langle n_{out}^2 \rangle - \langle n_{out} \rangle^2 \right] \tag{7.2-16}$$

输入光在单位时间的光子流为 $P_{in}/\hbar\omega$，在散粒噪声极限下，输入端的噪声功率为 $(\hbar\omega)^2 (P_{in}/\hbar\omega)\mathrm{d}v$，其中 $\mathrm{d}v$ 为接收机的电带宽，则

$$(SNR)_{in} = \frac{P_{in}^2}{(\hbar\omega)^2 (P_{in}/\hbar\omega)\mathrm{d}v} = \frac{P_{in}}{\hbar\omega\mathrm{d}v} \tag{7.2-17}$$

一般可以认为光放大器的输出噪声主要由放大的散粒噪声和自发辐射与光信号的拍噪声构成，经光放大器后的信噪比为

$$(SNR)_{out} = \frac{\eta_i \eta_o G P_{in}}{[1 + 2(G-1)\eta_o n_{sp} \chi]\hbar\omega\mathrm{d}v} \tag{7.2-18}$$

式中，η_i 和 η_o 分别为光放大器的输入和输出耦合效率，根据式（7.2-17）和（7.2-18）可将行波半导体光放大器的噪声指数近似表示为

$$NF = \frac{(SNR)_{in}}{(SNR)_{out}} = \frac{1/\eta_{out} + 2n_{sp}(G-1)\chi}{G\eta_{int}} \underset{G \gg 1}{\approx} 2n_{sp}\chi \tag{7.2-19}$$

对理想的行波半导体光放大器，设有完全的粒子数反转，即 $n_{sp}=1$，同时 $R_1=0$，$\eta_i=1$，则可得到散粒噪声极限的 3dB 噪声指数。而实际情况并非理想，NF 为 7～8dB，这比 EDFA 的噪声指数高出 2dB 左右。为了降低半导体光放大器的噪声指数，可以采用低维量子半导体增益介质尽量减少自发辐射噪声，采取更有效措施减少端面剩余反射，特别是采用锥形结构的模斑转换器减小输入端的耦合效率。如能将 NF 降至 4～5dB，则半导体光放大器在光纤通信网络中将发挥更大的作用。

7.2.3　半导体光放大器的耦合特性[7]

对所有半导体光放大器件都涉及如何有效地与光波导（如光纤）或其他光电子器件耦合

的问题。由于半导体材料的特殊性，使它不能直接与其他光波导（如光纤）或光电子器件实施键合或融合，这又是半导体光放大器不及光纤放大器之处。既然只能是非接触的光耦合，又因被耦合的双方光波导结构往往存在差异（如圆形波导的光纤与平面波导的半导体光电子器件），要求实现光模场完全匹配的耦合从而实现低耦合损耗是非常困难的。例如，掺铒光纤与传输单模光纤的模场基本匹配，两者的熔接损耗可小于 1dB，而基于平面波导的半导体光放大器与圆波导的单模光纤的耦合损耗最好的结果也只能在 3dB 以上。如此大的耦合损耗对半导体光放大器的应用极为不利。我们所研制的单端耦合输入/输出的半导体光放大器，如图7.2-6 所示[8]，是在前端面增透（$R_1 < 10^{-5}$）而后端面增反（$R_2 > 0.95$），这种结构现在称为RSOA，在光纤接入网中有着重要的应用。然而这种结构虽减少了一次耦合工艺但光信号仍经历两次耦合损耗。

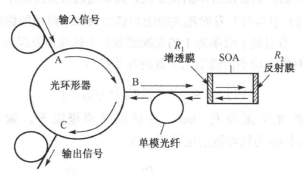

图 7.2-6　单端耦合输入和输出的半导体光放大器

与半导体激光器一样，半导体光放大器有源区为厚度远小于宽度的平面波导结构，其光学远场为与输出近场（即距输出端面小于波长范围内的光场分布）相垂直且椭圆度较大的椭圆光场分布，这是光纤耦合损耗大的主要原因。为减少这种损耗已采取的措施是，对耦合光纤端部进行拉锥或进一步将光纤锥端浸入加温成液态的高折射率玻璃（如火石玻璃）中点蘸上一个小球，这种对光纤端部的微透镜处理有助于提高光纤与基于平面光波导的光电子器件的耦合效率。即使如此也只能使耦合损耗达到约 3dB 的最好结果。此外，还可以改善半导体光放大器的远场特性，可以采用 5.3.3 节所述的锥形有源区或其他形式的模斑变换器(spot-size converter)。

7.3　半导体光放大器应用展望

由于半导体光放大器独具有别于其他光放大器的一些优点，诸如直接电注入产生光增益因而功耗低；与其他半导体光子或电子器件单片或混合集成的能力，而光子集成或光电子集成是光电子学发展的必然；适合批量生产，低成本优势突出；体积小、重量轻。虽然如前所述，半导体光放大器目前的性能（主要是饱和输出功率、增益的偏振相关性和噪声指数）还不能像 EDFA 那样满足光纤通信骨干网上应用的要求，但随着对半导体光放大器在增益介质、器件结构等方面的不断完善，它的优越性将进一步体现，预期它在光信息传输和处理上的应用前景将非常广阔，其潜力有待深入研究与开发。

7.3.1 半导体光放大器在光纤通信传输网上的应用

1. 在光纤通信骨干网上的可能应用

目前光纤通信骨干网上波分复用的波长范围集中在 EDFA 所能适用且符合 ITU-T 规范的 C+L 波段。由于受四波混频效应（四波混频效率反比于信道间隔的平方 $(\Delta\lambda)^2$）所限，在这两个波段依靠减少信道间隔从而增加复用的波长数正在趋于极限。开发其他几个光纤低损耗窗口（O，E，S 波段），将从 1250nm 到 1530nm 波长范围用于光纤通信应为当务之急，其关键是还没有找到合适的光放大器。半导体光放大器可以方便地改变或调整化合物半导体材料的组成和组分、量子阱参数来得到所需的增益谱（波段）。它应是一种"全波（段）光放大器"。理论上，还可通过对不同中心波长的半导体光放大器进行串接来扩大增益平坦谱宽或并联使用来分别放大不同的波段，如图 7.3-1(a)和(b)所示。关键仍然是要将单个光放大器的主要性能（特别是饱和输出功率、增益与偏振的相关性和噪声指数）进一步改善。

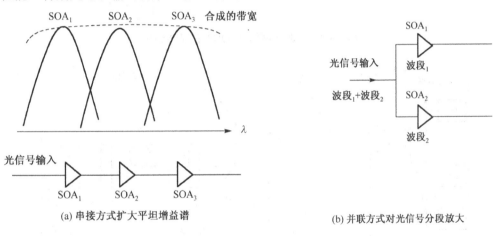

图 7.3-1　SOA 在波分复用系统中的（可能）应用

2. 半导体放大器在接入网的应用

光纤接入网使通过骨干网、城域网传输的光信息进入千家万户的各个光网络单元（ONU），并实行双向通信。无源光网络（PON）已被确定为接入网的基本网络架构。如图 7.3-2 所示，从光链路终端（OLT，位于中心局端）经光分配网（ODN）将信息分配至各 ONU。目前 ODN 利用大分支比（如 1:32）的光分束器或 1:64 的列阵波导光栅（AWG）；还可以用小分支比（例如 1:8）分路逐级串分至数以百计乃至千计的 ONU。因在 OLT 与 ONU 之间全是无源器件，故能体现在功耗、成本和可靠性方面的优势。目前接入网用时分多址（TDMA）方式将信息广播式分发给各 ONU；由 ONU 上传至 OLT 的时分复用信号需经过复杂的测距、时隙同步过程。随着 ONU 数量的增加，时隙冲突将显现。正在取而代之的方案是 WDM-PON。如果每个 ONU 占一个特定上传波长，这虽可避免 TDM 的缺点，但必将增加 ONU 的成本。克服此问题的方案之一是利用前面提到的 RSOA。利用 SOA 宽的增益谱，众多 ONU 可以用相同的 RSOA，即实现与用户所占用波长无关的所谓无色 ONU。如图 7.3-3 所示的原理图只是利用 RSOA 实现 WDM-PON 的一例。由中心局（CO）下传的信号可以是广播式的时分复用（TDM）方式直接分配到各 ONU，也可如图 7.3-3 所示将 WDM 信号在接入节点（AN）由 AWG 解复用后再将某一波长的光信息以 TDM 方式分配至多个 ONU。在 ONU 利用分束器中的一路接收下传信号；另一路连接 RSOA。RSOA 以比下传信号更高的消光比进行上行数据信号的调制，上传信号经环行器传至中心局。因而多个 ONU 可使用同一种型号的 RSOA，避免每一 ONU 单独使用一个特定波长的激光器。这类比于在 WDM 系统光发射机中使用可调谐半导体激光器的优越性。

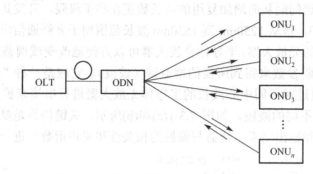

图 7.3-2　无源光网络（PON）的基本结构

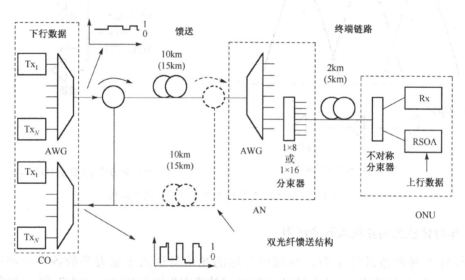

图 7.3-3　基于 RSOA 的 WDM-PON 结构

7.3.2　半导体光放大器在全光信号处理中的应用[1]

用光子学方法改变或控制光信号形态（如路由、调制格式或码型转换、再生等）或实现类似于电子学中一些功能（如光子逻辑、光微分器等）统称为全光信号处理。实质是用光子操控光子实现对光信号的处理，目的在于取代原来需经"光—电—光"转换实现的功能（如波长变换），甚至试图用光子学取代电子学的某些功能（如光子逻辑）。理论和实践表明，由"光—电—光"转换实现的信号处理功能必然会带来大的功耗，同时随着光纤通信系统与网络信号速率的不断提高，在电域内进行光信号处理也会面临所谓"电子瓶颈"的限制。而且，随着宽带信息业务的持续发展，骨干网单信道传输容量已达 100Gb/s 量级，复用后总传输容量已达数十乃至数百 Tb/s 量级，Pb/s 量级的传输容量也是指日可待。显然，通信网络节点处的业务阻塞是在预料之中的，而且旨在节能的绿色通信、单位比特的能耗指标的限制都使全光信号处理越来越受到重视。

然而，光子与电子不同，它只有运动质量而无静止质量，即光子是无法静止的。"以动制动"的光子调控光子的实践自然是难度很大的。另外，在网络节点上全光信号处理需要数量众多的同种光子器件和不同种类光子器件的共同参与才能奏效。没有光子集成或光电子集成技术将相关器件集成在同一芯片上也是难以想象的。这些都是全光信号处理所面临的严重挑战，也是与电子学相比全光信号处理所凸现的软肋和需要认真研究的。

半导体光放大器所具有的一些独特优点成为将其用于全光信号处理这一持续探索领域的动力，如表 7.3-1 所示。半导体光放大器在单片光子集成中不仅本身具有完成信号处理的功能，还有补偿其他参与光子集成器件损耗的功能。

表 7.3-1　某些基于 SOA 的全光信号处理

功能名称	基于的原理	可能的应用
全光波长变换	交叉增益调制（XGM） 交叉相位调制（XPM） 四波混频（FWM）	在网络节点中将信息业务由拥塞信道转移至相对空闲的信道
全光信号再生	基于 SOA 的 MZI	避免"光—电—光"的信号再生可能的电子瓶颈限制，同时降低功耗
全光码型转换	XPM FWM	根据不同网络（骨干网、城域网或接入网）适用的码型在网络边界进行转换
全光微分器	交叉偏振调制（XPolM） XGM	对光信号强度或电场包络进行微分操作以跟踪信号的前沿、后沿、最大/最小值、雷达信号分析，等等
全光逻辑	XGM、FWM 瞬态交叉相位调制（T-XPM）	实现各种逻辑功能操作，键控、逻辑运算

表 7.3-1 中表明某些全光信号处理功能已基于 SOA 中不同的光子之间相互作用原理实现。例如全光波长变换中，基于增益饱和非线性的 XGM 原理，其结构简单，但转换后的光信号会出现消光比退化，还存在相对原始信号发生倒相的缺点；而基于折射率非线性的 FWM 效应的波长变换虽没有消光比的退化，但因半导体材料折射率非线性系数小，需要高的泵浦功率，违背节能原则而不可取。因此基于 XPM 的波长变换可能会得到实际应用。另外，虽然表 7.3-1 中某些全光信号处理功能的实现方案中，SOA 也受到其他光学器件的挑战。例如，全光微分器也可由光纤布喇格光栅（FBG）和长周期光纤光栅（LPFG）来实现。然而，SOA 的一些独具魅力的优点，仍是受人关注的。

与半导体光放大器单纯用于放大外来光信号不同，在其用于全光信号处理中时，除信号光子外还有控制光子参与受激辐射过程、信号光子与控制光子相互作用和转化的过程。前面提到的声子参与的光谱烧孔和载流子加热的非线性光学效应以及快速的增益饱和和慢速的增益恢复的矛盾，都会对全光信号处理速率的提高产生不利的影响。

基于半导体光放大器的 XGM 和 XPM 效应可实现多种全光信号处理功能，只是针对信号处理功能的不同，所加控制光的形式（连续、脉冲）、光脉冲参数的选择以及输出光后续所采取的处理（如延时干涉仪、带通滤波器等）不同而已。图 7.3-4 为基于 SOA-XGM 的原理结构。用这种结构来研究 SOA 内增益动力学的试验中，习惯将锁模序列脉冲称为泵浦（pump）光，输入的连续光（CW）称为探测（probe）光。而对图 7.3-4 波长变换的应用将泵浦光和探测光分别称为信号光或控制光（λ_1）和连续光（λ_2）更确切。经 SOA 交叉增益调制后，信号光被复制（调制）到连续光上而产生与输入反相的输出信号。图 7.3-5(a)和(b)分别为基于 SOA 的马赫-曾德干涉仪（MZI）所构成的 XPM 用于波长变换的基本结构和相应的 MZI 的传递函数。在输入结构上稍做如图 7.3-6 所示的改变，既可用来实现开关键控（OOK）信号的波长变换（当只给 MZI 的一臂加上输入的光信号数据 A 或数据 B 时），又可用来实现 OOK 的"异或"逻辑门操作（在 MZI 两臂同时分别输入两个独立的数据 A 和数据 B 信号）。输出端串接的延时干涉仪滤波器是为了对输出信号进行整形，使之成为与变换前类似的 RZ 信号，以克服慢的增益恢复时间（10～100ps）的限制，实现高速率的全光信号处理。

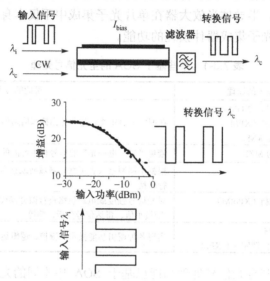

图 7.3-4 基于 SOA-XGM 用于波长变换原理结构

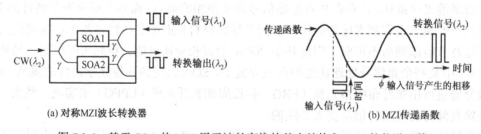

(a) 对称MZI波长转换器　　　　　(b) MZI传递函数

图 7.3-5 基于 SOA 的 MZI 用于波长变换的基本结构和 MZI 的传递函数

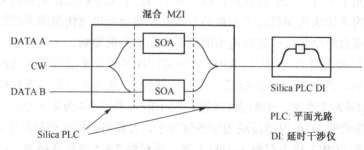

图 7.3-6 OOK 信号的全光波长变换和"异或"逻辑原理图

类似结构也可用来实现全光信号再生，如图 7.3-7 所示[10]。

鉴于 MZI 在全光信号处理应用上的普遍性和信号处理的高功率效率等优越性，以图 7.3-5(a) 所示基于 SOA-XPM 结构说明其波长转换原理。这是一种对称结构，即其中的多个耦合器都有相同的功率分支比 γ。波长为 λ_2 连续光（CW）的功率被对称地分配到 MZI 两臂的 SOA1 和 SOA2 上。波长为 λ_1 的强度调制输入信号光作用到 SOA1 后，由于引起其中的载流子密度变化，因此使 CW 光产生附加相移，并与经过 SOA2 的 CW 光在输出耦合器处产生干涉。依干涉原理 MZI 输出功率可表示为

$$P_{\text{out}} = P_1 + P_2 + 2\sqrt{P_1 P_2} \cos\phi \qquad (7.3\text{-}1)$$

其中，P_1 和 P_2 分别为经过 SOA1 和 SOA2 到达输出耦合器的功率；ϕ 为来自两臂发生干涉的两路信号的相位差，这里亦即由输入信号（λ_1）引起的相位差。式（7.3-1）实际是 MZI 的传递（或转移）函数，决定了 MZI 产生相长或相消干涉的条件。干涉的结果使得输入信号被复制在波长为 λ_2 的 CW 光上，如图 7.3-5(b)所示。来自波长为 λ_1 的输入信号改变 SOA1 相位的同时也会由于增益饱和引起两臂之间的功率不平衡，并可由此引起输入信号消光比的退化。这可在 MZI 两臂之一中加入可以改变偏置的附加相移段来得到改善。

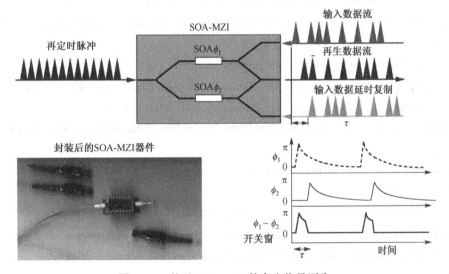

图 7.3-7　基于 SOA-MZI 的全光信号再生

思考与习题

1．光放大器与激光器在工作原理上有何区别？

2．理想的行波半导体光放大器（谐振腔面剩余反射率为零）与半导体发光二极管工作原理有何本质区别？为什么？

3．对光纤通信中使用的光放大器有哪些性能要求？这些性能对光纤通信系统与网络有何影响？

4．半导体光放大器与目前广泛用于光纤通信传输系统中的掺铒光纤放大器（EDFA）在性能上有哪些差别？为什么？

5. 总结一下，与体材料相比，基于量子阱材料的半导体光放大器在性能上有哪些改善？为什么？

6. 为什么不能用光放大器输出端的信噪比而需用噪声指数来客观评价光放大器本身的噪声性能？

7. 半导体光放大器的噪声源有哪些？如何使半导体光放大器的噪声指数达到量子极限？

8. 如何理解在半导体增益介质中与其他固体激光材料（如 Nd:YAG 中的 Nd^{+3} 四能级系统）、光纤增益介质（如 EDFA 中 Er^{+3} 的三能级系统）相比是一个快速增益动力学过程？

9. 举例说明全光信号处理在光纤通信网络中应用的重要意义，为什么半导体光放大器很适合这种应用？

10. 目前半导体光放大器在光纤通信传输系统中的应用还存在局限性，但是否存在发展潜力？如何突破这种局限性，开发新的应用？

参 考 文 献

[1] 黄德修，张新亮，黄黎蓉. 半导体光放大器及其应用，科学出版社，2012.

[2] M. J. O'Mahong. Semiconductor Laser Optical Amplifiers for Use in Future Fiber Systems, J. of Lightwave Technology, 1998, 6(4): 531-544.

[3] Ivan P. Kaminow, Tingye Li, Optical Fiber Telecommunications IV(A), Elsevier Inc, 2002.

[4] Yong Liu, et al, Error – Free 320 Gb/s All – Optical Wavelength Conversion Using a Single Semiconductor Optical Amplifier, IEEE/OSA J. Lightwave Technology, 2007, 25(1): 103-108.

[5] Zyskind J L, et al. Erbium – doped Fiber Amplifiers, Optical Fiber Telecommunications, Academic Press: III B: 13-68.

[6] Y. Suematsu. Optical Signal Amplification, Optical Devices & Fibers, 11:57-67, OHMSHA and North – Holland Publishing Co., 1984.

[7] 黄德修，刘雪峰. 半导体激光器及其应用，国防工业出版社，1997.

[8] Huang Dexiu, Liu Dening, Yu Siyuan, et al. Theoretical and Experimental Investigations on a Novel Semiconductor Laser Amplifier with Input and Output Sharing a Single Fiber. International J. of Optoelectronics, 1992,7(1): 91-101

[9] Franck Payoux, Philippe Chanclou, et al. Demonstration of a RSOA-based Wavelength Remodulation Scheme in 1.25Gbit/s Bidirectional Hybrid WDM-TDM PON. Proc.OFC, 2006.

[10] William F. Brinkman, Thomas L. Koch, David V.Long and Daniel P.Wilt. The Lasers Behind the Communications Revolution. Bell Labs Technical Journal, 2000, 5(1): 150-167.

第8章 可见光半导体发光材料和器件

8.1 概　　述

本章将阐述在可见光波段基于半导体材料的光发射器件，包括该波段的半导体激光器和发光二极管。可见光是指能为人眼所感知的从紫光到红光的波长范围，如表8.1-1所示。其中红光、绿光和蓝光（常用三者英文名称的第一个字母的组合 RGB 称谓）为三基色。这也是正在发展的激光全色电视所需的三基色。理论上由三基色依不同比例可组合成其他各种颜色。图 8.1-1(a)的马蹄形轮廓是国际照明委员会所发布的色度图，轮廓附近标注的数字代表波长（单位：nm），x 和 y 坐标分别表示所对应图中某点在 x 和 y 两个方向上所能分辨的色差。图内所标注的化合物半导体是目前可见光半导体光发射器件所用的有源材料。图8.1-1(b)则是人眼对颜色的敏感曲线和目前半导体光发射器件的外量子效率[1]。

表 8.1-1　可见光波段的划分

颜色	紫	青蓝	蓝	蓝绿	绿	黄绿	黄	橘黄	红	品红
波长（nm）	400	425	450	490	510	530	550	590	640	730

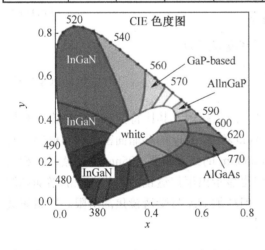

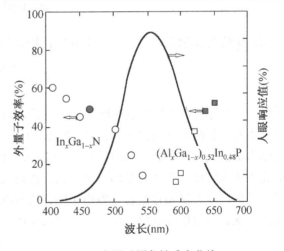

(a) 国际照明委员会公布的色度图　　　　　　(b) 人眼对颜色敏感度曲线

图 8.1-1　(a) 国际照明委员会公布的色度图；(b) 人眼对颜色敏感度曲线

可见光波段的重要性在于人们所获取的信息量绝大部分来源于视觉。从各种显示安全或运行状况的信号灯到五彩缤纷的静态或动态的显示牌；从人眼可感受到的有色光或三基色混成的白光（如白光照明）到隐藏在设备内部用来提高其性能（如光存储）的可见光，都无不说明可见光波段的重要性和应用的广泛性，以及它所产生的巨大经济和社会效益。

自20世纪80年代末以来，源于提高光存储密度的迫切需求，蓝光半导体激光器成为研究热点。21 世纪以来，全球范围掀起所谓半导体照明（俗称白光照明）的节能高潮，使蓝光发光二极管得到前所未有的规模化发展。要得到类似太阳光的白光或者得到 5500K 黑体辐射谱，其相应的 CRI（显色指数）为 100，则需要许多颜色成分的参与，这样来实现低成本的白光照明是不现实的，只能用尽可能少的颜色混合来实现白光。用蓝光和橘黄色光的混合可以显现出一定的白光，但 CRI 很低。理论上用三基色混合可以得到较高 CRI 的白光，但实际上很难在有限尺寸的封装结构内实现均匀的混合。目前广泛使用的是用蓝光 LED 激发沉积在其芯片上的黄荧光粉 YAG:Ce（即 $(Yb, Gd)_3(Al, Ga)_5O_{12}: Ce$）[2]。这种荧光粉在承受每平方厘米数百瓦的蓝光激励强度下有好的光化学稳定性，并将部分蓝光能量作频率下转换，藉此实现白光。还有用蓝光 LED 激发黄和红的荧光粉 $(Ca, Sr)S: Eu$ 或 $(Ca, Sr)_2Si_5N_8: Eu$ 以增强红光的辐射比率，实现大于 90 的 CRI（相当于 2500~4000K 的色温）[3][4]；为在更高 CRI 和在2500~10000K 色温下实现白光，人们开展了用蓝光 LED 激励绿荧光粉 $SrGa_2S_4: Eu$（535nm）和红荧光粉 $SrS: Eu$（615nm）的探索[6]。从以上几种不同实现白光的方案中，蓝光 LED 是最基本的。理论上，LED 能在高量子效率下有长达 10 万小时以上的连续工作寿命，只要荧光粉能保证长的（如 10000 小时以上）半衰期，则半导体 LED 用于照明的优越性，特别是节能和经济性是其他照明方式（如白炽灯、荧光灯）无法相比的。

CD、DVD 乃至新一代的 BluRay 标志着整个光存储面密度的增加。作用到光盘盘面上的激光束，无论是所需功率较大（~200mW）的信息刻录还是所需功率较小的信息读取，其面密度都取决于聚焦光学系统在盘面上光斑的大小。达到衍射极限的光斑直径 d（最大光强 $1/e^2$ 处的光斑直径）正比于激光波长 λ 而反比于光学聚焦透镜的数值孔径 NA，表示为

$$d = 0.82\frac{\lambda}{NA} \tag{8.1-1}$$

式中，0.82 为比例系数。在盘片上存取比特数的面密度表示为

$$D \propto b\left(\frac{NA}{\lambda}\right)^2 \tag{8.1-2}$$

式中，b 为每一聚焦光斑点中所含的比特数。可见光波长越短，其比特面密度则越高，相同尺寸盘片的数据存储量越大。表 8.1-2 列出 CD、DVD 和 BluRay 的存储面密度和存储容量与光学参数的关系。激光波长由近红外的 780nm 到 650nm 的红光再到 405nm 的蓝紫光，相应的光盘刻录密度、存储容量均显著增长。虽然表中也显示出聚焦透镜的数值孔径的增加和激光波长的减少对增加存储容量做出了同样的贡献，但增加 NA 将受透镜焦深所限。因聚焦透镜的焦深 δ 与聚焦透镜数值孔径的平方成反比，即

$$\delta \sim \frac{\lambda}{NA^2} \tag{8.1-3}$$

采用增加数值孔径来增加面存储密度的同时，透镜的焦深相应减少。由于聚焦伺服系统和装配方面不可避免存在容差，以及透镜本身存在的像差（主要是球差），这就限制了光盘数据层上的覆盖层不能太厚（对 BluRay 格式，其覆盖层仅为 100μm），因此通过增加聚焦系统数值孔径来增加存储密度是很有限的。

1960 年世界上出现的第一台激光器是能产生红光（波长为 694.3nm）的红宝石固体激光器，此后相继出现了激射波长为 632.8nm（红光）的氦-氖激光器、可产生 514.5nm 绿光和

488nm 蓝光的氩离子激光器，还可通过倍频 Nd：YAG 固体激光器的输出光（1.06μm）来得到 532nm 的绿光，等等。但这些可见相干光源都因体积庞大、能耗大、成本高、连续工作寿命短、缺乏直接电调制能力和不能规模化集成等原因而无法满足光存储、激光全色电视、彩色显示和产生白光照明等应用要求。相反，可见光半导体光发射器件能弥补上述固体或气体激光器的不足。

表 8.1-2　几种光盘存储容量随激光波长变化的比较

	CD	DVD	BluRay
单层容量（GB）	0.65	4.7	23.3, 25 或 27
激光波长（nm）	780	650	405
数值孔径（NA）	0.45	0.6	0.85
刻录密度（英寸）	16000	34000	79000
最小长度 Pit（μm）（含 2～3bit）	0.833～0.972	0.4～0.44	0.138～0.16
面密度（Gb/平方英寸）	0.39	2.77	13.7, 14.7 或 15.9
参考速度（m/s）	1.2	3.49～3.84	4.55～5.28
数据率（Mb/s）	1.47	11.08	36

回顾整个半导体光发射器件的发展历程，深感波长覆盖范围不到 400nm 的可见光波段的半导体激光器或发光二极管要比用于光纤通信光源和用于泵浦光纤放大器或光纤激光器以及泵浦固体激光器的泵浦激光源（整个覆盖1200nm的波长范围）困难得多，其发展历程要漫长得多。从 1962 年研究出第一个 GaAsP 可见光（红光）发光二极管[2]开始到 20 世纪 80 年代 780nm 和 90 年代的红光（670nm，630nm）与蓝光（405nm，490nm）半导体激光器相继进入使用经历了 30 多年。至今，高性能的蓝光发射材料与器件仍在不断研究之中，而如图 8.1-1(b) 所示对人眼最敏感的绿光半导体光发射器件仍未获得有效的突破，曾被称为可见光波段的"死亡之谷"。初看起来，可见光波段的光发射器件的发展不应如此困难，理由是如本书第 1～6 章所概括的，光通信中的半导体激光器的发展已为可见光激光器的基本理论、器件结构和性能评估等方面提供了可以借鉴的基础，可见光发射器件同样应满足以下一些设计准则：

（1）采用双异质结作为光发射器件的基本结构，以实现对注入电子和所产生光子的双重限制，从而易于实现受激发射所需的粒子数反转；用谐振腔（F-P 腔、DBR 和 DFB）实现谐振增强和受激辐射的激光输出。为了对注入电子进行更有效的限制，体材料双异质结中的有源层厚度应远小于电子扩散长度，还可进一步将有源层厚度减少至电子平均自由程之下以实现量子限制效应，从而更有效地减少半导体激光器的阈值电流，提高半导体激光器的特征温度、改善模式特性等性能。

（2）根据所需发射波长，选择带隙波长与之匹配的半导体材料作为有源材料；按照晶格匹配的要求选择宽带隙限制层材料，形成对注入有源层的载流子（特别是对电子）进行有效限制的异质结势垒。

（3）无论是同型还是异型异质结，都需使所选定的半导体材料具有掺入不同类型和不同浓度杂质的能力，且所掺入杂质的浓度分布不随环境和工作条件变化。

（4）要有大尺寸、便于加工、电阻和热阻小、与在其上生长的半导体材料能晶格匹配的衬底材料。

（5）为了从器件获得更大的输出功率，应采取横模特性好的条形结构，对用于高速光调制型激光器件，尚需对谐振腔进行更严格的波长选择反馈而获得高的边模抑制比。半导体发光二极管虽然不需要考虑上述涉及谐振腔和光的谐振模式方面的要求，但其他的要求应是共同的。然而对可见光波段特别是蓝光和绿光发射器件在满足上述要求的探索中却明显步履艰难。这将在 8.2 节和 8.3 节中讨论。

8.2 红光半导体发光材料和器件

8.2.1 红光半导体材料

早在 1962 年研究 GaAs 同质结构半导体激光器的同时，就报道了 GaAsP 红光发光二极管。20 世纪 80 年代初，由于发展光盘存储的需要而研究红光半导体激光器以取代早期的氦-氖激光器。为此，最早选用了在光纤通信波段中已经使用的 $Al_xGa_{1-x}As/GaAs$ 材料和器件结构来获取红光。但由式（2.4-2）和式（2.4-3）可知，随着有源材料中 Al 含量 x 的增加和带隙能量 E_g 的相应增加，一方面注入直接带隙能谷的电子与注入间接带隙能谷电子的比例也相对减少，使激光内量子效率相应减少，当 Al 含量 $x = 0.45$（对应带隙波长 $\lambda = 624nm$）时，甚至发生直接带隙向间接带隙转变；另一方面随着 Al 含量的增加，有源层与限制层之间的晶格失配程度也加剧，从而会产生更多的失配位错和晶格缺陷。这些都会使激光器的阈值电流密度增加，如图 8.2-1 所示。因此这种材料体系在成就了用于光盘机的 780nm 淡红色半导体激光器之后，却对获得更具实用意义的 600nm 波段红光半导体激光源未能做出贡献。为此，必须寻找新的材料和器件结构。

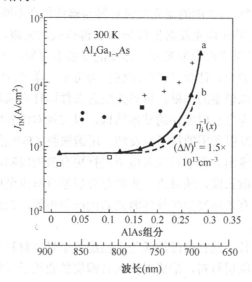

图 8.2-1 GaAlAs/GaAs 激光器阈值电流密度与 AlAs 含量
的关系（曲线 a 为计算结果，曲线 b 为实验结果）

1985 年采用 GaInP 有源层/AlGaInP 限制层的双异质结构，实现了波长 670nm 和 690nm 的红光半导体激光器的室温连续工作；同时也得到了 GaInP（阱）/AlGaInP（垒）激射波长为 668nm 的多量子阱室温连续工作的激光器，并表现出更低的阈值和更高的特征温度 T_0[7]。这自然得益于先进的 MOCVD 工艺设备。至今，普遍认为半导体合金材料系(Al$_x$Ga$_{1-x}$)$_y$In$_{1-y}$P 是覆盖光谱范围从红光（650nm）到黄绿色光（560nm）最合适的直接带隙半导体材料。图 8.2-2 表示由二元半导体化合物 InP、AlP 和 GaP 所组成的三元或四元的化合物半导体带隙能量 E_g（和相应的带隙波长 λ）与其晶格常数 a_0 的关系。该图右侧还列出了这三种化合物的带隙能量和晶格常数[8]。图中实线框与虚线框分别代表其内的材料为直接带隙还是间接带隙。E_g 位于 2.23～2.33eV（相应带隙波长 556～532nm）之间时会发生直接带隙与间接带隙之间的转变。图中对应 GaAs 的垂直线上的直接带隙材料 AlGaInP 能很好地与常用的 GaAs 衬底材料晶格匹配。因为 AlP 和 GaP 有几乎相同的晶格常数，当 In 含量（1-y）接近 0.48 时，(Al$_x$Ga$_{1-x}$)$_y$In$_{1-y}$P 晶格常数几乎与 Al 或 Ga 的含量无关，且与 GaAs 衬底理想地晶格匹配，因而可灵活调节 Al 含量 x 得到与 GaInP 有源材料相比更短的直接带隙波长。因此图 8.2-2 中特别标注的(Al$_x$Ga$_{1-x}$)$_{0.5}$In$_{0.5}$P 是目前首选的红光半导体发射器件有源材料。

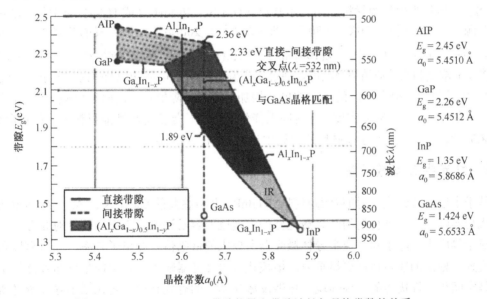

图 8.2-2　(Al$_x$Ga$_{1-x}$)$_y$In$_{1-y}$P 带隙能量和带隙波长与晶格常数的关系

　　AlGaInP 具有与 GaAlAs 和 InGaAsP 同样的闪锌矿晶体结构和相似的能带结构。直接带隙导带底在 k 空间 Γ 点，两侧还分别有导带的两个能谷 X 和 L；同样有三个价带，其中重空穴带和轻空穴带在 Γ 点简并。直接带隙能量和最低间接带隙能量（X 能谷）与 Al 含量 x 的关系分别表示为[9]

$$E_{g\Gamma}(x) = 1.90 + 0.61x \quad (eV) \tag{8.2-1}$$

$$E_{gX}(x) = 2.204 + 0.085x \quad (eV) \tag{8.2-2}$$

式中，E_g 下标中 Γ、X 分别代表 k 空间直接带隙和第一个间接带隙能谷。显然，当 $x = 0.58$ 时，有 $E_{g\Gamma} = E_{gX}$，从而给出这种红光半导体发射器件有源材料中最大的 Al 含量，即 $0 \leqslant x \leqslant 0.58$，相应有 $1.9eV \leqslant E_{g\Gamma} \leqslant 2.25eV$ 和 $652.6nm \geqslant \lambda \geqslant 550nm$。然而，当波长在 600nm 以下时，这种材料的光发射器件表现出很低的内量子效率。

为获得高性能的光发射器件，一般将有源区制成多量子阱结构。为使注入电子能有效地限制在有源区，在有源区两边要形成合理高度的异质结势垒（特别是电子势垒）。一般导带与价带的异质结势垒高度之比至少要达到6:4。为此需通过增加 Al 含量 x（$x \geqslant 0.7$）提高限制层的带隙，使之与有源区造成大的带隙差 ΔE_g。但过高的 Al 含量会造成较大的晶格失配和引起高密度的"小丘"缺陷。另一方面，为得到大的自发辐射速率和降低 P 型电极接触电阻，需在 P 型限制层进行高浓度的 P 型掺杂以获得高的空穴浓度，而高浓度 P 型掺杂工艺仍然是制作可见光波段光发射器件的一个挑战。同时，在这种材料体系中常用的受主杂质 Zn 具有强的活动性，当掺杂浓度达到 $6 \times 10^{17}/cm^3$ 以上时，在生长温度下还会扩散进有源层因而恶化器件性能[10]。因此，高浓度 P 型掺杂问题，在可见光材料系统中受到普遍关注。

除了材料本身所决定的带隙波长外，材料生长的工艺条件（如生长温度、Ⅲ族/Ⅴ族元素比值等）、在衬底材料上的生长晶向等因素也会对发射波长和器件性能产生影响。通常用适合批量生产的 MOCVD 设备生长上述材料，用三甲基源（用 TM 表示）TMAl、TMGa 和 TMIn 以及 PH_3 气体作为生长源材料，用二甲基锌（DMZn）和 SiH_4（或 H_2Se）分别作为 P 型和 n 型掺杂源。生长温度在 650℃～680℃，Ⅲ-Ⅴ比大于 200 以阻止磷元素的解附作用。实验表明[11]，当在 GaAs（100）面（或[100]晶向）生长$(Al_xGa_{1-x})_{0.5}In_{0.5}P$ 时很难在 P 型限制层获得高的掺 Zn 浓度和高异质结势垒高度。通过适当偏离[100]晶向而与[011]晶向呈一小的角度（5°左右），生长材料能提高 P 区的掺杂浓度和增加一定的带隙能量，同时还可减少因 Al 含量增加而产生的"小丘"状缺陷密度。在衬底上择优晶向生长是获得高性能材料的一种可取途径，这在 8.3 节中关于蓝光半导体材料的讨论中也将看到。

8.2.2　红光半导体激光器

基于上述适合红光发射的有源材料 AlGaInP，并借鉴此前 GaAlAs/GaAs 半导体激光器的一些成功实践，对这种材料的红光激光器的实现就要容易许多。由于主要针对光存储、全色激光显示等应用，除了和其他半导体激光器所要求的低阈值、高量子效率、高可靠性和高特征温度外，稳定的横模特性更显重要。横模代表着激光器输出光束中能量分布或能量集中状况，是空间相干性优劣的一种体现，也涉及激光功率的有效利用。对包括半导体激光器在内的所有激光器，凡涉及激光与物质相互作用的应用，都要求有好的横模（特别是基横模）特性，使评价光束质量的所谓 M^2 因子尽量接近 1。对半导体激光器而言，在垂直有源层方向能保证基横模；虽在有源区侧向未加限制的宽面 AlGaInP 半导体激光器曾获得 320mW 的高功率输出[12]，但宽面结构一般呈多侧模，很难使输出功率得到有效利用。一种在侧向采用如图 8.2-3(a)所示的所谓选择隐埋脊形波导（SBR）结构[12]可以获得稳定的侧向模式，采用脊宽为 40μm 的条形限制电流注入通道，在 100mW 输出功率时的侧向远场已呈现单瓣的模式，在输出功率为 20mW 时则显现出明显的基模特征，如图 8.2-3(b)所示。

为优化谐振腔设计，也为防止过高的光功率密度（MW/cm^2 量级）对端面的损伤，对前/后端面分别镀以抗反（$R=0.1$）/增反（$R>0.9$）膜。另一种与 SBR 结构和性能类似、工艺更简单的侧模稳定结构如图 8.2-4 所示[13]。这是一种同型异质势垒阻挡（HBB）电流结构。它利用 P 型 GaAs 与 P 型 AlGaInP 限制层之间大的带隙差，阻止电流流经其界面，而在两者之间引入带隙居于二者之间的 P-InGaP 形成一个电流通道。

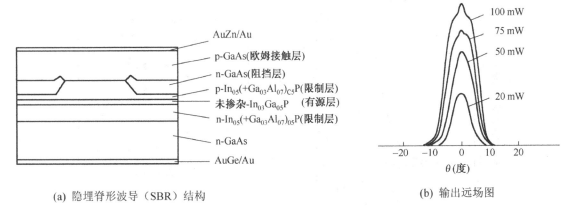

	AuZn/Au
	p-GaAs(欧姆接触层)
	n-GaAs(阻挡层)
	p-In$_{05}$(+Ga$_{03}$Al$_{07}$)$_{C5}$P(限制层)
	未掺杂-In$_{05}$Ga$_{05}$P （有源层）
	n-In$_{05}$(+Ga$_{03}$Al$_{07}$)$_{05}$P(限制层)
	n-GaAs
	AuGe/Au

(a) 隐埋脊形波导（SBR）结构　　　　　　(b) 输出远场图

图 8.2-3　(a) 隐埋脊形波导（SBR）结构　(b) 输出远场图

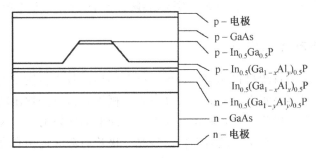

	p－电极
	p－GaAs
	p－In$_{0.5}$Ga$_{0.5}$P
	p－In$_{0.5}$(Ga$_{1-x}$Al$_y$)$_{0.5}$P
	In$_{0.5}$(Ga$_{1-x}$Al$_x$)$_{0.5}$P
	n－In$_{0.5}$(Ga$_{1-y}$Al$_y$)$_{0.5}$P
	n－GaAs
	n－电极

图 8.2-4　异质势垒阻挡电流结构

高功率红光半导体激光器所遇到的问题是有源区与 P 型限制层之间导带不连续量 ΔE_c 与价带不连续量 ΔE_v 的比值相对较小，$(\Delta E_c/\Delta E_g)/(\Delta E_v/\Delta E_g)=0.6/0.4$。由图 2.5-5 可知，这时限制电子漏泄的势垒相对较小。而且随着温度的升高，电子有大的热能使其越过有源区导带费米能级与 P 型限制层导带之间的势垒漏泄，而且导带费米能级上移而使电子势垒进一步减少，因而使红光半导体激光器的阈值电流相对较高，而特征温度相对较低。另外，这种材料体系的 P 型限制层难以实现高的受主掺杂浓度，因而注入有源区而越过势垒漏入 P 区的电子除产生扩散漏电流外还会在该区电场作用下产生漂移漏电流，而且漂移电流将成为漏电流的主要分量[13]。P 型限制层的高浓度掺杂除有利于减少漏电流外，由于注入有源层的空穴增加而使阈值电流减少，如图 8.2-5 所示[14]。增加 P 型限制层（或量子阱激光器的包层）的带隙和提高 P 型掺杂从而提高相应的空穴浓度是高性能红光激光器的关键。与图 8.2-1 中的 GaAlAs/GaAs 类似，在 $(Ga_{1-x}Al_x)_{0.5}In_{0.5}P/GaAs$ 材料产生红光发射中，随着 Al 含量 x 的增加，有源区带隙也相应增加，从而得到波长更短的红光。然而，随着波长的减小，直接带隙能谷中的电子也相对减少，而间接带隙能谷中的电子则随之增加，从而使激光器阈值电流增加。通过高带隙 AlInP 限制层（相应折射率也减小）提高对电子与光子的限制能力和采取量子阱有源区提高微分增益等手段，已能在 40μm 条宽下获得输出功率 50mW、波长为 625nm 的室温连续红光输出。采取防止端面损伤的透明输出窗结构，在 800mA 注入电流下还能获得 220mW 连续输出[15]。

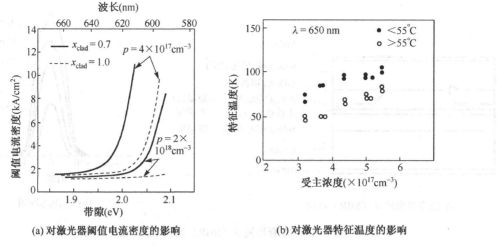

(a) 对激光器阈值电流密度的影响   (b) 对激光器特征温度的影响

图 8.2-5　红光半导体 P 型限制层掺杂浓度对激光器阈值电流密度（a）和特征温度（b）的影响

8.2.3　红光半导体发光二极管

原则上，有了合适的有源材料和生长合理的材料结构，基于自发发射的发光二极管要比同样材料体系的激光器容易实现。然而，要使发光二极管获得高的输出功率，还有一些要考虑和解决的问题。发光二极管一般是利用其表面发射而非端面发射；不像 VCSEL 那样由于谐振增强而在垂直表面方向有很好的方向性，发光二极管有源区内由自发发射产生的光子运动方向各异。为获得高的输出功率，总希望有源区有大的体积。虽然没有像双异质半导体激光器（包括 VCSEL）那样为尽量降低阈值电流而对有源层厚度有较严格的限制（一般为 $0.15\mu m$ 左右），但为了发挥限制层的作用，发光二极管的有源区厚度一般也控制在 $0.45\mu m$ 左右。基于上述原因，对如何提高发光二极管的输出效率已有一些探索，取得了一些积极的结果。举例如下。

（1）采用对有源区发射光子透明的衬底（TS）。对常用的 GaAs 衬底（折射率为 3.5，$E_g=1.42eV$），由 AlGaInP（$E_g \geq 1.9eV$）产生的光子在 GaAs 内将遭受大的吸收，进而产生所不希望的热效应。GaP（E_g 为 2.26eV）对 AlGaInP 所有发光谱范围内都是透明的，但与 GaAs 有较大的晶格失配。用 GaAlAs 衬底恰与 GaP 相反，能与 GaAs 晶格匹配，当 Al 含量高时，GaAlAs 对红光才是透明的，只是 Al 含量高时易氧化。

（2）像 VCSEL 那样，在底部外延生长分布布拉格反射器（DBR），使向衬底方向发射的光子被 DBR 向表面方向反射。由 4.6 节可知，DBR 是针对某一特定波长设计的，反射谱宽很窄，对有源区所产生的宽自发发射谱难以产生有效的作用。况且要找到合适的高/低折射率材料并周期外延生长出层数相对较多的这两种材料薄层，其成本是相当高的。

（3）一种有效的方法是采用上述对红光透明的材料在电极与上限制层之间形成电流扩展区。这时与 4.4 节电极条形半导体激光器中所不希望的电流侧向扩展进入有源区的情况类似，但此时电流扩展区使发光二极管有源区侧向发光区扩展，相应增加了表面的光发射，如图 8.2-6 所示[8]。顶部半径为 r_c 的圆形接触电极下方电流扩展层的厚度 t 与有源区侧向发光区扩展长度 L_s 之间的关系可由与条形电极半导体激光器类似的分析得到[16]

$$t = \rho L_s \left(r_c + \frac{L_s}{2} \right) \ln \left(1 + \frac{L_s}{r_c} \right) \left(\frac{(J_0 q)}{n_{ideal} k_B T} \right) \qquad (8.2\text{-}3)$$

式中 ρ 为电流扩展层的电阻率；J_0 为接触电极边缘的电流密度；q 为单位电荷；k_B 为波尔兹曼常数；T 为绝对温度；n_{ideal} 为半导体二极管理想化因子，取值为 1～2。在理想情况下，若注入电子都能在有源区内直接跃迁复合而不通过缺陷、俄歇等方式复合，则 $n_{ideal} = 1$。

总之，为提高发光二极管外量子效率，①有源层需要进行合理的设计和完善的生长工艺来提高内量子效率（即注入有源区的电子通过辐射复合产生光子的效率），包括由于电子势垒高度较小而需较厚的有源层，但又不能因此使光子在有源区内产生明显的光子再吸收；减少有源层自由载流子吸收；②用择优取向、透明的衬底，一方面减少生长中形成失配位错，同时也减少衬底对光子的吸收；③用电流扩展层增加有源层侧向发光区域。采取以上这些措施可将发光二极管的外量子效率提高到 30% 以上。为进一步提高这种效率还可在输出窗辅以二维光子晶体层，利用光子带隙导引光子输出。另一个通过改变输出结构而改善外量子效率的实例如图 8.2-7 所示[17]。图中从散热考虑仍将靠近有源层的 P 型限制层朝下固定在热沉上，将芯片加工成倒锥台形，使得从边墙反射的一部分光从透明衬底输出，从顶部反射的一部分光从芯片边墙逸出，从而避免反射回有源层的光子被吸收。这种结构在 100mA 直流驱动下，使 AlGaInP 发射波长为 610nm 的发光管外量子效率高达 55%，但这种依靠附加的加工手段来提高效率是以增加成本为代价的。

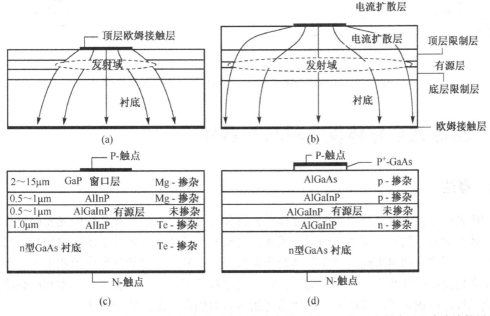

图 8.2-6 AlGaInP 半导体发光二极管电流分布与产生光的区域；(a)和(b)分别为无和有电流扩展区的电流分布和发光区；(c)和(d)分别为含 GaP 和 AlGaAs 透明扩展区的 LED 结构

一种可形象比喻为"梯级水电站"的所谓隧道结再生多有源区结构的发光二极管可以得到高的内量子效率，如图 8.2-8 所示[18]。通常由反向偏置的隧道结将两个 P-i-N 有源区串联。第一个有源区在由辐射复合产生光子的同时，该区价带的电子即被隧道结的反向偏压经过隧道穿透效应而被扫进第二个有源区的导带，成为该区的注入电子，使注入的载流子得到充分利用。由于晶体生长质量与高效隧穿所需满足的 In 组分和掺杂浓度的要求之间的矛盾，低阻抗隧道结的设计仍然是极具挑战性的。

(a) 操作中的LED芯片

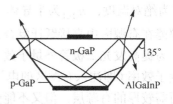

(b) 典型光子路径和出射方向

图 8.2-7　倒锥台芯片

(a)

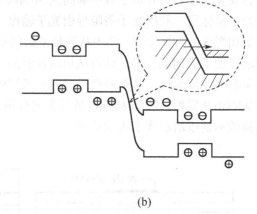

(b)

图 8.2-8　(a)隧道再生多有源区材料分层结构；(b)能带图

8.3　蓝/绿光半导体发光材料和器件

8.3.1　概述

相比光纤通信中近红外波段的半导体激光器和可见光波段的红光波段的光发射器件，蓝光半导体发射器件的发展却相对滞后。然而，对蓝光半导体发射器件需求的迫切性又日益凸显。迄今，围绕着如何提高蓝光半导体激光器的外量子效率、降低阈值电流和电压、如何满足激光全色投影电视和光盘刻录所需的高输出功率和长寿命，如何获得低成本和高亮度的蓝光发光二极管以满足"白光照明"的要求等诸多方面仍在不懈的研究之中。

早在 20 世纪 70 年代，美国和日本的一些研究工作者就探索用 GaN 作为蓝光发光材料的研究。但到 20 世纪 80 年代，不少研究工作者又将发展蓝光半导体发光器件的探索转向 II-VI族半导体的 ZnSe，这种材料有能量大于 2.75eV 的直接带隙。1991 年美国 3M 公司首次在 77K 温度下实现 ZnSe 单量子阱半导体激光器脉冲工作，激射波长为 495nm，脉冲输出功率大于 100mW。其有源层、势垒层和包层材料分别为 $Cd_{0.2}Zn_{0.8}Se$、ZnSe 和 $ZnS_{0.07}Se_{0.93}$，采用增益波导的器件结构，微分量子效率达 20%。次年他们又实现了室温下的脉冲工作。日本索尼公司采用在包层中加入 Mg、有源区含 6 个多量子阱、势垒层为 $Zn_{0.9}Mg_{0.1}S_{0.18}Se_{0.82}$、衬底为掺硅的 n 型 GaAs 的器件结构，实现了在室温下脉冲工作，激射波长为 447nm。该公司还在 1998 年采用如图 8.3-1 所示的结构实现了 400 小时的室温连续工作，激射波长为 514nm。

尽管基于 ZnSe 材料的蓝光半导体激光器经历了"液氮温度下脉冲工作—液氮温度下连续工作—室温下脉冲工作—室温下连续工作"这样不断进展的过程，但一方面这种材料的生长温度较低、材质软，很难得到本征缺陷和杂质少的 ZnSe，且在工作条件下易造成位错增殖；另一方面，很难获得高浓度的 P 型掺杂，因而很难获得低阈值和长寿命的激光器件，使得这种蓝光器件难以进一步发展。

然而，就在不少研究者青睐于 ZnSe 蓝光半导体材料的同时，日本日亚（Nichia）化学工业公司却仍持之以恒地研究 GaN 蓝光材料。他们于 1996 年元月实现基于 GaN 的室温脉冲工作蓝光 LED，同年 11 月又采用如图 8.3-2 所示的结构，在蓝宝石衬底上相继生长 In 组分 x 值不同 $In_xGa_{1-x}N$ 的缓冲层（用做晶格匹配过渡）、包层（用来限制电子）、波导层（用来限制光子）、多量子阱有源区和 P 型的限制层、包层和欧姆电极接触层。20℃时的阈值电流和器件压降分别为 80mA 和 5.5V，阈值电流密度 $J_{th}=3.6kA/cm^2$，特征温度 $T_0=82K$，激射波长为 405.83nm[19]。由此开始，蓝光发射器件的研究几乎无一例外地转向 GaN 基材料，并不断取得新的进展。

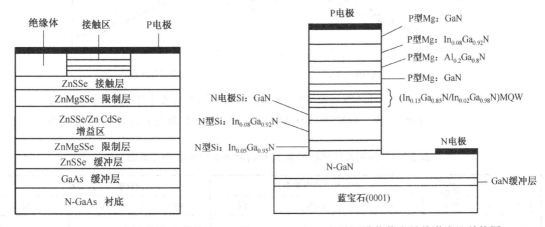

图 8.3-1　ZnSe/ZnMgSSe 半导体激光器结构　　图 8.3-2　InGaN 多量子阱蓝紫半导体激光器结构图

8.3.2　Ⅲ-N 化合物半导体发光材料

由于对蓝光和绿光半导体光发射器件需求的强力拉动，人们对Ⅲ族元素（Al、Ga、In）和氮（N）的化合物半导体生长工艺、材料特性等已进行了近 30 年的持续研究，并仍在不断发展之中。充分显示了Ⅲ-N 化合物半导体的复杂性和不断开发的潜力。其复杂性或难度表现如下。

（1）由 AlN、GaN 和 InN 这三种基本的Ⅲ–N 化合物半导体，依不同的组分含量可构成不同带隙（波长）的三元Ⅲ–N 化合物半导体 InGaN、InAlN 和 AlGaN，如图 8.3-3 所示[20]。问题是这些材料在不同的生长工艺条件下可以形成立方对称的闪锌矿晶体结构或六方对称的纤锌矿晶体结构。而不同的晶体结构，其在热学、电学和光学方面的特性有明显的差异，如表 8.3-1 所示。采用立方晶系的闪锌矿晶体结构的材料较为理想，它有好的各向同性。然而闪锌矿结构的Ⅲ-N化合物单晶半导体很难生长,一般易形成多晶结构。即使是纤锌矿的Ⅲ-N化合物,一般也很难生长出能用做衬底材料的大尺寸的单晶,而这在批量生产蓝/绿光发射器件是必须的。

（2）在上述三种Ⅲ-N化合物中,某些物理参数的获得依赖于生长条件和测试方法,存在较大的分散性。特别在广泛使用的InN化合物或In含量高（称富In）的三元氮化物中,因InN的分解温度低,早期用射频溅射得到的InN,具有很高的自由载流子浓度（>10^{19}/cm^3）和低的电子迁移率,用测量吸收边方法所得到的带隙为1.9eV,且该数据曾长期被引用。后来通过使用先进的MBE和MOCVD薄膜生长设备,InN的质量大为提高,自由载流子浓度可小到10^{17}/cm^3,电子迁移率可达2000cm^2/（V·S）。自由载流子浓度的减少使吸收边所对应的带隙也减少。即使这样,不同研究者所得到的InN的带隙仍有大的分散性,室温带隙甚至从1.5eV到0.64eV不等。

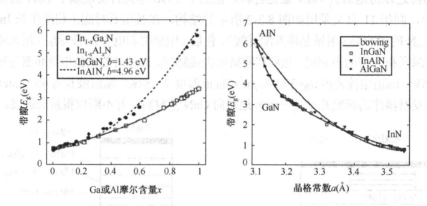

图8.3-3　(a) InGaN和InAlN带隙与Ga或Al含量关系,其中b为能带弯曲因子(bowing factor)；(b) InGaN、InAlN和AlGaN带隙与共面晶格常数关系

表8.3-1　不同晶体结构的Ⅲ-N化合物半导体某些物理参数比较

晶系 化合物 参数	纤锌矿（六方晶系）			闪锌矿（立方晶系）		
	AlN	GaN	InN	AlN	GaN	InN
晶格常数 a (T=300K)(nm)	0.3112	0.3189	0.3533	0.438	0.450	0.498
热胀系数 (dln$a$/dt)(10^{-6}/K)	4.2	5.6	3.8			
晶格常数 c (T=300K)(nm)	0.4982	0.5185	0.5693			
热胀系数 (dln$c$/dt)(10^{-6}/K)	5.3	3.2	2.9			
分解温度（℃）	1040	850	630			
带隙 E_g(T=0)(eV)	6.25	3.51	0.69	5.4	3.3	0.6
带隙 E_g(T=300K)(eV)	6.14	3.43	0.69			

（3）不像多数Ⅲ-Ⅴ族化合物半导体材料比较容易得到大尺寸单晶体材料（如GaAs、InP）作为晶格匹配生长所需薄膜的衬底材料,对Ⅲ-N化合物来说,即使使用氢化物汽相外延（HVPE）,目前也只能生长约10mm厚的纤锌矿GaN晶体作为"自由站立"（free standing）

生长Ⅲ-N化合物薄膜的衬底。"自由站立衬底"亦称"自立衬底"或"自支撑衬底"，是在蓝宝石衬底上尽量生长厚的GaN单晶，再通过激光将GaN剥离出来做进一步生长所需Ⅲ-N化合物薄膜的衬底。对这种过渡性衬底仍需研磨、抛光和清洗才能使用，显然这是很复杂的。尽管在GaN衬底上生长三元Ⅲ-N化合物半导体（如InGaN、AlGaN或InAlN）有一定的晶格失配而需有缓冲应变层来缓解晶格失配应力，仍比目前广泛采用的蓝宝石衬底上直接生长Ⅲ-N薄膜的晶格匹配度要好许多。还可将在"自由站立"衬底上生长的薄膜用激光剥离再移植到蓝宝石衬底上制成所需的器件，当然这是以更复杂的工艺为代价的。蓝宝石（俗称刚玉，α-Al$_2$O$_3$）同样是六方晶系，它具有高的晶体质量、低成本和光学透明的优点。但由于它的晶格常数（a=0.308nm，c=1.512nm）与GaN失配较大，在目前还不能得到大尺寸GaN体单晶的情况下，直接使用蓝宝石衬底或采用"自由站立"GaN衬底都是不得已而为之。

（4）六方晶系的纤锌矿结构材料不同于立方晶系，它的各向异性明显，对典型的纤锌矿材料，柱面与六方平面晶格常数之比（c/a）为1.633（GaN的这一比值为1.627）。这意味着这种晶体的晶胞在标准大气压下处于受压状态，在电学上会表现出极性或极化，故这种晶体称极性晶体。进一步分析表明这种极化的原因是：由于Ga-N共价键有一定的离化度，使正/负电荷中心彼此位移而产生的所谓自发极化，以及由于（c/a）>1和外延生长所产生的附加应变所形成的所谓压电极化。在单个均匀样品中，由于自由载流子的迁移和吸附在其表面的离子，这些极化受到中和而不表现出宏观的极化电场。但在异质外延这种极性半导体薄膜（特别是量子阱情况）时，在异质界面出现极化电荷的不连续，净的极性电荷产生明显的内电场，从而出现第6章中所提到的量子限制斯塔克效应（QCSE），其结果使电子和空穴的波函数在光发射器件有源层内向界面方向彼此分离，由于这种波函数的不重叠减小了跃迁矩阵元，也即减小了微分量子效率[21]。QCSE还使发射波长红移。这种六方对称晶体在不同的晶面上表现出不同的极化程度。例如，在面指数为（0001）的晶面（称C面）的蓝宝石衬底上生长Ⅲ-N化合物薄膜，即极化电场矢量与外延生长方向一致，此时在外延薄膜内表现出明显的极性，故C面称极性面；当外延层内极化电场矢量位于C面内（即外延方向与极化矢量垂直）时，所外延的Ⅲ-N薄膜是非极性的，如图8.3-4中的m面（1010）和a面（1120）所示。当外延层中的极化矢量与外延方向呈一定投影角度θ，相对于非极性（$\cos\theta=0$）而表现出一定的极性，此称半极性，例如半极性面（1011）、（1013）、（1122）、（1123）、（1101）等。图8.3-5表示GaN中几种极性、半极性和非极性的晶面。因此，希望在非极性面（通常选m面）上生长光发射器件的层次结构，获得相对厚的量子阱有源层，这样在较好抑制QCSE的同时，厚的有源区也有利于提高器件的输出功率。

（5）Ⅲ-N化合物的带隙。与Ⅲ-V族半导体抛物线能带不同，InN的能带偏离抛物线。因此，含In的三元氮化物带隙的确定需引入一个能带弯曲因子b。对In$_{1-x}$Ga$_x$N和In$_{1-x}$Al$_x$N，带隙随x的变化表示为[20]

$$E_g(x) = E_g(0)\cdot(1 - x) + E_g(1)x - b\cdot x\cdot(1 - x) \qquad (8.3\text{-}1)$$

式中，$E_g(0)$和$E_g(1)$分别表示（x=0）和（x=1）时Ⅲ-N化合物的带隙。对In$_{1-x}$Ga$_x$N和In$_{1-x}$Al$_x$N，其弯曲因子b分别为1.4±0.1eV和5.0±0.5eV。

（6）Ⅲ-N化合物的具有较大的俄歇复合系数。应用能带工程可以将载流子分散到多个量子阱中，从而降低俄歇复合的不利影响。另外研究人员也开始寻求新的材料系统，如稀As

材料 GaNAs 半导体，有报道称这种材料的俄歇复合系数较 InGaN 低大约两个数量级，但是这些材料的研究尚不成熟。采用 8.2 节提到的隧道结多有源区结构不但能减小俄歇复合，还能提高载流子利用率，从而提高蓝/绿光发光器件的量子效率。

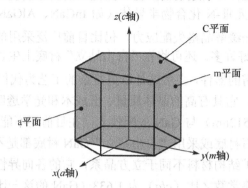

图 8.3-4　六方晶系 GaN 晶体元胞中不同极化晶面

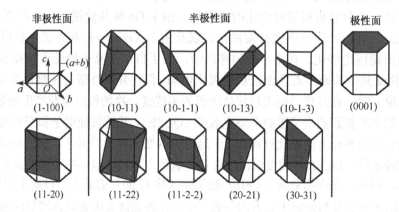

图 8.3-5　GaN 中几种极性、半极性和非极性晶面

以上几点足以说明Ⅲ–N 化合物的复杂性，但即使如此，人们还在持续地对Ⅲ-N 化合物半导体进行研究，在立方对称的闪锌矿 GaN 单晶未能获得突破和能直接作为衬底的大尺寸纤锌矿 GaN 得以实现之前，蓝宝石衬底仍被广泛采用。考虑到发光器件的外量子效率不仅与内量子效率有关，还与出光效率有关，研究人员提出了增加表面粗糙度、光子晶体、自组织微透镜等方法来提高出光效率，特别是采用图形衬底或者图形金属电极的方法由于成本低廉已经得到了实际应用。新的研究还表明：采用纳米尺度的图形衬底代替一般的微米尺度的图形衬底可以获得更好的晶体外延生长质量、更高的出光效率和外量子效率[22]。

8.3.3　蓝/绿光半导体发光器件

最近几年来基于Ⅲ-N 化合物的蓝光激光器和发光二极管的性能获得了显著的提高。目前蓝光半导体激光器已能应用于光存储；用于白光照明的大功率蓝光表面发射二极管（底部用 DBR 反射）的流明效率也已达 150lm/W。三元Ⅲ-N 化合物（特别是富 Ga，即 Ga 含量 $x>0.5$）除在蓝光发射器件上已显示出大的效益外，还期待它们能在绿光（如 530nm）波段也能突破。由于蓝光波段的光发射器件在 8.3.1 小节已有所介绍，下面以绿光半导体光发射器件为侧重点进行简要介绍。

在可见光波段，绿光半导体光发射器件可谓久攻不克。8.2 节中谈到的红光材料（Al_xGa_{1-x}）$_{0.5}In_{0.5}P$ 随着 Al 的增加其带隙波长将发生蓝移。当 $x=0.6$ 时带隙波长为绿光。但随着 Al 含量增加，间接带隙跃迁比例也相应增加，外量子效率下降。而采用本节所述的 $In_xGa_{1-x}N$，随着 In 含量增加，带隙波长可以红移到绿光区，但同样会引起外量子效率下降到无法接受的程度。这些都能从图 8.1-1 中看到。

作为 RGB 三基色之一的绿光总是促使人们对其不断去探索，仍寄希望于 InGaN 化合物半导体，以求得到 515～535nm 范围内的绿光激光器或发光二极管。所遇到的困难大致与蓝光材料相同。由式（8.3-1）所示，为获得绿光，需使 In 在 InGaN 中的组分增加。图 8.3-6 给出了计算得到的在极性或非极性面衬底生长的 $In_{1-x}Ga_xN$ 量子阱有源材料中 In 组分与激射波长的关系[23]。在 2 英寸厚的"自由站立"GaN 衬底上生长 InGaN 结构，当在极性面 C 面生长量子阱有源材料时，随着 In 组分增加，与 GaN 衬底晶格失配也增加，从而产生压电极化场和相应大的 QCSE，因此与同样量子阱厚度和同样 In 组分但在非极性面上生长情况相比，在极性生长情况下波长有大的红移。由图 8.3-6 看出，同样在 0.3 的 In 组分和 3.0nm 量子阱层厚度下，极性面生长时波长红移量达 25nm。在 1.8μm 条宽、腔长为 600μm 和对解理腔面反射率做优化处理后，在 300mA 工作电流下得到室温 50mW 的连续激光输出，激射波长为 524nm[23]。然而，这种在极性面生长情况下不佳的晶体质量和由此带来的低外微分量子效率必然会对器件的长期可靠性带来影响。因此仍然应致力于在非极性面上获得高质量的 InGaN 发光材料。事实上也并非完全排除在极性 C 面 GaN 衬底上生长的 InGaN 材料系来获得蓝/绿光发射的方案。通过仔细设计，增加量子阱中电子与空穴波函数的重叠度，在这种材料结构中也得到了输出功率和总体效率分别为 750mW 和 2.3% 的蓝光激光发射、60mW 和 1.9% 的绿光激光（521nm）发射[24]。

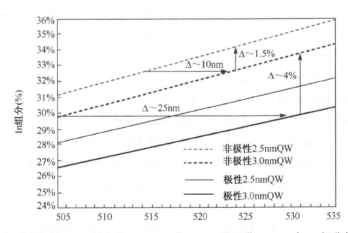

图 8.3-6　在极性或非极性 GaN 衬底上，2.5nm 或 3.0nm 量子阱 InGaN 中 In 组分与激射波长关系

思考与习题

1. 可见光波段半导体光发射器件有哪些重要的应用？为什么？

2. 作为可见光半导体激光器的重要应用之一是用来提高光信息存储容量，它与提高光纤通信容量的半导体激光器的性能要求上有哪些不同？

3．对照图 8.1-1(b)，为什么三基色中的绿光曾被称之为"死亡之谷"？有何创新途径将其变成"绿色通道"？

4．总结出为提高 AlGaInP 红光发光二极管输出效率和侧模特性已采取的一些措施及其机理，能否提出更创新的思路？

5．总结发展蓝光半导体光发射器件所遇到的困难，为什么不用 ZnSe 材料体系而用 InGaN？为什么目前不用较理想的闪锌矿而用纤锌矿晶体结构？有何途径来改变这种状况？

6．什么是极性、半极性和无极性半导体？InGaN 材料中的极性是怎样引起的？极性材料对半导体光发射器件性能有哪些影响？

7．在极性晶面上生长 Ⅲ-N 的量子阱材料为什么易产生 QCSE？这对器件性能有何影响？

参 考 文 献

[1] Junqiao Wu, When group-Ⅲ nitrides go infrared: New properties and perspectives, J. of Applied physics, 2009, 106(011101):1-27.

[2] N. Holonyak, Jr, and S. F. Bevaqua, Coherent (visible) light-emission from GaAsP junctions, Appl. phys. Lett. 1962, 1:82-83.

[3] A. Zukauskas,M. S. Shur, R. Caska: Introduction to Solid-state Lighting，Wiley, New York, 1981.

[4] R. Müller-Mach, G. O. Müller, M. Krames, T. Trottier, High-power phosphor-converted light-emitting diode based on Ⅲ-nitides, IEEE J. Sel. Top. Quantum Electron., 2001,8(2): 339.

[5] M. yamada, T. Naitou, vtal, Red-enhanced white-light-emitting diode using a new red phosplaor, Jpn, J. Appl. Phys. 2003, 42. L20.

[6] R. Müller-Mach, G. O. Müller, white light emitting diode for illumination, SPIE Proc, 2000, 3938: 30.

[7] K.Kobayashi, S. Kawata, A. Gomyo, I. Hino, and T. Suzuki, Room-Temperature CW operation of AlGaInP double heterostructure visible lasers, Electron. Lett. 1985, 21: 931-932.

[8] Th. Gessmann and E. F. Schubert, High-efficiency AlGaInP light-emitting diodes for solid-state lighting applicatiions, J. of Applied physics, 2004, 95(5): 2203-2216.

[9] Klaus streubel, Norbert Linder, Ralph Wirth, and Arnat Jaeger, High Brightness AlGaInP Light- Emitting Diodes, IEEE J. on Selected Topics in Quanterm Electronics, 2001, 8(2): 321-332.

[10] Gen-ichi Hatakoshi, Kazuhiko Itaya, Masayuki Ishikawa, Masaki Okajima, and Yutaka Uematsu, Short-Wavelength InGaAlP Visible Laser Diodes, IEEE J.Quantum Electronics, 1991, 27(6): 1476-1482.

[11] Hiroki Hamada, Masayuki Shono, Shoji Hiroyama, Keiichi Yodoshi, and Takao Yamaguchi, AlGaInP Visible Laser Diodes Grown on Misoriented Substrates, IEEE J. of Quantum Electronics, 1991, 27(6): 1483-1490.

[12] K.Itaya, G. Hatakoshi, Y. Watanabe, M. Iskikawa, and Y. Uematsu, High-power CW operation of broad area InGaAlP visible light laser diode, Electron. Lett, 1990, 26(3): 214-215.

[13] K. Itaya, M. Ishikawa, et al, A new transverse-mode stabilized InGaAlP visible light laser diode using P-p isotype heterobarrier blocking, Jpn. J. Appl. Phys., 1988, 27: L2414-L2416.

[14] Gen-ichi Hatakoshi, K.Itaya, etal, Short-Wavelength InGaAlP visible Laser Diodes, IEEE J. of Quantum Electronics, 1991, 27(6): 1476-1482.

[15] Naoyuki Shimada, Akihito Ohno, et al, High-Power 625-nm AlGaInP Laser Diode, IEEE J. of Selected Topics in Quantum Electronics, 2011, 17(6): 1723-1726.

[16] E. F. Schubert, Light Emitting Diode, Cambridge University Press, Cambridge, UK, 2003.

[17] M. R. Krames et al, High-Power truncated – inverted – pyramid $(Al_xGa_{1-x})_{0.5}In_{0.5}P$ / GaP light-emitting diodes exhibiting > 50% external quantum efficiency, Appl. phys.Letters, 1991,75(16): 2365-2367.

[18] Xia Guo, Guang-Di Shen, et al, Thermal Property of tunnel-regenerated multiactive-region light-emitting diodes, Applied Physics Letters, 2003, 82(25): 4417-4419.

[19] S. Nabamura, S. Pearton, G. Fasol, The Blue Laser Diode, Springer, Berlin, Heidelberg 1997.

[20] Junqiao Wu, When group-III nitrides go infrared: New properties and perspectives, J. of Applied physics, 2009, 106(011101): 1-27.

[21] Hisashi Masui, Shuji Naleamura, Steven P. DenBaars, and Umesh K. Mishra, Nonpolar and Semipolar III-Nitride Light-Emitting Diodes: Achievements and Challenges, IEEE Transactions on Electron Devices, 2010, 57(1): 88-100.

[22] Junqiao Wu, When group-III nitrides go infrared: New properties and perspectives, J. of Applied physics, 2009, 106(011101): 1-27

[23] Adrian Avramescu, Teresa Lermer, et al, True Green Laser Diodes at 524nm with 50mW Continuous Wave Output Power on C-Plane GaN, Applied Physics Express, 2010, 3(061003): 1-3.

[24] James W. Raring, Mathew C. Schmidt, et al, High-Efficiency Blue and True-Green-Emitting Laser Diodes Based on Non-C-Plane Oriented GaN Substrates, Applied Physics Express 2010, 3(112101): 1-3.

第9章 半导体中的光吸收和光探测器

前面各章详细讨论了半导体中光子与电子的相互作用，但较多的篇幅只涉及一个方面，即半导体中的电子与空穴通过自发辐射复合或受激辐射复合产生光子的过程，以及基于这些过程的电子-光子转换器件，比如半导体激光器、发光二极管、半导体光放大器等光发射与光放大器件。然而，人们最早研究的半导体中电子-光子相互作用却是半导体对光的吸收以及与此相关的效应，如光电导、光生伏特效应等。针对半导体光吸收效应的不断深入研究又发展了许多重要的光子-电子转换器件，如光探测器、太阳能电池、半导体光导开关等。

可以毫不夸张地说，半导体中的光吸收所涉及的面比半导体中的光发射更普遍。利用半导体对光的吸收可以研究半导体材料本身的能带结构、杂质含量和其他物理特性。能够进行光吸收的半导体材料既包括直接带隙半导体，也包括间接带隙半导体。而光发射与光放大器件则一般只能采用直接带隙半导体，然而即使是对这些器件，也需研究其内部的光吸收机理，才能尽量减少光吸收以提高内量子效率。此外，基于半导体光吸收效应的光探测器、光传感器、太阳能电池等具有广泛的应用。

半导体材料中的光吸收机制大致可分为：①本征吸收；②激子吸收；③自由载流子吸收；④杂质吸收；⑤晶格振动吸收。根据入射光子能量的大小，参与光吸收跃迁的电子可涉及四种，即：①价电子；②内壳层电子；③自由电子；④杂质或缺陷中的束缚电子。例如，当光子能量增加到对应的紫外波长区时，可以观察到原子内层电子与导带之间的跃迁，而在较低的光子能量下却可观察到自由载流子与杂质吸收。本章将主要分析最重要的价带电子越过禁带跃迁到导带所产生的本征吸收或基本吸收。另外，为了方便读者比较全面地了解半导体中的光吸收、半导体中电子与光子的相互作用，本章也将扼要分析其他吸收机制，并在此基础上讨论目前常用的一些半导体光电探测器。

9.1 本 征 吸 收

如果有足够能量（$hv \geq E_g$）的光子作用到半导体上，就有可能产生本征吸收，价带电子被激发到导带而形成电子-空穴对。第1章已经提到，这种受激本征吸收使半导体材料具有较高的吸收系数，有一连续的吸收谱，并在光子频率 $v = E_g / h$ 处有一陡峭的吸收边（即，吸收谱线的长波限，也称红限）；而在 $v < E_g / h$（即入射光波长 $\lambda > 1.24 / E_g$）的区域内，材料是相当透明的。由于直接带隙与间接带隙跃迁相比有更高的跃迁速率，因而有更高的吸收系数（亦即在同样光子能量下在材料中的光渗透深度较小。光子进入材料中被不断吸收，其光功率不断下降，当光功率下降到原来 1/e 时对应的光子传播距离被定义为渗透深度，它是光吸收系数的倒数）。与间接带隙材料相比，直接带隙材料有更陡的吸收边。图 9.1-1 给出了几种直接带隙材料（GaAs、$In_{0.7}Ga_{0.3}As_{0.64}P_{0.36}$、$In_{0.53}Ga_{0.47}As$）和间接带隙材料（Ge、Si）的光吸收系数和渗透深度与入射光波长的关系。下面将讨论本征吸收系数。

9.1.1　直接带隙跃迁引起的光吸收

1. 允许跃迁

在 1.2 节中我们已提到在直接带隙跃迁吸收中，可以产生允许的和禁戒的跃迁。由式（1.2-25）和式（1.2-26）可以看出，当满足动量守恒时发生允许的直接带隙跃迁。图 9.1-2 给出了一种允许的直接带隙跃迁能带图，E_i 和 E_f 分别代表跃迁的初态和终态。这是一种直接带隙半导体材料，价带能量的最大值所对应的波矢 $k_v = k_{max}$ 与导带能量最小值的波矢 $k_c = k_{min}$ 均在布里渊区的原点，即 $k_{vmax} = k_{cmin} = 0$。这时允许的直接跃迁有最大的跃迁几率，且跃迁矩阵元与波矢 k 基本无关。

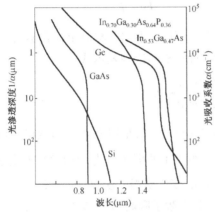

图 9.1-1　几种常用的半导体材料的光吸收系数和渗透深度与波长的关系

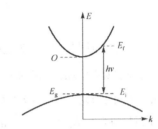

图 9.1-2　允许的直接带隙跃迁能带图

设跃迁从价带中 k 值在 k 至 $k+dk$ 的间隔内开始，能量为 hv 的光子使初始能量为 $E_v(k)$ 的电子跃迁到能量为 $E_c(k)$ 的导带态，则有

$$hv = E_c(k) - E_v(k) \tag{9.1-1}$$

对频率间隔为 dv 内的光子的吸收几率正比于价带中能量在 $-(E_g + E')$ 和 $-(E_g + E' + dE')$ 之间的态数（E' 为价带内某一电子能态）。若假设导带在 $k = 0$ 处附近是平坦的，即 $E_c(k)$ 为常数，则

$$hdv = dE' \tag{9.1-2}$$

如不考虑双光子吸收（这种吸收的几率很小），则在 dv 间隔内参与跃迁过程的光子数可由式（1.3-11）得出，它与 dE' 内的电子态数 $\rho_v(E')dE'$ 成正比，即为

$$D(v) = B_{12}\rho_v(E')dE' \tag{9.1-3}$$

式中，B_{12} 是受激吸收跃迁几率，可由受激发射跃迁几率 B_{21} 的表达式（1.2-28）得到（由爱因斯坦关系式（1.5-8）可知，$B_{12} = B_{21}$）。$\rho_v(E')$ 是价带电子态密度，可由式（1.4-6）表示，$\rho_v(E') \propto E'^{1/2}$。由式（9.1-1）可知 $E' = hv - E_g$，因而直接带隙吸收系数可以表示为

$$\left. \begin{aligned} \alpha_d(hv) &= A'(hv - E_g)^{1/2} &\quad hv > E_g \\ &= 0 &\quad hv \le E_g \end{aligned} \right\} \tag{9.1-4}$$

式中，A' 为比例常数。实际上，导带不可能是平坦的，$E \sim k$ 曲线往往呈现多极值，因而

$$hd v = \frac{\partial E_c(k)}{\partial k} dk - \frac{\partial E_v(k)}{\partial k} dk \tag{9.1-5}$$

其效果是使上述吸收系数需倍乘以一常数因子，并以 m_r 代表隐含在 A' 中的价带电子有效质量 m_h 和导带电子有效质量 m_e。m_r 称为折合质量，表示为

$$\frac{1}{m_r} = \frac{1}{m_e} + \frac{1}{m_h} \tag{9.1-6}$$

同时因为跃迁几率 B_{12} 为常数，因而可将吸收系数写为

$$\begin{aligned} \alpha_d(h v) &= A(h v - E_g)^{1/2} \qquad h v > E_g \\ &= 0 \qquad\qquad\qquad h v \leqslant E_g \end{aligned} \tag{9.1-7}$$

其中 A 仍为常数。由于采取的单位制和表述上的不同，不同文献对上述常数 A 有不同的表达式[1][2]，在此我们按照史密斯（Smith）[3]采用 M.K.S.单位制表示式

$$A = \frac{\pi e^2 (2m_r)^{3/2}}{\bar{n} c h^2 m_0 \varepsilon_0} f_{if} \tag{9.1-8}$$

式中，m_0 为自由电子的质量，其余都是所熟知的符号，只是用 f_{if} 表示与偶极矩阵元 $|M|^2$ 有关的振子强度，$f_{if} = 2|M|^2 \hbar \omega m_0$，它通常是数量级为 1 的因子。式（9.1-8）所能适用的范围是有限的，当 $(h v - E_g)$ 的值较大时，吸收系数随 $h v$ 变化缓慢，α_d 随 $h v$ 上升的曲线斜率与能带的形状有关。而且当 $(h v - E_g)$ 与激子激活能（关于激子吸收将在 9.2 节中讨论）可以相比拟时，式（9.1-7）还应做适当修改。即使 $h v \to 0$，此时吸收系数并不为零而趋于一稳定值；当 $h v < E_g$，也可观察到由激子的高激发态引起的吸收，如图 9.1-3 曲线中的点线所示。与式（1.5-27）相比，式（9.1-7）只是吸收系数的另一种表达。

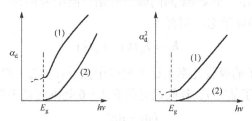

图 9.1-3 　直接带隙跃迁吸收系数及其平方值随光子能量的变化，图中曲线（1）和（2）分别为"容许的"和"禁戒的"跃迁

上述允许的直接带隙跃迁发生在价带和导带分别为半导体的 s 带和 p 带构成的材料中。作为对 α_d 值大小的粗略估计，可设 $m_e = m_h = m_0$，$\bar{n} = 4$，$f_{if} = 1$，则

$$\alpha_d \approx 6.7 \times 10^4 (h v - E_g)^{1/2} \ (\mathrm{cm}^{-1}) \tag{9.1-9}$$

若进一步设 $h v - E_g = 0.01$ eV，则 $\alpha_d \approx 6.7 \times 10^3$ cm^{-1}。

2. 禁戒跃迁

在某些材料中（如 Ge），价带由晶体中各原子的 s 态形成，而导带则由 d 电子态形成，

跃迁选择定则禁止在 $k=0$ 处发生直接带隙跃迁，但却允许在 $k\neq 0$ 处发生这种跃迁。并且可以证明，当 $k=0$ 时，跃迁几率 $B_{12}=0$，而当 k 离开零点时，跃迁几率随 k^2 增加，即正比于 $(hv-E_{\text{g}})$。因为与直接跃迁相联系的态密度正比于 $(hv-E_{\text{g}})^{1/2}$，所以吸收系数的光谱关系可表示为

$$\alpha'_{\text{d}}(hv)=B(hv-E_{\text{g}})^{3/2} \tag{9.1-10}$$

式中，系数 B 为常数，表示为

$$B=\frac{2}{3}A\left(\frac{m_r}{m_0}\right)\frac{f'_{\text{if}}}{hvf_{\text{if}}}=\frac{2}{3}\frac{\pi e^2(2m_r)^{5/2}}{\overline{n}ch^3vm_0^2\varepsilon_0}f'_{\text{if}} \tag{9.1-11}$$

式中，f'_{if} 为在非允许的直接带隙跃迁（禁戒跃迁）情况下的振子强度。因而吸收系数可表示为

$$a'_{\text{d}}(hv)=4.5\times10^4 f'_{\text{if}}(hv-E_{\text{g}})^{3/2} \tag{9.1-12}$$

f'_{if} 是小于 1 的数，为做粗略估计，我们仍取 $f'_{\text{if}}=1.2m_r=m_0$，$hv=1\text{eV}$，$hv-E_{\text{g}}=0.01\text{eV}$，可得 $a'_{\text{d}}=45\text{cm}^{-1}$，这与允许的直接带隙跃迁相比差 10^3 倍。

上述禁戒跃迁也表示于图 9.1-3 中。若价带是简并的，情况就要复杂一些，但吸收系数的数值相差不大。

由式（9.1-9）和式（9.1-12）所计算得到的吸收系数上的明显差别似乎可以从实验上来确定上述这两种跃迁，然而，实际上由于激子吸收对吸收曲线的影响，使得这种比较难以奏效。

9.1.2 间接带隙跃迁引起的光吸收

1. 二阶微扰过程的物理描述

在 1.2 节中我们已经提到，当导带能量最小值与价带能量最大值不对应同一 k 值，即 $k_{\text{cmin}}\neq k_{\text{vmax}}$ 时，不满足动量守恒，但实验上却观察到电子在这两个能量极值之间的跃迁所引起的光吸收，因而必定有声子参与了跃迁过程，即必须通过吸收声子或发射声子才能使电子从初态"O"跃迁至终态"m"。图 9.1-4 表示出这种间接带隙跃迁可以有两种方式来完成，而每种方式又均可分两步来实现，即"O"→I→"m"或"O"→I'→"m"。对于从始态"O"经中间态（I 或 I'）至终态"m"的跃迁来说，每一步都满足动量守恒但能量不守恒，然而两步合起来能量却是守恒的。由测不准关系 $\Delta E\Delta t\sim\hbar$ 可知：只要电子在中间态停留的时间足够短，并不要求每一步都满足能量守恒。但由于有声子参与这种二级微扰过程，其跃迁几率要比一级微扰情况下小得多。

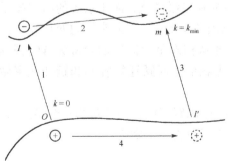

图 9.1-4　间接带隙跃迁能带示意图

值得指出的是，在这种能带结构中也可以发生从价带顶（$k=0$）至导带次能谷的竖直跃迁或直接跃迁，如图 9.1-5 中的箭头 A 表示。只是由于导带底（对应 $k=k_{cmin}$）的能量比 $k=0$ 处的导带能量小很多，则跃迁所涉及的能量比间接跃迁（图 9.1-5 中箭头 B）大。这已为很薄的纯单晶 Ge 片、在入射光子能量 $hv=E_0=0.8832$ eV（即，图中箭头 A 所示竖直跃迁过程中对应的能量）附近表现出很陡的吸收峰所证实，如图 9.1-6 所示。在更长波长处的吸收则是由于间接跃迁所引起的，而这必须伴随着声子的发射和吸收，以满足所需的动量守恒。

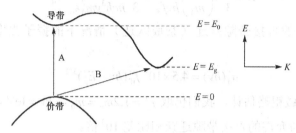

图 9.1-5　在 $k_{vmax} \neq k_{cmin}$ 的能带中的间接跃迁（箭头 B）与可能的直接跃迁（箭头 A）

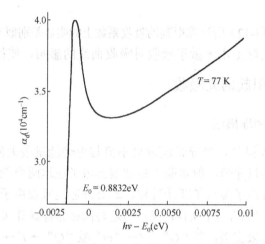

图 9.1-6　Ge 中由于在 $k=0$ 处"竖直"跃迁所引起的吸收

2. 间接吸收的吸收系数

对间接跃迁的跃迁几率和材料吸收系数的分析，原则上可仿照直接带隙跃迁的情况进行。但由于在间接带隙中涉及到二级微扰，描述系统的哈密顿量必须考虑到从初态经中间态至终态的全过程中（参见图 9.1-4）每一步能量的变化情况，因此与跃迁几率有关的矩阵元应该有两个子矩阵元（即从初态至中间态的矩阵元 M_{OI} 或 $M_{OI'}$ 和从中间态至终态的矩阵元 M_{Im} 或 $M_{I'm}$ 之积。这里我们不对跃迁矩阵元和跃迁几率做深入分析，而直接讨论吸收系数。

在图 9.1-4 所表示的间接带隙跃迁中，两种从初态至终态的跃迁方式都必将伴随有声子的发射和吸收，在不考虑多声子吸收时，则有

$$hv = E_g - E_s \quad \text{吸收声子}$$
$$hv = E_g + E_s \quad \text{发射声子} \qquad (9.1\text{-}13)$$

式中，E_s 为声子能量。尽管 E_s 与 E_g 相比一般是很小的，但声子的发射与吸收都将影响吸收曲线在吸收边附近的形状，或使吸收曲线的长波限（即吸收边，也称红限）发生漂移。为了区分声子的发射和吸收对吸收系数的贡献，而把间接跃迁吸收系数 α_i 表示为

$$\alpha_i = \alpha_e + \alpha_a \qquad (9.1\text{-}14)$$

式中，α_e 和 α_a 分别为发射声子和吸收声子时的吸收系数，并且有

$$\alpha_e = 0, \qquad hv < E_g + E_s \qquad (9.1\text{-}15)$$

$$\alpha_a = 0, \qquad hv < E_g - E_s \qquad (9.1\text{-}16)$$

如果导带底处的波矢 k_{cmin} 偏离价带顶处的波矢 $k = 0$ 较远，则电子在价带顶附近的某一能量 E' 与导带底附近某一能量 E 之间的跃迁几率不随它们相应的波矢（k 或 k'）而发生急剧的变化。作为一级近似，可将其跃迁几率取为常数。因而吸收系数只取决于 E 和 E'处的态密度、声子发射和吸收的相对几率。同时也可认为声子的能量 E_s 也是相应于 k_{cmin} 的一个定值，并满足能量守恒条件：

$$hv = E_g \pm E_s + E + E' \qquad (9.1\text{-}17)$$

式中，（$E_g + E'$）仍为电子跃迁初态的能量（设能量坐标原点在导带底）。先假定跃迁始于价带中某一固定的能量 E'，则入射光频率为 dv 的变化将与导带中的某一能量间隔 dE 相关，即 $dE = hdv$。在此间隔内的状态数为

$$\rho_c(E)dE = aE^{1/2}dE = a(hv - E_g \mp E_s - E')^{1/2}dE \qquad (9.1\text{-}18)$$

式中，a 为常数，实际上，上述跃迁也应与价带内能量间隔 dE' 的态数 $\rho_v(E')dE'$ 有关，而 $\rho_v(E')dE'$ 可表示为 $a'E'^{1/2}dE'$ （a' 为另一常数），则在光子频率为 v 与 $v + dv$ 的范围内，参与光跃迁总的价带与导带的态对数为

$$\rho(v)dv = aa'hdv \int_0^{E'_m} (E'_m - E')^{1/2}E'^{1/2}dE' = DE_m'^2dv \qquad (9.1\text{-}19)$$

式中，$\rho(v)$ 为光子态密度，D 为常数，E'_m 为价带内与跃迁有关的最大能量：

$$E'_m = hv - E_g \pm E_s \qquad (9.1\text{-}20)$$

因此，对应于吸收声子所产生的光跃迁，其吸收系数应正比于 $(hv - E_g + E_s)^2$ 和处于能量 E_s 的声子数 N_p，N_p 即为玻色-爱因斯坦统计分布：

$$N_p = \frac{1}{\exp(E_s / k_B T) - 1} \qquad (9.1\text{-}21)$$

因此，由吸收声子所引起的吸收系数为

$$\left.\begin{array}{ll} \alpha_{\mathrm{a}} = \dfrac{c(hv - E_{\mathrm{g}} + E_{\mathrm{s}})^2}{\exp(E_{\mathrm{s}}/k_{\mathrm{B}}T) - 1} & (hv > E_{\mathrm{g}} - E_{\mathrm{s}}) \\[3mm] \alpha_{\mathrm{a}} = 0 & (hv \leqslant E_{\mathrm{g}} - E_{\mathrm{s}}) \end{array}\right\} \qquad (9.1\text{-}22)$$

式中，c 为随 v 缓变的函数[4][5]，而发射声子的几率为 $N_{\mathrm{p}} + 1$，故相应于声子发射时的吸收系数为

$$\left.\begin{array}{ll} \alpha_{\mathrm{e}} = \dfrac{c(hv - E_{\mathrm{g}} - E_{\mathrm{s}})^2}{1 - \exp(-E_{\mathrm{s}}/k_{\mathrm{a}}T)} & (hv > E_{\mathrm{g}} + E_{\mathrm{s}}) \\[3mm] = 0 & (hv \leqslant E_{\mathrm{g}} + E_{\mathrm{s}}) \end{array}\right\} \qquad (9.1\text{-}23)$$

因而可以把间接带隙跃迁的吸收系数表示为

$$\left.\begin{array}{ll} \alpha_{\mathrm{i}} = c\left[\dfrac{(hv - E_{\mathrm{g}} - E_{\mathrm{s}})^2}{1 - \exp(-E_{\mathrm{s}}/k_{\mathrm{B}}T)} + \dfrac{(hv - E_{\mathrm{g}} + E_{\mathrm{s}})^2}{\exp(E_{\mathrm{s}}/k_{\mathrm{B}}T) - 1}\right] & (hv > E_{\mathrm{g}} + E_{\mathrm{s}}) \\[4mm] \alpha_{\mathrm{i}} = c\dfrac{(hv - E_{\mathrm{g}} + E_{\mathrm{s}})^2}{\exp(E_{\mathrm{s}}/k_{\mathrm{B}}T) - 1} & (E_{\mathrm{g}} - E_{\mathrm{s}} < hv \leqslant E_{\mathrm{g}} + E_{\mathrm{s}}) \\[4mm] \alpha_{\mathrm{i}} = 0 & (hv \leqslant E_{\mathrm{g}} - E_{\mathrm{s}}) \end{array}\right\} \qquad (9.1\text{-}24)$$

以上我们只是考虑了一种类型的声子。深入的分析还应区分纵波声学声子、横波声学声子、纵波光学声子、横波光学声子各自的贡献，不同类型的声子能量是不同的，因而 α_{i} 应该是各种类型声子所引起的吸收系数之和。

前面已提到，我们只考虑单声子过程，所作的 $\alpha_{\mathrm{i}}^{1/2} \sim hv$ 关系曲线图如图 9.1-7 所示。对应每一温度的吸收曲线在横轴（hv 轴）上的截距分别为 $E_{\mathrm{g}} - E_{\mathrm{s}}$ 和 $E_{\mathrm{g}} + E_{\mathrm{s}}$，即分别对应于吸收声子与发射声子的情况。显然在低温下发射声子是主要的。

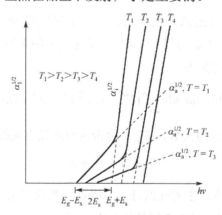

图 9.1-7 间接带隙跃迁吸收谱

在价带顶附近的状态与导带底附近的状态之间的跃迁（即图 9.1-5 中箭头 B）是"禁戒"跃迁，由这种跃迁所引起的吸收系数是与过剩光子能量（$hv - E_{\mathrm{g}} \pm E_{\mathrm{s}}$）的 3/2 方成正比的。而如上所述，在这种能带结构中的允许跃迁所产生的吸收系数是比例于 $(hv - E_{\mathrm{g}} \pm E_{\mathrm{s}})^{1/2}$ 的。

对于间接跃迁半导体，我们示例 Ge 的基本吸收谱，如图 9.1-8 和图 9.1-9 所示。由图 9.1-9

看出，在 k 空间 Γ 点和在高的光子能量作用下，仍可产生允许的直接跃迁，并得到其值不小的吸收系数。

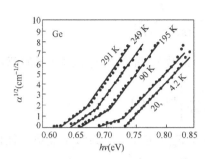 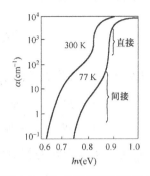

图 9.1-8　Ge 的带间吸收谱，点为实验值　　图 9.1-9　Ge 的带间跃迁吸收谱

9.2　半导体中的其他光吸收

在 9.1 节中所讨论的本征吸收是最重要的、基本的吸收，它为选择光探测器材料提供了理论依据。在半导体中还存在许多其他吸收机构，它们同样对半导体光电子器件产生影响，也是半导体光电子学所要研究的内容。下面再列举几种主要的吸收。

9.2.1　激子吸收[6]

1. 概述

本书讨论电子在体材料半导体的带间跃迁时并未涉及电子与空穴之间的库仑相互作用，而将它们作为单电子近似处理。在体材料中电子与空穴之间的距离较大，这种库仑互作用力较小而被忽略是合理的。在第 6 章提到的量子限制斯塔克效应，电子与空穴之间库仑的作用增强而形成激子。第 8 章也提到这种激子对蓝光发射器件的量子效率的影响。第 10 章将提到电子-空穴对之间的库仑作用可能形成等离子体或形成激子。在此只是从激子对光吸收的角度出发着重讨论激子的光学性质。价带电子在光子作用下跃迁至导带，电子和空穴之间如能形成束缚态，即形成激子。依这种束缚的强弱，又可将激子分为夫伦克耳（Frenkel）激子和瓦尼尔-莫特（Wannier-Mott）激子[6]。前者是一种紧束缚激子，其束缚态局域于一个原子或分子。设电子和空穴的空间位置坐标点分别为 r_e 和 r_h，则紧束缚对应 $|r_e - r_h|$ 为晶格常数量级，在惰性气体和碱金属卤化物中的激子是如此。

对于瓦尼尔-莫特激子，其电子-空穴之间的距离 $|r_e - r_k|$ 为数百个晶格常数，即电子和空穴分别属于相当远的两个原子（或离子），其激子波函数可以扩展到许多元胞内，在弱周期场中，这种激子可近乎自由地运动，因而可用自由电子近似。在离子晶体和共价晶体中，特别是介电常数大的半导体中，这种激子对光吸收产生重要影响。在 9.1 节中，我们已经提到，激子吸收会使本征吸收边的形状和位置发生变化。下面我们将主要分析这种激子。

由于处于束缚态的电子-空穴只能整体一起移动，因此激子对光电导没有贡献。

2. 激子波函数与束缚能

电子-空穴的库仑互作用势能为

$$V(r_e - r_h) = -\frac{e^2}{4\pi\varepsilon |r_e - r_h|} \tag{9.2-1}$$

式中，ε 为介电常数（对夫伦克耳激子，ε 不为常数）。显然，弱束缚激子的薛定谔方程为

$$\left[-\frac{\hbar^2}{2m_e}\nabla_e^2 - \frac{\hbar^2}{2m_h}\nabla_h^2 - \frac{e^2}{4\pi\varepsilon r} \right] F(r_e, r_h) = EF(r_e, r_h) \tag{9.2-2}$$

式中，$r = r_e - r_h$ 为电子和空穴的相对坐标，$E = E_{ex} - E_g$，E_{ex} 为激子能量本征值，$F(r_e, r_h)$ 为激子波函数，∇_e^2 和 ∇_h^2 分别为电子和空穴的拉普拉斯算符，如令激子质心坐标为

$$R = \frac{m_e r_e + m_h r_h}{m_e + m_h} \tag{9.2-3}$$

则式（9.2-2）变为

$$\left[-\frac{\hbar^2}{2m_r}\nabla_r^2 - \frac{\hbar^2}{2M}\nabla_R^2 - \frac{e^2}{4\pi\varepsilon r} \right] F(r, R) = E(r, R)F(r, R) \tag{9.2-4}$$

式中，m_r 为折合质量，由式（9.1-6）表示；$M = m_e + m_h$。因为式（9.2-4）的哈密顿量可以用绕质心转动和质心平移运动之和的形式来表示，故本征函数 $F(r, R)$ 经分离变量后可写为

$$F(r, R) = \frac{1}{\sqrt{V}} \exp(ikR)\psi_n(r) \tag{9.2-5}$$

式中，$k = k_e + k_h$ 为质心的波矢，$V^{-1/2}$ 为规一化常数。将式（9.2-5）代入式（9.2-4）后，得

$$\left\{ -\frac{\hbar^2}{2m_r}\nabla_r^2 - \frac{e^2}{4\pi\varepsilon r} \right\} \psi_n(r) = E_n \psi_n(r) \tag{9.2-6}$$

式中

$$E_n = E - \frac{\hbar^2 k^2}{2M} \tag{9.2-7}$$

式（9.2-6）与氢原子的薛定谔方程有完全相同的形式，因而式（9.2-4）的能量本征值或激子形成能为

$$E_{ex} = E_g - \frac{m_r e^4}{2(4\pi\hbar\varepsilon)^2} \cdot \frac{1}{n^2} + \frac{\hbar^2 k^2}{2M} \tag{9.2-8}$$

其中有形式与氢原子能量本征值完全类似的弱束缚激子的束缚能 $E_n = -m_r e^4 / [2(4\pi\hbar\varepsilon)^2 n^2]$，$n$ 为主量子数；$\hbar^2 k^2 / (2M)$ 为激子动能。式（9.2-8）表示激子束缚态在导带下的一些分立能级，如图 9.2-1 所示。激子吸收的最低光子能量为 $E_g - E_{ex}^{(1)}$。表 9.2-1 为某些半导体直接带隙激子当 $n = 1$ 时的激子束缚能 $m_r e^4 / [2(4\pi\hbar\varepsilon)^2]$。

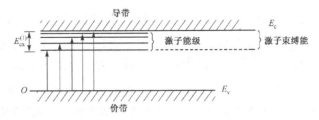

图 9.2-1　由直接跃迁产生的激子能级

表 9.2-1　直接跃迁激子的 $E_{\mathrm{ex}}^{(1)}$

晶体	E_{g}(eV)	$E_{\mathrm{ex}}^{(1)}$(eV)
GaAs	1.43	0.0051
InP	1.29	0.0065
GaSb	0.813	0.0018
CdTe	1.603	0.011
CdSe	1.84	0.015
ZnTe	2.391	0.010

自由载流子将对电子-空穴的库仑场产生屏蔽作用，当德拜长度等于激子轨道半径时，激子就不稳定，激子的轨道半径与氢原子类似，为 $4\pi\hbar^2\varepsilon/(m_{\mathrm{r}}e^2)$，对 GaAs，此值为 160 Å，能够使激子存在的载流子浓度上限为 $2\times10^{16}\,\mathrm{cm}^{-3}$。因此，激子的束缚态只能在宽禁带的高纯晶体中或低温下才能观测到。正如 6.2 节所谈到的，对于同样的半导体材料若采取量子阱结构，会使电子-空穴之间的库仑作用加强，而能在室温下观察到明显的激子吸收峰；基于量子限制 Stark（斯塔克）效应的电吸收调制器将在 9.6.3 节中进行介绍。

3. 激子引起的光吸收

前面已提到，激子不仅在吸收边外吸收光子，而且对带间跃迁也会产生影响。由于激子的存在，在带间跃迁吸收谱的吸收限低于光子能量一侧会出现若干激子吸收峰。

和本征吸收一样，在直接带隙与间接带隙半导体中激子吸收的情况也不相同。由式（9.2-8）给出的激子态，如果跃迁是竖直的，当电子激发到导带底附近的 k_{e} 态时，在价带留下的空穴处在 $k_{\mathrm{h}}=-k_{\mathrm{e}}$ 态，则跃迁只能在 $k=k_{\mathrm{e}}+k_{\mathrm{h}}=0$ 的条件下发生，并且吸收谱有一系列由主量子数 n 决定的尖峰，即

$$h\nu = E_{\mathrm{g}} - \frac{m_{\mathrm{r}}e^4}{2(4\pi\hbar\varepsilon)^2}\cdot\frac{1}{n^2} \qquad (9.2\text{-}9)$$

该式也说明激子吸收的物理本质，即价带电子吸收光子后直接跃迁到导带下面的激子能级所引起的光吸收。每条吸收谱线的强度与两个载流子处于一个束缚态的几率成正比。对于允许的直接跃迁，该几率正比于 $1/n^3$，激子吸收谱线收敛于吸收边，并在 n 很大时与基本吸收合并而成一个连续谱。因为参与跃迁的有效态密度正比于 n^3，所以在吸收边处，其吸收系数为常数[7]，即

$$\alpha_0(E_{\mathrm{g}}) = 2\pi A\left(\frac{m_{\mathrm{r}}e^4}{2(4\pi\hbar\varepsilon)^2}\right) \qquad (9.2\text{-}10)$$

式中，A 由式（9.1-8）给出。对于 $h\nu > E_{\mathrm{g}}$ 的情况，其吸收系数为

$$\alpha_{\mathrm{ex}} = \pi A\left(\frac{m_{\mathrm{r}}e^4}{2(4\pi\hbar\varepsilon)^2}\right)^{1/2}\frac{\exp(\pi\gamma)}{\sin h(\pi\gamma)} \qquad (9.2\text{-}11)$$

式中，$\gamma = \left[\dfrac{m_{\mathrm{r}}e^4}{2(4\pi\hbar\varepsilon)^2(h\nu-E_{\mathrm{g}})}\right]^{1/2}$。显然当 $h\nu=E_{\mathrm{g}}$ 时，$\gamma\to\infty$，则有 $\alpha_{\mathrm{ex}}(E_{\mathrm{g}})=\alpha_0(E_{\mathrm{g}})$；当

$hv \gg E_g$，则 $\gamma \to 0$，则 $\alpha_{ex}(hv) = A(hv - E_g)^{1/2}$，即 hv 很大时，相应的 e-h 对库仑引力趋于零，激子的影响不明显，这时的吸收系数即可用 9.1 节中直接带隙跃迁的吸收系数表示，但其值仍比没有考虑电子-空穴库仑引力时大；当 $hv < E_g$ 时，为分立的激子态，吸收谱线宽度受热散射而展宽，在多数体材料半导体中只能在低温下观察到 $n = 1$ 的吸收峰，图 9.2-2 给出了激子吸收的理论曲线，横坐标为 –1 处对应于 $n = 1$ 的激子吸收峰。图 9.2-3 则表示 InP 中的激子吸收谱的实验曲线，从中可看出激子吸收峰。类似的吸收谱也在 GaAs 中观察到[8]。

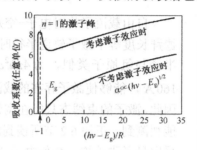

图 9.2-2　激子吸收的理论曲线，其横坐标中的 R 在此代表 $n = 1$ 的束缚能

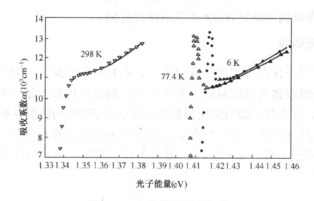

图 9.2-3　InP 的激子吸收谱

对于禁戒的直接跃迁中的激子吸收，当 $hv < E_g$ 时，可得到一系列的线状谱，其强度比例于 $(n^2 - 1)/n^5$，可见没有 $n = 1$ 的谱线；当 $hv = E_g$ 时，得到收敛于吸收边的连续谱，这时的吸收系数为

$$\alpha_0(E_g) = 2\pi B \left(\frac{m_r e^4}{2(4\pi \hbar \varepsilon)^2} \right)^{3/2} \tag{9.2-12}$$

式中，B 由式（9.1-11）给出。对于较大的光子能量，吸收趋于式（9.1-10）：

$$a_{ex}(hv) = B(hv - E_g)^{3/2} \tag{9.2-13}$$

在间接带隙跃迁半导体中，由于激子质心的动量 $\hbar k$ 不为零，激子吸收也必须有声子参与。设 E_{min} 为最小的激子形成能，则间接带隙跃迁中激子引起的吸收系数，对"允许的"跃迁为

$$\alpha_{ex} \propto (hv - E_{min} \pm E_s)^{1/2} \tag{9.2-14}$$

对"禁戒的"跃迁，则

$$\alpha_{\text{ex}} \propto (h\nu - E_{\min} \pm E_s)^{3/2} \qquad (9.2\text{-}15)$$

9.2.2 自由载流子吸收

能够在能带内自由运动的载流子称为自由载流子，在半导体中即为导带的电子和价带的空穴。当入射光子的能量不足以引起带间吸收跃迁或形成激子时，入射光子却可使这种自由载流子在导带或价带的不同能态之间跃迁，其中包括导带电子在不同能谷之间的跃迁、同一谷内的电子向高能态的非竖直跃迁如图 9.2-4(a)所示；也包括非简并价带中不同子带之间的跃迁，如图 9.2-4(b)所示。显然，在完全填满电子的能带和空带内，不存在自由载流子吸收。

图 9.2-4 (a)导带中自由电子的跃迁；(b)电子在价带子能带之间的跃迁

对自由载流子吸收的分析和处理可以用量子力学方法，也可用半经典方法。前者利用自由载流子在不同能态之间跃迁几率的量子力学理论来进行[9]，其中，不仅考虑了自由电子的跃迁，也考虑了不同晶格状态之间的跃迁；后者是利用电子在高频电磁场（光波即为高频电磁波）中的运动方程，从高频电导率推出自由载流子的吸收系数[10]。但两者所得到的结果是相同的。在此，我们对这些方法不进行详细描述，而只分析自由载流子的吸收系数。

德鲁特（Drude）将金属中的电子在周期电场作用下的运动看成随 λ^2 增加的阻尼（衰减）振荡（λ 为波长），并得出自由载流子吸收系数的经典公式为

$$\alpha_{\text{fc}} = \frac{Ne^2\lambda_0^2}{m8\pi^2\bar{n}c^3\tau} \qquad (9.2\text{-}16)$$

式中，N 为载流子浓度，λ_0 为自由空间的波长，m 为电子或空穴的有效质量，τ 为电子遭受晶格散射的弛豫时间。式（9.2-16）是常用来表示半导体中自由载流子吸收系数的公式，它表示吸收系数 α_{fc} 正比于自由载流子浓度和自由空间中波长的平方，这种在带内的自由载流子吸收也称等离子体效应，这已为很多半导体在波长大于基本吸收边的红外区域内的吸收实验所证实。图 9.2-5 为不同纯度的半导体的一般吸收曲线，在长波区主要是自由载流子吸收。图 9.2-6 表示在波长 $\lambda = 2.4\mu\text{m}$ 下所得的 Ge 的吸收系数随载流子浓度的变化。进一步对 $\alpha_{\text{fc}}-\lambda$ 的分析可以看到，自由载流子在晶体中的运动不可避免地会遭受晶格振动和电离杂质的散射，因此自由载流子的吸收系数应与声子的类型（与温度有关）、掺杂的类型和掺杂浓度有关。也正是由于这种散射使载流子在不同能态之间的跃迁保持动量和能量的守恒。如果是声学声子散射，则 $\alpha_{\text{fc}} \propto \lambda_0^{1.5}$，光学声子散射，则 $\alpha_{\text{fc}} \propto \lambda_0^{2.5}$，电离杂质的散射则导致 $\alpha_{\text{fc}} \propto \lambda_0^3$ 或 $\lambda_0^{3.5}$。考虑这些因素后，可将 α_{fc} 表示为

$$\alpha_{\text{fc}} = A\lambda_0^{1.5} + B\lambda_0^{2.5} + C\lambda_0^{3.5} \approx D\lambda_0^p \qquad (9.2\text{-}17)$$

式中，A、B 和 C 为常数，D 和指数 p 近似为常数，表 9.2-2 表示某些掺以施主杂质的半导体的自由载流子吸收与载流子浓度、吸收系数与载流子浓度之比（α_{fc}/N）和指数 p 之间的关系。

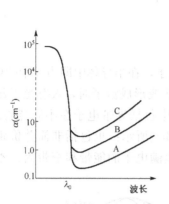
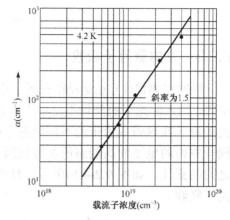

图 9.2-5 不同纯度的样品的吸收曲线（曲线 A 表示最纯的样品）　图 9.2-6 掺 As 的 Ge 样品的自由载流子吸收

α_{fc} 偏离 λ_0^2 关系的例子在 p 型 Ge 中看到，在 2～10μm 光波段所观察到的吸收系数比 n 型 Ge 约大 10 倍，这是因为 p 型 Ge 有如图 9.2-4(b)所示的价带结构，即在简并的轻、重空穴带下面有一裂矩为 0.28eV 的自旋-轨道裂矩带。在入射光的作用下，电子在各子带间的跃迁（如图中 A、B 和 C 所示）导致吸收系数的显著增加。在 p 型 GaAs 中也有类似的情况（其自旋-轨道裂矩为 0.35eV）。而在 p 型 Si 中，由于自旋-轨道裂矩很小（～0.05eV），未观察到上述子能带之间跃迁的精细结构，α_{fc} 仍服从 λ_0^2 的规律。

在 5.1 节中提到，自由载流子吸收是半导体激光器的主要内部损耗机构之一。当半导体激光器有源层注入载流子浓度较高时（比如，$2 \times 10^{18}/cm^3$），这种损耗是一种不可避免和不可忽视的损耗。它影响着激光器的阈值特性。在量子阱中半导体材料导带内的子带跃迁是一种非线性吸收过程[11][12]，且由此得到的非线性折射率比相应的体材料高 4 个数量级。与量子阱内材料的激子效应相比，这种子带跃迁除能得到可比拟的非线性折射率和窄带之外，其最大特点是吸收波长可从 2μm 直至远红外。只要适当控制阱宽和势垒高度，就能将吸收峰调到所需的波长处，对红外辐射产生强的吸收和快的弛豫（ps 量级），这对制造高速红外探测器是很合适的。此外，还可利用量子阱材料的子带跃迁的斯塔克（Stark）效应，即在量子阱材料生长面上加一垂直电场，使子带跃迁的吸收峰位移，位移量与所加场强及阱的宽度有关，由此可以得到很有用处的光调制器，这已在第 6 章中提及。

表 9.2-2　n 型半导体中自由载流子吸收系数

样品	载流子浓度 $N(\times 1.0^{17} cm^{-3})$	$\alpha_{fc}/N^*(\times 10^{-17} cm^{-2})$	指数 p
GaAs	1～5	3	3
InAs	0.3～8	4.7	3
GaSb	0.5	6	3.5
InSb	1～3	2.3	2
InP	0.4～4	4	2.5
GaP	10	(32)	(1.8)
AlSb	0.4～4	15	2
Ge	0.5～5	～4	～2

*　表中 α_{fc}/N 是在 $\lambda_0 = 9\mu m$ 下给出的。

9.2.3 杂质吸收

在适当能量的光子作用下，杂质能级所束缚的电子和空穴也可以产生光跃迁。这可以是：(a)中性（即未电离的）施主与导带之间的跃迁；(b)中性受主杂质与价带之间的跃迁；(c)价带与中性施主杂质之间的跃迁；(d)中性受主与导带之间的跃迁。相应的跃迁分别示于图 9.2-7 中。与前面所讲的激子吸收不同，激子吸收是发生在分立能级与完全确定的主能带之间，而这里所谈的杂质吸收，是杂质能级与整个能带之间的跃迁。

对浅杂质能级的最简单描述是采用类氢模型，即在基态（对应主量子数为 1）上面存在一系列的激发态（对应主量子数为 2、3、4…）。基态的离化能 E_i（即杂质电离能）为前面已提到的 $-me^4/[2(4\pi\hbar\varepsilon^2)n^2]$。如果杂质是中性的，则荷电载流子处于基态，可能发生的跃迁或者是从基态跃迁到激发态，或者从基态跃迁到主能带（所需能量即杂质电离能）。以硅中掺入受主杂质硼为例来说明杂质的光吸收跃迁，如图 9.2-8 所示。光吸收跃迁从光子能量等于第一激发能（即对应于主量子数 $n=1$ 的离化能）开始产生吸收并形成第一个吸收峰，随着光子能量的增加，相继形成对应于 $n=2$ 和 $n=3$ 的吸收峰。但随着光子能量的进一步增加，杂质趋于完全离化，即跃迁发生在杂质基态能级与较深的价带能级之间。由于杂质态的波矢与跃迁终态的波矢随着跃迁向主带内部的深入而产生越来越大的偏离，即对动量守恒的偏离也会加剧，从而使跃迁几率变得越来越小，尽管随着跃迁向主能带内部深入其态密度相应增加，最终使吸收系数随着光子能量的增加而逐渐减少。

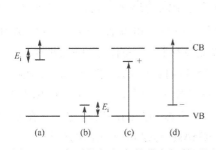 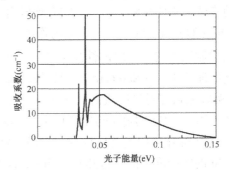

图 9.2-7　杂质能级与主能带之间的跃迁　　　图 9.2-8　硅中掺硼杂质的吸收谱

杂质吸收还可发生在浅杂质能级和与之相对的主能带之间的跃迁。因为自由电子或空穴在能带中可以具有不同的态密度，因而不能沿用类氢原子的简单分析。对离化能为 E_0 的浅受主能级上的电子激发到导带，所引起的吸收系数为[13]

$$\alpha = AN_0(h\nu - E_g + E_0)^{1/2} \qquad (9.2\text{-}18)$$

式中，A 为常数，N_0 为受主浓度，若 α 用 cm^{-1} 表示，N_0 用 cm^{-3} 表示，能量用 eV 表示，则 A 的数量级为 10^{-18}，但随材料不同而异。

利用杂质能级与相邻主能带之间的吸收跃迁，可用来形成光电导效应，这在长波长（λ 为数十微米）的红外探测器中得到应用。然而杂质吸收也是半导体光发射器件有源介质中的内部损耗机构之一，对激光器的阈值和效率、解理面的损伤产生一定的负面影响。

9.3 半导体光电探测器的材料和性能参数

半导体光电探测器性能与适应范围和所使用的光—电转换材料密切相关。同时,器件的结构也对其产生重要影响。而这些内部和外部因素的影响最后都反映在光电探测器的性能参数上。

9.3.1 常用的半导体光电探测器材料

半导体光探测器是半导体材料对待测光吸收结果的体现。显然半导体光探测器的性能直接取决于所使用的半导体材料的一些材料参数。例如,半导体材料的带隙决定着探测器所能响应的光谱范围;吸收系数的大小直接决定着光探测器的量子效率和响应度;半导体材料中电子和空穴的迁移率直接影响探测器对光信号的响应速度;在探测器多层材料的设计中需考虑待测光在半导体材料中的渗透深度等。

由 1.2 节和 9.1 节的分析可知,对半导体光电探测器材料的基本要求是希望对所探测的入射光在半导体材料内部能引起大的受激吸收速率,因此直接带隙材料是最理想的。但同时必须指出,某些间接带隙跃迁材料对一定波长范围的入射光也能产生明显的吸收。对含有异质结的光电探测器,异质结两边材料的晶格常数匹配同样是应该保证的。

图 9.1-1 中的几种材料是目前光纤通信中常用的光探测器材料。在波长 $\lambda < 1\mu m$ 的波段内,硅是目前广泛使用的探测器材料,它有比较合适的吸收系数 α_0(由 $\lambda = 0.5\mu m$ 的 $\alpha_0 \approx 10^4 cm^{-1}$ 到 $\lambda = 1.0\mu m$ 的 $\alpha_0 \approx 10^2 cm^{-1}$)。在电场作用下,电子与空穴的离化率之比 α/β 很大(>10),因此可用它制成在这一波段内性能很好的光电二极管(PD)和雪崩光电二极管(APD)。在长波长光纤通信中,Ge 和 InGaAsP 则是较理想的探测器材料。在室温下,Ge 的吸收边在 $1.6\mu m$ 附近,其吸收系数在对光纤通信具有实际意义的几个波段内均很大。然而 Ge 的带隙比 Si 小,在强电场作用下,Ge 的电子与空穴的离化率之比要比 Si 小得多,故在 Ge 和 Si 均能适应的波段内,使用 Si 作为探测器材料有利于得到更小的暗电流和高的温度稳定性。在 $\lambda > 1\mu m$ 的波段内,Si 的响应度下降,自然 Ge、InGaAs 或 InGaAsP 等是可供选择的材料。

尽管 Ge 光电二极管在 $1.3\mu m$ 的波段能工作,但要在目前石英光纤损耗更低的 $1.55\mu m$ 波段使用会遇到漏电流大、光谱响应有限的困难。相比之下,四元化合物 InGaAsP 在此波段下为直接带隙跃迁,其带隙宽度足以保证有较低的体漏电流密度。在结构上使用薄的耗尽层,也能保证对光信号有快的响应速度。因此,Ⅲ-Ⅴ族化合物半导体光探测器是适合于在 $1.3\mu m$ 和 $1.55\mu m$ 波段的光纤通信系统中使用的。同时,还可调整各组元的组分,使吸收边正好处在工作波段之外,以满足性能和工艺上的要求、扩大使用范围。研究和实践表明,用 $In_{0.53}Ga_{0.47}As$ 作为光敏吸收材料的 PIN 光电二极管和雪崩光电二极管在 $1.3\mu m$ 和 $1.5\mu m$ 的光纤通信系统中得到了很好的应用。

9.3.2 半导体光电探测器的性能参数[14,15]

1. 量子效率和响应度(率)

量子效率是半导体光电探测器首先应考虑的一个指标,定义为

$$\eta = \frac{每秒所产生的电子-空穴对数}{每秒入射的光子数} \qquad (9.3\text{-}1)$$

η 与材料的吸收系数 α_0 和吸收层的厚度 W 有关，因而可将 η 表示为

$$\eta = 1 - \exp(-\alpha_0 W) \qquad (9.3\text{-}2)$$

显然材料的吸收系数越大，或吸收层越厚，探测器的量子效率越高，但最大只能为 1。以基于硅材料的光探测器举例，图 9.3-1(a)表示以由光渗透深度决定的吸收层厚度 W 为参数（与响应波长有关），吸收效率（量子效率）与波长的关系；图 9.3-1(b)则表示硅探测器的响应度、量子效率与探测波长的关系，其中曲线 4 为理想情况下（外量子效率为 100%）的光探测器响应度，从图 9.3-1(b)中也可以看出响应度与量子效率的相关性。

在实际光探测器中，入射光不是直接到达吸收区，而是经过一定厚度 d_1 的重掺杂的接触层到达吸收区的（参见图 9.4-1）。在前端接触层内，可能造成部分入射光子的损失，同时在入射面上还有部分光遭受反射损失，基于这些因素，可将 η 表示为

$$\eta = (1 - R_1)[\exp(-\alpha_1 d_1)][1 - \exp(-\alpha_0 W)] \qquad (9.3\text{-}3)$$

式中，R_1 为入射面的光反射率，d_1 和 W 分别是前端接触层和吸收层的厚度；α_1 和 α_0 分别是前端接触层和吸收层的吸收系数，对于同质结探测器，则有 $\alpha_1 = \alpha_0$。式中右边最后一个因子为光子在吸收层被吸收的几率，入射到吸收区中的光子所产生的光生载流子通过耗尽层的内电场漂移，再通过扩散最后被收集，成为外电路中流过的光电流。因此，用实验测量法来表征量子效率是更为方便的，即用单位入射光功率作用到探测器后在外电路产生的光电流的大小定义的响应度 R（或响应率）来表示：

$$R = \eta \frac{e\lambda}{hc} \qquad (\text{A/W}) \qquad (9.3\text{-}4)$$

式中，e 为电子电荷，c 为光速，如取 $\eta = 1$，$\lambda = 1.24\mu m$，则响应率 $R = 1.0$（A/W）。实际上，在硅光电二极管中，前端接触层很薄（$d_1 < 1\mu m$）。入射面蒸镀增透膜后，在 $\lambda = 0.8 \sim 0.9\mu m$ 的波长范围内可以使 $\eta > 0.9$，相应的响应率为 0.6A/W。对长波长光探测器入射面增透，同样得到了理想的效果[16]。

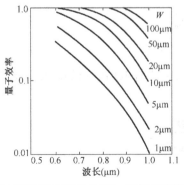

(a) 硅探测器量子效率与波长、吸收层厚度的关系

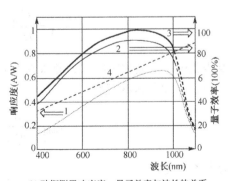

(b) 硅探测器响应度、量子效率与波长的关系

图 9.3-1　硅探测器量子效率、响应度与波长的关系

2. 暗电流和噪声

对理想的光电探测器，在无光照时应没有光电流，然而实际上并非如此。这是由于：①在耗尽层中存在载流子产生-复合电流和耗尽层边界上少数载流子的扩散流；②表面漏电流。在高纯硅中，由于硅的禁带宽度比锗大，只要在加工过程中尽量避免产生晶格缺陷，由第一种原因引起的体电流密度是很小的（$< 2 \times 10^{-11}$A/mm^3）。表面漏电流密度可以通过钝化表面来减小，而可以低于 2×10^{-11}A/mm^2。暗电流的影响将产生散粒噪声。这种噪声可用暗电流的均方值来表示：

$$\langle i^2 \rangle = 2eI_\mathrm{d}B \tag{9.3-5}$$

式中，B 为有效噪声带宽，I_d 为总的暗电流，因此应该尽量减小暗电流，这对探测器的任何应用来说都是必需的。对禁带宽度窄的 Ge 光电二极管更需对暗电流予以限制。

散粒噪声是半导体光探测器的主要噪声源，它服从泊松统计。除了上述暗电流 I_d 外，还可能有背景辐射引起的光电流 I_B。如果还考虑外来光信号的光电流 I_s，则总的散粒噪声可表示为总的光电流平方的平均值

$$< i^2 >= 2e(I_\mathrm{s} + I_\mathrm{B} + I_\mathrm{d})B \tag{9.3-6}$$

至于光生载流子在电阻性元件内热运动引起的所谓约翰逊（Johnson）噪声或奈奎斯特（Nyquist）噪声和由于探测器不完善的欧姆接触、材料制备中出现位错等因素引起的噪声谱随频率 f 升高而急剧下降的所谓 1/f 噪声，都可以减少到可忽略的程度，因而对探测灵敏度不产生影响。

3. 响应时间或频率带宽

在光纤通信系统等应用中，要求接收端的半导体光探测器对输入的高速调制的光信号产生快速或即时的响应，以防产生信号畸变，减少误码率。即要求将光生非平衡载流子快速输送到探测器的外部电路，也即要尽量减小这一过程的时间常数。这包括：

（1）减少越过 pn 结的非平衡载流子的扩散时间 τ_diff，这就要求非平衡载流子有小的扩散长度 $L_\mathrm{n,p}$ 和大的扩散系数 $D_\mathrm{n,p}$。前者与器件结构有关，后者则可由爱因斯坦关系（$D_\mathrm{n,p} = k_\mathrm{B}T\mu_\mathrm{n,p}/e$）可知，其与载流子的迁移率 $\mu_\mathrm{n,p}$ 有关。

$$\tau_\mathrm{diff} = \frac{L_\mathrm{n,p}^2}{D_\mathrm{n,p}} = \frac{eL_\mathrm{n,p}^2}{k_\mathrm{B}T\mu_\mathrm{n,p}} \tag{9.3-7}$$

（2）减少载流子的漂移时间，即要求在空间电荷区或有电场分布的区域（如 PIN）宽度 W 内载流子有快的漂移速度 $v_\mathrm{drift}^\mathrm{n,p}$，

$$\tau_\mathrm{drift} = \frac{W}{v_\mathrm{drift}^\mathrm{n,p}} = \frac{W}{\mu_\mathrm{n,p}E} \tag{9.3-8}$$

式中，E 为电场强度。

（3）减少光电二极管等效电路的 RC 时间常数 τ_RC。

总的时间常数为

$$\tau_r = \sqrt{\tau_{\text{diff}}^2 + \tau_{\text{drift}}^2 + \tau_{\text{RC}}^2}$$ (9.3-9)

半导体光电探测器的响应截止频率为

$$f_c = \frac{1}{2\pi\tau_r}$$ (9.3-10)

半导体光探测器的高频响应带宽或截止频率定义为在固定输入光功率下探测器所探测的光电流下降到直流或低频值一半时所对应的频域，即常称的 3dB 响应带宽。例如，用于光纤通信的 PIN 光探测器，其 3dB 响应带宽可达 60GHz 以上。为提高 3dB 带宽，将会遇到与探测器其他性能要求不一致的方面，这在设计光探测器是需考虑的。例如，为尽量接收耦合进光敏面的光，就不能使光接收面太小，但这会使寄生电容增加；加大耗尽层厚度对提高量子效率和减少结电容是一致的，但却增加了光生载流子渡越时间；对间接带隙半导体（如 Si）因吸收系数相对较小而需厚的吸收层才能保证高的量子效率，但这又增加了载流子渡越时间。

4. 探测器灵敏度

针对光探测器的应用不同，对探测器的灵敏度定义不一。例如，用做跟踪或准直的探测器，其探测灵敏度定义为输出信号的变化与位置变化之比。对光纤通信系统中所使用的半导体光探测器所接收的是微弱光信号，其灵敏度则为在保证所要求的误码率前提下，所能探测到的最小光功率，也即，最小可探测光功率，其单位为 dBm。探测器的最小可探测光功率越小，则其灵敏度越高。

9.4　无内部倍增的半导体光探测器

半导体光探测器的品种很多，其性能与器件结构密切相关。可以粗略地将半导体光探测器分为无内部倍增作用和有内部倍增作用两类。前者包括一般光电二极管（PD）、PIN 管、太阳能电池、光电导探测器以及基于肖特基势垒原理的金属-半导体-金属（MSM）光探测器等；后者则可包括光生载流子倍增的雪崩光电二极管（APD）以及 20 世纪 90 年代初出现的光子谐振增强吸收的光探测器。本书只是选择性地介绍几种光探测器。

9.4.1　光电二极管

确切地说，除了光电导探测器以外的上述光探测器中都包含有 PN 结，都可统称为光电二极管。最早出现的光电二极管（PD）如图 9.4-1(a)所示，它实质上是一个反向偏置的 PN 结二极管。反向偏压的作用是加强内电场和加宽耗尽层，在耗尽区中的电场分布如图 9.4-1(b)所示。在入射光的作用之下，在图中所示的吸收区内产生电子-空穴对，吸收区的宽度（或光的渗透深度）与给定波长下入射光强有关。在吸收区产生的电子和空穴在耗尽层内以高的漂移速度分别向二极管的两个电极运动，但在耗尽层外则只有速度低的扩散运动，这势必影响探测器对光信号的响应速度。因此，这种简单的 PN 结结构的光电二极管不适合于高频应用。

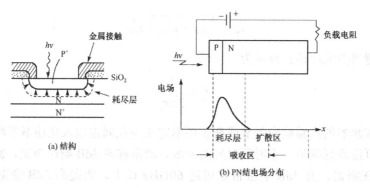

(a) 结构

(b) PN结电场分布

图 9.4-1　光电二极管

为了提高响应速度，方法之一是加大反向偏压，使耗尽层宽度加宽，使耗尽区与吸收区尽量一致。然而，增大反向偏压是很有限的，最好的方法是减少图 9.4-1 中 N 区的掺杂浓度，使该区几乎达到本征半导体的状况，这就是下面将要介绍的 PIN 光电探测器。

9.4.2　PIN 光探测器

上面已谈到，为使普通光电二极管在量子效率与响应速度都趋于理想的程度，需要加宽耗尽层，这是因为空间电荷区转移光生载流子到外电路的效率比电中性区高，而由式（2.1-7）可知，空间电荷区的宽度随其内掺杂浓度的减少而增加，为此在 P 区和 N 区之间以轻掺杂施主杂质形成近乎本征（I）区。这种类似本征的 N 区称 ν 区。图 9.4-2 表示了 PIN 光探测器的原理结构和其内的电场分布。图 9.4-3 是它的器件结构。

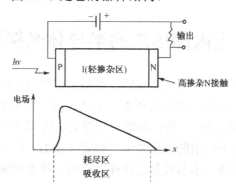

图 9.4-2　PIN 光探测器的原理结构和电场分布

限制 PIN 光探测器响应速度的主要因素有：①载流子横跨耗尽层的漂移时间；②载流子从非耗尽层区扩散所需时间；③对 PIN 本身的电容和其他寄生电容的充、放电时间；④具有异质结构的 PIN 在异质结界面处存在如图 9.4-4(b)所示的电荷积累[17]。其中载流子的渡越时间的影响是主要的，它取决于本征区的宽度 W 和载流子的漂移速度 v。如果本征区太宽，则会使光生载流子在该区的渡越时间 $t_r = W/v$ 较长而影响响应速度；如果本征区太窄，则又会使光的吸收区超出本征区，而本征区以外的区域不能产生有用的光电流。载流子的漂移速度受本征区内电场强度的控制。对硅来说，当电场强度 $E < 10^4$V/cm 时，漂移速度 $v \propto E$。在更高的场强下，电子和空穴将趋于各自的散射极限速度：8.4×10^6cm/s（电子）、4×10^8cm/s（空穴）。如果渡越时间成为响应速度的主要限制因素，对 Si-PIN 光电二极管来说，若取 $W = 50\mu m$，

在 50 伏反向偏压下，对光脉冲响应的上升时间为 0.5ns。对 GaAs 和 InGaAs～PIN 管来说，为实现高速工作需使本征区完全耗尽，所需场强应在 50kV/cm 以上（InGaAs），以使载流子达到极限速度。

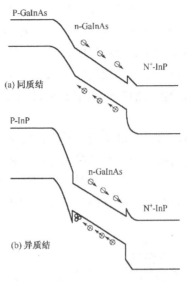

(a) 同质结

(b) 异质结

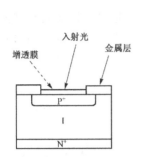

图 9.4-3　PIN 光探测器的结构图

图 9.4-4　PIN 能带图

从渡越时间考虑，薄的本征层可获得高的响应速度。然面，随着本征层厚度的减少，探测器本身的电容 C 增加，因而影响响应速度的另一因素——时间常数 $\tau = RC$ 将增加（R 为欧姆接触电阻和外加负载电阻之和）。C 可表示为

$$C = \frac{\varepsilon_0 KA}{W} \qquad (9.4\text{-}1)$$

式中，ε_0 为真空中的介电常数（对硅来说 $\varepsilon_0 = 8.85\times10^{-12}\text{F/m}$），$K$ 为比例常数（对硅取 $K=11.7$），A 为结面积。合理选择 K 和 W，可使结电容 C 小到 1pF。如果有良好的欧姆接触和选择适当的负载电阻，RC 时间常数将不会成为响应速度的限制因素。

对高速同质结探测器，$\alpha_0 W \ll 1$，由式（9.3-3）可得量子效率为

$$\eta \approx (1-R_1)[\exp(\alpha_0 d_1)]\alpha_0 W \qquad (9.4\text{-}2)$$

上述图例中，光子都是从器件表面入射的。而在边入射 PIN 中，利用异质结形成的波导结构，对收集平行于结平面的光、增加吸收长度以提高量子效率是有益的。

对光入射面增透显然能增加量子效率[16]。对 $\lambda = 0.9\mu\text{m}$ 的 Si-PIN，在适当的本征区厚度下，量子效率可达 100%。图 9.4-5 表示 Si-PIN 的光吸收系数、载流子渡越时间与耗尽层宽度之间的相互关系。由图可见，Si-PIN 光探测器不能在 $\lambda > 1.0\mu\text{m}$ 的波长下应用。

对于长波长（1.3μm，1.5μm）光纤通信中使用

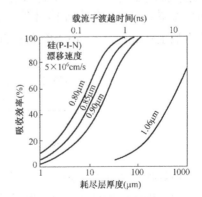

图 9.4-5　硅 PIN 的吸收效率与载流子
渡越时间、耗尽层厚度的关系

的 PIN 光探测器，常用的吸收材料为 $In_{0.47}Ga_{0.53}As$。InGaAs 的带隙和峰值响应波长可以通过适当地选择合金的组分来最佳化，比如，$In_{0.47}Ga_{0.53}As$ 能很好与 InP 晶格匹配，其响应波长的长波限可达 1.7μm。图 9.4-6 为台面 InGaAsP-PIN 结构。光从背面衬底入射，有利于减少结电容到 1pF 以下，同时因为光生载流子不再遭受表面复合的影响，可以得到高的且与波长无关的响应率。图 9.4-7 为 $In_{0.47}Ga_{0.53}As$-PIN 平面结构，入射光从正面入射到低掺杂浓度（$10^{16}/cm^3$）的 N 型 InGaAs 吸收层。

因为 InGaAs 结型光探测器对潮湿很灵敏，因此必须采取钝化和密封措施，以保证其长期稳定性。这种器件的漏电流主要来自高反向偏压下的带-带隧道电流和低偏压下的产生-复合电流。

综上所述，PIN 光电探测器具有高的响应率与高的响应速度，影响其探测灵敏度（最小可探测功率）的噪声源主要是热引起的散粒噪声，它比雪崩光电二极管（APD）的噪声小得多，同时 PIN 可以与场效应晶体管（FET）单片集成，使光电流直接得到放大，因此 PIN 光电探测器已在光纤通信中获得了广泛的应用。

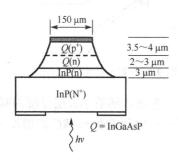

图 9.4-6 背面入射的 InGaAsP-PIN 结构

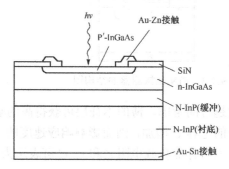

图 9.4-7 常用的长波长 InGaAs-PIN 结构

9.4.3 光电导探测器

光电导探测器是最早用来研究半导体中光电效应、结构很简单的一种探测器。其原理结构如图 9.4-8 所示[18]，即在半导体材料的两端镀上能与外电路相接的金属接触电极而成。光作用到半导体材料后产生受激吸收，所产生的电子和空穴分别向两端电极运动而形成外光电流。这种探测器的响应波长由材料的禁带宽度 E_g 决定，为了提高量子效率，所用的半导体材料同样希望是直接带隙半导体材料，如 GaAs、InP 或其他Ⅲ-Ⅴ族化合物半导体。对目前光纤通信中的 1.55μm 波段，小带隙和具有很高稳定迁移率的 $Ga_{0.47}In_{0.53}As$ 是理想的材料。

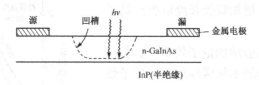

图 9.4-8 半导体光电导探测器原理结构图

光电导探测器对交变速度很大的光信号响应受到增益-带宽积的基本限制。增益限制起因于空间电荷电中性的要求。因为电子的漂移速度比空穴大得多，每一电子被接触电极收集后，必定有另一个电子由另一电极进入探测器以维持电中性。这种过程将持续到空穴被漂移出器件或与电子复合为止，并由此产生增益。因为器件的响应速度反比于空穴的寿命，因此如靠增加空穴寿命来增加增益，器件的响应速度或带宽就会按比例地减少，这就限制了光电导探测器在高数据率传输系统中的应用。采用高纯的 $Ga_{0.53}In_{0.47}As$ 材料可以制作 1.55μm 波段附近具有良好响应的光电导探测器，其在 N 型层中的电子迁移率为 $\mu_n=10^4cm^2/(V \cdot s)$，漂移速度可高达 $3 \times 10^7cm/s$。这种探测器在波长 1.3～1.55μm 范围内可达 1Gb/s 数据率的响应，可以在低偏压（2V）下工作，也可与场效应晶体管（FET）集成。

这种探测器的探测灵敏度受到约翰逊噪声的限制。而改善高比特率下探测灵敏度的努力又会降低光电导探测器的响应率。

利用与光电导探测器同样的结构还可用做高速光电导开关。在这种应用中，关键是开关速度。常用的光电导材料是掺铬的砷化镓（Cr:GaAs）和掺铁的磷化铟（Fe:InP）。其中深能级杂质 Cr 与 Fe 的掺入可有效地减少载流子寿命，从而提高光导开关速度[19]。

9.5 半导体雪崩光电二极管（APD）

为了提高探测灵敏度，前一节讨论的 PIN 光电探测器后面往往需要紧接一个分立的或与 PIN 集成的场效应晶体管（FET），对所产生的微弱光电流进行放大。另一种方法是从探测器内部获得电增益。如图 9.5-1 所示，在强的反向电场的作用下，由于受激吸收产生的电子和空穴得到加速，产生足够大的动能，使在 PIN 的本征区引起如图 9.5-1(a)所示电子引发的雪崩电离或引起图 9.5-1(b)所示的电子和空穴同时引发的雪崩电离[20]。然而用外加反向偏压来获得雪崩倍增的 PIN 结构并不是理想的，这是因为要想在比较宽的耗尽区内达到雪崩倍增电离，就必须外加很高的反向偏压。因此，在通常的 PIN 探测器中是不产生光生载流子倍增作用的。为实现内部有电子倍增（或增益）作用，必须采用合理的结构，下面将对雪崩光电二极管的结构及其性能进行分析。

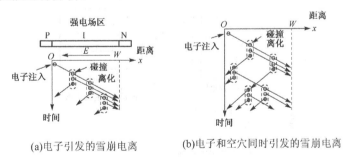

(a)电子引发的雪崩电离   (b)电子和空穴同时引发的雪崩电离

图 9.5-1　高场强下的雪崩过程：(a)电子引发的雪崩电离；(b)电子和空穴同时引发的雪崩电离

9.5.1 APD 的原理与结构[21]

回顾一下 PIN，其中高量子效率与高的响应速度是靠较宽的本征区（I）结构来统一的。而在雪崩光电二极管中又是如何实现高量子效率、高的响应速度和光生载流子雪崩倍增的统一呢？如果耗尽层内的场强能达到某一值（对硅来说需达到 $10^5V/cm$），该层内的光生载流子就能获得足够大的能量（一般为 E_g 的 1.5～1.8 倍）去碰撞束缚的价电子，使之离化而产生新的电子-空穴对，这些新生的电子-空穴对同样可在强电场下获得足够大的能量来引发其他价电子的碰撞电离。依此循环，就造成载流子的雪崩倍增（参见图 9.5-1）。表征这种碰撞离化程度的参数是电离系数或离化率，它表示电子或空穴在倍增区内经过单位距离平均产生的电子-空穴对数。离化率随场强的增加而指数式增加。在不同材料中，电子的离化率 α 与空穴的离化率 β、以及它们的离化率之比 α/β 均不相同。表 9.5-1 列出了几种材料的离化参数。前面已经谈到，造成载流子离化倍增的高场强不可能在 PIN 宽的耗尽层结构中实现。一种所谓"达通型"（拉通型）结构能实现载流子倍增、高量子效率和高响应速度的统一。其原理图如图 9.5-2 所示[15]，它由 P^+-π-P-N^+ 四层组成，其中"π"层为受主杂质浓度很低以致接近本征的 P 型层。电场从 PN 结经 π 层直达到 P 层，图中还表示了电场强度的分布和高场区载流子的倍增示意图。高场区（即 PN^+ 结的耗尽层）内承受了所加反向偏压的大部分压降。随着反向偏压的增加，耗尽区迅速向 P 区扩展，并在小于 PN^+ 结击穿电压的某一电压 V_{rt} 下"穿通"到接近 π 区。超过 V_{rt} 的反向偏压全部降落在 π 区内。高场区的载流子能获得足够高的平均速度而引发碰撞电离。因为 π 区比 P 区宽得多，所以在高场区内的场强和载流子的倍增率在 V_{rt} 以上是随反向偏压而缓慢增加的。在工作条件下，虽然 π 区内的电场比高场区弱得多，但仍足以使载流子保持一定的漂移速度，因而在较宽的 π 区内只需短暂的渡越时间。由此可见，这种将吸收区与倍增区融为一体、而倍增区与漂移区分开的结构特点可使 APD 既能得到高的内部增益，又可以得到高的量子效率与响应速度。

表 9.5-1   几种半导体材料的碰撞电离参数

晶体	载流子	离化能 E_i (eV)	电子空穴离化率比 α/β
Ge	电子 空穴	$1.5E_g$	>1
Si	电子 空穴	$1.6E_g$	>1
GaAs	电子 空穴	$1.5E_g$	=1
GaInAs	电子 空穴	—	≈1

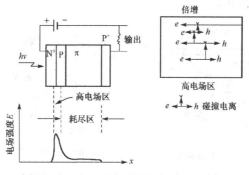

图 9.5-2   APD 原理结构图及电场分布

"拉通型"结构的 APD 的最佳性能与器件的几何尺寸和 P 区的掺杂水平有关。图 9.5-3(a) 表示 P 区掺杂适当的理想场强分布；图 9.5-3(b) 表示 P 区掺杂浓度过高，故全部反向偏压降落在高场倍增区，在 π 区开始耗尽以前，高场强使载流子急剧倍增，但所产生的载流子无法在 π 区获得漂移速度或只有非常低的速度，因而探测器的响应速度很低。但如果 P 区掺杂浓度太低，如图 9.5-3(c) 所示，则 π 区将很快耗尽，这会导致引发雪崩所需的电压太高。

图 9.5-4 表示一种常用的硅 APD 结构，其中的保护环防止雪崩区边缘在接近雪崩场强的情况下过早地出现雪崩，籍此可以用来提高反向偏压。由于硅的电子与空穴的离化率相差较

大,在π区不是太宽的情况下得到了较为满意的性能,有低的过剩噪声、高的倍增因子(≈ 100)、较高的响应速度(<0.5ns),因而在$\lambda<0.9\mu m$ 的波长范围内得到了广泛的应用。在长波长($\lambda>1.0\mu m$)的波段内,锗和III-V 族化合物 InGaAs 雪崩光电二极管应用效果也很好。然而 Ge-APD 由于其本身固有的弱点,即它的电子与空穴的离化率相差很小,过剩噪声指数大,暗电流比 Si-APD 大 2~3 个数量级。以 InP 为衬底的 InGaAs-APD 表现出明显的优越性能,已用于高速光纤通信中。

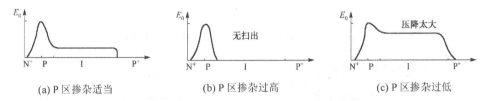

图 9.5-3 拉通型 APD 的几种内部电场分布:(a) P 区掺杂适当,(b) P 区掺杂过高,(c) P 区掺杂过低

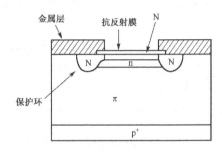

图 9.5-4 带有保护环的 APD

在前面介绍的"拉通型"是同质结结构,即探测器不同区域是采用同一种半导体材料的不同掺杂类型或不同掺杂浓度制成。在这种同质结中,暗电流来自三个独立的部分:①在耗尽区中通过带间的中间能级(如陷阱)引起的产生与复合电流 I_{gr},这在低的反向偏压下是暗电流 I_d 的主要部分。②在高反向偏压下,载流子贯穿 PN 结势垒所产生的隧道电流 I_{tu} 则主宰着 I_d。③在低温下,越过 PN 结的旁路电流(表面漏电流)I_{sh} 则是主要的。图 9.5-5 表示 InGaAs-APD 的暗电流 I_d 随反向偏压 V 变化的理论曲线[21]。其中 I_{tu} 与 I_{gr} 随电压变化的曲线的交叉点所对应的偏压 V_x(即,$I_{tu}=I_{gr}$ 时所对应的电压)是很重要的。当雪崩击穿电压 $V_B > V_x$ 时,则意味着雪崩倍增的同时将有很大的隧道电流倍增,从而引起严重的散粒噪声。因此,为了得到低噪声的雪崩光电二极管,必须对吸收区低掺杂,以便满足 $V_B < V_x$。为了减少高偏压下的隧道电流,并利用 InGaAs 能很好与 InP 形成晶格匹配的异质结的特点,发展了一种将吸收区与倍增区分离的雪崩光电二极管(SAM-APD),它的原理结构及其各区的场分布如图 9.5-6 所示[21]。入射光子首先被三元化合物 InGaAs 所吸收,因该区场强较小,只能将所产生的光生载流子扫进二元化合物 InP-pn 结的高场区,并在该区倍增。因为 InP 比 InGaAs 的带隙大,因而可以有效地减少隧道电流。同时只要在 N-InP 区中有低的掺杂浓度($5\times10^{15}\sim 5\times10^{16}/cm^3$),就容易满足前面提到的低噪声条件 $V_B < V_x$。由图 9.5-6 中看到,为了实现可忽略的隧道电流,必须使 N-InP 与 N-InGaAs 界面场强 $E_l < 1.5 \times 10^5 V/cm$,同时要保证有足够的载流子倍增,必须使 pn 结界面场强有最大值 $E_m \geqslant 4.5\times10^5 V/cm$,并由 E_l 和 E_m 可以决定倍增区与吸收区的厚度与杂质浓度。图 9.5-7 表示了上述 InGaAs-APD 的器件结构。

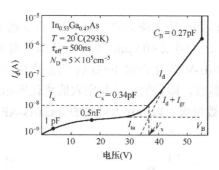

图 9.5-5　$In_{0.53}Ga_{0.47}As$-APD 的暗电流与反向偏压之间的理论曲线[21]

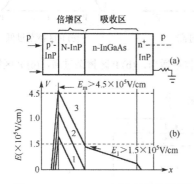

图 9.5-6　SAM-APD 原理结构图[21]

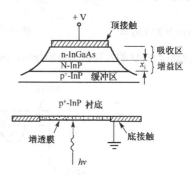

图 9.5-7　InGaAs-APD 结构图[21]

　　进一步分析可知，上述 SAM-APD 结构的光探测器的响应速度受到 InGaAs/InP 异质结存在大的价带不连续所导致的电荷堆积的限制，而且这种电荷堆积也减少了低偏压下的量子效率。当然，随着反向偏压的增加，界面处能带的倾斜和不连续程度 ΔE_v 均减少，从而使内量子效率与响应速度均能提高。即使如此，在加雪崩电压后依然残留的 ΔE_v 仍限制着响应速度。因此，为减少在异质结界面处能带大幅度的突变而带来电荷的积累，对 SAM-APD 作了进一步改进，即在宽带隙 N-InP 与窄带隙 n-$In_{0.53}Ga_{0.47}As$ 之间生长一层带隙过渡层 N-$In_{0.7}Ga_{0.3}As_{0.65}P_{0.35}$。这种用渐变带隙过渡层来分开吸收区与倍增区的雪崩光电二极管（SAGM-APD）的能带图和相应的台面器件结构分别如图 9.5-8(a)和(b)所示，(a)图中的 0.95 μm、1.3μm、1.65μm 分别对应材料的带隙波长（即，由 $\lambda = 1.24/E_g$ 所得到的波长）。通过减少倍增层的厚度（从(b)图中所示的 1.5μm 减至 0.5μm）以减少载流子反馈的影响，这种结构的 APD 已获得低的暗电流（小于 2.0nA）和高的增益-带宽积（80GHz 以上）[21]。

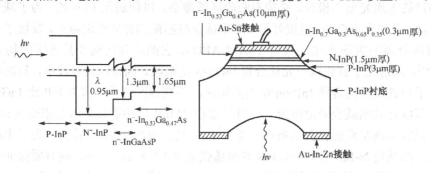

(a) SAGM-APD 的能带结构图　　　　(b) SAGM-APD 的台面形器件结构

图 9.5-8　(a) SAGM-APD 的能带结构图；(b) SAGM-APD 的台面形器件结构

为了便于钝化表面工艺以提高器件对潮湿环境的适应性，还发展了一种平面型 SAGM-APD 结构[21]，如图 9.5-9(a)所示；采用 N⁺-InP 衬底有利于通过 P⁺扩散来得到 PN 结，图中的掺铍保护环的击穿电压比 PN 结的击穿电压高 10～15 伏。图 9.5-9(b)是一种隐埋 N-InP 区的结构[21]，以便控制电场强度来实现高的响应速度。这种平面型结构的增益-带宽积可达 100GHz，在 0.9～1.7μm 的波长范围内有高的且较平坦的响应率。

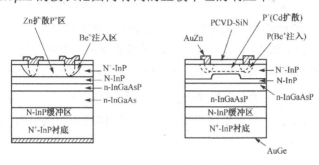

(a) 平面型 SAGM-APD 结构　　　　(b) 含有隐埋 N-InP 的 SAGM-APD 结构

图 9.5-9　(a) 平面型 SAGM-APD 结构；(b) 含有隐埋 N-InP 的 SAGM-APD 结构

9.5.2　APD 的噪声特性

对一个性能良好的光接收机来说，要求有尽可能高的接收灵敏度或尽可能低的最小可探测功率（即达到所要求误码率时所对应的最小入射光功率）。前面已提到 PIN 光探测器中影响探测灵敏度的主要噪声源是来自于跟随其后的放大器的热噪声。在具有内部增益的 APD 中，光接收机不再受外部放大器热噪声的限制，所以光生载流子的雪崩倍增作用在提高灵敏度方面仍是一条有效途径。图 9.5-10 表示 PIN 和 APD 探测灵敏度与调制速率关系的比较[23]。因总的噪声是随调制速率（带宽）的增加而增加的，所以灵敏度随调制带宽增加而减少。而影响 APD 本身探测灵敏度的噪声源如图 9.5-11 所示，其中由光电效应引起的噪声对 PIN 和 APD 都有共同的影响。但由光生载流子倍增过程中因增益的随机起伏产生了一种超过原来只有散粒噪声得到放大的噪声水平，这称为过剩（或剩余）噪声。

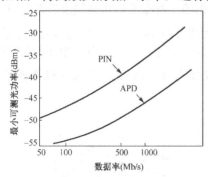

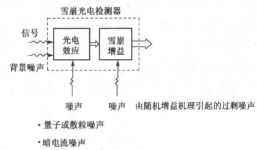

图 9.5-10　PIN 与 APD 的探测灵敏度比较　　　图 9.5-11　APD 的噪声源示意图

过剩噪声强烈依赖于空穴与电子的离化率之比 $K = \beta/\alpha$（或电子与空穴离化率之比 $K' = \alpha/\beta$）。如果注入雪崩区的初始光电流为 I_0，则经倍增后的电流中散粒噪声谱密度为

$$\frac{\mathrm{d}}{\mathrm{d}f}\langle i^2 \rangle = 2eI_0 \langle M_0^2 \rangle \qquad (9.5\text{-}1)$$

式中，f 表示噪声频率，$\langle i^2 \rangle$ 表示倍增后的均方电流，$\langle M_0^2 \rangle$ 是内部增益的均方值，e 为电子电荷，式（9.5-1）的等效形式为

$$\frac{\mathrm{d}}{\mathrm{d}f}\langle i^2 \rangle = 2eI_0 M_0^2 F(M_0) \tag{9.5-2}$$

式中，$M_0 = \langle M_0 \rangle$ 表示平均增益。$F(M_0) = \langle M_0^2 \rangle / M_0^2$ 称为过剩噪声因子，它表示相对无倍增情况由雪崩倍增所引起的噪声性能的退化程度，是表征 APD 噪声特性的一个重要参数。它取决于 PN 结的形状和器件的特点，也取决于倍增区材料的性质以及对倍增区初始激励的情况（即电子注入、空穴注入或两者同时注入）。在只有电子注入时，简化的过剩噪声因子表达式为

$$F_e(M_0) = KM_0 + (2 - M_0^{-1})(1 - K) \tag{9.5-3}$$

式中，$K = \beta / \alpha$，并假设在整个倍增区内保持不变。同样可以得到只有空穴注入时的过剩噪声因子 $F_h(M_0)$ 为

$$F_h(M_0) = K'M_0 + (2 - M_0^{-1})(1 - K') \tag{9.5-4}$$

在实际的雪崩光电二极管中，倍增区内的电场是不均匀的，因此必须相应地对载流子的离化率适当加权。加权后须将式（9.5-3）中 K 和式（9.5-4）中的 K' 分别用 K_{eff} 和 K'_{eff} 代替。由式（9.5-3）和式（9.5-4）可以看出，要想得到低的过剩噪声因子，必须尽量减少 K 或 K'，这意味着，电子和空穴的离化率应有很大的差别。极限情况下，只有空穴引起碰撞电离（$\alpha = 0$），且倍增增益 M 很大时，由式（9.5-3）和式（9.5-4）均可得到过剩噪声因子为 2。相反，如果电子和空穴同时引起碰撞电离，且 $\alpha = \beta$，则有 $F_{e-h}(M_0) = M_0$，即这时有很大的过剩噪声。故使用 $\alpha = 0$ 或者 $\beta = 0$ 的材料是减少噪声的主要途径。图 9.5-12 表示以 $K_{eff} = \beta / \alpha$ 为参数的过剩噪声因子 $F(M_0)$ 与平均增益 M_0 的关系。除了要求 α 和 β 的差值尽可能大外，低的过剩噪声还要求以材料中离化率高的一种载流子开始电离（例如，在硅中要求设计成以电子开始电离）。同时，由离化率高的载流子来建立雪崩过程也有助于得到最佳的增益和高的增益-带宽积。为达到这一目的，在 Si-APD 中，可以将 APD 设计成光从背面（P$^+$-Si）入射，则只有电子注入倍增区。相反，若光入射在 N$^+$ 接触层上则会出现载流子的混合注入。即使是由纯电子注入的情况，由于硅的 α 和 β 在高场下近乎相等，因此薄结比宽结会产生更多的噪声。在混合注入的情况下，过剩噪声因子一般高于纯电子注入情况。如果倍增区很宽，则大部分倍增来自于空穴，从而使 $F(M_0)$ 提高。当结形状一定时，过剩噪声因子与波长密切相关，这是由于吸收系数、空穴注入的比例随波长变化之故。图 9.5-13 表示硅雪崩管中的 $F(M_0)$、倍增因子 M 和波长之间的相互关系。

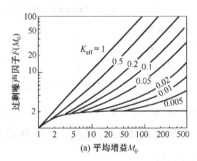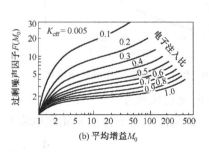

图 9.5-12　APD 过剩噪声因子与平均增益的关系

在实际中，是通过测定 APD 的过剩噪声指数 χ 值并由关系式 $F(M_0)=M_0^{\chi}$ 来计算过剩噪声因子的。过剩噪声指数由下式给出：

$$\chi = \frac{\ln[I_a / I_{p0} M_0]}{\ln(M_0)} \qquad (9.5\text{-}5)$$

式中，M_0 为倍增因子，I_{p0} 为初始光电流，I_a 为测量用饱和噪声源的屏极电流。例如，对 $\lambda = 1.3\mu m$ 的 InGaAs-SAGM-APD，如 $M_0 = 10$，则得 $\chi = 0.7 \sim 0.8$，由计算可得 $F(M_0) = 5$。

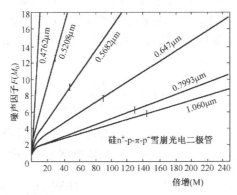

图 9.5-13　Si-APD 的过剩噪声因子 $F(M_0)$、倍增因子 M 与入射光波长的关系

9.5.3　APD 的倍增率（或倍增因子）

雪崩光电二极管的低频增益（倍增率）与载流子的离化率和倍增区的厚度有关，而这两个参数均与反向偏压有关，因此常用一经验公式来表示倍增率：

$$M_0 = \frac{I_M}{I_{pd}} = \frac{1}{1-(V_b / V_B)^n} \qquad (9.5\text{-}6)$$

式中，V_b 为反向偏压；I_M 为倍增电流，I_{pd} 为无倍增（即反向偏压为零）时的电流，V_B 为雪崩击穿电压（$V_b < V_B$），n 为与材料、APD 结构和入射条件有关的指数（$n<1$）。因为在"拉通"型 N$^+$-P-π-P$^+$ 结构中π区比倍增区宽得多，因而可以在较宽的电压范围内得到倍增。式（9.5-6）中的 V_B 与 n 均随温度增加而增加，而一般光电流随温度增加而减少。

当反偏电压低于雪崩击穿电压时，APD 工作在线性模式，反向电压越高，倍增因子就越大。而当反偏电压高于雪崩击穿电压时，倍增因子迅猛增加，APD 工作在盖革模式，可用于探测单光子信号。

9.5.4　APD 的响应速度

雪崩光电二极管的响应特性取决于：(a)载流子完成倍增过程所需的时间，(b)载流子越过耗尽区的渡越时间，(c)二极管结电容和负载电阻的 RC 常数，(d)在异质结构（SAM、SAGM）中，异质结界面上大的价带差 ΔE_v 所引起的电荷积累等。其中 RC 常数和异质结界面电荷的积累对响应速度的影响已在对 PIN 和 SAGM-APD 的论述中谈到。而载流子在完成倍增过程中所需的时间和渡越时间均与载流子的离化率有关。倍增因子越高，意味着由倍增所产生的电子-空穴对数越多，则电子被 N 区收集、空穴被 P$^+$ 区收集所需的时间越长。由于电子和空穴的漂移速度不同，因而它们对光脉冲的响应是不对称的，表现在主要由电子所决定的上升时间较短，而主要由空穴所决定的下降时间较长。

如果倍增是由离化率高的一种载流子首先开始，增益 M 由 1 开始增加，每个光生载流子在高场区的单次渡越中倍增，则响应时间 τ_{tr} 为载流子在低场区的渡越时间 τ_T 和高场区的渡越时间 τ_0 之和。然而当增益 $M > 1/NK'$（N 为随 K' 慢变化的数，$0.3 < N < 2$，K' 为电子与空穴的离化率之比）时，另一种离化率小的载流子开始电离倍增。对于某一增益值，在高场区所需渡越的平均次数为 MNK'，响应时间将按照这一平均渡越次数加长。为了反映出在 APD 中增益与响应速度相互制约的关系，常用前面已提到的增益-带宽积来综合评价高频下 APD 的性能。设 τ_{eff} 为有效载流子渡越时间，则雪崩建立的时间为 $MNK'\tau_0 = M\tau_{eff}$。因此，频率为 ω 的调制光在 APD 中得到的增益为[21]

$$M(\omega) = \frac{M_0}{[1 + (M_0\tau_{eff}\omega)^2]^{1/2}} \tag{9.5-7}$$

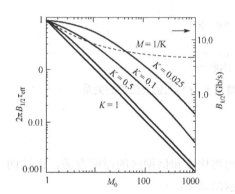

图 9.5-14 APD 归一化带宽 $B_{1/2}$ 与直流增益 M_0 的关系，右边的纵坐标是 $\tau_{eff} = 30$ ps 时的 $B_{1/2}$[21]

式中，M_0 为直流光电流增益，在增益-带宽积限制下的有效 3dB 带宽半宽为[21]

$$(BW_{eff})_{1/2} = \frac{1}{2\pi M_0\tau_{eff}} \tag{9.5-8}$$

由式（9.5-8）可以看出，APD 的增益-带宽积是由有效载流子渡越时间 τ_{eff} 决定的。图 9.5-14 表示了不同 K 值下 APD 的归一化的 3dB 带宽与直流增益 M_0 的关系[21]。Si-APD 的 $K = 0.02$，即，电子与空穴的离化率相差很大，由图可知，Si-APD 可实现比较大的增益-带宽积，可以达到 200 GHz。而 Ge 的 K 值为 0.5～1，III-V 族半导体化合物 InGaAs 的 K 值为 0.52～0.59，因而它们的增益-带宽积较低。

9.5.5 低电压工作的 APD

低的工作电压对于简化 APD 偏置电路、扩展其应用领域、节能降耗等方面具有重要意义。另外，与 CMOS 工艺兼容的硅、锗（Ge）APD 也要求在低电压工作。

采用薄的倍增层可以减小工作电压，因为它可以使得 APD 在较小的反偏电压就达到临界电场强度，不仅可以降低 APD 的工作电压，还可以减少雪崩建立时间，减少载流子碰撞电离的路程偏差，由此增大 APD 的增益-带宽乘积、降低雪崩倍增噪声。但要注意的是，倍增层的厚度不能太薄，必须折中选取；否则在高电场强度下，隧道穿透效应加剧会导致暗电流急剧上升，由此劣化探测器的噪声特性和灵敏度。

此外，还可以通过优化电极、优化掺杂浓度分布等手段来优化电场强度分布，使得高场强分布在极薄的区域内，这样工作在较低电压下的 APD 在获得大雪崩倍增的同时还可以压抑暗电流和雪崩过剩噪声的急剧增长。

图 9.5-15(a)和(b)给出了一个工作波长为 1310 nm 的锗波导 APD 的结构示意及其截面结构[22]，它采用了垂直的 PIN 结构，倍增区 Ge 层厚度 $T = 185$ nm。这种异质 Ge/Si 垂直型的

PIN 结构在 3V 反偏电压下就可以获得很强的非均匀分布电场，强电场主要集中在 Ge 层下部 100 nm 以内的区域。图 9.5-15(c)给出了 3V 反偏电压下 Ge 层厚度 T=185 nm、285 nm 和 385 nm 时的电场分布，可见 Ge 层厚度越小，Ge 层内的场强越大。对 T=185 nm 的 APD，3V 时 Ge/Si 界面的场强高达 $5.2×10^5$ V/cm。该 APD 在 5V 时的增益-带宽积为 140 GHz，可接收调制速率 25Gb/s 的光信号。

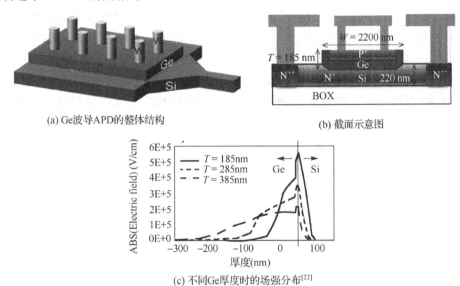

(a) Ge波导APD的整体结构　　　　　　(b) 截面示意图

(c) 不同Ge厚度时的场强分布[22]

图 9.5-15　(a) Ge 波导 APD 的整体结构；(b) 截面示意图；(c)不同 Ge 厚度时的场强分布[22]

9.6　量子阱光探测器

第 6 章所介绍的量子阱结构已在半导体激光器和光放大器中发挥了关键性作用。在半导体光探测器中利用量子阱的其他特点，可使光探测器性能得到改善或开拓新的应用领域。以下仅举三例。

9.6.1　量子阱雪崩倍增二极管[24]

在 9.5 节曾提到，如果 APD 中内部增益主要由离化系数大的一种载流子提供，则可以得到大的增益-带宽积。在电子注入增益区的情况下，如果增益小于电子与空穴的离化率之比，则带宽主要由载流子的渡越时间决定并基本上与增益无关。因此，大的增益-带宽积是在大的载流子离化率比值和很小的渡越时间条件下实现的。电子-空穴离化率之比也决定 APD 的最大增益与内部噪声性质，要想得到低的噪声，也要求电子与空穴的离化率差尽可能大。这一要求对Ⅲ-Ⅴ族化合物半导体来说，是难以在通常的 APD 结构中实现的。

为了人为地提高Ⅲ-Ⅴ族化合物半导体的电子-空穴离化率之比，有效的方法是采用量子阱超晶格结构选择性地对电子（而不对空穴）"加热"（即离化）。实验证明，利用量子阱结构能把电子-空穴离化率之比提高 8～10 倍。

图 9.6-1 表示在 PIN 光电二极管的本征区中具有超晶格量子阱的能带结构[24]。当有一定

初始动能的热电子进入超晶格量子阱（多量子阱）区时，它们突然增加能量 ΔE_c（宽带隙与窄带隙材料的导带能量差）。因此电子的离化阈值从 ΔE_{th} 减少到 $\Delta E_{th} - \Delta E_c$，相应的空穴离化阈值减少到 $\Delta E_{th} - \Delta E_v$。因为离化速率与离化阈值呈指数相关，这就大大地增加了电子与空穴的离化速率。因为在一般 Ⅲ - Ⅴ 族化合物半导体中 $\Delta E_c \gg \Delta E_v$，例如对常用的 GaAlAs/GaAs，$\Delta E_c = 0.85 E_g$，$\Delta E_v = 0.15 E_g$，因此用量子阱 GaAlAs/GaAs-APD 可使 $\alpha / \beta > 7$。

量子阱 APD 性能的进一步改善可以通过使用前面所述的线性渐变带隙和突变台阶的锯齿状能带结构的量子阱结构来实现。图 9.6-2(a)和(b)分别表示零偏压和反向偏压的情况[24]。当加上反向偏压后，由图 9.6-2(b)可以看出，电子在每一台阶处相对于空穴产生择优的和明显的离化。所产生的倍增过程不再是随机的，从而得到几乎无倍增时的噪声。这种渐变带隙量子阱 APD 很相似于固态光倍增管，能带上的台阶相应于光倍增管的二次发射极（打拿极）。

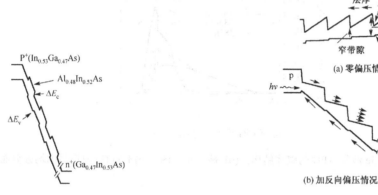

图 9.6-1 PIN 的本征区采用多量子阱结构的能带图   图 9.6-2 PIN 本征层采取渐变带隙多量子阱结构能带图

9.6.2 基于量子阱子能级跃迁的中/远红外探测器[25]

前面所介绍的半导体光探测器都是基于图 9.1-1 所列举的一些常用的半导体材料，并通过带间跃迁产生光吸收，适合于光纤通信或光互连的应用。然而，中红外和远红外波段的光探测器在跟踪、遥感等方面的应用在军事上有着特殊的地位。长期以来这些波段的光探测器一直由 HgCdTe 红外探测器所主宰，其缺点是成本高、需制冷至低温因而功耗大。基于量子阱导带子能级之间光吸收跃迁的红外光探测器具有低噪声、低成本和低功耗（虽然也需致冷，但致冷功率相对较低）的特点，不但在军用而且在大气测污、环境监控、资源探测等民用方面也将有广阔的应用前景。

图 9.6-3 给出了一种通常易于实现晶格匹配的 GaAs（阱）/$Al_xGa_{1-x}As$（垒）多量子阱结构，周期数为 20～50，阱层是厚度为 50～70Å 的 n 型（掺杂浓度达 $10^{18}/cm^3$）GaAs，垒层是厚度为 300～500Å 的非掺杂 $Al_xGa_{1-x}As$ 垒层。在外电场作用下整个能带发生倾斜，处在导带能谷的电子在光子作用下可以通过基态子能级和激励态子能级间跃迁逸出势垒或超连续的跃迁越过势垒形成光电流，分别如图 9.6-3(a)和 9.6-3(b)所示。控制阱宽和改变 Al 含量调节势垒的高度，可探测到波长为 6～20μm 的红外光，甚至响应到 35μm 波长。

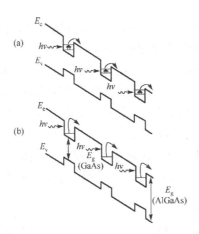

图 9.6-3 多量子阱红外探测器能带(a) 在光子激励下电子在基态子能级和激励态子
能级跃迁后越过势垒；(b) 在光子激励下电子准连续跃迁后越过势垒

这种基于导带子能级间跃迁的红外探测器的峰值响应波长由导带子能级之间的能量间隔确定。与带间跃迁光探测器相比，这种发生在子带间跃迁的光探测器的响应谱由子能级之间的谐振吸收而变得陡而窄，图 9.6-3 所示探测器的吸收谱宽$\Delta\lambda$与峰值波长λ之比（$\Delta\lambda/\lambda$）为10%左右；而对于吸收发生在基态子能级与势垒之上较宽的超连续带之间的情况，$\Delta\lambda/\lambda$可达24%。窄的响应谱宽能针对大气中某些有害气体的特征谱进行有效监测。量子阱红外探测器的量子效率为

$$\eta = (1-R_F)\left[1-\exp(-N_P \alpha N_w L_w)\right] E_p P \tag{9.6-1}$$

式中，R_F 为入射面的反射率，α为吸收系数；因光不是均匀地通过整个结构，故以 N_p 表示光程数，N_w 为量子阱数，L_w 为阱宽，E_p 为与量子阱内偏置电场相关的因子，P 为偏振相关因子。

这种量子阱红外探测器主要的噪声是散粒噪声。虽在工作电压下热引起的噪声并不明显，且有噪声稳定性（即很低的 $1/f$ 噪声），但为了减少暗电流影响，必须使探测器工作在低温。

基于同样的机理，采用量子点结构材料，由于量子点对载流子具有更好的限制作用，可望获得更能精确控制的光谱响应和更好的噪声特性。图 9.6-4(a)和 9.6-4(b)分别表示光电流垂直于量子点层平面和平行于量子点层平面的情况。

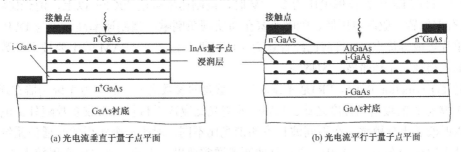

(a) 光电流垂直于量子点平面　　　　(b) 光电流平行于量子点平面

图 9.6-4　基于量子点材料的红外探测器

9.6.3　基于量子限制斯塔克效应的电吸收调制器

由 6.2.3 小节关于量子阱中激子效应可知，与体材料的情况不同，由于量子阱中库仑相

互作用的增强，激子的束缚能增加，在室温下就能观察和利用激子的谐振吸收效应。静电场对量子阱中激子的作用产生所谓的量子限制斯塔克（QCSE）效应，表现为当引入垂直于量子阱层的电场 E（通过外加电压 V 引入）时，直接带隙吸收边附近的吸收系数随之发生显著变化，如图 6.2-5 所示。未加电压（$V = 0$）时量子阱材料具有尖锐的激子吸收峰；而施加反偏电压后，在垂直于量子阱层的电场作用下，吸收边发生红移且吸收峰展宽，施加电压前后吸收谱的变化如图 9.6-5（a）所示。如果选择带边附近短波长一侧的某一波长作为其工作波长，则该波长光波的传输损耗将随外加电压变化，因此可以实现光强度的调制，如图 9.6-5（b）所示。这种基于量子限制斯塔克效应的电吸收调制器（EAM）是现代光通信系统中最为重要的光学器件之一。

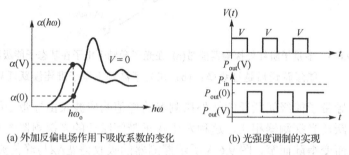

(a) 外加反偏电场作用下吸收系数的变化　　　(b) 光强度调制的实现

图 9.6-5　基于量子限制斯塔克效应的电吸收调制器的工作原理

　　需要说明的是，在半导体体材料中，由于外电场造成的能带倾斜，价带电子通过隧穿跃迁到导带的几率大大增加，有效带隙减少，使得吸收边红移，称为 Franz-Keldysh 效应。这种效应也可以用来制作电吸收调制器，但由于体材料的抛物线型态密度，使得体材料 EAM 具有吸收系数小且随电压变化缓慢、调制电压高、消光比低等缺点，因此并未得到广泛的应用。下文所提到的 EAM 均指量子阱电吸收调制器。

　　EAM 也是一种 p-i-n 型半导体器件，其基本层次结构与半导体激光器和光探测器相似，i 层为有源层，一般由多个量子阱构成。EAM 有源吸收层的带隙大于调制光波的光子能量，以保证在无外加电压的情况下光场透明传输；而施加反向电压时，光场由于被吸收而损耗掉。所施加的反向电压有利于将光生载流子扫出吸收区，从而避免吸收发生饱和，这与 PIN 光探测器的工作方式类似，因此也有一些特殊的应用中将 EAM 不仅作为光调制器也作为光探测器来用[26]。目前 EAM 在反偏电压为 2～3V 时，调制速率可达 40Gb/s 以上，消光比>15dB。EAM 具有零偏置、驱动电压低、啁啾小甚至可实现负啁啾、调制速率高、可与 DFB 激光器等进行单片集成等优点，是目前已经普遍商用的光调制器之一。EAM 的主要技术参数包括消光比、插入损耗、工作带宽、啁啾等。

　　消光比(Extinction Ratio, ER)是光调制器最重要的参数之一，定义为光调制器在通（on）、断（off）状态时的输出光强度之比。EAM 的消光比取决于材料的吸收系数随外加电压的变化，对入射波长十分敏感，在不同波长下的消光比不同。对于一个实用的光通信系统来说，所需的消光比至少在 10～15 dB 左右，且调制器通常要以很小的调制电压实现较大的消光比。EAM 在外加电场强度相同时，入射光的波长越小，消光比越大，但同时插入损耗也相应的增加。对于同一波长，当电场强度增加时，由于有多个吸收峰依次共同通过工作波长，消光比先达到极大值后又减小。可以通过增加器件长度来实现大的消光比，但这样同时也会增大插入损耗。

EAM 的插入损耗一般较大，通常在 15～20dB/mm 范围内。损耗的主要来源是自由载流子吸收(尤其是 p 层内)和带内吸收。带内吸收可以通过增大工作波长与吸收峰值波长的距离来减小，典型的偏离值为 20～50nm，但这样会造成调制消光比的降低。

EAM 的等效电路如图 9.6-6 所示，其中 C_M 为结电容，R_M 为串联电阻，R_p 代表 EAM 等效光生电流源的等效电阻，R_s 为驱动电路的等效电阻，R_L 为负载电阻。R_p 一般很大，故可视为开路，这时 EAM 的调制带宽 BW 可近似由下式给出[27]

$$BW = \frac{1}{2\pi \left(R_M + \left(\frac{1}{R_s} + \frac{1}{R_L} \right)^{-1} \right) C_M} \qquad (9.6\text{-}2)$$

式（9.6-2）表明：EAM 调制带宽受限于其等效电路的 RC 时间常数，由于缩小器件尺寸可以减小结电容 C_M，因此可以提高 EAM 的调制带宽。通常，对于一个 2.5 μm 宽、150 μm 长的 EAM 器件，其电容大约 0.33pF，这对于一个阻抗匹配的 20GHz 带宽的调制器是足够的，目前电学 3dB 带宽达 40~60GHz 的调制器已见报道。由于调制带宽要求器件尺寸较短，而器件越短其消光比越低，工作电压越高。因此电吸收调制器中调制效率（单位电压产生的消光比）与调制带宽是一对矛盾。

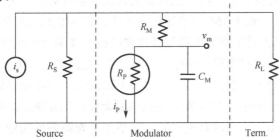

图 9.6-6　EAM 的等效电路模型

EAM 实现幅度调制的同时也会伴随着相位调制，这是由 Kramers－Kronig 关系决定的。Kramers－Kronig 关系告诉我们任何吸收系数的改变都会导致折射率的变化：

$$\Delta n(\omega) = \frac{c}{\pi} P \int_0^\infty \frac{\Delta\alpha(\omega')}{\omega'^2 - \omega^2} d\omega' \qquad (9.6\text{-}3)$$

式中，P 表示柯西主值积分；$\Delta\alpha$ 和 Δn 分别为吸收系数和折射率的变化；ω 和 ω' 为电磁波的频率。在调制的过程中 EAM 的吸收系数随时间变化，因此折射率也随时间变化，从而光波的相位也随时间而变化，于是在信号的上升沿与下降沿产生动态的频率啁啾

$$\Delta\omega = \frac{d\Delta\phi}{dt} = \frac{2\pi L}{\lambda} \cdot \frac{d\Delta n}{dt} \qquad (9.6\text{-}4)$$

式中，$\Delta\phi$ 为折射率变化 Δn 时产生的相位变化，L 为器件的长度，λ 为工作波长。为了对调制器的啁啾特性做进一步的分析，引入复折射率 N_i，则 $\Delta N_i = \Delta n + j\frac{\lambda}{4\pi}\Delta\alpha$。EAM 的线宽加强因子可由复折射率实部和虚部的变化给出，考虑到复折射率实部和虚部的变化均由载流子浓度 N 的变化引起，因此线宽加强因子可以表示为

$$\alpha_H = \frac{4\pi}{\lambda} \frac{\Delta n}{\Delta \alpha} = \frac{4\pi}{\lambda} \frac{dn/dN}{d\alpha/dN} \qquad (9.6\text{-}5)$$

引入线宽加强因子后，动态频率啁啾可以进一步表示为：

$$\Delta\omega = \frac{\alpha_{\mathrm{H}}}{2S}\frac{dS}{dt} \tag{9.6-6}$$

其中 S 为 EAM 输出调制信号的光子数密度。EAM 的啁啾一般比较小，且可以通过在有源区引入应变量子阱来调节线宽加强因子，从而在一定程度上控制啁啾的大小和符号。另外在工作于较高的反向偏置时，EAM 也会引入负啁啾，这是由于有源区的光生载流子浓度的增加会导致折射率减小，反向偏置时产生的载流子很快被迁移走，即无吸收饱和，在电场的作用下吸收系数增加，因此线宽增强因子将为负值。调制信号如果有负的斜率（对应于脉冲后沿），将产生正的频率啁啾（$\Delta\omega > 0$）；而调制信号如果有正的斜率（对应于脉冲前沿），将产生负的频率啁啾（$\Delta\omega < 0$），即脉冲前沿产生负啁啾，后沿产生正啁啾。这种啁啾对于 1550nm 波段的光波在普通单模光纤光纤中（反常色散区）的传输反而是有利的。

EAM 与半导体激光器可方便地在同一芯片上进行集成，以减少插入损耗，如图 9.6-7 所示。半导体光放大器也可与 EAM 和半导体激光器在同一芯片上进行集成，以补偿 EAM 的传输损耗。1999 年，10Gb/s 集成 EAM 的光发射机已商业化；2001 年，集成的 EAM 光调制器的带宽已超过 50GHz。EAM 与半导体激光器的单片集成涉及两种不同材料在同一衬底上的外延生长，以及 EAM 的吸收边如何与激光器的光波长精确对准，另外还需要解决集成器件的电串扰和光串扰问题。一般 EAM 与半导体激光器、半导体光放大器的之间应设置大于 800 Ω 的电学隔离，否则任何从调制器的电极至激光器电极的泄漏将引起激光器直流偏置的变化。这些变化将导致激光器波长的漂移与啁啾的产生。这一电隔离对于频率为 40GHz 的微波信号而言尤为困难。光串扰则主要来自于输出端面的剩余反射。当调制器处于"on"状态时（吸收系数小，调制器对光波透明），激光器才受到该剩余反射的影响。结果造成激光器增益与输出光波长在"on"和"off"状态时有所不同，这增加了光源额外的频率啁啾。研究表明当集成器件的端面剩余反射率降低至 0.01% 时，光串扰能达到有效的抑制。

EAM 调制器不仅能采用 III-V 族的 InGaAsP 材料实现，也可以采用 IV 族的 Ge 材料实现。据报道 Si 衬底上生长的 Ge 电吸收调制器的调制带宽可达 50GHz，工作波长 1610nm，插入损耗 5.5dB，2V 的调制电压下消光比达到 3.3dB[28]。

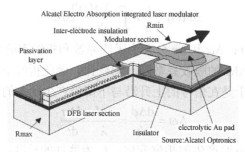

图 9.6-7　EAM 与半导体激光器的集成

思考与习题

1. 在半导体中，有哪些引起光吸收的机制？每种光吸收的机理是什么？

2．叙述半导体光电探测器的基本工作原理，它有哪些突出的特点？

3．直接带隙跃迁、间接带隙跃迁、允许跃迁与禁戒跃迁在物理概念上有哪些区别？

4．如果对 PIN 光电探测器加上反向偏压，对探测器性能将产生哪些影响？

5．半导体雪崩二极管与 PIN 在工作原理和性能上有什么不同？

6．电子与空穴的离化率之比对 APD 性能产生哪些影响？

7．影响 PIN 和 APD 对光脉冲响应速度的因素有哪些？

8．简述 APD 实现低电压工作的意义和方法。

9．什么叫过剩噪声？为什么过剩噪声因子能说明这种噪声的大小？

10．SAM-APD 与 SAGM-APD 在结构和性能上有哪些特点和差别？

11．量子阱半导体材料的光探测器有些什么特殊应用？

12．半导体量子阱 EAM 的基本工作原理是什么？试分析影响其频率啁啾特性和调制带宽的可能因素。

参 考 文 献

[1] Jacques I. Pankove，Optical Processes in Semiconductors, Prentice-Hall. Inc. 1971, pp. 34～36.

[2] T. S. Moss et al. Semiconductor Opto-electronics, Butterworth & Co. (publishers) Ltd, 1973, pp. 55～62.

[3] R. A. Smith. Semiconductors, second edition, Cambridge University Press, 1978, pp. 309～314.

[4] R. A. Smith. Wave Mechanics of Crystalline Solid, second edition, §113.5.2.

[5] 同[2], p. 67.

[6] 白藤纯嗣著, 黄振岗，王茂增译. 半导体物理基础. 高等教育出版社, 1982, pp. 282～288.

[7] 同[2], pp. 71～74.

[8] 同[3], p. 331.

[9] H. Y. Fan, Semiconductors and, Semimetals, Academic Press, 1967, 3, p. 406.

[10] 同[3]. pp. 294～300.

[11] S. Y. Yuen. Fast Relaxing Absorptive Nonlinear Refraction in Superlattices, Appl. Phys. Lett. , 1983, 43(9): 813～815.

[12] L. C. West, S. J. Eglash. First Observation of an Extremely Large-dipole Infrared Transition within the Conduction Band of a GaAs Quantum Well. Appl. Phys. Lett. , 1985, 46: 1156.

[13] 同[2]. pp. 90～94.

[14] H. Kressel. Semiconductor Devices for Optical Communication, Springer-Verlag Berlin Heidelberg, New York, 1982, pp. 63～85.

[15] H. Kressel. Fundamentals of Optical Fiber Communications, Academic Press, New York, 1981, pp. 257～274.

[16] 黄德修，刘德明，樊承钧. 两层介质减反膜及其在半导体光电器件中的应用. 光学学报, 1987, 7(11): 1036～1040.

[17] John E. Bowers and Charles A. Burrus. Ultrawide-Band Long-Wavelength p-i-n Photodetectors, J. of Lightwave Technology, 1987, 5(10): 1339～1349.

[18] John C. Gammel, Hideo Ohno, and Joseph M. Ballantyne. High-Speed Photoconductive Detectors Using GaA1As. IEEE J. of Quantum Electron. , 1981, 17(2): 269～272.

[19] 黄德修，R. A. 艾里奥，J. C. 约翰逊. Ⅲ-Ⅴ族半导体光导开关. 华中工学院学报, 1984, 12(3): 93～97.

[20] [美]S. E. 米勒等著，白其章等译. 光纤通信.人民邮电出版社, 1984, pp. 267～300.

[21] Mike Brain and Tien-Pei Lee. Optical Receivers for Lightwave Communication Systems, J. of Lightwave Technology, 1985, 3(6): 1281～1300.

[22] H. T. Chen, J. Verbist, P. Verheyen, P. De Heyn, G. Lepage, J. De Coster, P.Absil, B. Moeneclaey, X. Yin, J. Bauwelinck, J. Van Campenhout, and G. Roelkens. Sub-5V Germanium Waveguide Avalanche Photodiode based 25 Gb/s 1310 nm Optical Receiver. 2015 Asia Communications and Photonics Conference (ACP), AM1B.4.

[23] Richard W. Dixon and Niloy K. Dutta. Lightwave Devices Technology, AT & T Technology Journal, 1987, 66(1): 78～79.

[24] K. F. Brennan, Comparison of Multiquantum Well, Graded Barrier, and Doped Quantum Well GaInAs/ AlInAs Avalanche Photodiode, IEEE J of Quantum Electronics, 1987, 23(8):1273～1282.

[25] Träger, Springer Handbook of Lasers and Optics, Chapter 9, 2007.

[26] L. D. Westbrook and D. G. Moodie, Simultaneous bi-directional analogue fibre-optic transmission using an electroabsorption modulator, Electronics Letters, 1996, 32(19): 1806～1807.

[27] Achyut K. Dutta, Niloy K. Dutta, Masahiko Fujiwara, WDM technologies: active optical components, chapter 7, 2002.

[28] S. A. Srinivasan, M. Pantouvaki and S. Gupta et al., 56 Gb/s Germanium Waveguide Electro-Absorption Modulator, Journal of Lightwave Technology, 2016, 34(2): 419～424.

第 10 章　半导体光电子器件集成

10.1　概　　述

光子集成回路（Photonic Integrated Circuit, PIC）和光电子集成回路（Optoelectronic Integrated Circuit, OEIC）以及它们的简称"光子集成"和"光电子集成"已成为光电子科学与技术领域如雷贯耳却又令人望而生畏的两个名词，充分体现了发展 PIC 或 OEIC 的重要性和紧迫性，又反映出实现 PIC 或 OEIC 的难度所在。

10.1.1　集成电路的启示

1947 年 12 月 6 日，美国贝尔实验室的巴丁（John Bardeen）等人研究出世界上第一个点接触晶体管，并证明了其对电信号的放大。在此基础上研究出的 npn 双极晶体管更具实用价值。1952 年英国皇家雷达研究所的渡墨（Dummer. G. W. A）在美国工程师协会第二次会议上提出："可以想象，随着晶体管和一般半导体工业的发展，可以在由绝缘体、导体、整流、放大等材料层构成的固体层上实现电子设备。"这应是隐含着后来出现的集成电路的概念。1959 年美国仙童公司发明了平面工艺，通过扩散工艺在硅基上形成双极晶体管和 pn 结隔离，并提出集成电路概念。1961 年该公司制成一种数字集成电路的触发器。平面工艺是通过对材料的处理（如扩散）实现多种器件的功能和器件之间的连接，最终实现一个集成功能的模块。可以确切地说，平面工艺成就了集成电路和它的规模化。以后出现的单极型场效应晶体管和进一步开发的金属-氧化物-半导体场效应晶体管（MOSFET）更使集成电路在集成度、功耗、尺寸和速率等方面不断更新换代。至今仍沿用 1965 年仙童公司所总结的集成度每年翻一番的所谓摩尔（Moore）定律和 1974 年 IBM 公司的丹纳德（R.H.Dannand）所总结的规律：MOS 晶体管相关尺寸（特征尺寸）缩小 K^2 倍则速度可提高 K 倍，功耗降低 K^2 倍。

平面工艺成就了集成电路，而集成电路以其缩尺效应在增强功能的同时降低了功耗，提高了可靠性，成就了一个微电子时代，已成为信息社会的基石。

10.1.2　PIC 和 OEIC 出现的逻辑推理

稍做归纳就不难发现，电子与光子是一对在性质上具有明显并行性和互补性的微观粒子[1]。并行性表现在它们具有一些相似的或相互对应的一些特点，如表 10.1-1 所示。例如，电子与光子都是兼有波动性与粒子性的微观粒子；电子与光子分别服从费米-狄拉克统计分布和玻色-爱因斯坦统计分布；电子有两个相反的自旋方向，而光子有两个相互正交的偏振方向；电子在半导体晶体的周期场中作公有化运动形成能带和带隙，而人造的光子晶体也使光子在周期场中运动形成光子带隙；在光子学中也可找到许多与电子学器件功能相对应的器件，如光隔离器与半导体二极管对应、光衰减器与电阻器对应等，还有一些功能器件名称只是冠以"电"或"光"以示区别，如电（或光）调制器，电（或光）放大器等。更有甚者，在光子学最初的定义中更是直白的表述：和电子学类似，光子学是描述光子在信息传播中的应用，诸如光子束的产生、波导、偏振、调制、放大、成像处理、存储和探测的科学。关于这种并行性的例子不一一列举。电子与光子的互补性表现在它们之间可以相互转换，在光发射器件中表现为电子转变为光子，而在光探测器中光子又可转变为电子；在光纤通信系统中传输容量的提高是在电时分复用（ETDM）的基础上优势互补地采用多种光的复用（如光波分复用、光时分复用、光偏振复用）来实现的，等等。

表 10.1-1 电子与光子的一些特点比较

特点	电子	光子
静止质量	m_0	0
运动质量	m_e	hv/c^2
波粒二象性	是	是
传播特性	不能在自由空间传播	能在自由空间传播
真空中传播速度	小于光速 c	等于光速 c
时间特性	时间不可逆性	一定的类时间可逆性
空间特性	高度的空间局域性	无空间局域性
服从的统计特性	费米-狄拉克统计	玻色-爱因斯坦统计
粒子特性	费米子	玻色子
电　荷	$-e$	0
取向特性	两个自旋方向	两个偏振方向

从光子与电子的并行性推理，电子集成电路的出现，很自然想到光子集成应紧随其后出现；从两者的互补性分析，光子与电子寓居在同一芯片上的光电子集成也应成为可能。

10.1.3 PIC 和 OEIC 的发展

1968 年夏伯（Shubert）和哈里斯（Harris）提出利用薄膜上的光学表面制作集成的数据处理器[2]的设想。类似于现在的声表面波器件或表面等离子波器件那样，通过薄膜波导产生器件和模块功能。薄膜波导已被证明是 PIC 或 OEIC 的基本结构形式。

1969 年美国贝尔实验室的米勒（S. E. Miller）明确提出"集成光学"的概念[3]，其意指通过光刻技术，将激光器、调制器和其他相关光学器件构建一个复杂但小型化的光学回路，从而有利于隔离热、机械和声等环境因素的影响，同时也实现低成本。很显然，米勒所提出的集成光学概念隐含了借助半导体集成电路中通过光刻和对材料处理形成所需器件和它们之间的连接的平面工艺，也和集成电路一样实现低成本、低功耗和高可靠的集成功能组件。更具体地说，集成光学器件和它们之间的连接应为平面波导型。

在 20 世纪 70 年代初，美国亚里夫（A. Yariv）提出有源集成光学（Active Integrated Optics），并对所用的材料提出了要求，诸如在可见光到近红外波段要有好的透明性和光学质量，易于与电子电路形成接口；所用材料能产生光子或能对光子探测；材料要有好的电-光和光弹特性以便能对光子产生调制和开关功能；材料应适合加工成薄膜波导，并指出 GaAs 和相关的半导体合金材料如 $Ga_{1-x}AlAs$ 和 $GaAs_{1-x}P$ 是可选用的材料[4]。

1978 年出现在半绝缘衬底上用液相外延实现 $Ga_{1-x}AlAs/GaAs$ 半导体激光器和耿氏（Gunn）二极管单片集成，如图 10.1-1 所示[5]。这虽还不能言及集成度，但却是最早出现的真正意义上的光子器件与电子器件的单片集成（OEIC）。随后相继研究出光纤通信所需的将 GaAlAs/GaAs 半导体激光器和用来驱动它的场效应晶体管单片集成、PIN 光探测器与用来放大其电信号的场效应晶体管（FET）的单片集成，并在 20 世纪 80 年代获得广泛应用。

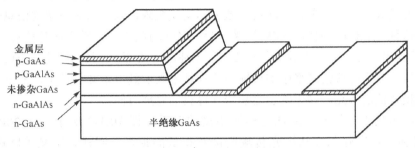

金属层
p-GaAs
p-GaAlAs
未掺杂GaAs
n-GaAlAs
n-GaAs
半绝缘GaAs

图 10.1-1　微波耿氏二极管与半导体激光器单片集成

1991 年又出现一个新名词——光子集成回路（PIC）[6]。PIC 所侧重的是基于半导体材料的单片集成（通常将"回路"省去）[7]。然而，时至今日，再来讨论"集成光学"、"光电子集成"和"光子集成"这几个名词的定义或界定似乎无多大意义。集成光学已演变成现在的光子集成或光电子集成。即使是将光子器件和互连光波导单片集成在一起的所谓光子集成也不可避免地有输入或输出电路、互连电路和控制电路的参与，而将光子器件与电子器件单片集成在一起的所谓光电子集成更是不在言中，甚至是利用在微电子中广泛应用、低成本的硅作衬底制作基于不同材料的光电子器件的混合集成，其在降低成本、提高可靠性方面仍然有重要意义。因此要"不拘一格"、不拘集成规模地发展光子集成或光电子集成以实现"集成"的初衷。

10.1.4　应用需求对 PIC 和 OEIC 的强力拉动

时至今日，在信息领域降低单位比特的成本和单位比特的能耗（"绿色通信"）已成当务之急，对光子集成和光电子集成的期盼比以往任何时候都来得迫切。例如：

（1）作为整个信息网络核心的光纤通信网络，其骨干网传输容量几乎每 10 年增加 1000倍，目前正在由 Tb/s 向 Pb/s 量级发展。这是基于微电子集成的电时分复用（ETDM）和光波分复用（WDM）（也可理解为数量众多的不同波长在同一石英光纤内的功能集成）以及正在开发的光时分复用（OTDM）和光偏振复用（PDM）共同作用的结果。长期以来，信息网络重要组成部分的节点上的信息交换一直是由基于微电子学的光-电-光方式的交换或电子路由器来承担，并为此作出了重大贡献。然而，随着骨干网传输容量的不断增加，网络节点的交换容量却日益失配于传输容量，如图 10.1-2 所示。况且，随着电子路由器容量的增加，其功耗、体积等方面都达到了难以容忍的程度。例如，2007 年由美国思科公司提供的 CRS-1 超大容量电子路由器，交换容量为 92.16Tb/s，但其功耗达 1MW，体积为 104m^3，重量为 58 吨。因此，人们一直在寻求直接光子路由和光交换的解决方案，但这必须以光子集成或光电子集成为前提。

（2）随着云计算、军事应用、气象和减灾等方面的需求的不断扩大，超大容量高性能计算机也快速发展。和光通信网络容量约每 10 年提高 1000 倍一样，高性能电子计算机的计算能力也在依每 10 年提高 1000 倍的规律发展。我国研制出国际领先的天河一号（L 级计算机）峰值性能达 4.7 千万亿次/秒。巨型计算机可设想为一个浓缩的大型通信网络，其包括微处理内部（片内）的通信（通信距离：～1cm）、板上片间通信（数 cm）、板之间通信（1～5m）、机柜（系统）之间通信（5～300m）。超级计算机可包含数以百万计的 CPU 和近万个超计算节点，还有容量大（32×32 或 64×64 端口数）的交换矩阵，以寻求无阻塞的信息交换和高的计算速度。这种计算机的功耗达 MW 量级。为了降低功耗和减少通信延迟时间，早在 20 世纪 80 年代就提出光互连，包括用光学方法实现上述芯片内部、片间、背板间和机柜间的互连以及信息交换。将光纤通信网络中的传输与交换技术映射到电子计算机中，充分利用光的传输速度快和损耗低的特点，这无疑也是超级计算机的发展方向。

理论上，用光或电传输的损耗与传输距离的关系如图 10.1-3 所示。在 200μm 以内，用电传输有利；超出此范围利用光传输则能获得低的损耗。同样，用光子路由或光交换有利于提高运算速度和降低功耗。作为光互连和光纤通信网络，同样需要小型化半导体激光器、调制器、快速光开关矩阵、光探测器、波分复用/解复用器等光电子器件的参与，使功耗降低至 fJ/bit 量级。显然，没有光子集成或光电子集成是不可能实现计算机的提速和降耗的。

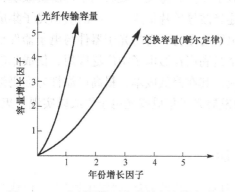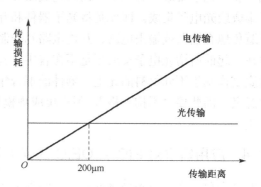

图 10.1-2　光纤通信网络传输与交换容量失配　　图 10.1-3　光或电传输损耗与传输距离的关系

（3）除了光纤通信和高性能计算机外，航空、航天等要求小体积、重量轻、低功耗和高可靠的光子功能器件或系统同样对光子集成或光电子集成有强烈需求。

10.2　发展 PIC 和 OEIC 的困难与启示

10.2.1　制约 PIC 和 OEIC 发展的因素

相比集成电路，PIC 或 OEIC 的进展缓慢得多。以集成度或单个芯片上集成器件数量而言，电子集成的集成度仍在依摩尔定律发展，现在是 1 年半到 2 年翻一番。Intel 公司的 SRAM 的集成度已达 20 亿个晶体管集成/芯片，而与 2009 年美国加州大学 Santa Barbara 分校所研制出令人振奋的单片集成光路由器集成了 200 多个功能器件相比，其集成度竟相差 10^7。图 10.2-1 给出 CMOS 集成电路与光子集成（PIC）两者集成度的比较[8]。

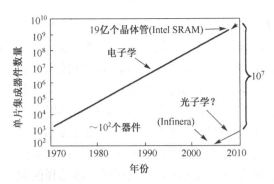

图 10.2-1　CMOS IC 与 PIC 集成度比较

两者在集成度的巨大悬殊，客观地反映出光子集成的难度：

（1）集成电路单元所含电子元件种类较少（如电阻、电容、CMOS 晶体管、隔离二极管等），而一个光子功能块中需包含光子功能器件的品种要多得多，以上述光子路由器为例，含有光延时线、光衰减器、不同性能的光放大器、相移器、激光器、列阵波导光栅、光波导等。在其他一些应用中还可能包括光隔离器、光环行器、光分扦复用器、波分复用/解复用器、光探测器、光开关，等等。

（2）不像集成电路那样能在硅基上完成所有器件功能，光子集成中不同的光子器件往往是基于不同的原理和不同的材料，以不同的加工工艺来实现的；即使是同一种功能器件也同样可用不同材料、不同工艺来实现。以光开关为例，有机械光开关和 MEMS 开关、热光开关、电光开关、磁光开关、声光开关等；甚至某一光学器件中又含有一些光学元件。以光隔离器为例，其内含有光学非互易性的旋光材料、波片、分光晶体和耦合光纤等。

（3）不像集成电路那样能采用平面工艺，通过光刻对半导体不同部位进行处理就能实现不同器件并最终实现一个完整的电路功能。而如上所述，目前光子器件往往难以用平面工艺通过对材料的处理完成一个或多个器件功能。以最简单的半导体激光器与电吸收调制器的单片集成为例，由于半导体激光器的有源区与电吸收调制器的光吸收区的结构和材料组分不同，不能用完全相同的外延工艺来实现。

（4）集成电路中各器件的内部连接可通高浓度杂质扩散形成低阻电流通道，而光子集成中各器件的内部连接要用平面光波导，它是由高折射率材料层和上/下低折射率层组成的。光波导与所要对接的器件的作用区之间需折射率匹配，以防菲涅耳反射损耗；而且这种互连光波导不能像集成电路内部电路那样可呈直角布线，互连光波导只能呈"S"形（即意只能平滑过渡）否则将造成光的辐射损耗。

（5）集成电路与外电路是直接以金丝键合，而在 PIC 中与外部光波导（如光纤）之间是依靠模场匹配耦合的。"键合"与"耦合"这一字之差，所产生的损耗却差别甚大。金属的直接键合产生的接触电阻可忽略不计，而不同形状和不同折射率分布的光波导之间的模场耦合损耗却可能高达数 dB。

10.2.2　发展 PIC 和 OEIC 的某些启示

借鉴 CMOS 集成电路的成功实践和多年来对光子集成的一些探索，可以总结出进一步发展光子集成的技术要点。

（1）为了规模化集成光子器件，必须依靠以光刻技术为核心的平面工艺。唯有平面工艺才有可能在同一衬底的不同区域形成不同的器件功能或形成同一器件的列阵。微电子学中主要依靠所需掺杂向衬底内不同区域扩散形成不同器件或互连电学通道；光子器件则一般通过在衬底表面向上多层外延来实现器件功能。外延也是一种平面工艺。因此那些已有而非平面工艺得到的分立光子器件除非进行平面工艺改造，否则是难以集成的。

（2）实际表明，半导体材料是最适合实施平面工艺加工成光子集成回路的。这既是 CMOS 集成电路的成功之处，也为一些光子集成范例所证实[9]。这就需要不同功能器件有基本相同或相近的材料；有能兼容的材料生长工艺，通过掩模实施选择区域生长（SAG）以形成不同器件功能，通过互连光波导、光栅耦合等方法进行各器件间的互连实现一个预定功能的光子集成回路。这是一个材料选择、优化组合的复杂过程，也是内因与外因完美结合的过程。即要在高性能分立半导体光电子器件的基础上寻求它们之间集成并完成所需功能的可能性。以目前成熟的 Si、GaAs 和 InP 基半导体光电子器件为例，基于间接带隙跃迁的 Si，因发光量子效率太低从而功耗大是不能作光源材料参与集成。又如 GaAs、InP 基的半导体激光器中，VCSEL 结构适合集成为单片列阵模块在计算机光互连中获得应用，而且因 GaAs 基的 VCSEL 易作成高反射率的 DBR、成本较低，是应该首选的。

对上述思考的进一步说明，以在光纤通信光发射中有主要作用、基于多量子阱的 DFB 半导体激光器与电吸收调制器单片集成为例[9, 10]，这两种器件都能在 InP 衬底上生长多量子阱实现各自的高性能，但两者基于的原理不一。基于受激发射原理的激光器的发射波长主要由有源材料的带隙和器件结构确定，而电吸收（EA）调制器是利用吸收来自激光器的光子，在反向偏置量子阱材料中所产生较强的量子限制斯塔克效应来调制外来光信号。激光器与 EA 调制器在材料和工艺上基本上是兼容的，有集成的可能性。两者虽有大同，但仍存小异。激光器需在 MQW 材料上形成分布反馈布拉格光栅，而 EA 调制器需微调其带隙波长使之略小于激光器发射波长，以提高光吸收的量子效率。为此可用选择区域生长来实现个性上的差异。选择区域生长的优点在于能在不同所选定的区内微调材料参数（组分、应变和层厚等）以实现集成所需性能。如图 10.2-2 所示，激光器和 EA 调制器分别用晶格匹配和张应变 InGaAs/InGaAsP MQW，激光器阱层厚度为 5nm（荧光波长为 1.55μm），EA 区阱层厚 6.5nm（荧光波长为 1.5μm）。图中在激光器有源区和调制器吸收区两侧均用 Fe:InP 半绝缘电流阻挡层限制电流侧向扩展。两个区的多量子阱的平滑过渡保证了两个器件之间近 100%的耦合效率。

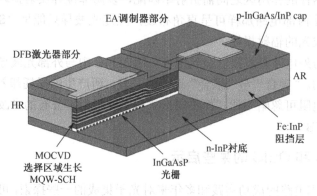

图 10.2-2　通过选择区域生长实现 DFB 激光器与 EA 调制器的单片集成

还可列举一些其他基于半导体光子集成的实例，诸如图 10.2-3 所示的单片集成 21 个波长的多波长激光器模块[9]、如第 7 章图 7.3-7 中提到的由两个 SOA 组成的马赫–曾德干涉仪（MZI）[11]用做全光信号再生（MZI 也可用做交叉相位调制的波长变换）、如图 10.2-4 所示的宽带波长选择激光器（其中单片集成有增益段、可调谐 DBR 腔镜、SOA、探测器和调制器等功能元件，可用来调谐出信道间隔为 50GHz 的 20 个波长）[11]。需特别指出的是，可调谐半导体激光器本身是由多个功能元（器）件的单片集成。近年来可调谐半导体激光器在结构和性能上都有大的提高。目前波长调谐范围可达 35nm 左右，这意味着同一种激光器通过调谐可给波长间隔为 0.8nm 的 40 个不同波长的波分复用（WDM）系统提供光源，这无疑能减少激光器的备份或库存，这对降低成本和提高系统可靠性保障都是有利的。

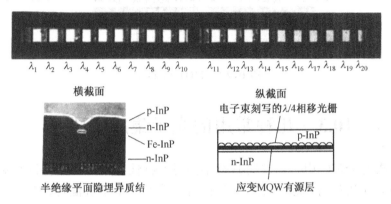

图 10.2-3　单片集成多波长激光器

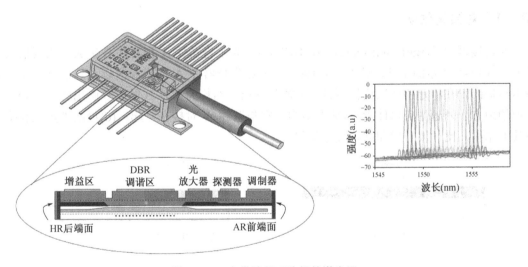

图 10.2-4　宽带波长可选择的激光器

半导体光放大器（SOA）在光子集成中将起着重要的作用。人们已对基于 SOA 的全光信号处理进行了广泛的研究[12]，利用 SOA 能实现多种全光信号处理功能（如波长变换、全光再生、全光逻辑、码型变换等），除此之外，SOA 还可在光子集成回路中补偿其他所集成器件的损耗等。例如，图 10.2-5(a)是前面已提到的单片集成的可调谐光子路由器（MOTOR）[13]的整体结构示意图，它包含 8 个波长变换列阵与一个列阵波导光栅在内的总计 200 多个功能器件，它们全部在 InP 衬底上进行单片集成。图 10.2-5(b)则表示其中的波长变换单元，它包括上面曾提及的取样光栅 DBR 可调谐激光器、基于 SOA 的 MZI，此外还有 2 对 SOA 对 MZI 的输入和输出信号进行放大。

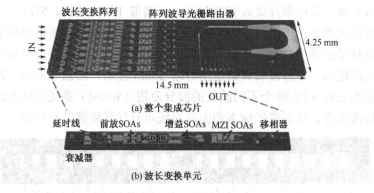

(a) 整个集成芯片

(b) 波长变换单元

图 10.2-5　MOTOR 芯片

10.3　几种常用的光子集成手段[12]

在功能集成的 OEIC 中，需要将具有不同材料特性和结构的器件进行集成，所采取的手段有多种，常用的有对接再生长、选区外延生长、量子阱混合、键合、双波导集成等手段。

10.3.1　对接再生长

在对接再生长(Butt-joint regrowth，BGR)中，为了将器件 A 和器件 B 集成，需要依次经过如图 10.3-1 所示的工艺步骤[12]。(a)首先，外延生长器件 A 的有源区以及包层结构在内的基本结构；(b)在特定的区域选择刻蚀，去掉某些层次结构为器件 B 的生长腾出位置；(c)在刻蚀掉的地方，外延生长器件 B 的基本结构，它与器件 A 对接在一起；(d)再次外延生长剩下的其他结构，比如波导层和欧姆接触层等。

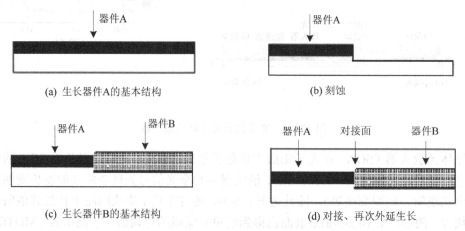

(a) 生长器件A的基本结构

(b) 刻蚀

(c) 生长器件B的基本结构

(d) 对接、再次外延生长

图 10.3-1　对接再生长[12]

与其他集成手段相比，对接再生长可以分别优化设计和生长各个器件结构来获得各自的最佳性能。但是由于对接部位的晶体质量往往欠佳，会影响整个集成器件的性能和可靠性，而且对接面常常伴随不必要的端面反射和耦合损耗。

10.3.2　选区外延生长

选区外延生长(Selective area growth，SAG)是指仅在半导体表面的特定局部区域外延生长某些器件，通常是在衬底、外延片等基片上制作带有特定图形的 SiO$_2$ 或者 Si$_x$N$_y$ 等介质掩膜层，在掩膜层上刻蚀制作窗口，然后利用金属有机化合物气相淀积(MOCVD)设备进行外延生长。如图 10.3.2 所示[12]，掩膜之间的开口称为窗口，它实际上就是外延生长能够进行的区域；而在有介质掩膜覆盖的地方，材料的沉积生长无法进行，扩散到此的原子会有一部分迁移扩散到开口区域中淀积下来，从而使得开口区域的生长速率得到加强。生长速率加强因子与掩膜宽度、开口宽度以及工艺参数等有关系，另外，化合物材料中不同元素的生长速率加强因子也有所不同。因此，在基片不同部位设计不同的掩膜宽度或者开口宽度，就可以在不同区域生长出厚度、组分不同的材料以构成不同器件的基本结构，从而实现多个器件的单片集成。

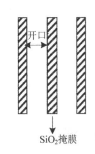

图 10.3-2　选区外延生长中的掩膜和开口[12]

10.3.3　量子阱混合

量子阱混合（Quantum-well intermixing，QWI）技术，也称为量子阱无序技术，它作为一种后生长工艺手段，利用异质结面之间组分梯度的亚稳性质，能够简单有效地调控 QW 的带隙使之发生蓝移。其原理如下：由于量子阱中的阱区和垒区采用不同的材料，在异质结两边存在着原子浓度的差异，也即是存在元素组分梯度。适当的外部条件诱导(比如高温退火、离子注入、辐照等手段)可以加速原子的互扩散或自扩散，从而改变材料的性质，特别是禁带宽度（带隙）。

图 10.3-3 是利用 QWI 手段制作取样光栅可调谐激光器（LD）与电吸收调制器（EAM）的单片集成的示意图[14]，其中上图是其基本结构，下图是各个区域所对应的光荧光谱峰值波长。该集成芯片是在原位生长（as-grown）的 QW 外延片基础上，通过离子注入诱导无序技术增强原子互扩散，从而使得反射镜区域、移相区、电吸收调制区的带隙增大，实现吸收波长的"蓝移"。其中，反射镜区域、移相区的带隙增加有利于 LD 获得较高的调谐效率和低传输损耗；电吸收调制区的带隙波长发生合适的蓝移可以使它在保持低插入损耗的情况下得到较大的消光比。

与其他集成技术相比，QWI 具有简单、低成本的优点，不需要采用多次光刻、湿法以及干法腐蚀、多次选择外延生长等复杂工艺，不存在衔接部位的晶体质量欠佳和器件间的耦合效率低下的问题。

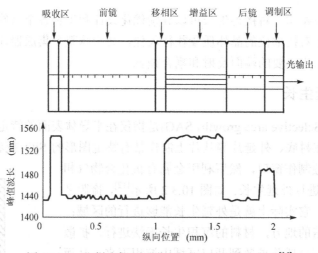

图 10.3-3　取样光栅可调谐 LD 与 EAM 单片集成[14]

10.3.4　键合

晶片键合(Bonding)一般是将两块表面清洁、原子级平整的异质半导体材料经表面清洗和活化处理后，在一定条件下直接贴合，两块晶片通过范德华力、分子力甚至原子力的作用成为一体，从而实现混合集成或者准单片集成。

晶片键合技术可用于 III-V 族材料之间的异质键合、硅基材料与 III-V 族材料之间的异质键合。比如，1.3 μm 以及 1.5 μm 的半导体激光器一般是以 InP 为衬底，有源区材料为 InGaAs(P)或 InGaAlAs。由于在 InP 材料体系中，材料之间的折射率差别不是足够大，缺乏合适的材料来制作高反射率的分布布拉格反射器(DBR)，这就阻碍了长波长垂直腔面发射激光器(VCSEL)的发展。解决办法之一就是采用键合技术，因为在 GaAs 材料体系中，GaAs 和 AlAs 的折射率差别较大，适合制作高反射率的 DBR。具体做法如下：在 GaAs 衬底上分别外延生长高反射率的 N 型 GaAs/AlAs DBR、P 型 GaAs/AlAs DBR；在 InP 衬底上外延生长激光器的有源区以及包层等其他结构。通过键合工艺，将在 GaAs 衬底上生长的 P-DBR、N-DBR 与在 InP 衬底上制作的有源区等结构集成为一体，由此得到高性能的 1.3 μm 或者 1.5 μm 的 VCSEL。另外，硅基材料与 III-V 族材料之间的异质键合可以扬长避短地充分利用成熟的硅基微电子器件工艺和基于 III-V 族材料的发光器件。首先，在 Si 衬底上制作电子集成回路以及光波导器件，在 GaAs、InP 或者 GaN 基等 III-V 族化合物材料上制作发光器件；然后，通过键合工艺将后者转移到硅衬底上，由此获得高性能的混合集成的光电器件或者微系统。

10.3.5　双波导集成

在双波导集成结构中，器件之间（主要指有源波导器件和无源波导器件之间）的耦合方式属于垂直耦合。如图 10.3-4 所示，有源波导和无源波导平行于衬底方向生长，并且垂直排列，二者之间被一层对工作光透明的包层材料隔开。

双波导集成结构本质上是一个垂直的方向耦合器，有源波导和无源波导之间的耦合效率对于层厚、折射率、器件长度非常敏感，很小的制作工艺偏差就会显著影响耦合效率，这就难以获得高成品率。具有锥形耦合器的不对称双波导(Asymmetric twin-waveguide，ATG)结构可以有效地克服上述缺点，它能在不同光功能器件之间实现无损的光功率耦合，而且还能增加器件性能对制作工艺偏差的容忍度。图 10.3-5 给出了一个例子，它只有一个锥形耦合器，将 DFB 激光器发射的激光高效地耦合进入电吸收调制器(EAM)中，构成一个调制光源[15]。

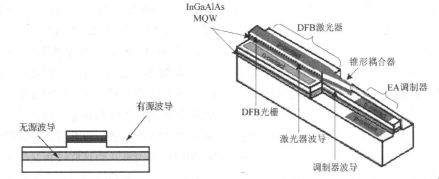

图 10.3-4　双波导集成结构　　　图 10.3-5　基于 DFB LD 与 EA 单片集成的调制光源[15]

10.4　推动 PIC 发展的可能技术方案

对于 10.1 节中谈及的全光信号处理和超级电子计算机中光互连、光交换等对光子集成或光电子集成需求的强劲拉动，必然会探索出一些相关技术来推动其发展。需求拉动-技术推动是科学技术得以不断发展的规律。为此需探索一些基于半导体平面工艺、在对材料处理加工中形成器件功能的技术，以便有可能实现不同集成规模的片上系统（System on chip）。以下列出一些可供参考的光子集成的可能技术方案。

10.4.1　微环谐振腔

光环形谐振腔最早是由 Marcatili 在 1969 年提出来的[16]，20 世纪 90 年代初，随着半导体集成工艺的发展和成熟，人们认识到它极有希望成为大规模光子集成的基石[17]。基本的微环谐振腔由微环和与其耦合的直波导构成。图 10.4-1(a)和(b)分别给出了全通型和上下载型微环谐振腔的基本结构[18]。微环谐振腔可以想象为将通常的法布里-珀洛（F-P）谐振腔的正向和反向传输路径分开而形成的。这时要满足相长干涉的条件，光子绕环一周的光程必须为光波长的整数倍，即

$$L_{\text{eff}}\overline{n}_{\text{eff}} = m\lambda_{\text{p}} \tag{10.4-1}$$

式中，L_{eff} 为微环的有效长度，$\overline{n}_{\text{eff}}$ 为微环波导的有效折射率，m 为谐振模式的阶数，λ_{p} 为谐振波长。可见微环谐振腔与 FP 腔在原理上非常类似。但是，在微环谐振腔中传输的是行波场而不是驻波场，这是与普通 FP 腔不同的地方。

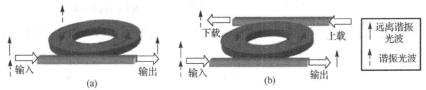

图 10.4-1　微环谐振腔的基本结构。(a) 全通型微环结构；(b) 上下载型微环结构

微环还需要有与其相耦合的波导以便使输入信号耦合进微环，或者将微环输出的信号耦合出来。图 10.4-1(a)的全通型微环由一根输入/输出直波导和一个微环构成。耦合区实际上是一个 2×2 的方向耦合器，因此直波导中的输入光波被分为两部分，一部分直接通过直波导输出，另一部分耦合进微环，在绕环一周后经过耦合区时再次发生耦合。满足式（10.4-1）谐振条件的光波产生相长干涉输出，并且由于经过了微环的传输，相对输入光波有一定的延时；而远离谐振条件的光波则不经过微环直接由直波导输出。图 10.4-1(b)的上下载型微环，相比于全通型微环多了一根耦合的直波导，如果输入光波的波长满足微环的谐振条件，则微环中的光强度较强，因此部分光能量可以通过下载端口输出；而对于远离谐振条件的光波，则直接从输出端口输出；上载端口输入的满足谐振条件的光波也可以从输出端口输出。由此可见微环的传输特性取决于直波导和微环的耦合、光波在微环中的相移和损耗等因素，而这些过程又受微环的耦合系数、有效长度和环程损耗等参数的影响。根据耦合模理论，可得出耦合区的耦合系数，进而得到耦合区的传输矩阵[19,20]，这样就可以采用参量模型对微环进行简单的理论分析。

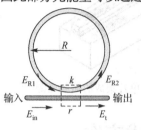

图 10.4-2　全通型微环的参量模型

图 10.4-2 给出了图 10.4-1(a)所示的全通型微环的参量模型。如果不考虑耦合损耗和相互耦合的光场之间的相位失配，其传输方程可由下式给出

$$\begin{bmatrix} E_t(\omega) \\ E_{R2}(\omega) \end{bmatrix} = \begin{bmatrix} r & -jk \\ -jk & r \end{bmatrix} \begin{bmatrix} E_{in}(\omega) \\ E_{R1}(\omega) \end{bmatrix}$$
（10.4-2）

式中，耦合器传输矩阵的矩阵元 r 和 k 分别为耦合区的光场直通和交叉耦合系数，j 为虚数单位，并有 $r^2 + k^2 = 1$，而且有

$$E_{R1} = \exp(-\alpha_0 L/2)\exp(jkL)E_{R2} = a\exp(j\varphi)E_{R2}$$
（10.4-3）

式中，$a = \exp(-\alpha_0 L/2)$ 为微环的环程透过系数，α_0 为微环的损耗系数，包括光场弯曲损耗、散射损耗等；φ 为光在微环中传输一周所产生的相移，即

$$\varphi = \frac{2\pi}{\lambda_0}\overline{n}_{eff}L_{eff}$$
（10.4-4）

对于图 10.4-1(b)所示的上下载型微环也可以采用类似的方法分析，这里不再赘述。微环谐振腔的主要性能参数有[21,22]：

（1）自由光谱范围（FSR）：微环两个相邻谐振峰之间的波长差

$$\Delta\lambda_{FSR} = \frac{\lambda_0^2}{L_{eff}\overline{n}_{eff}}$$
（10.4-5）

（2）消光比(ER)：微环输出光强 I_t 的最大值与最小值之比

$$ER = 10\log_{10}\frac{(I_t)_{max}}{(I_t)_{min}} = 10\log_{10}\left[\frac{(\sqrt{1-k^2}+a)(1-a\sqrt{1-k^2})}{(\sqrt{1-k^2}-a)(1+a\sqrt{1-k^2})}\right]$$
（10.4-6）

（3）场增强因子(FE)：衡量谐振光波在微环中的谐振增强效应，可以用微环中光强与输入光强的比值表示

$$FE \equiv \left|\frac{E_{R2}}{E_{in}}\right| = \frac{k}{1-ra}$$
（10.4-7）

（4）3dB 带宽：透过率下降到谐振峰一半处的光谱宽度

$$\Delta\lambda_{3dB} = \frac{\lambda_{FSB}}{\pi}\frac{1-ar}{\sqrt{ar}} \tag{10.4-8}$$

（5）锐度（精细度）F：自由光谱范围与 3dB 带宽之比

$$F = \pi\frac{\sqrt{ar}}{1-ar} \approx \frac{\pi}{\sqrt{ar}}(\text{当}\, ar \approx 1) \tag{10.4-9}$$

（6）品质因子 Q：反应了谐振腔存储能量的能力，定义为谐振器中储存的能量与每次谐振损失的能量之比，该定义也等价于谐振波长与带宽的比值

$$Q = \frac{\lambda_0}{\Delta\lambda_{3dB}} = \frac{\pi\lambda_0}{\Delta\lambda_{FSB}}\frac{\sqrt{ar}}{1-ar} = \frac{\lambda_0}{\Delta\lambda_{FSB}}F \tag{10.4-10}$$

硅基微环的制作工艺能很好地与微电子的 CMOS 平面工艺兼容，这正是 PIC 或 OEIC 的基本要求之一。依据微环与直波导的位置，微环谐振器具有两种最典型的基本结构：直波导与微环在同一平面的侧向耦合结构和直波导在微环平面的上下方的垂直耦合结构。其中侧向结构在工艺上要求有很高的刻蚀技术来控制直波导与微环之间的间距，而垂直结构在工艺上实现相对来说较简单，可利用薄膜沉积技术很好地控制间距。

图 10.4-1 只给出了微环的基本单元，为了实现不同的功能、满足不同应用需求，还可以将微环设计和加工成多个微环串联、并联或串并联等多种组合形式[23,24]。微环可以基于直接带隙的有源材料而形成激光器、光放大器、光调制器，也可基于无源材料（特别在硅基上）形成光纤通信中所需的滤波器、调制器、波分复用/解复用器等，基于耦合微环结构的慢光效应还可以实现光缓存[25]，这种在设计上的灵活性和应用上的多样性，使之可能成为 PIC 或 OEIC 的基本器件，构建不同的功能器件甚至光子系统。另一方面，由于微环的结构紧凑，有利于实现大规模集成，如果微环谐振腔的半径小于 25μm，则在一平方厘米的面积上可以集成 $10^4 \sim 10^5$ 个器件。

不仅如此，基于微环谐振腔的多通道滤波特性可以实现对光信号频谱的处理，从而实现特定的功能，显示出超快的工作速度、多样化的功能，以及强大的多信道并行处理能力，例如，640Gb/s 的 OTDM 信号的产生[26]；基于微环加载 MZI 结构的波长和带宽均可调谐的滤波器[27]；8 通道的上下路滤波[28]；高阶光子微分器[29]；可加载、可擦除的光子积分器[30]；50 Gb/s 的多信道同时 RZ→NRZ 的码型转换[31]等。图 10.4-3 给出了上述用于产生 640Gb/s 的 OTDM 信号的微环扫描电镜（SEM）照片。图 10.4-4 给出了用于实现上述高阶光子微分器的微环 SEM 照片。

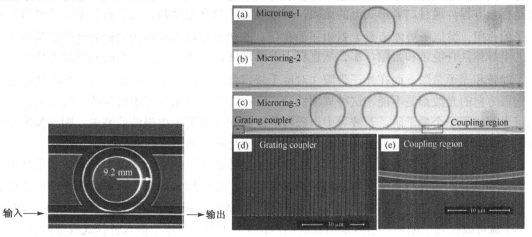

图 10.4-3　产生 640Gb/s NRZ 信号的微环 SEM 照片[26]　图 10.4-4　用于实现高阶光子微分器的微环 SEM 照片[29]

另一方面，光强相关的非线性效应可以用于实现许多重要的光信号处理功能，如光开关、双稳态、波长转换等。由于正反馈的存在，微环谐振腔中谐振波长光波的电场比输入波导中强得多，因此可以利用微环谐振腔来增强非线性效应，使所需的开关功率得以降低。理论分析表明开关功率的降低与场增强因子的 4 次方成正比，利用微环中的 FWM 效应进行波长转换时转换效率的增加与场增强因子的 8 次方成正比，同时小的器件尺寸也有助于减小谐振腔寿命，从而使开关时间减小到 ps 量级[32]。

10.4.2 光子晶体

第 1 章中提到，在半导体中，原子呈周期排列，原子中的外层电子在周期场中作公有化运动，从而形成了半导体的能带结构，其中导带与价带之间的带隙 E_g 内没有允许的电子态存在。另一方面，半导体中所掺入的杂质在操控半导体光电子器件的性能中起到了关键性的作用。而第 6 章中所提到的超晶格可视为人造的电子晶体，其中半导体材料的带隙发生周期性变化，电子除在晶体本身的周期场中运动外，人造超晶格的周期性赋予电子更多的特性。

自从量子力学的出现和物质波的存在被证实依赖，人们常常借鉴光学和电磁学的概念和理论方法去解释固体物体中的一些现象，而 20 世纪 80 年代初提出的光子晶体则反其道而行之，用固体物理的概念和理论方法去解释光学和电磁学中的问题。正如电子晶体的周期性结构决定了电子的能带和导电性一样，光学材料波长量级的周期性变化成为控制光子能量和通量的有效手段。电子波（电子）与电磁波（光子）的相似性，是描述电子波的薛定谔方程和描述电磁波的麦克斯韦方程在形式上的相似性所决定的。相对介电常数为 ε_r 的无损介质中时谐电磁场的波动方程与势场 V 中质量为 m 的电子满足的薛定谔方程可以分别表示为[33]

$$\nabla \times [\nabla \times E(r)] = \frac{\omega^2}{c^2} \varepsilon_r(r) E(r) \tag{10.4-11}$$

$$\nabla^2 \psi(r) = -\frac{2m}{\hbar^2}(E - V(r))\psi(r) \tag{10.4-12}$$

其中，$E(r)$ 和 $\psi(r)$ 分别为电场和电子的波函数。若不考虑粒子的自旋，式（10.4-11）和式（10.4-12）在形式上是类似的。光子是玻色子而电子是费米子，二者自旋的不同使得它们具有不同的能态统计分布，同时也造成了上述两个方程中光子的方程是矢量方程而电子的方程是标量方程。通过二者形式上的比较，可以发现相对介电常数 ε_r（即折射率 $\bar{n}$ 的平方）对光子的作用，类似于势能函数 V 对电子的作用。既然半导体中晶格的周期势使得作为电子晶体的半导体具有能带和带隙，那么从直观上不难理解，ε_r 或者说折射率的周期性变化将造成光子能带和光子带隙，而在光子带隙（对应于特定频率范围）中，无论具有怎样的传播方向和偏振方向的光波都是不能在这种周期性结构中存在的。而第 3 章中讨论的三层平板波导，则可以类比于一个量子阱，若波导中电磁波的波矢大于包层中电磁波的波矢，则导模的空间频率是离散的，这与有限深势阱中电子能态的量子化相对应。

光子晶体的其他特性也可以通过与作为电子晶体的半导体进行类比来得到。半导体的导电类型和电导率的大小完全由所掺入的杂质来控制。类似地，如果人为地改变光子晶体格点处材料的折射率、改变格点的几何尺寸、去掉一些格点，或者在格点之间引入不同折射率材料，就可以在光子晶体内引入杂质或缺陷，相当于在电子晶体中掺入替代式或填隙式杂质，从而扰动其周期性、改变光子晶体的传光特性。例如，在光子晶体中引入线缺陷就能形成光限制能力很强的光波导；引入点缺陷又能形成超小型的高 Q 谐振腔等。

自从 Yablonovite 实现微波波段的三维光子晶体以来[34]，光子晶体的发展日渐成熟。图 10.4-5 给出了几种典型的一维（1D）、二维（2D）和三维（3D）光子晶体的结构。依据光子晶体折射率周期分布的特点，第 4 章中所涉及的分布布拉格光栅反射器（DBR）即为一维光子晶体；而光栅的透射谱中所形成的截止带则为光子禁带。二维光子晶体的制作难度尽管大于一维光子晶体，但是可以采用平面工艺制作，复杂度中等，二维光子晶体从结构上可以大致分为两类，一类由周期排列的介质柱构成，另一类由介质平板上周期排列的空气孔构成，分别如图 10.4-5(b)-1 和 10.4-5(b)-2 所示。如果光波可以很好地限制在二维光子晶体薄层中，则可以实现该平面内光波传播方向的任意控制，那么光子在光子晶体波导中的传输就能像电子在电路中传输一样了。实际上，只有三维光子晶体才能实现整个空间立体角内的光子禁带，图 10.4-5(c)-1 和 10.4-5(c)-2 中给出了两种典型的三维光子晶体结构：Yablonovite 型和木堆型。三维光子晶体由于结构复杂，在近红外和可见光波段制作难度大。另外，与电子晶体不同的是光子晶体既可在半导体衬底上形成，也可在其他光学介质（如石英光纤）上形成，使光子晶体的制备和应用更具广泛性。

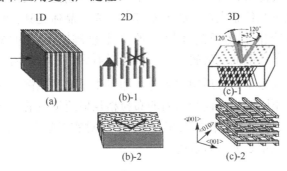

图 10.4-5 典型的一维、二维和三维光子晶体的结构

上述三种光子晶体结构中，二维光子晶体受到了广泛的关注，其原因正是因为它在平面光波导集成回路中的应用前景。它是在二维平面内引入材料的介电常数 ε 或折射率 $\bar{n}(=\sqrt{\varepsilon})$ 的周期性变化而形成的。通过改变格点（介质柱或空气孔）在平面内分布规律可形成三角形、四方形、六角形等不同的二维光子晶体结构。对光子晶体的理论分析可以完全借鉴对半导体的分析方法[33,35]，类比于固体物理中的布洛赫理论，只需将电磁场分布表示成具有晶格周期性的形式，代入波动方程后可以得到类比于半导体的一些性质。其中最重要的特点是存在光子带隙。以图 10.4-6 为例，完整晶格的光子带隙内是不允许光子存在的，即类似半导体中的电子禁带，如图 10.4-6(b) 中的灰色区域所示。只有对光子晶体进行"掺杂"，即通过局部改变格点的形状或材料的折射率（类似于半导体中替代式掺杂），或者在格点阵列中引入图 10.4-6(a) 中所示的点缺陷（类似于半导体晶体中填隙原子掺杂），才能允许带隙内光子的存在。图 10.4-6(b) 中给出了图 10.4-6(a) 所示的三角晶格第一布里渊区的能带图，与半导体的情况类似，Γ 代表 k 空间原点，M 和 K 代表特定的波矢方向，$\omega a/(2\pi c)$ 表示归一化的光子频率（其中 a 为光子晶体的晶格常数）。

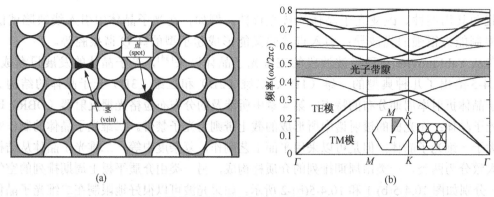

图 10.4-6　(a) 由空洞构成的三角晶格光子晶体结构；(b) 相应的能带图

光子晶体可能成为支撑 PIC 发展的关键技术之一，其原因在于：

（1）形成光子晶体的灵活性。光子晶体不拘于某种衬底材料，可形成结构多样的一维、二维和三维光子晶体，能实现广泛的光学功能（有源、无源器件）。例如，在二维光子晶体中除了通过引入线缺陷来形成波导、耦合器、分光器等波导器件外，还可以通过引入点缺陷形成光学谐振腔，从而实现滤波、波分复用、上下路复用等功能；通过在光子晶体微腔中引入有源材料还可以构建光子晶体激光器、放大器等[33]。光子晶体还具有慢光效应，图 10.4-7 中以一维光子晶体为例给出了光子晶体慢光的产生机理[36]，我们知道光波的群速率为 $v_g = (\mathrm{d}k/\mathrm{d}\omega)^{-1}$，即取决于色散曲线的斜率，图中可以看到，在带边附近，色散曲线的斜率很小，意味着光波的群速度远小于介质中的光速，即发生了光速减慢，这种现象的产生是由于光在光子晶体中传播时不断发生前向和后向的布拉格反射所造成的。光速减慢除了可以用于光延时和光缓存，还可以增强光与物质的相互作用，这对实现基于光学非线性的光信号处理、提高光学传感器的灵敏度都是非常有益的。

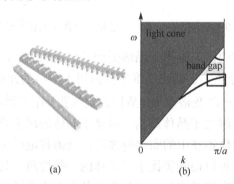

图 10.4-7　(a) 一维光子晶体波导；(b) 实现慢光的机理

（2）PIC 中一直困扰人们的一个问题是，普通介质波导不能很好地解决光路弯折和不同横向尺寸的波导器件之间连接的问题，波导的弯曲角度不能过大，也不能有波导尺寸的突变，即需要"平滑的过渡"，否则就会产生较大的散射损耗，而光子晶体波导恰可以解决这一问题[37]。光子晶体波导是基于光子带隙而非通常的全反射原理，因此只要光场能完全地局域在光子晶体波导内，就可以制作出直角乃至锐角的弯曲波导、大角度的 Y 分支，以及实现横向尺寸相差很大的波导器件之间的互联。这是因为在这样的光子晶体波导中没有辐射模存在，除了沿波导传播之外，光场无处可去。因此，与传统介质波导相比，采用光子晶体波导可以获得结构更为紧凑（波长量级）的光子器件。

（3）光子晶体的材料和结构与半导体平面工艺兼容，这也是前面一再强调的光子集成的基本要求之一；不仅如此，光波导、耦合器、滤波器、波分复用器、谐振腔，甚至反射镜、色散元件等不同功能器件都可在光子晶体上一次性制作出来。图 10.4-8 给出了基于光子晶体的 PIC 的一个概念性结构[38]，图中阈值电流为 nA 级的光子晶体激光器列阵的输出经合波后进入调制器，经调制的光信号又分波成不同信道。尽管从概念到现实还会有许多理论和技术上的困难待解决，但光子晶体能人为"魔方"式地改变晶体结构或"积木"式地搭建由不同功能器件组成的光学系统，体现出比电子晶体更大的灵活性。

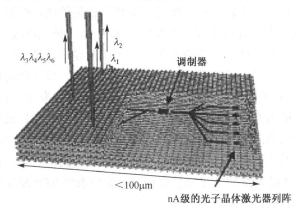

图 10.4-8　基于光子晶体的光子集成概念

对光子晶体已有系统深入的理论研究[33,35,39]，也有关于光子晶体的某些具体应用的探索，例如利用光子晶体光纤所具有的高的光学非线性来产生超短光脉冲[40]；利用光子带隙概念，在 LED 输出端面上制作光子晶体来提高 LED 的输出效率等[41]。然而，若要利用光子晶体实现 PIC，除了利用基于光子带隙的光子晶体波导作互联光波导的独特优点外，还需开发出更多基于光子晶体的光电子器件功能，特别是要关注基于半导体材料的光子晶体器件的研究与开发。

10.4.3　表面等离子体激元（SPP）

等离子（Plasma）被称为物质第四态，其中正电荷悬浮在周围高浓度的自由电子气（也称自由电子云或自由电子海）中，已无法区分某一正电荷与电子气中某一电子之间的隶属关系。在自由电子气中，由于外界的扰动，电子将会发生偏离其平衡位置运动，由此产生的电子集体振荡的量子化就是等离子体（Plasmon）。这种外界扰动可以是外界电磁场，在电磁场激励下金属产生表面感应电荷振荡，等效于一个振荡的表面电流，由此感生的磁场又激发电场，从而循环往复地产生可持续的电磁振荡，即表面等离子激元（Surface Plasmon Polariton，SPP）波。

1968 年，Andreas Otto 提出一种 Otto 结构，利用衰减全反射的方法在金属表面激发出 SPP 波[42]。随后，Kretschmann 对 Otto 结构进行了优化，提出了 Kretschmann 结构[43]，这两种结构成为激发 SPP 的主要方法之一，至今仍被研究者们所使用。基于这两种结构激发的 SPP 首先被应用于光学传感。1984年，世界上第一台近场扫描光学显微镜被 Pohl 等人研制出来[44]，这也是 SPP 早期应用的一个成功的范例。SPP 可以增强金属表面的光场，特别是采用纳米尺度的金属结构或金属颗粒时，这种光场增强效应更为显著，因此被用于增强各种光学非线性效应，如二次谐波产生、三次谐波产生和受激拉曼散射等，例如：利用表面增强拉曼散射效应可以实现单分子水平的生物传感[45]。随着对 SPP 研究的深入和发展，SPP 的应用领域也不断扩展。

为了说明 SPP 对光子集成的意义，有必要对 SPP 的基本特性做简要的介绍。光频 SPP 一般在金属与介质的界面处激发，金属中的电子浓度可达 $10^{22}/cm^3$ 以上，可以看做是自由电子气，除此之外对于一些长波长的应用高掺杂的半导体也可以代替金属来产生 SPP。SPP 是外界电磁波与金属表面的自由电子发生相互作用，使其产生集体周期性振荡所形成的一种特殊的电磁波导模式[46]。这里首先有必要解释"为什么 SPP 是一种电磁波导模式"。我们知道一种电磁模式对应于电磁场的一种特定的场分布，在介质波导中，满足全反射条件的电磁场被局域在高折射率的区域中，只有当电磁场在横截面方向往返一周（包含传输和反射）所产生的相位差为 2π 的整数倍时才能保证横向场分布不会在传输方向发生变化。对于 SPP 而言，由于金属的介电常数为负值而介质的介电常数为正值，在金属与介质界面处，由于电位移矢量的法向分量连续，界面两侧的电场必须反号，即产生 π 的相位差，因此两次跨越金属与介质的界面就可以产生 2π 的相位差，横向场分布不随传输发生变化的条件自然得到满足。因此，金属与介质的界面就可以支撑 SPP 电磁波导模式，这也表明 SPP 波导的结构与 PIC 所要求的半导体平面工艺是兼容的。

下面以一个理想的半无限大金属-介质界面为例，给出 SPP 的色散关系并引出其特征参数。如图 10.4-9(a)所示，金属-介质交界面在 xy 平面上，$z > 0$ 的半无限空间区域填充介质材料，$z < 0$ 的半无限空间区域为金属材料。ε_d 和 ε_m 分别为介质和金属的相对介电常数。SPP 模式沿着 x 方向传播。由于在垂直和平行于表面方向的电场有 $\pi/2$ 的相位差，SPP 模式只有横向的磁场分量，即为横磁（TM）模，设其角频率为 ω。

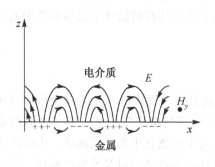
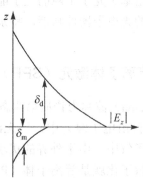

(a) 垂直于表面的电场产生表面电荷   (b) SPP 在垂直界面方向两边指数衰减的倏逝场

图 10.4-9   (a) 垂直于表面的电场产生表面电荷；(b) SPP 在垂直界面方向两边指数衰减的倏逝场

对这种界面上传播 SPP 波的分析仍可沿用第 3 章中介绍的平面光波导分析方法，首先由麦克斯韦方程组导出如下关于磁场的波动方程

$$\frac{\partial^2 H_y}{\partial z^2} + (k_0^2 \varepsilon - k_{sp}^2) H_y = 0 \qquad (10.4\text{-}13)$$

式中，$k_0 = \omega / c$ 为真空中的波矢，介电常数 ε 是 ω 的复函数，k_{sp} 为 SPP 模式的波矢。对于 SPP 波，电磁场沿界面传输且在界面两侧振幅都按指数形式衰减，因此界面两侧 SPP 波的磁场分量可以分别表示为[47]

$$H_y(x,y,z) = \begin{cases} \exp(-\gamma_d z + \mathrm{i}k_{sp}x - \mathrm{i}\omega t) & z > 0 \\ \exp(\gamma_m z + \mathrm{i}k_{sp}x - \mathrm{i}\omega t) & z < 0 \end{cases} \qquad (10.4\text{-}14)$$

根据电磁场的边界条件，可得：

$$\gamma_{m,d} = k_0 \sqrt{\frac{-\varepsilon_{m,d}^2}{\varepsilon_d + \varepsilon_m}} \qquad (10.4\text{-}15)$$

$$k_{sp} = k_0 \sqrt{\frac{\varepsilon_d \varepsilon_m}{\varepsilon_d + \varepsilon_m}} \qquad (10.4\text{-}16)$$

当满足 $\varepsilon_m < -\varepsilon_d$ 时，式（10.4-15）和式（10.4-16）中的 $\gamma_{m,d}$ 和 k_{sp} 均为实数，此时式（10.4-14）表示一个沿 x 方程传输，界面两侧的沿 $\pm z$ 方向指数衰减的场。金属的介电常数可由 Drude 模型给出

$$\varepsilon_m(\omega) = 1 - \frac{\omega_p^2}{\omega^2} \qquad (10.4\text{-}17)$$

其中

$$\omega_p = \sqrt{n e^2 / (\varepsilon_0 m^*)} \qquad (10.4\text{-}18)$$

为等离子频率，其中 e 为电子电量，n 为电子气中的电子浓度，ε_0 为真空中介电常数，m^* 为电子的有效质量。ω_p 是一个重要的材料参数，它代表电子气中电子集体同相振荡的自然频率，是振荡频率的长波限。

式（10.4-16）给出了金属-介质界面 SPP 波的色散关系，即 SPP 波的波矢与电磁场频率的关系，如图 10.4-10 所示，可见在低频段 SPP 的波矢接近于介质中光波的波矢 $k_0\sqrt{\varepsilon_d}$，这时光场分布大部分进入介质区；相反，在频率接近特征表面等离子体频率 ω_{sp} 时 SPP 的波矢远大于介质中光波的波矢 $k_0\sqrt{\varepsilon_d}$，特征表面等离子体频率 ω_{sp} 由下式给出

$$\omega_{sp} = \frac{\omega_p}{\sqrt{1 + \varepsilon_d}} \qquad (10.4\text{-}19)$$

由 SPP 的色散曲线可知：对于一定频率的电磁波，自由空间或者介质中光波的波矢与 SPP 波的波矢是存在一定差别的，因此要在金属与介质界面激发出 SPP，就必须引入某种机制来弥补自由空间或者介质中的波矢与 SPP 波矢之间的差别，除了采用前述的 Otto 结构和 Kretschmann 结构外，还可以通过尺寸小于入射电磁波波长的金属纳米颗粒或者金属表面结构（即 10.4.4 节中的超表面）来实现。

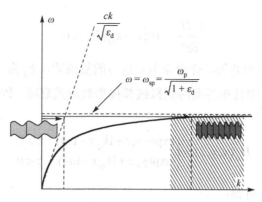

图 10.4-10　SPP 的色散曲线及与介质中光波色散关系的比较

SPP 电磁模式在金属与介质界面处显示出很好的表面局域特性，可以将 SPP 的电磁能量局域到亚波长尺寸范围内，使得 SPP 电磁模式的电磁场密度在界面附近得到极大的增强。根据式（10.4-15）和式（10.4-16）可以进一步给出 SPP 波的几个重要的特性参数。

（1）SPP 波的波长

SPP 的波长可以由式（10.4-16）得到

$$\lambda_{\text{sp}} = \frac{2\pi}{|k_{\text{sp}}'|} = \lambda_0 \left(\frac{\varepsilon_{\text{m}}' + \varepsilon_{\text{d}}}{\varepsilon_{\text{d}} \varepsilon_{\text{m}}'} \right)^{1/2} \tag{10.4-20}$$

式中，k_{sp}' 为 k_{sp} 的实部，λ_0 为真空中电磁波波长，ε_{m}' 为金属复介电常数的实部。对于金属一般有 $\varepsilon_{\text{m}}' < -1$，因此 SPP 波的波长总是小于介质中的光波波长。这说明 SPP 波具有短波或者说高动量的特性。

（2）趋肤深度

SPP 波仅存在于金属-介质交界面附近，在界面法线方向上其幅度呈指数形式衰减，SPP 模场向金属和介质渗入的深度称为趋肤深度，由倏逝场衰减至界面处 1/e 的长度所定，分别用 δ_{m} 和 δ_{d} 表示

$$\delta_{\text{m}} = \frac{\lambda_0}{2\pi} \left(\frac{\varepsilon_{\text{m}}' + \varepsilon_{\text{d}}}{\varepsilon_{\text{m}}'^2} \right)^{1/2} \tag{10.4-21}$$

$$\delta_{\text{d}} = \frac{\lambda_0}{2\pi} \left(\frac{\varepsilon_{\text{m}}' + \varepsilon_{\text{d}}}{\varepsilon_{\text{d}}^2} \right)^{1/2} \tag{10.4-22}$$

从图 10.4-9(b)可以看出，$\delta_{\text{d}} \gg \delta_{\text{m}}$，意味着金属有大的吸收损耗。

（3）特征传输长度

SPP 波沿金属-介质界面所能传播的距离是另一重要的特征参数，即特征传输长度 δ_{sp}，表示为

$$\delta_{\text{sp}} = \frac{1}{2k_{\text{sp}}''} = \frac{c}{\omega} \left(\frac{\varepsilon_{\text{m}}' + \varepsilon_{\text{d}}}{\varepsilon_{\text{m}}' \varepsilon_{\text{d}}} \right)^{3/2} \frac{(\varepsilon_{\text{m}}')^2}{\varepsilon_{\text{m}}''} \tag{10.4-23}$$

式中，k_{sp}'' 为 k_{sp} 的虚部；ε_{m}'' 为金属复介电常数的虚部，直接与吸收损耗相关。δ_{sp} 是 SPP 的

幅度降为初始值 1/e 时的传播距离，决定着基于 SPP 的波导器件在传输方向尺寸的上限，主要取决于金属的损耗。例如，损耗相对较大的 Al，在入射波长为 0.5μm 时，δ_{sp} 仅为 2μm；而在同样波长下，损耗相对小的 Ag，δ_{sp} 可达 20μm；对更长的 1.55μm 入射波长能达 1mm。在介质一侧的趋肤深度 δ_d 一般在入射光半波长的量级，这决定着 SPP 波导器件作用区横向尺寸的下限，δ_{sp} 与 δ_d 的比例可用来估计参与光子集成的器件数量。而 δ_m 决定着器件中最小的精细结构的尺寸，比真空中的光波长大约小 1～2 个数量级，因此纳米级制作工艺的精确控制是对 SPP 器件的制备是必不可少的[46]。

综上所述，SPP 波独特的产生机理带来了独特的物理特性，具体表现在：

（1）表面局域。SPP 在垂直于金属表面方向的电场强度是呈指数衰减的，这对应于 SPP 的表面局域特性。

（2）近场增强。SPP 共振效应使得金属与介质界面处的局域场强度比入射场高几个数量级。

（3）高动量。与同频率光波相比，SPP 波的波矢（或动量）可以达到介质中光波波长数百甚至上千倍（波长减小至光波的数百甚至上千分之一），如图 10.4-10 所示。

PIC 技术的发展虽然近年来取得了长足的进步，但是与成熟的 IC 技术相比还是存在巨大的差距，其集成度的提高和信息处理功耗的减小均存在物理上的限制。2010 年美国加州大学 Santa Barbara 分校研制出的单片集成 8 通道光子路由器集成包含了 200 多个功能器件[13]，可以说是 PIC 技术领域里程碑式的进展，但是其集成度与同时期的 CMOS 器件相比竟然相差 10^7 数量级；在信息处理的功耗方面，Si 纳米线非线性光波导处理单位比特信息的能耗与目前以 45 纳米为特征线宽的 CMOS 相比相差约 10^4 数量级[48]。而 SPP 所具备的独特光学特性为突破 PIC 技术的上述物理极限提供了可能。

PIC 中常用的普通介质波导在横截面上为驻波场，必须满足产生驻波的相位匹配条件，因此其尺寸至少等于半波长，即所谓的"衍射极限"，对于光通信波段的器件来说这一值约为几百纳米；其次，在传播方向上为了对光场进行有效地操控（如放大、衰减、相位延迟等）一般需要经历上千个波长的积累，因此光通信波段单个器件长度的下限大约为几百微米，上述两点决定了 PIC 无法实现与 IC 相比拟的高密度集成。SPP 波不仅具有与光波类似的高传输容量，而且其表面局域特性使之能够突破衍射极限，不仅可以形成 nm 尺度的波导，还可以在 nm 尺寸的电子器件与 μm 尺寸的光子器件之间搭建起桥梁。不仅如此，SPP 是在导体和介质表面传播的电磁波，因此传输电信号的电导线也可以构成传输 SPP 波的波导，因此可以在 CMOS 集成芯片中方便地引入基于 SPP 的光信号传输。另一方面，从图 10.4-10 中我们可以看到，在图中所示阴影区域，SPP 波的色散曲线趋于平坦，与同频率光波相比其波矢 k（或动量）可以提高数百甚至上千倍，即波长减小至光波的数百甚至上千分之一，这意味着对这种 SPP 波的有效操控所需的器件长度将由传统介质波导器件的几百微米压缩到 1 微米左右。上述两点为实现高密度的 PIC 和 OEIC 提供了可能。

目前 PIC 技术中缺乏一种高效、易集成的非线性转换器件，基本的逻辑和存储功能的实现非常困难。传统材料中支配光子-光子相互作用非线性极化从本质上来说是很弱的。在普通介质波导中，由于横截面尺寸受到衍射极限的制约，一般只能通过增加相互作用的光子数（提高光功率）和延长作用距离来提高非线性转换效率。利用共振加强效应虽然可以在一定程度上提高非线性转换效率，但这是以牺牲工作带宽为代价的。SPP 波具有局域场增强的特性，在波导横截面上可以达到极高的场强，通过适当的波导结构设计还能进一步提升电磁场的空间密度，因此不仅非线性效应将更容易出现，非线性转换效率也将大大提高。这将使得低功耗的光信息处理成为可能。

目前已经提出了如图 10.4-11 所示的介质-金属-介质（长程 SPP 波导）、金属-介质-金属、杂化 SPP 波导、介质加载 SPP 波导等多种 SPP 波导结构[49]，并基于这些波导结构实现了用于控制 SPP 波传播方向的波导器件，如波导、耦合器、分束器、Bragg 反射器等[46]。近年还提出了有源 SPP 器件的概念[49]，打开了超小尺寸光源、光开关和光探测器件的崭新道路，其尺寸可以满足甚至超过 CMOS 技术的要求。电泵浦的 SPP 发射器首先是由 Koller 等提出的，其波导结构为强限制的金属-介质-金属型 SPP 波导，采用铝和金电极向有机光发射层中注入载流子，SPP 波导改变了介于两层金属之间处于激发态的发射体的光发射特性，特别是由于 Purcell 效应，发射体的辐射跃迁速率可提高 1 个数量级[50]。Walters 及其合作者采用了类似的结构和工作原理，其增益介质为 Si 纳米晶体。在制作工艺方面，Walters 等利用了近年来在原子层沉积（ALD）和低压化学气相沉积（LPCVD）工艺上的进步，可以与 CMOS 工艺兼容[51]。

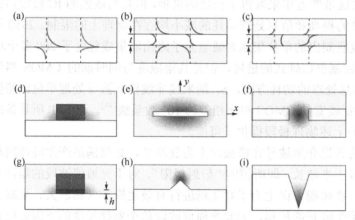

10.4-11　SPP 波导，其中(a)～(c)为一维 SPP 波导：金属-介质界面（a）；介质-金属-介质（b）；金属-介质-金属（c）。(d)～(i)为二维 SPP 波导：介质加载波导（d）；金属条形波导（e）；金属狭缝波导（f）；杂化波导（g）；楔形波导（h）；V 形槽波导（i）[49]

然而，SPP 要能真正用于 PIC 还有一些问题需要解决。SPP 波导中与强光场局域和高动量特性同时存在的是比普通介质波导大得多的传输损耗，这是因为 SPP 波中电磁场将能量存储在金属表面电子的振荡中，而电子在运动过程中不可避免地遇到各种散射（包括其他电子的散射、晶格的散射和缺陷的散射），从而造成能量的耗散。这给 SPP 波导的设计带来了巨大的困扰：为了实现对电磁场的束缚，SPP 波导结构往往需要限制模场的空间分布，而这又将导致模场与金属层的重叠增加从而使得波导损耗增加。这种光场限制和传输损耗之间的矛盾是近年来 SPP 相关研究中的热点问题之一。硅（Si）和 III-V 族半导体是 PIC 主要采用的材料系，但是这两类材料都具有较的高介电常数，如果由它们与金属一起构成 SPP 波导，损耗的问题将更为突出。这是因为当介质的介电常数较高时，SPP 波向介质中渗入的深度减小，但向金属中渗入的深度增加，因此损耗也随之增加，这严重限制了互联光波导的长度和器件的纵向尺寸。在非线性作用过程中我们往往希望通过减小电磁场的横向尺寸来提高其空间密度，但是如果在光场局域增强的同时引入了大的损耗，则可能完全抵消由此带来的非线性转换效率的提高。因此如何在增强光场局域的同时不带来大的损耗对各种基于光学非线性效应的光信号处理尤为重要。前面提到的杂化 SPP 波导、介质加载 SPP 波导等波导结构的提出正是为了解决这一矛盾。另外，通过合理的设计在介质中引入量子阱增益材料来实现 SPP 传输损耗的补偿也是一种可行的解决方案[52]。

PIC 中往往涉及对光信号进行开关和控制的器件，但是对传统的 SPP 波导而言，SPP 波的直接调控是非常困难的，这主要是因为金属的物理特性是大自然赋予的，难以进行人为的干预；而普通介质物理特性的改变只能通过各种非线性效应实现，可能带来器件结构的复杂性以及效率、工作速度等问题。现有的解决方案包括：采用特殊的金属材料，如利用光波的热效应可以使得金属镓（Ga）从 α-Ga 变为亚稳金属相，其介电常数发生显著改变；或者采用特殊的介质材料，如液晶、聚合物、高非线性材料等，利用电光效应、热光效应或者光学非线性效应改变介质的介电特性。还有一些研究人员提出采用金属-氧化物-半导体-金属的 SPP 波导结构[53]，利用自由载流子吸收引起的半导体层折射率或吸收系数的变化，通过改变半导体层中的载流子浓度实现 SPP 波的调控。

10.4.4 超材料、超表面

1. 超材料简介

自然物质的物理特性是由原子或分子的种类及排列方式来决定的，如图 10.4-12(a)所示的金刚石；同样地，如果某种"材料"也拥有与其对应的亚波长微细结构（类似于"大原子"或"大分子"，参见图 10.4-12(b)），那么这种材料将具有非同寻常的物理特性[54]。通常将这种人工构造的材料简称为人工材料，即超材料（metamaterial）；将超材料中的"大原子"和"大分子"称为超原子（meta-atom）和超分子（meta-molecule），它们是超材料的基本结构单元。

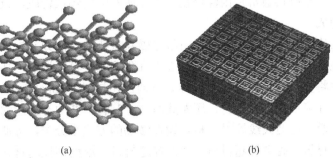

(a)   (b)

图 10.4-12　(a)金刚石结构；(b)人工材料结构

由此可见，超材料是由亚波长结构单元按照一定排列方式组合而成的人工复合结构或复合材料，具有天然材料所不具备的超常物理性质。其物理特性不只是依赖于组成材料的性能，还更多地取决于其结构单元（亦即是超原子或者超分子）的几何形状、尺寸和排列方式。通过对结构单元的关键物理尺寸、形状以及排布方式等进行优化设计，可以使超材料获得自然界材料所不具备的超常规物理性质。

在电磁超材料中，结构单元的尺寸远小于电磁波的工作波长，某种意义上可以把这些结构单元等效为均匀的电磁媒质。设计合适的结构单元及其排布方式可以任意地调控超材料的介电常数和磁导率，使其具有负折射、逆多普勒效应、逆切伦科夫（Cherenkov）辐射、负古斯-汉森（Goos-Hänchen）位移、反布儒斯特角、反临界角、反常光压、慢光效应等一系列奇异的特性。除了电磁超材料之外，还有声波超材料、弹性波超材料、流体波超材料等。本文仅限于讨论电磁超材料。此外，广义的超材料概念还包括了光子晶体在内。

光与物质的相互作用，实质是电磁波中电场或磁场与电子的相互作用。如果电子的运动状态变化是由电磁波的电场分量引起的，那么这个过程称作物质对电磁波的电响应，电响应强度常用介电常数 ε 来描述。相应地，如果这种变化是由电磁波中磁场分量引起的，那么这个过程称作物质对电磁波的磁响应，可用磁导率 μ 来描述。通过这两个物理参数，我们就可以掌握该物质或材料的折射率和阻抗等光学性质，进而了解该物质的反射、透射和吸收损耗等传输特性。另外，这两个参数也会告诉我们该物质对电磁波的性质（包括电磁波的传播方向，速度，相位和强度等）的影响程度[54]。

通常情况下，自然界物质都会表现出正的电磁响应，即电子会逆着电场方向运动，或沿着阻碍磁场变化的方向旋转运动。不同于自然界物质，超材料可以具有负的电磁响应。我们知道，一定结构的金属都有一个固定的电子共振运动频率，当电磁波的频率低于这一共振频率时，就会表现出正响应；当电磁波的频率高于这一共振频率时，就会得到一个的负响应。这样一来，只需精心地设计亚波长结构单元（如金属棒和金属开口环）的尺寸、形状和排布方式，就能得到负的电磁响应。例如，金属棒提供负的电响应，而金属开口环提供负的磁响应，二者合起来构建的单元结构可以表现出负的电磁响应，由此得到双负折射率材料。

由此可看出，构建超材料的关键在于制造一种能够产生电磁共振响应的单元结构（因此也称为电磁共振单元、共振体、散射共振体、光学天线、天线等），这些单元结构的形状、尺寸和排布决定了超材料电磁响应特性。根据超材料的结构特点，超材料可以分为二维超材料和三维超材料，其中，二维超材料通常是由一层分离的、亚波长尺寸的金属或者介质结构单元构成，而三维超材料通常是由混合在三维介质的金属颗粒构成，或者是由交叠生长的层状金属和介质构成。

由于单元结构微小的制作误差也能引起电磁共振特性（例如共振波长）的显著变化，如果超材料的电磁共振特性能够通过外界因素进行微调或者直接调控，那么它的适用性将会更强，应用前景也将更广。这样的超材料称为可调控超材料（Tunable metamaterials），它不仅适用于一些工作环境不稳定的场合，还尤其适合于制备一些动态功能的光学元器件，例如光开关、调制器和增益可调天线等[54]。根据调控激励的方式来分类，可调控超材料可分为五种类别：电调控超材料、磁调控超材料、光调控超材料、温度调控超材料、机械调控超材料。前四类是利用外部的电流或电压、磁场、泵浦光、温度来改变超材料组成物质或其周围介质（如衬底）的性质或者它们之间的耦合特性，最终达到调控超材料性能的目标。机械调控超材料则是通过机械拉伸或压缩衬底来改变超材料性能。

2. 超表面简介

由于三维超材料损耗大，带宽窄及制作工艺复杂，人们逐步把目光转移到二维超材料，也就是超表面（metasurface），又称超界面。

超表面作为一种平面的、超薄的超材料，通常由周期排布的、亚波长尺度的电磁波散射体所组成的阵列组成。由于这些散射体接收入射的电磁波之后产生电响应或者磁响应，并且作为子波波源发射电磁波，由此影响改变反射波和透射波的特性。因此，仿照微波中具有接收和发射电磁波功能的天线的称呼，将这些散射体称为光学天线。多个天线按照一定规律排布构成超晶胞（super-cell），一块超表面通常具有多个按照一定方式排布的超晶胞以实现特定的操纵电磁波的功能。天线的尺寸及天线之间的间距一般都比较小，通常为亚波长结构，在微波波段甚至可以达到工作波长的 1/1000，从而实现高分辨率的波前调控。根据天线分布的周期性将超表面分为周期型超表面和非周期型超表面。周期型天线主要有分离的 V 字型天线[55]、一字型天线[56]、H 型天线[57]、梯形天线[58]、L 型天线[59]等，如图 10.4-13 所示。

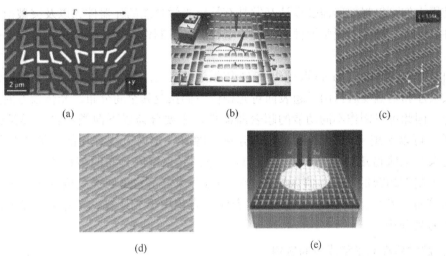

(a) (b) (c)

(d) (e)

图 10.4-13　(a) V 字型天线[55]；(b) 一字型天线[56]；(c) H 型天线[57]；(d) 梯形天线[58]；(e) L 型天线[59]

此外，还可以根据天线材料的不同将超表面分为金属超表面、介质超表面和混合型超表面。金属超表面也被称为等离子超表面（plasmonic metasurface）。它采用不同形状的金、银、铜、铝等金属材料作为光学共振天线，利用金属自由电子在电磁波激励下的集体运动所形成的等离子共振机制来改变光波的相位、偏振、振幅等物理属性。由于金属材料对可见光、近红外光（光通信波段处于该波段）具有强烈的吸收作用，严重限制了金属超表面的广泛应用和实用化。为此人们把希望的目光转向高折射率的介质材料（注：此处的介质包含了绝缘材料和半导体材料在内）。在介质超表面（dielectric metasurface）中，亚波长结构的高折射率介质材料充当光学共振天线，基于 Mie 共振（即，米氏共振）机制来改变光波的物理属性。低损耗特点以及更强的磁响应特性赋予了介质超表面更胜一筹的操纵电磁波的能力。而混合型超表面（hybrid metasurface）中既有金属天线，也有介质天线。由于金属天线在共振波长处局部增强光场，而低损耗高折射率的介质天线则具有米氏电磁共振，金属与介质形成的混合天线既可以得到场域增强，又可以具有磁共振响应，因此混合型纳米天线具有独特的光学特性。

半导体超表面属于介质超表面的一种，其不仅具有低损耗优点，而且由于半导体材料性能可以方便地被外部电场、磁场、光场或温度场调控，有望应用在光信号处理中。更为重要的是，半导体超表面可以很方便地与半导体光电器件单片集成。如果将它与半导体激光器等光电器件进行单片集成，利用其对光波属性的灵活操纵能力，就可对光的相位、偏振以及光场分布等加以改变和改善，甚至开发出新的功能。

所有光学器件均是通过某些机制或手段对光波的振幅、相位、或者偏振等属性进行操纵改变来实现其预定功能的。传统的光学器件对光波的操纵改变离不开光的传播效应，即，光波必须传播一段远大于光波波长的路程才能经由量变的积累获得足够大的相位、偏振、或者振幅改变量；而超表面则突破了光传播效应的限制。在超表面中，光波与亚波长尺寸的光共振体(亦即光学天线)发生强烈的相互作用，通过表面等离子共振或者 Mie 散射和共振效应促使光波相位、偏振在界面上发生突变。虽然光波在普通界面上也会发生相位和偏振的突变，但是超表面所导致的突变量却是强烈地依赖于结构单元的几何形状、尺寸和排列方式，这一特点使得人们可以根据所需去设计开发具有特定光学功能的元器件、以及突破衍射极限的光子器件。此外，超表面光学器件还具有小型化、易于制作的优点，在平面集成方面具有独特优势。

自从哈佛大学 F.Capasso 课题组 2011 年报道超表面的异常反射与透射之后，超表面获得了极大关注和迅猛发展。由于超表面对光相位、偏振及其空间分布、光传播方向具有灵活操控能力，因此可以制作不同功能的超表面器件，主要分为以下四类：第一类是光束偏转与定向类，可以实现异常反/折射、光束分束、隐身、定向天线等功能；第二类是光束变换类，用来产生轨道角动量光、涡旋光，或者不同光束空间分布的转换等；第三类是偏振转换类，可制作超薄的波片、偏振转换器和偏振分束器等；第四类是成像类，可制作平面超薄聚焦透镜、光全息成像等。此外，超表面还有望用于光计算、光开关、光调制、光传感等光信号处理中。

3. 超材料在光子集成中的应用

1）作为谐振腔的反射镜

对于 4.6 节介绍的垂直腔表面发射激光器（VCSEL），一般需要在有源层的下方和上方分别生长多个周期的分布布拉格反射器（DBR），即底部的 DBR 和顶部 DBR，它们分别作为谐振腔的底部反射镜和顶部反射镜。为了获得足够高的反射率以达到阈值条件，DBR 对数往往多达二十几甚至更高，这会显著增加器件厚度和材料生长时间，由此增加器件成本。此外，DBR 周期数目增大也会增大器件热阻和焦耳热功率，不利于器件的热学特性和可靠性。而且大的 DBR 厚度也不利于器件的微型化和集成。

硅、GaAs 基、InP 基等材料在光频段的折射率大于 2，属于高折射率的半导体材料。将这些半导体刻蚀成亚波长的周期条状，它们与空气形成一种折射率对比度很大的一维光栅，即所谓的高对比度光栅（high-contrast grating，HCG）。HCG 光栅的周期一般小于光波波长，属于亚波长光栅范畴，也称为高对比度的超结构（high-contrast metastructure）。亚波长的 HCG 属于超材料范畴，当这种光栅的厚度也是亚波长时，则为高对比度的介质超表面。HCG 与 VCSEL 集成，可以表现出多重功能，其中之一便是充当激光器谐振腔的反射镜，为发生激射提供所需的高反射率。

对于图 10.4-14(a)所示的 980 nm VCSEL[60]，在其下表面和上表面分别刻蚀出基于 HCG 的半导体超表面来取代一般 VCSEL 的底部 DBR 和顶部 DBR 层，VCSEL 厚度得以大幅减小，整个器件总厚度才 0.6 μm 左右。有源区采用 InGaAs/GaAsP 多量子阱（MQW），在其上方和

下方是 $Al_{0.8}Ga_{0.2}As$ 间隔层。通过选择氧化工艺在 MQW 上方的一薄层 $Al_{0.98}Ga_{0.02}As$ 中心获得一个直径为 8μm 的电流通道,这是因为外围的 $Al_{0.98}Ga_{0.02}As$ 材料发生氧化成为绝缘的氧化铝材料,即图中所示的氧化限制层,而内部未被氧化的 $Al_{0.98}Ga_{0.02}As$ 区域则仍然可以允许电流通过。氧化限制层不仅限制电流通过,还因为其折射率小于半导体折射率,可提供好的光限制作用。针对 VCSEL 最上层的 p-GaAs 和最下层的 n-GaAs 表面进行刻蚀得到亚波长厚度的 HCG,其结构参数参见图 10.4-14(b),周期 $L = 0.817\ \mu m$,厚度 $h = 0.164\ \mu m$,占空比 $F = 0.35$。VCSEL 上表面参见图 10.4-14(c)[60]。这种亚波长厚度的半导体超表面通过平面工艺就可实现,简化了 VCSEL 结构和制作工艺,大幅减少了 VCSEL 厚度,有望在此基础上进一步开发出片上集成光源。

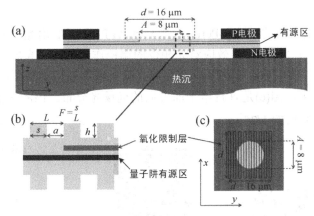

图 10.4-14　(a) VCSEL 结构示意;(b)光栅结构参数;(c)上表面[60]

2)在多波长 VCSEL 阵列中调控激射波长

对于上述的高对比度光栅,其反射系数的幅度和相位是由 HCG 的传播常数 β_m 决定,而 β_m 主要是由光栅周期和占空比等参数决定的(参见图 10.4-14(b))。因此,通过改变 HCG 参数,可以在维持将近 100 %反射率的情况下改变反射光的相位,这个特性可以用来控制 VCSEL 的激射波长,也可以用来设计制作透镜。因为这两者都是强烈地依赖于光波的相位情况,比如,只有那些满足了发生相长干涉相位条件的光波,才能发生激射。

图 10.4-15 给出了一个多波长的 VCSEL 阵列结构示意[61],每一个 VCSEL 的顶部反射镜由 HCG 充当,而底部反射镜仍然是一般的 DBR。阵列中各个 VCSEL 的外延层次结构都是一样的,但是 HCG 的周期和占空比不同,因而激射波长不一样。

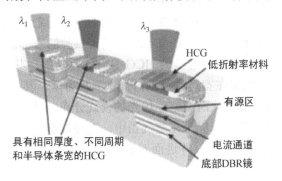

图 10.4-15　基于 HCG 的多波长 VCSEL 阵列[61]

3）光束整形

好的光束质量和合适的远场分布是确保激光器出射光能够高效率与外部光学元件耦合的关键。在 5.3 节已经提到了一般的边发射半导体激光器由于发光截面为矩形，其输出光束呈现非常不对称的椭圆分布，而且垂直结平面的发散角 $\theta_\perp$ 较大，一般在 30°左右，平行结平面的发散角 $\theta_\parallel$ 通常在 10°左右。这非常不利于光束的聚焦和耦合，需要在外部采用特殊的透镜系统，或者在激光器内部采用大光腔结构、模斑转换器等手段对光束整形，由此增大器件与系统的成本和复杂性。借助于金属表面等离子共振或者介质内部的 Mie 共振等效应，超材料、超表面无需借助光传播的积累过程就可以在亚波长尺寸对光波引进突变的相位。优化设计超材料、超表面结构可以获得合适的光相位与幅度的空间分布，改变光场的空间分布，起到光束整形的功效。

图 10.4-16 是在边发射的 Fabry-Perot 腔激光器（FP-LD）的出光端面制作金属亚波长光栅和狭缝，利用金属的等离子共振效应对光相位的调控作用来改变光场分布，减小垂直结平面的发散角 $\theta_\perp$[62]。图 10.4-16(a)是 FP-LD 与金属光栅集成的结构示意图，图(b)是出光端面的扫描电镜（SEM）结果，图(c)是垂直结平面方向的远场光分布。该激光器的 $\theta_\perp$ 低至 2.4°，只有无金属光栅的激光器的 1/25。

(a) FP-LD 与金属光栅集成 (b)出光端面的 SEM 图 (c)垂直结平面方向的远场分布[62]

图 10.4-16 (a) FP-LD 与金属光栅集成；(b)出光端面的 SEM 图；(c)垂直结平面方向的远场分布[62]

由于金属在光频波段的吸收率较大，金属超表面的引入会降低光功率，为此可以改用基于硅、GaAs 基、InP 基等材料的半导体超表面。下面给出一个半导体高对比度光栅（HCG）在激光器光束整形中的应用例子[63]。图 10.4-17(a)是一个 InP 基 1550 nm 的双面出光的 VCSEL 的结构示意[63]；图(b)是其上表面的 SEM 图，右边是 HCG 的局部放大图。VCSEL 的有源区采用多量子阱结构，其下方有多个周期的 DBR 充当谐振腔的底部反射镜，HCG 与 VCSEL 单片集成在一起。作为 VCSEL 组成部分的 HCG 具有三重功能：其一，优化设计的 HCG 作为 VCSEL 的顶部反射镜，能够在宽光谱范围内提供高反射率；其二，HCG 起到光束整形的作用，改变出射光的角度分布，从而调整远场光的模式分布；其三，通过特殊刻蚀工艺制作的 HCG 顶部反射镜如同悬梁臂一样悬在空气当中，在外加静电场调控下，该反射镜会发生上/下位移，由此改变谐振腔的长度，并进而对激射波长进行调谐。

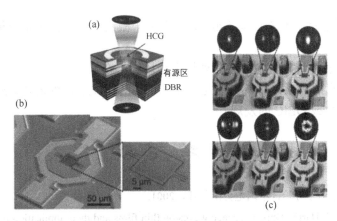

图 10.4-17　(a)双面出光的 VCSEL 结构示意；(b)上表面的 SEM 图；(c)不同结构 HCG 的 VCSEL，上表面出射光呈现不同的远场分布[63]

从图 10.4-17(a)看出，该 VCSEL 双面光发射，从下表面出射的光束仍然维持与通常的激光器一样，其远场是传统的高斯分布。但是上表面发射光则受到 HCG 的光束整形作用，因此对于具有不同 HCG 结构的 VCSEL，上表面出射光呈现出不同的远场图形，包括单瓣、双瓣、三瓣、蝶形领结型、甜筒型和面圈型，如图 10.4-17(c)所示[63]。

以上只是列举了超材料、超表面与半导体激光器集成，在提供高反射率、控制波长和光束整形方面的应用。随着相关科学和工艺的发展，超材料、超表面有望在光电集成中发挥更宽广的作用。

在 10.4 节中所介绍的仅是 PIC 或 OEIC 的几种潜在的关键技术。其共同特点是基于平面工艺实现，且都能在一定程度上解决目前 PIC 和 OEIC 中集成度不高、功耗大等问题。这些技术有各自的特点和优势，也存在各自需要解决的问题，仍需进一步的探索和研究。这些技术方案以及其他可能的技术方案也可以相互借鉴，以获得新的思路和技术手段。

思考与习题

1．从集成电路的优越性出发，如何理解光子集成或光电子集成在光纤通信网络或超级计算机中的重要性？

2．发展光子集成和光电子集成的困难有哪些？集成电路有哪些成功实践值得借鉴？

3．比较几种常用的光子集成手段的优缺点。

4．微环谐振腔在结构和工作原理上，与法布里-珀洛谐振腔有何区别？如何提高其性能参数？

5．在光纤通信网络节点中，光信息的缓存是一个很重要的功能（例如在光分组交换，OPS），试设想如何用有源微环实现这一功能？

6．微环谐振腔能实现哪些光电子器件功能？试设计或探索完全基于微环的某一光子集成回路。

7．比较光子晶体与半导体有哪些相似的特点？这些相似之处产生的根源是什么？

8．如何在光子晶体中构件光波导和谐振腔？设想如何利用光子晶体实现光子集成或光电子集成？

9. 什么是等离子体、等离子体激元、表面等离子激元？评估其在光子集成或光电子集成中应用的可能性。

10. 有哪些方案可以实现 SPP 波与外界电磁场的耦合？

11. 作为对本章的概括，对所提的几个光子集成潜在技术是否认同？还有哪些创新的想法更能有效促进 PIC 或 OEIC 的发展？

参 考 文 献

[1] 黄德修主编. 信息科学导论，中国电力出版社，2001.

[2] R. Shubert and J. H. Harris. Optical surface waves on thin films and their application to integrated data processor, IEEE Trans. Microwave Theory Tech., 1968, MT16: 1048-1054.

[3] S. E. Miller. Integrated Optics: An Introduction, Bell System Technical J., 1969, 48: 2059-2069.

[4] Amnon Yariv. The Beginning of Optoelectronic Integrated Circuits – A Personal Perspective, J. of Lightwave Tech., 2008, 26(9): 1172-1175.

[5] C. P. Lee, S. Margalit, I. Ury, and A. Yariv. Integration of an Injection laser with a Gunn oscillator on semi – insulating GaAs substrate, APPL. Phys. Lett., 1978, 32: 806-807.

[6] H. Kogerlinik. Intrgrated Optics, OEIC's or PIC's ? International Trends in Optics, J. W. Goodman(ed), Academic Press, Orlando, Florida, 1991, pp. 1-12.

[7] Thomas L. Koch, and Uziel Koren. Semiconductor Photonic Integrated Circuits, IEEE J. of Quantum Electronics, 1991, 27(3): 641-653.

[8] Ivan P. Kaminow. Optical Integrated Circuits: A Personal Perspective, J. of Lightwave Technology, 2008, 26(9): 994-1003.

[9] T. P. Lee. Current Trends in Integrated Optoelectronics. World Scientific Publishing Co. Pte. Ltd, 1994.

[10] H. Soda, M. Furutsu, K. Sato, M. Matsuda, and H. Ishikawa, 5 Gb/s Modulation Characteristics of Optical Intensity Modulator Monolithically Integrated with DFB Laser, Electron. Lett., 1989, 25(5): 334-335.

[11] William F. Brinkman, Thomas L. Koch, David V. Lang, and Danied P. Wilt, The Lasers Behind the Communications Revolution, Bell Labs Technical Joumal, 2000, 5(1): 150-167.

[12] 黄德修，张新亮，黄黎蓉. 半导体光放大器及其应用. 科学出版社，2012.

[13] Steven C. Nicholes, Milan L. Mašanovic, Biljana Jevremovic, Erica Lively, Larry A . Coldren, and Daniel J. Blumenthal, The World's First InP 8×8 Monolithic Tunable Optical Router (MOTOR) Operating at 40 Gbps Line Rate per Port, Postdeadline Papers, OFC/NFOEC' 2009, PDPB1.

[14] Skogen E J, Raring J W, Barton J S, et al. Postgrowth control of the quantum-well band edge for the monolithic integration of widely tunable lasers and electroabsorption modulators. IEEE Journal of Selected Topics in Quantum Electronics, 2003, 9(5):1183-1190.

[15] Menon V M, Xia Fengnian, Forrest S R. Photonic integration using asymmetric twin-waveguide (ATG) technology: part II-devices. IEEE Journal of Selected Topics in Quantum Electronics, 2005, 1(1): 30-42.

[16] E. A. J. Marcatili, Bends in Optical Dielectric Guides, The Bell System Technical Journal, 1969, 48(7): 2103–2132.

[17] Brent E. Little, Sai T. Chu, Toward very large-scale integrated photonics, Optics & Photonics News, 2000(11): 24-29.

[18] S. Sujuki, K. Shuto, and Y. Hibino, Integrated optic ring resonators with two stacked layers of silica waveguides on Si, IEEE Photon. Tech. Lett., 1992, 4, 1256-1258.

[19] 张小贝. 微环谐振腔及其应用的理论与实验研究，华中科技大学博士论文，2009.

[20] 丁运鸿. 微环谐振器及其在全光信号处理中的应用研究，华中科技大学博士论文，2011.

[21] Grover R., Indium Phosphide Based Optical Micro-Ring Resonators, Ph. D. thesis, University of Maryland, College Park, 2003.

[22] Absil, P. P., Microring resonators for wavelength division multiplexing and integrated photonics applications, Ph. D. thesis, University of Maryland, College Park, 2000.

[23] Sai Tak Chu; Little, B.E.; Wugen Pan; Kaneko, T.; Kokubun, Y., Second-order filter response from parallel coupled glass microring resonators, Photonics Technology Letters, 1999, 11(11): 1426 – 1428.

[24] B.E. Little, S.T. Chu, P.P. Absil, et.al,, Very high-order microring resonator filters for WDM applications, Photonics Technology Letters, 2004, 16(10): 2263 – 2265.

[25] J. E. Heebner, and R. W. Boyd, 'Slow' and 'fast' light in resonator-coupled waveguides, J. Mod. Opt. 2002, 49(14-15): 2629–2636.

[26] Y. Ding, H. Hu, M. Galili, J. Xu, D. Huang, et al, Generation of a 640 Gbit/s NRZ OTDM signal using a silicon microring resonator, Optics Express, 2011, 19(7): 6471-6477.

[27] Y. Ding, M. Pu, L. Liu, J. Xu, D. Huang et al, Bandwidth and wavelength – tunable optical bandpass filter based on silicon microring – MZI Structure, Optics Express, 2011, 19(7): 6462-6470.

[28] S.T. Chu, B.E. Little, W. Pan, et.al., An eight-channel add-drop filter using vertically coupled microring resonators over a cross grid, Photonics Technology Letters, 1999, 11(6): 691 – 693.

[29] Dong, Jianji, Zheng, Aoling, Gao, Dingshan, Liao, Shasha, Lei, Lei, Huang, Dexiu, Zhang, Xinliang, High-order photonic differentiator employing on-chip cascaded microring resonators, Optics letters, 2013, 38: 628-300.

[30] Y. Ding, C. Peucheret, M. Pu, D. Huang er al, Multi – channel WDM RZ-to-NRZ format conversion at 50 Gbit/s based on single silicon microring resonator, Optics Express, 2010,18(20):21121-21130.

[31] Y. Ding, X. Zhang, D. Huang. Active microring optical integrator associated with electroabsorption modulators for high speed low light power loadable and erasable optical memory unit , Optics Express, 2009, 17(15): 12835-12848

[32] V. Van, T.A. Ibrahim, P.P. Absil, et.al., Optical signal processing using nonlinear semiconductor microring resonators, IEEE Journal of Selected Topics in Quantum Electronics, 2002, 8(3): 705 - 713

[33] J.-M. Lourtioz . H. Benisty . V. Berger, et. al., Photonic Crystals: Towards Nanoscale Photonic Devices, Springer, 2005

[34] Yablonovitch E., Gmitter T.J., Leung K.M, Photonic band structures: the face-centered-cubic case employing non-spherical atoms, Phys. Rev. Lett., 1991, 67: 2295-2297

[35] John D. Joannopoulos, Steven G. Johnson, Joshua N. Winn, Robert D. Meade, Photonic Crystals: Molding the Flow of Light, Second Edition, Princeton University Press, 2008

[36] M. L. Povinelli, Steven G. Johnson, J. D. Joannopoulos, Slow-light, band-edge waveguides for tunable time delays, Optics Express, 2005, 13(18): 7145.

[37] Attila Mekis, J. C. Chen, I. Kurland, et. al., High Transmission Through Sharp Bends in Photonic Crystal Waveguides, Physical review letters, 1996, 77: 3787-3790.

[38] S. Noda, M. Imada, M. Okano, S. Ogawa, M. Mochizuki, and A. Chutinan, Semiconductor Three – Dimensional and Two – Dimensional Photonic Crystals and Devices, IEEE J. of Quantum Electronics, 2002, 38(7): 726-735 .

[39] Kazuaki Sakoda, Optical Properties of Photonic Crystals, Springer, 2nd Edition, 2005.

[40] P. Mosley, W. Huang, M. Welch, B. Mangan, W. Wadsworth, and J. Knight, Ultrashort pulse compression and delivery in a hollow-core photonic crystal fiber at 540 nm wavelength, Opt. Lett., 2010, 35: 3589-3591.

[41] Susumu Noda, Masayuki Fujita, Light-emitting diodes: Photonic crystal efficiency boost, Nature Photonics, 2009, 3:129-130.

[42] A. Otto, Excitation of nonradiative surface plasma waves in silver by the method of frustrated total reflection. Zeitschrift für Physik, 1968, 216(4): 398-410.

[43] E. Kretschmann, H. Raether, Notizen: radiative decay of non radiative surface plasmons excited by light, Zeitschrift für Naturforschung A, 1968, 23(12): 2135-2136.

[44] D. W. Pohl, W. Denk, M. Lanz, Optical stethoscopy: Image recording with resolution $\lambda/20$. Applied physics letters, 1984, 44(7): 651-653.

[45] K. Kneipp,, Surface-Enhanced Raman Scattering. Phys. Today, 60(11): 40-46 (2007).

[46] W. L. Barnes, A. Dereux, T. W. Ebbesen, Surface plasmon subwavelength optics, Nature, 2003, 424(6950): 824-830.

[47] R. Gordon, Surface plasmon nanophotonics: A tutorial, IEEE Nanotechnology Magazine, 2008, 2(3): 12-18.

[48] Kerry Hinton, Garvesh Raskutti, Peter M. Farrell, and Rodney S. Tucker, Switching Energy and Device Size Limits on Digital Photonic Signal Processing Technologies, IEEE J. Selected Topics in Quantum Electronics, 2008，14(3): 938-945.

[49] Berini, Pierre and De Leon, Israel, Surface plasmon-polariton amplifiers and lasers, Nature Photonics, 2011，6：16-24.

[50] D. M. Koller, A. Hohenau, H. Ditlbacher, et. al., Organic plasmon-emitting diode, Nature Photonics, 2008, 2: 684-687.

[51] R. J. Walters, R. V. A. van Loon, I. Brunets, J. Schmitz and A. Polman, A silicon-based electrical source for surface plasmon polaritons, 2009 6th IEEE International Conference on Group IV Photonics, San Francisco, CA, 2009, 74-76.

[52] Xuejin Zhang, Ting Mei, et al Gain – assisted propagation of surface plasmon polaritons via electrically pumped quantum wells, Optics Letters, 2010, 35(18): 3075-3077.

[53] Dionne, J.A., Diest, Kenneth, Sweatlock, Luke A., Atwater, Harry A., PlasMOStor: A Metal-Oxide-Si Field Effect Plasmonic Modulator, Nano Letters, 2009. 9(2): 897-902.

[54] 闵力. 超材料电磁共振及调控机理研究. 华中科技大学博士论文，2016 年.

[55] N. Yu, P. Genevet, M. A. Kats, F. Aieta, J. Tetienne, F. Capasso, and Z. Gaburro. Light propagation with phase discontinuities: generalized laws of reflection and refraction. Science, 2011, 334(6054): 333-337.

[56] S. Sun, K. Y. Yang, C. M. Wang, et al. High-efficiency broadband anomalous reflection by gradient meta-surfaces. Nano Letters, 2012, 12(12): 6223-6229.

[57] Shulin. Sun, Qiong He, Shiyi Xiao, Qin Xu, Xin Li and Lei Zhou. Gradient-index meta-surfaces as a bridge linking propagating waves and surface waves. Nature materials, 2012, 11(5): 426-431.

[58] Zhiwei Li, Lirong Huang, Kun Lu, Yali Sun, and Li Min. Continuous metasurface for high-performance anomalous reflection. Appl. Phys. Express. 2016, 7(11), 112001-1~3.

[59] J. Lee, M. Tymchenko, C. Argyropoulos, P. Chen, F. Lu, F. Demmerle, G. Boehm, M. Amann, A. Alu and A. Belkin. Giant nonlinear response from plasmonic metasurfaces coupled to intersubband transitions. Nature, 2014, 511(7507): 65-69.

[60] Marcin Ge.bski, Maciej Dems, Michał Wasiak, James A. Lott, and Tomasz Czyszanowski. Monolithic Subwavelength High-Index-Contrast Grating VCSEL. IEEE Photonics Technology Letters. 2015, 27(18):1953-1956.

[61] Connie J. Chang-Hasnain and Weijian Yang. High-contrast gratings for integrated optoelectronics, Advances in Optics and Photonics, 2012, 4: 379–440.

[62] Nanfang yu, Jonathan Fan, Qi Jie Wang, Christian Pflu¨ Gl, Laurent DIehl, Tadataka Edamura, Masamichi Yamanishi, Hirofumi Kan and Federico Capasso. Small-divergence semiconductor lasers by plasmonic collimation. Nature Photonics, 2008, 2: 564-570.

[63] Kun Li, Yi Rao, Chris Chase, Weijian Yang, and Connie J. Chang-Hasnain. Monolithic high-contrast metastructure for beam-shaping VCSELs. Optica, 2018, 5(1): 10-13.

附录 A 薛定谔方程与一维方势阱[1]

在非相对论量子力学中，单个粒子的薛定谔方程（Schrödinger Equation）为

$$H\psi(\pmb{r},t) = \mathrm{j}\hbar\frac{\partial}{\partial t}\psi(\pmb{r},t) \qquad (\text{A-1})$$

式中，哈密度量 $\pmb{H}$ 为

$$\pmb{H} = -\frac{\hbar^2}{2m}\nabla^2 + V(\pmb{r},t) \qquad (\text{A-2})$$

其中势能函数 $V(\pmb{r},t)$ 为实函数，$\hbar = h/(2\pi)$，h 为普朗克常数，m 为粒子的质量。对于自由空间的粒子而言，$V(\pmb{r},t) = 0$，方程（A-1）的解为一个平面波

$$\psi(\pmb{r},t) = \frac{1}{\sqrt{\Omega}}\mathrm{e}^{\mathrm{j}\pmb{k}\cdot\pmb{r}-\mathrm{j}Et/\hbar} \qquad (\text{A-3})$$

其中能量 $E = \hbar^2 k^2/(2m)$，Ω 为空间体积。概率密度函数定义为：

$$\rho(\pmb{r},t) = \psi^*(\pmb{r},t)\psi(\pmb{r},t) \qquad (\text{A-4})$$

$\psi^*\psi\mathrm{d}^3\pmb{r}$ 为 t 时刻在位置 $\pmb{r}$ 处 $\mathrm{d}^3\pmb{r}$ 的体积内找到该粒子的概率，粒子波函数的归一化条件为 $\int_\Omega \psi^*\psi\mathrm{d}^3\pmb{r} = 1$，即在整个空间中找到该粒子的概率为 1。任意物理量的期望值为

$$\langle \mathbf{O}\rangle = \int_\Omega \psi^*(\pmb{r},t)\mathbf{O}\psi(\pmb{r},t)\mathrm{d}^3\pmb{r} \qquad (\text{A-5})$$

其中 $\mathbf{O}$ 为该物理量的算符。在实空间表象中，位置算符和动量算符分别为 $\pmb{r}_{op} = \pmb{r}$，$\pmb{p}_{op} = -\mathrm{j}\hbar\nabla$。如果势能函数 $V(\pmb{r},t)$ 与时间无关，则可以通过分离变量将波函数表示为：

$$\psi(\pmb{r},t) = \psi(\pmb{r})\mathrm{e}^{-\mathrm{j}Et/\hbar} \qquad (\text{A-6})$$

代入式（A-2）可得

$$\left[-\frac{\hbar^2}{2m}\nabla^2 + V(\pmb{r})\right]\psi(\pmb{r}) = E\psi(\pmb{r}) \qquad (\text{A-7})$$

式（A-7）即所谓的定态薛定谔方程，其解为对应于量子化能级 E_n 的波函数 $\psi_n(\pmb{r})$，或者对应于连续能量 E 的波函数 $\psi_E(\pmb{r})$，方程（A-1）的任意解可以表示为这些定态解的线性叠加。

作为例子，这里给出如图 A.1 所示的一维有限深势阱中定态薛定谔方程（A-7）的解。这时一维定态薛定谔方程可以表示为：

$$\left[-\frac{\mathrm{d}}{\mathrm{d}z}\frac{\hbar^2}{2m}\frac{\mathrm{d}}{\mathrm{d}z} + V(z)\right]\phi(z) = E\phi(z) \qquad (\text{A-8})$$

其中，$m = m_{\mathrm{w}}$ 和 $m = m_{\mathrm{b}}$ 分别为阱区和垒区的粒子质量，势能函数为

---

1 S. L. Chuang, Physics of optoelectronic Devices, Wiley-interscience Publication, 1995

$$V(z) = \begin{cases} V_0 & |z| \geq L/2 \\ 0 & |z| < L/2 \end{cases} \qquad (A\text{-}9)$$

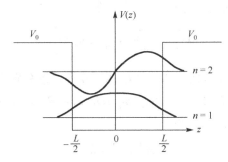

图 A.1 一维有限深势阱，阱高为 V_0，阱宽为 L，图中给出了 $n=1$ 和 $n=2$ 能级的位置和相应的波函数

我们只考虑能量在 $0{\sim}V_0$ 之间的束缚态的解。对于波函数为偶函数的情况，解的形式为

$$\phi(z) = \begin{cases} C_1 \mathrm{e}^{-\alpha(|z|-L/2)} & |z| \geq L/2 \\ C_2 \cos kz & |z| < L/2 \end{cases} \qquad (A\text{-}10)$$

式中，

$$k = \sqrt{2m_{\mathrm{w}}E}\big/\hbar \qquad (A\text{-}11a)$$

$$\alpha = \sqrt{2m_{\mathrm{b}}(V_0 - E)}\big/\hbar \qquad (A\text{-}11b)$$

分别为波数和衰减系数。由式（A-11a）和式（A-11b）可进一步得到

$$\left(k\frac{L}{2}\right)^2 + \frac{m_{\mathrm{w}}}{m_{\mathrm{b}}}\left(\alpha\frac{L}{2}\right)^2 = \frac{2m_{\mathrm{w}}V_0}{\hbar^2}\left(\frac{L}{2}\right)^2 \qquad (A\text{-}12)$$

根据式（A-10）并在势阱边界处应用下列边界条件

$$\phi\left(\frac{L^+}{2}\right) = \phi\left(\frac{L^-}{2}\right), \quad \frac{1}{m_{\mathrm{b}}}\frac{\mathrm{d}}{\mathrm{d}z}\phi\left(\frac{L^+}{2}\right) = \frac{1}{m_{\mathrm{w}}}\frac{\mathrm{d}}{\mathrm{d}z}\phi\left(\frac{L^-}{2}\right) \qquad (A\text{-}13)$$

可得

$$C_1 = C_2 \cos(kL/2), \quad \frac{\alpha}{m_{\mathrm{b}}}C_1 = \frac{k}{m_{\mathrm{w}}}C_2 \sin(kL/2) \qquad (A\text{-}14)$$

消去 C_1 和 C_2，可以得到本征方程（量子化条件）

$$\alpha\frac{L}{2} = \frac{m_{\mathrm{b}}}{m_{\mathrm{w}}}\left(k\frac{L}{2}\right)\tan\left(k\frac{L}{2}\right) \qquad (A\text{-}15)$$

类似地，对于波函数为奇函数的情况，解的形式为

$$\phi(z) = \begin{cases} C_1 \mathrm{e}^{-\alpha(z-L/2)} & z > L/2 \\ C_2 \sin kz & |z| \leq L/2 \\ -C_1 \mathrm{e}^{\alpha(z+L/2)} & z < -L/2 \end{cases} \qquad (A\text{-}16)$$

由边界条件（A-13）得到

$$C_1 = C_2 \sin(kL/2) , \quad -\frac{\alpha}{m_b} C_1 = \frac{k}{m_w} C_2 \cos(kL/2) \qquad \text{(A-17)}$$

消去 C_1 和 C_2，可以得到本征方程（量子化条件）

$$\alpha \frac{L}{2} = -\frac{m_b}{m_w} \left(k \frac{L}{2} \right) \cot \left(k \frac{L}{2} \right) \qquad \text{(A-18)}$$

将式（A-12）分别与式（A-15）和式（A-18）联立可以分别求出波函数为偶函数和奇函数时的本征能量。若令 $X = kL/2$，$Y = \sqrt{m_w/m_b}\,(\alpha L/2)$，$R = \sqrt{2 m_w V_0}\,[L/(2\hbar)]$，则式（A-12）、式（A-15）和式（A-18）可以简化为

$$X^2 + Y^2 = R^2 \qquad \text{(A-19a)}$$

$$Y = \sqrt{\frac{m_b}{m_w}}\, X \tan X \quad (\phi\ \text{为偶函数}) \qquad \text{(A-19b)}$$

$$Y = -\sqrt{\frac{m_b}{m_w}}\, X \cot X \quad (\phi\ \text{为奇函数}) \qquad \text{(A-19c)}$$

不难看出，一维有限深势阱中束缚态的这种分析方法和与第 3 章中给出的三层平板波导的分析方法非常类似，$m_w = m_b$ 时得到的式（A-19a）和式（A-19b）与式（3.2-18）和式（3.2-18）式完全一样的。这也是第 10 章中提到的光子和电子并行性的一种体现。这里同样可以采用作图法进行求解：求出式（A-19a）代表的半径为 R 的圆与式（A-19b）或者式（A-19c）代表的曲线的交点，即可求出本征能量 E、波数 k 和衰减系数 α，如图 A-2 所示。图中可见，当圆的半径 R 在 $\left[(N-1)\dfrac{\pi}{2},\ N\dfrac{\pi}{2} \right)$ 之内时，将得到 N 个离散的解。

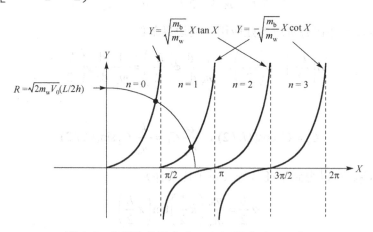

图 A.2　作图法求解式（A-19a）和式（A-19b）

波函数为偶函数时，根据式（A-10）和式（A-14），并应用波函数的归一化条件 $\int_{-\infty}^{\infty} |\phi(z)|^2 \, \mathrm{d}z = 1$，可以求出波函数的表达式

$$\phi(z) = C \begin{cases} \cos(kL/2)\mathrm{e}^{-\alpha(|z|-L/2)} & |z| \ge L/2 \\ \cos kz & |z| < L/2 \end{cases} \qquad \text{(A-20)}$$

$$C = \sqrt{\dfrac{2}{L + \dfrac{2}{\alpha}\left(\cos^2\left(k\dfrac{L}{2}\right) + \dfrac{m_b}{m_w}\sin^2\left(k\dfrac{L}{2}\right)\right)}} \qquad （A\text{-}21）$$

如果 $m_w = m_b$，则 $C = \sqrt{2/(L+2/\alpha)}$，其中 $L_e = L + 2/\alpha$ 定义为有效阱宽，它等于阱宽加上两倍的穿透深度 $1/\alpha$。

类似地，波函数为奇函数时，根据式（A-16）和式（A-17），并应用波函数的归一化条件，可以求出波函数的表达式为

$$\phi(z) = C \begin{cases} \sin(kL/2)e^{-\alpha(z-L/2)} & z > L/2 \\ \sin kz & |z| \leq L/2 \\ -\sin(kL/2)e^{\alpha(z+L/2)} & z < -L/2 \end{cases} \qquad （A\text{-}22）$$

$$C = \sqrt{\dfrac{2}{L + \dfrac{2}{\alpha}\left(\sin^2\left(k\dfrac{L}{2}\right) + \dfrac{m_b}{m_w}\cos^2\left(k\dfrac{L}{2}\right)\right)}} \qquad （A\text{-}23）$$

同样，$m_w = m_b$ 时，$C = \sqrt{2/(L+2/\alpha)}$。

附录 B 半导体的电子能带结构[1,2]

由玻尔理论发展而来的现代量子物理学认为电子只能在特定的、分立的轨道上运动，各个轨道上的电子具有分立的能量，这些能量值即为能级。对于特定原子系统求解薛定谔方程得到的本征值即为能级，本征函数即为该能级电子的波函数。如果原子之间都是孤立的，那么每个电子能级都是简并的。当两个原子互相靠近时，它们之间的相互作用就会增强。首先是最外层电子的波函数发生交叠，原孤立原子的电子能级就要解除简并，部分能量相同的能级将分裂为具有不同能量值的两个能级。原子间距越小，电子波函数的交叠就越厉害，分裂出来的能级之间的能量差就越大。原来处于某一简并能级上的电子将分别处在不同的分裂能级上，这时电子不再属于某一个原子，而为两个原子所共有。当 N 个原子互相靠近结合成晶体后，每个电子都要受到周围原子势场的作用，随着原子间距的减小，原来简并的能级分裂成 N 个彼此相距很近的能级。实际的晶体中原子数 N 很大，分裂出来的能级十分密集，从而形成准连续的能带，如图 B.1 所示。这些能带可能延伸几个电子伏特的范围，具体视晶体内原子的间距而定。能带中的能级数取决于组成晶体的原子数 N，每个能带上可容纳的电子数，由能级数和泡利不相容原理确定。例如 $1s$ 或 $2s$ 能级形成的 s 能带，最多只能容纳 $2N$ 个电子（每个新能级均可容纳自旋相反的两个电子）。同理可知，$2p$ 或 $3p$ 能级形成的 p 能带可容纳 $6N$ 个电子，d 能带可容纳 $10N$ 个电子等。

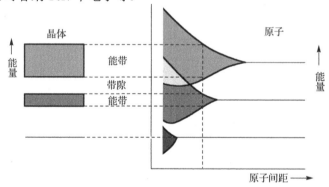

图 B.1　能带的形成

半导体中原子的周期性排列结构称为晶格，共有化电子在晶格周期势场 $V(r)$ 中运动，因此半导体的能带和波函数可以由满足晶格对称性的薛定谔方程得到，分析这一问题的基础是布洛赫理论。晶格周期势场中运动的电子的波函数满足如下的薛定谔方程

$$H\psi(r) = \left[-\frac{\hbar^2}{2m_0}\nabla^2 + V(r) \right]\psi(r) = E(k)\psi(r) \tag{B-1}$$

其中势能函数具有晶格周期性

---

[1] S. L. Chuang, Physics of optoelectronic devices, Wiley-interscience Publication, 1995

[2] Xun Li, Optoelectronic devices: design, modeling and simulation, Cambridge University Press, 2009

$$V(r) = V(r + R) \qquad \text{(B-2)}$$

式中，$R = n_1 a_1 + n_2 a_2 + n_3 a_3$，$a_1, a_2, a_3$ 为晶格的三个基矢，n_1, n_2, n_3 为整数。为求出半导体中单个电子的能态，可以假定所有其他电子的作用等效为与原子核重叠的排斥中心，这时

$$V(r) = -\frac{e^2}{4\pi\varepsilon r} \qquad \text{(B-3)}$$

其中 e 为电子电量，ε 为体材料的背景介电常数。由于晶格的周期性，式（B-1）中的哈密顿量 H 具有平移不变性（即在 $r \to r + R$ 的操作中 H 保持不变），因此，若 $\psi(r)$ 是薛定谔方程（B-1）的解，$\psi(r + R)$ 也必是薛定谔方程（B-1）的解。那么，$\psi(r + R)$ 与 $\psi(r)$ 就只差一个系数，且该系数的绝对值（幅度）为 1，否则若做无限次重复的平移操作时，得到的波函数就趋近于无穷大了。因此薛定谔方程（B-1）的一般解可以表示为

$$\psi_k(r) = e^{jk \cdot r} u_k(r) \qquad \text{(B-4)}$$

式中，k 为电子的波矢，$u_k(r)$ 具有晶格周期性，即

$$u_k(r) = u_k(r + R) \qquad \text{(B-5)}$$

这一结果就是布洛赫理论，波函数 $\psi_k(r)$ 称为布洛赫波，如果沿基矢 a_1, a_2, a_3 方向的原胞数分别为 N_1, N_2, N_3，应用周期性边界条件 $\psi_k(r) = \psi_k(r + N_i a_i)$，其中 $i = 1, 2, 3$，则

$$e^{jk \cdot (N_1 a_1 + N_2 a_2 + N_3 a_3)} = 1 \qquad \text{(B-6)}$$

满足这一条件的 k 可以表示为

$$k = \frac{n_1}{N_1} b_1 + \frac{n_2}{N_2} b_2 + \frac{n_3}{N_3} b_3 \qquad \text{(B-7)}$$

其中 b_i 为倒格子的基矢，$b_i \cdot a_k = 2\pi \delta_{ik}$，各倒格子基矢的垂直平分面所围成的部分就是第一布里渊区。由于 n_1, n_2, n_3 为整数，上式代表 k 空间中均匀分布的点。我们将布洛赫理论的结果，即式（B-4）代入薛定谔方程（B-1），得到

$$\left[\frac{p^2}{2m_0} + \frac{\hbar}{m_0} k \cdot p + V(r) \right] u_k(r) = \left[E_k - \frac{\hbar^2 k^2}{2m_0} \right] u_k(r) \qquad \text{(B-8)}$$

其中 $p = -j\hbar\nabla$，由于 $u_k(r)$ 具有晶格周期性，方程（B-8）只要在一个原胞中求解，但是由于求解过程必须针对所有满足式（B-7）的 k 进行，在第一布里渊区内共有 $N_1 N_2 N_3$ 个不同的 k，意味着方程（B-8）要求解 $N_1 N_2 N_3$ 次，这样的计算量显然过于庞大了。针对不同的应用，可以采用不同的近似以实现方程（B-8）的高效求解。对于半导体光电子学而言，我们关心的是材料的光学性质，而一般情况下只有能带极值点附近的 k 才对材料的光学性质有贡献。特别是对于直接带隙材料，导带和价带的极值点位于同一 k 处，因此只需在该极值点附近求解方程（B-8）。可以采用微扰的方法得到该点附近的结果，这就是所谓的 $k \cdot p$ 方法。

在介绍方程（B-8）的求解之前，有必要对布洛赫理论做更进一步的讨论。方程（B-8）表明，对于第一布里渊区中的每个波矢 k，都有一个相应的能量本征值 E_k。方程（B-8）中，$V(r)$ 和 $u_k(r)$ 都具有晶格周期性，若引入倒格矢

$$G(m) = \sum_{i=1}^{3} m_i b_i \qquad \text{(B-9)}$$

其中 m_i 为整数，则可将 $V(r)$ 和 $u_k(r)$ 展开成傅里叶级数

$$V(\boldsymbol{r}) = \sum_{i=1}^{3} \sum_{m_i=-\infty}^{\infty} \tilde{V}_G \mathrm{e}^{jG(m)\cdot\boldsymbol{r}} \tag{B-10}$$

$$u_k(\boldsymbol{r}) = \sum_{i=1}^{3} \sum_{m_i=-\infty}^{\infty} \tilde{u}_{k,G} \mathrm{e}^{jG(m)\cdot\boldsymbol{r}} \tag{B-11}$$

其中

$$\tilde{V}_G = \frac{1}{\Omega_{\text{cell}}} \int_{\substack{\text{unit}\\\text{cell}}} V(r) \mathrm{e}^{-jG(m)\cdot\boldsymbol{r}} \mathrm{d}^3\boldsymbol{r} \tag{B-12}$$

$$\tilde{u}_{k,G} = \frac{1}{\Omega_{\text{cell}}} \int_{\substack{\text{unit}\\\text{cell}}} u_k(r) \mathrm{e}^{-jG(m)\cdot\boldsymbol{r}} \mathrm{d}^3\boldsymbol{r} \tag{B-13}$$

其中，Ω_{cell} 为原胞的体积。将式（B-10）和式（B-11）代入方程（B-8）可得：

$$\frac{\hbar^2}{2m_0}[k+G(m)]^2 \tilde{u}_{k,G} + \sum_{i=1}^{3} \sum_{m_i'=-\infty}^{\infty} \tilde{V}_{G'}\tilde{u}_{k,(G-G')} = E_k \tilde{u}_{k,G} \tag{B-14}$$

对于第一布里渊区中的每个波矢 k，方程（B-14）为一组由无穷多个代数方程构成的方程组。原理上说，我们可以由该方程组有非零解的条件，即其系数矩阵的行列式为零，得到本征值 E_k，那么对于每个 k，就会有无穷多个本征值，因此本征值和本征函数不仅随 k 变化，还会随 G 变化，可以进一步用 E_{nk} 和 $\psi_{nk}(\boldsymbol{r})$ 表示，其中用正整数 n 来标记本征值和本征函数对 G 的依赖性。比较式（B-7）和式（B-9）可知 $\Delta G \gg \Delta k$，即相邻倒格矢之间的间隔远大于相邻波矢之间的间隔，如图 B.2(a)所示，因此由倒格矢 G 的变化引起的能量本征值的变化远大于由波矢的变化引起的本征值的变化。该结论对于任何晶格周期势 $V(\boldsymbol{r})$ 都是成立的，因为只有在倒格子的格点位置上其傅里叶系数才不为零。实际上由于一块晶体中所含的原胞数非常多，$\Delta k \to 0$，可以认为 E_{nk} 随 k 的分布的准连续的，但是 E_{nk} 随 n 的变化则是分立的，不同的 n 对应不同的能带。另一方面，考虑到在布里渊区边界处会发生布拉格散射（即对于这样的 k 值，找不到本征值 E_{nk}），因此能带不连续出现在布里渊区边界处，图 B.2(b)和(c)分别给出了一维晶体中单电子的能带图及其在约化布里渊区中的表示。

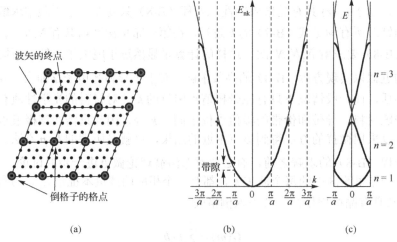

图 B.2 布洛赫理论与能带的形成，倒格矢与波矢（a），一维晶体中
单电子的能带图（b），及其在约化布里渊区的表示（c）

$\boldsymbol{k} \cdot \boldsymbol{p}$ 方法对求某一 $\boldsymbol{k}_0$ 位置，特别是能带极值点附近的能带结构是非常有效的。这里我们考虑能带极值点位于布里渊区中心，即 $\boldsymbol{k}_0 = 0$ 处的情况，常见的 III-V 族半导体都属于这种情况。在 $\boldsymbol{k}_0 = 0$ 附近，方程（B-8）可以改写为：

$$\left[\boldsymbol{H}_0 + \frac{\hbar}{m_0} \boldsymbol{k} \cdot \boldsymbol{p} \right] u_{nk}(\boldsymbol{r}) = \left[E_{nk} - \frac{\hbar^2 k^2}{2m_0} \right] u_{nk}(\boldsymbol{r}) \tag{B-15}$$

其中

$$H_0 u_{n0}(\boldsymbol{r}) = E_{n0} u_{n0}(\boldsymbol{r}), \quad \boldsymbol{H}_0 = \frac{\boldsymbol{p}^2}{2m_0} + V(\boldsymbol{r}) \tag{B-16}$$

为 $\boldsymbol{k}_0 = 0$ 处的薛定谔方程，考虑到晶格周期势可以由式（B-3）表示，则方程（B-16）与描述氢原子中电子的薛定谔方程完全相同。为了说明 $\boldsymbol{k} \cdot \boldsymbol{p}$ 方法的主要思想，我们考虑以下两种比较简单的情况：

（1）单个能带（记为 n）

假定该能带与其他能带的耦合可以忽略不计。在 $\boldsymbol{k}_0 = 0$ 附近，由微扰理论可以给出二级微扰下的能量和一级微扰下的波函数

$$E_{nk} = E_{n0} + \frac{\hbar^2 k^2}{2m_0} + \frac{\hbar}{m_0} \boldsymbol{k} \cdot \boldsymbol{p}_{nn} + \frac{\hbar^2}{m_0^2} \sum_{n' \neq n} \frac{\left| \boldsymbol{k} \cdot \boldsymbol{p}_{nn'} \right|^2}{E_{n0} - E_{n'0}} \tag{B-17}$$

$$u_{nk}(\boldsymbol{r}) = u_{n0}(\boldsymbol{r}) + \frac{\hbar}{m_0} \sum_{n' \neq n} \frac{\boldsymbol{k} \cdot \boldsymbol{p}_{nn'}}{E_{n0} - E_{n'0}} u_{n'0}(\boldsymbol{r}) \tag{B-18}$$

其中 n' 为除能带 n 之外的其他能带，动量矩阵元定义为

$$\boldsymbol{p}_{nn'} = \int_{\substack{\text{unit} \\ \text{cell}}} u_{n0}^* \boldsymbol{p} u_{n'0} \mathrm{d}^3 \boldsymbol{r} \tag{B-19}$$

$u_{nk}(\boldsymbol{r})$ 满足正交条件

$$\int_{\substack{\text{unit} \\ \text{cell}}} u_{n0}^* u_{n'0} \mathrm{d}^3 \boldsymbol{r} = \delta_{nn'} \tag{B-20}$$

若 $\boldsymbol{k}_0$ 为能带 E_{nk} 的极值点，则 $\boldsymbol{k}_0$ 附近有 $\boldsymbol{p}_{nn} = 0$，且 E_{nk} 是关于 k 的二次曲线，这也是能量要用二级微扰而波函数只用一级微扰的原因。若 $\boldsymbol{k}_0 = 0$，则式（B-17）可以改写为

$$E_{nk} - E_{n0} = \sum_{\alpha, \beta} \boldsymbol{D}^{\alpha\beta} k_\alpha k_\beta = \frac{\hbar^2}{2} \sum_{\alpha, \beta} \left(\frac{1}{m^*} \right)_{\alpha\beta} k_\alpha k_\beta \tag{B-21}$$

其中

$$\boldsymbol{D}^{\alpha\beta} = \frac{\hbar^2}{2m_0} \delta_{\alpha\beta} + \frac{\hbar^2}{2m_0} \sum_{n' \neq n} \frac{p_{nn'}^\alpha p_{n'n}^\beta + p_{nn'}^\beta p_{n'n}^\alpha}{E_{n0} - E_{n'0}} = \frac{\hbar^2}{2m_0} \left(\frac{1}{m^*} \right)_{\alpha\beta} \tag{B-22}$$

其中 m^* 为有效质量，$\alpha, \beta = x, y, z$

（2）两个相互作用很强的非简并能带

在 $\boldsymbol{k}_0 = 0$ 附近，为求解方程（B-15），可将 $u_{nk}(\boldsymbol{r})$ 表示为 $\boldsymbol{k}_0 = 0$ 处波函数的叠加，即

$$u_{nk}(r) = \sum_{n'} a_{n'}(k) u_{n'0}(r) \tag{B-23}$$

代入方程（B-15），等号两边同乘 $u_{n0}^*(r)$ 并在一个原胞内积分，可得

$$\sum_{n'} \left\{ \left[E_{n0} + \frac{\hbar^2 k^2}{2m_0} \right] \delta_{nn'} + \frac{\hbar}{m_0} k \cdot p_{nn'} \right\} a_{n'} = E_{nk} a_n \tag{B-24}$$

其中应用了正交条件（B-20），方程（B-24）是两个代数方程构成的方程组，此方程组有非零解的条件是系数行列式为零

$$\begin{vmatrix} E_{n0} + \dfrac{\hbar^2 k^2}{2m_0} - E & \dfrac{\hbar}{m_0} k \cdot p_{nn'} \\ \dfrac{\hbar}{m_0} k \cdot p_{n'n} & E_{n'0} + \dfrac{\hbar^2 k^2}{2m_0} - E \end{vmatrix}_{n'} = 0 \tag{B-25}$$

即可求出能量本征值和相应的本征函数。

$k \cdot p$ 方法在半导体体材料和量子阱材料的能带计算中的应用非常普遍，如 Kane 模型（计入了自旋-轨道相互作用）和 Luttinger-Kohn 模型（计入了重空穴带和轻空穴带的简并）等，这里不再赘述。